Fundamentos de matemática

PARA ENGENHARIAS E TECNOLOGIAS

DADOS INTERNACIONAIS DE CATALOGAÇÃO NA PUBLICAÇÃO (CIP)
(CÂMARA BRASILEIRA DO LIVRO, SP, BRASIL)

B712f   Bonetto, Giácomo Augusto.
       Fundamentos de matemática para engenharias e tecnologias /
Giácomo Augusto Bonetto, Afrânio Carlos Murolo. – São Paulo, SP :
Cengage Learning, 2016.-
368 p. : il. ; 26 cm.

       ISBN 978-85-221-2575-3

       1. Matemática aplicada. 2. Engenharia. 3. Tecnologia. I. Murolo,
Afrânio Carlos. II. Título.

CDU 51:62
CDD 510

Índices para catálogo sistemático:

1. Matemática aplicada : Engenharia   51:62
2. Matemática aplicada : Tecnologia   51:5/6

(Bibliotecária responsável: Sabrina Leal Araujo – CRB 10/1507)

GIÁCOMO AUGUSTO BONETTO e AFRÂNIO CARLOS MUROLO

Fundamentos de matemática

PARA ENGENHARIAS E TECNOLOGIAS

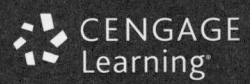

CENGAGE
Learning®

Austrália • Brasil • Japão • Coreia • México • Cingapura • Espanha • Reino Unido • Estados Unidos

CENGAGE
Learning®

Fundamentos de matemática para engenharias e tecnologias

Giácomo Augusto Bonetto e Afrânio Carlos Murolo

Gerente editorial: Noelma Brocanelli

Editora de desenvolvimento: Gisela Carnicelli

Supervisora de produção gráfica: Fabiana Alencar Albuquerque

Editora de aquisições: Guacira Simonelli

Especialista em direitos autorais: Jenis Oh

Revisão: Rosangela Ramos da Silva, Luicy Caetano de Oliveira, Norma Gusukuma

Diagramação: Megaarte Design

Gráficos: Casa Editorial Maluhy

Capa: BuonoDisegno

Imagem de capa: Tumbartsev/Shutterstock

Respostas para os exercícios (arquivo disponível na página deste livro no site da Editora): Leandro Albino

Para informações sobre nossos produtos, entre em contato pelo telefone **0800 11 19 39**

Para permissão de uso de material desta obra, envie seu pedido para **direitosautorais@cengage.com**

© 2018 Cengage Learning. Todos os direitos reservados.

ISBN 13: 978-85-221-2575-3
ISBN 10: 85-221-2575-9

Cengage Learning
Condomínio E-Business Park
Rua Werner Siemens, 111 – Prédio 11 – Torre A, Conj. 12
Lapa de Baixo – CEP 05069-900 – São Paulo – SP
Tel.: (11) 3665-9900 Fax: 3665-9901
SAC: 0800 11 19 39

Para suas soluções de curso e aprendizado, visite
www.cengage.com.br

Impresso no Brasil
Printed in Brazil
1 2 3 4 5 6   21 20 19 18 17 16

A Karina, Isabel e Heitor
GIÁCOMO

A Maria Helena, Rafael e Fernanda
AFRÂNIO

Agradecimentos

Agradecemos a todos que de forma direta ou indireta nos incentivaram na realização e execução desse trabalho com críticas e sugestões valiosas!

De forma especial agradecemos à toda equipe da Cengage Learning! À nossa gerente editorial Noelma Brocanelli por acreditar no projeto e nos apoiar desde as conversas iniciais de concepção da obra. À nossa gerente de aquisições Guacira Simonelli que apostou na forma proposta e no potencial do livro. À Gisela Carnicelli com quem trabalhamos de maneira direta e que nos brindou com a composição e execução dos processos de produção do livro. Ao Eduardo Mônaco, que sempre nos incentivou e orientou sobre a demanda do público ao qual o livro se destina. Ao professor Leandro Albino pela elaboração das respostas dos exercícios propostos. Aos revisores, pelo cuidadoso e preciso trabalho de revisão e copidesque dos originais. À toda equipe de produção e divulgação do livro.

Agradecemos aos nossos amigos professores pelas valiosas observações e sugestões, em especial ao professor Amauri Amorim pelas pertinentes sugestões e observações quanto aos conceitos e aplicações práticas envolvendo a Física; aos professores Ricardo Cachichi e Carlos Henrique Albrecht quanto às aplicações práticas envolvendo a Química; ao professor Cláudio Arconcher pelas sugestões sempre sábias em relação aos conceitos matemáticos.

Agradecemos aos nossos alunos e colegas professores que de maneira direta ou indireta sempre acompanharam nossa caminhada e nortearam a concepção e formas didáticas do conteúdo que apresentamos nesse livro!

Finalmente, agradecemos aos nossos familiares pelo amor, carinho, apoio e compreensão na rotina de escrita e revisões já que esse processo foi, em muitos momentos, bastante intenso!

Giácomo e Afrânio

Palavra ao leitor

Caro leitor,

Fundamentos de matemática para engenharias e tecnologias é o resultado de nossa experiência em muitos anos no ensino superior e é voltado para os cursos de engenharia, tecnologia e ciências exatas.

Procuramos apresentar os conceitos matemáticos de forma clara, simples e direta, sempre atentos às muitas possibilidades de aplicações práticas.

Nesses anos, percebemos que os alunos se mostram mais motivados quando entendem as aplicações práticas da matemática, bem como quando conseguem resolver os exercícios e atividades propostas de matemática.

Nesse sentido, apresentamos, no início de cada capítulo, "Estudos de Caso" com situações-problema nas áreas da engenharia e tecnologia, cujo conteúdo matemático necessário para resolvê-los é mostrado no capítulo. Ao final de cada seção dos capítulos, também propomos exercícios cuidadosamente pensados e planejados para que sua resolução seja didática e ajude o aluno a assimilar os conceitos matemáticos envolvidos.

Os exemplos, exercícios, problemas e questões propostas buscam facilitar o ensino e a aprendizagem e o uso do livro em sala de aula.

Na página deste livro no site da Cengage o leitor encontra exercícios complementares com abordagem variada para aprimorar e complementar o desenvolvimento das habilidades matemáticas. É só acessar o site da Cengage (www.cengage.com.br) e no campo de busca digitar o nome deste livro. Quando a página carregar, o leitor logo visualizará o link para download do material. Também disponível para download está o suplemento com todas as respostas e soluções dos exercícios e atividades propostas.

Quanto aos conteúdos desenvolvidos, dividimos o livro em três partes:

- **Parte 1**, com **aritmética** e **álgebra** elementares necessárias no restante do livro e que revisam assuntos do ensino fundamental e médio.
- **Parte 2**, com um estudo detalhado das **funções** matemáticas, explorando importantes aplicações práticas na seção final dos capítulos.

- **Parte 3**, com uma **introdução ao cálculo diferencial**. Nessa parte, no Capítulo 12, fazemos o estudo dos limites. Para quem quiser explorar de maneira intuitiva os limites, recomendamos as seções 12.1, 12.2 e o início das seções 12.4 e 12.5. Para quem quiser explorar em detalhes os limites e aprender a calculá-los com o auxílio de propriedades, recomendamos o estudo de todas as seções. Ainda na Parte 3, o Capítulo 13 traz os principais aspectos do conceito de derivada e interpretações de suas aplicações.

Esperamos que este livro ajude-o, de modo prático, a desenvolver habilidades matemáticas necessárias nos seus estudos nas áreas da engenharia e tecnologia e o auxilie em sua profissão na tomada de decisões.

Estamos felizes por tê-lo como leitor e usuário de nosso texto e agradecemos antecipadamente suas críticas e sugestões!

Os autores

Sumário

Parte 1 – **Aritmética e álgebra elementares**

Parte 2 – **Funções**

Parte 3 – Introdução ao cálculo diferencial

Parte 1

Aritmética e álgebra elementares

1 Aritmética e álgebra elementares

Objetivos do capítulo

Neste capítulo, você fará uma revisão de vários assuntos da matemática básica. Essa revisão resgata um pouco de aritmética e álgebra elementares que são importantes para o desenvolvimento de outros assuntos da matemática. Tópicos como *potenciação, equações de 1º e 2º graus, intervalos numéricos, inequações, razão, proporção e porcentagens*, que você reverá neste capítulo, serão muito utilizados e úteis nos capítulos seguintes. Esses tópicos o ajudarão a entender mais adiante assuntos como as funções *linear, quadrática, exponencial* e *logarítmica*. Você perceberá também que com essa matemática básica é possível resolver alguns problemas envolvendo situações práticas.

Estudo de caso

*Uma indústria de cosméticos está interessada na melhoria de seus processos produtivos e de vendas. Estudou-se a produção diária dos cosméticos das Linhas "A" e "B" obtendo-se produções $P_A = 0,005x^2$ e $P_B = 0,01x^{2,5}$ (em milhares de unidades) e custos $C_A = 15x + 6.000$ e $C_B = 20x + 4.000$ (em \$) associados à quantidade x de insumos envolvidos nessas produções. Os insumos dependem, grosso modo, de três variáveis: o número de funcionários; as quantidades de matérias-primas e o número de horas de operação e de manutenção das máquinas, sendo essas variáveis diretamente proporcionais aos números 2, 5 e 1. Em relação às vendas conjuntas das duas linhas de cosméticos, constatou-se que elas cresceram sucessivamente 5%, 8% e 12% em três meses seguidos, comparativamente ao mesmo período do ano anterior. O aumento das vendas abre a possibilidade de um aumento dos preços realinhando-os à nova demanda. O departamento de engenharia e planejamento pretende responder às perguntas: **Quais as quantidades*** *de insumos necessárias para que sejam produzidos, aproximadamente, 1.000 unidades de cosméticos de cada linha? Desses insumos, qual a quantidade de matéria-prima? Sob que condições os* *custos da Linha "B" superam os da "A"? Qual o percentual de reajuste de preços das linhas se esse aumento for 75% do aumento percentual acumulado da demanda?*

Essas questões poderão ser respondidas com o auxílio dos tópicos a serem estudados neste capítulo.

1.1 Conjuntos numéricos

Para o estudo dos conjuntos numéricos, vamos relembrar primeiro algumas noções de conjuntos e suas principais operações.

Noção de conjunto, elemento e representações

Um **conjunto** traduz a ideia de "agrupamento" ou "coleção" de "objetos ou entes" e esses objetos são os **elementos** do conjunto.

É comum representar um conjunto com seus elementos entre chaves; ou descrevendo a propriedade comum aos seus elementos; ou ainda com elementos em um *diagrama de Venn*.

Exemplo 1: Conjunto das vogais.

$A = \{a, e, i, o, u\}$ ou
$A = \{x | x \text{ é } vogal\}$ ou

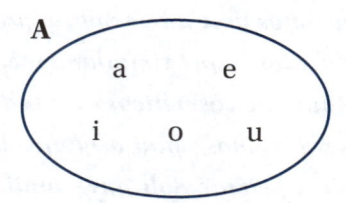

Figura 1.1 Conjunto A representado pelo diagrama de Venn

Exemplo 2: Conjunto dos divisores naturais de 6.

$B = \{1, 2, 3, 6\}$ ou
$B = \{x | x \text{ é } natural \text{ } e \text{ } divide \text{ } 6\}$ ou

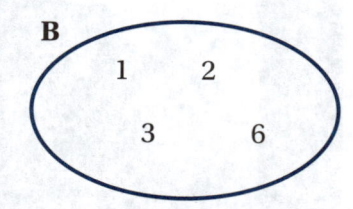

Figura 1.2 Conjunto B representado pelo diagrama de Venn

Quando um objeto é um dos elementos de um conjunto, dizemos que esse objeto "pertence" ao conjunto e usamos o símbolo $\in$ para indicar essa pertinência. Caso um objeto não pertença a um conjunto, para expressar a não pertinência usamos o símbolo $\notin$. Para os Exemplos 1 e 2 anteriores, podemos escrever, por exemplo, $u \in A$, $3 \in B$, $j \notin A$, $7 \notin B$ etc.

Subconjunto e conjuntos especiais

Um conjunto B é **subconjunto** de A se todo elemento de B também for elemento de A. Nesse caso, dizemos que B está "contido" em A e simbolizamos $B \subset A$. Para negar essa relação de inclusão, usamos o símbolo $\not\subset$. Uma representação possível da inclusão de B em A pode ser feita com o diagrama de Venn, conforme a Figura 1.3.

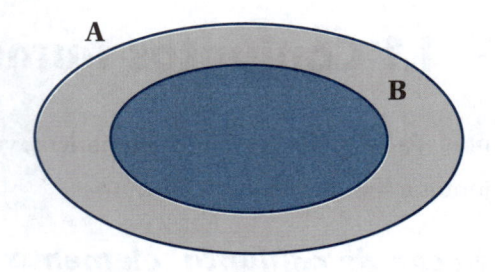

Figura 1.3 Representação de $B \subset A$.

Exemplo 3: $B = \{2, 3, 5, 7\}$ é subconjunto de $A = \{0, 1, 2, 3, 4, 5, 6, 7, 8, 9\}$, pois todo elemento de B também é elemento de A. Nesse caso, escrevemos $B \subset A$.

Exemplo 4: $D = \{2, 3, 5, 10\}$ não é subconjunto de $A = \{0, 1, 2, 3, 4, 5, 6, 7, 8, 9\}$, pois nem todo elemento de D é elemento de A (note que $10 \notin A$). Nesse caso, escrevemos $D \not\subset A$.

O conjunto que não possui elementos é chamado ***conjunto vazio*** e é simbolizado por $\emptyset$ ou $\{\ \}$.[1]

Exemplo 5: Dado $A = \{x | x < 2 \ e \ x > 2\}$, então A $= \emptyset$.

O ***conjunto universo***, que simbolizamos por U, é aquele que possui todos os elementos com os quais estamos lidando em uma determinada situação.

Exemplo 6: Se estamos resolvendo uma equação e dizemos que o universo é o conjunto dos números inteiros, então as soluções procuradas devem pertencer a $U = \{..., -3, -2, -1, 0, 1, 2, 3,...\}$ ou $U = \mathbb{Z}$.

Dois conjuntos são ***iguais*** quando possuem os mesmos elementos.

Exemplo 7: Dados $A = \{\ x | x \ \text{é natural e ímpar}\}$ e $B = \{1, 3, 5, 7, 9, 11,...\}$, temos $A = B$.

União de conjunto

A ***união*** (ou *reunião*) de dois conjuntos A e B, indicada por $A \cup B$, é o conjunto formado pelos elementos que pertencem a A **ou** pertencem a B. Nesse caso, o conectivo "ou" **não** é de exclusão, comum na linguagem usual "hoje ando ou corro". Isso significa que o conjunto $A \cup B$ é formado pelos elementos que estão em A ou estão em B ou estão em ambos.

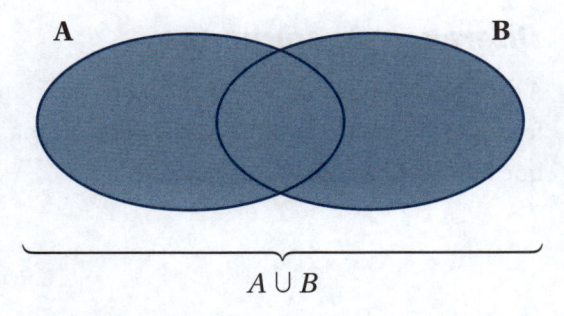

Figura 1.4 Representação de $A \cup B$.

---

[1] Consideramos o conjunto vazio subconjunto de qualquer conjunto, ou seja, $\emptyset \subset A$ para qualquer conjunto A. Isso ocorre pois, para que $\emptyset \not\subset A$, é necessário existir um elemento x em $\emptyset$ e que não pertença a A. Entretanto, sabemos que não existe tal elemento, uma vez que $\emptyset$ não tem elementos.

Exemplo 8:

a) Se $A = \{1, 2, 3, 4\}$ e $B = \{3, 4, 5, 6, 7\}$, então $A \cup B = \{1, 2, 3, 4, 5, 6, 7\}$.

b) Se $A = \{1, 2, 3, 4\}$ e $B = \{3, 4\}$, então $A \cup B = \{1, 2, 3, 4\} = A$, pois $B \subset A$.

c) $A \cup \emptyset = A$ para qualquer conjunto A.

Intersecção de conjuntos

A *intersecção* de dois conjuntos A e B, indicada por $A \cap B$, é o conjunto formado pelos elementos que, *simultaneamente*, pertencem a A e pertencem a B.

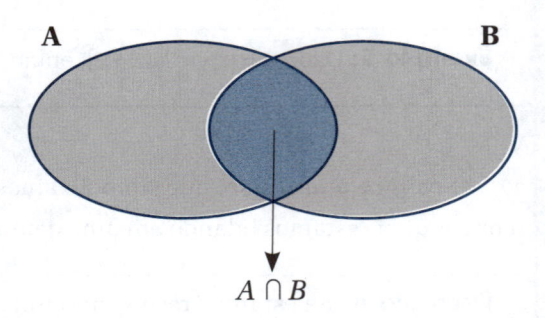

$$A \cap B$$

Figura 1.5 Representação de $A \cap B$.

Exemplo 9:

a) Se $A = \{1, 2, 3, 4\}$ e $B = \{3, 4, 5, 6\}$, então $A \cap B = \{3, 4\}$.

b) Se $C = \{1, 2, 3, 4\}$ e $D = \{6, 7, 8, 9, 10\}$, então $C \cap D = \emptyset$.

c) Se $A = \{1, 2, 3, 4\}$ e $B = \{3, 4\}$, então $A \cap B = \{3, 4\} = B$, pois $B \subset A$.

d) $A \cap \emptyset = \emptyset$ para qualquer conjunto A.

Diferença de conjuntos

A **diferença** $A - B$ de dois conjuntos é o conjunto formado por elementos que pertencem a A, mas que não pertencem a B.

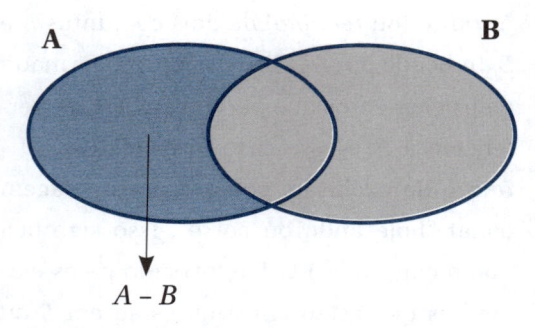

$$A - B$$

Figura 1.6 Representação de $A - B$.

Exemplo 10:

a) Se $A = \{1, 2, 3, 4\}$ e $B = \{3, 4, 5, 6, 7\}$, então $A - B = \{1, 2\}$ e $B - A = \{5, 6, 7\}$.

b) Se $A = \{1, 2, 3, 4, 5\}$ e $B = \{4, 5\}$, então $A - B = \{1, 2, 3\}$ e $B - A = \emptyset$.

c) Se $A = \{1, 2, 3, 4\}$ e $B = \{5, 6, 7, 8\}$, então $A - B = A$ e $B - A = B$.

Complementar de um conjunto

Quando um conjunto **A está contido em B**, o **complementar** de A em relação a B é dado pela diferença B – A, ou seja, o complementar é o conjunto formado por elementos que pertencem a B e que não pertencem a A. Isso é representado por $C_B^A = B - A$.

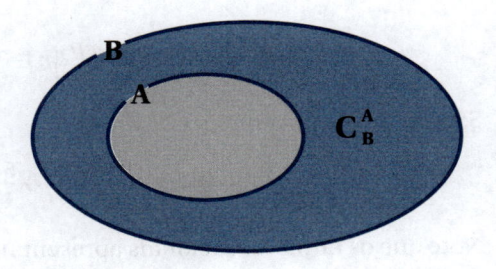

Figura 1.7 Representação de C_B^A.

É comum obter o complementar de A em relação ao conjunto universo U em questão (lembre que $A \subset U$). Assim, obtemos o conjunto dos elementos de U que não pertencem a A. Nesse caso, indicamos o complementar $C_U^A = U - A$ simplesmente por A^C ou $\bar{A}$.

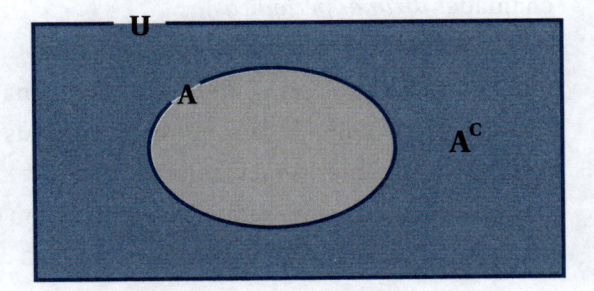

Figura 1.8 Representação de A^C ou $\bar{A}$.

Exemplo 11:

a) Se $A = \{1, 2, 3\}$ e $B = \{0, 1, 2, 3, 4, 5\}$, então $C_B^A = B - A = \{0, 4, 5\}$.

b) Se $A = \{7, 8\}$ e $U = \{5, 6, 7, 8, 9, 10\}$, então $A^C = \{5, 6, 9, 10\} = \bar{A}$.

Conjunto dos números naturais: $\mathbb{N}$

O conjunto dos números naturais é dado por $\mathbb{N} = \{0, 1, 2, 3, 4, 5, 6, 7, ...\}$.

Quando excluímos o número 0 (zero) do conjunto dos naturais, acrescentamos o asterisco (*) ao símbolo $\mathbb{N}$, assim $\mathbb{N}^* = \mathbb{N} - \{0\} = \{1, 2, 3, 4, 5, 6, 7, ...\}$.

Conjunto dos números inteiros: $\mathbb{Z}$

O conjunto dos números inteiros é dado por $\mathbb{Z} = \{..., -3, -2, -1, 0, 1, 2, 3, ...\}$.

Note que o conjunto dos números naturais é subconjunto do conjunto dos números inteiros, ou seja, $\mathbb{N} \subset \mathbb{Z}$.

Quando excluímos o número 0 (zero) do conjunto dos inteiros, acrescentamos o asterisco (*) ao símbolo $\mathbb{Z}$, assim $\mathbb{Z}^* = \mathbb{Z} - \{0\} = \{..., -3, -2, -1, 1, 2, 3, ...\}$.

Conjunto dos números racionais: $\mathbb{Q}$

O conjunto dos números racionais, $\mathbb{Q}$, tem como elementos números que podem ser escritos na forma $\frac{p}{q}$, em que p e q são números inteiros e $q \neq 0$.

$$\mathbb{Q} = \left\{ \frac{p}{q} \mid p \in \mathbb{Z}, \, q \in \mathbb{Z} \text{ e } q \neq 0 \right\}$$

São exemplos de números racionais:

$$\frac{5}{2} = 2,5, \, -\frac{5}{4} = -1,25, \, \frac{1}{3} = 0,333\ldots, \, \frac{51}{11} = 4,636363\ldots, \, -2 = \frac{-2}{1}, \, 3 = \frac{3}{1}, \, 0 = \frac{0}{1}$$

Note que os números racionais apresentam representação *decimal finita* ($\frac{5}{2} = 2,5$ e $-\frac{5}{4} = -1,25$) **ou** representação *decimal infinita e periódica* ($\frac{1}{3} = 0,333\ldots$ e $\frac{51}{11} = 4,636363\ldots$, também chamadas *dízimas periódicas*).

Note ainda que os números naturais e os números inteiros podem ser escritos na forma de números racionais, pois, sendo p um número natural (ou inteiro), podemos fazer $p = \frac{p}{1} \in \mathbb{Q}$.

Assim, os conjuntos dos números naturais e dos números inteiros são *subconjuntos* do conjunto dos números racionais, ou seja, $\mathbb{N} \subset \mathbb{Z} \subset \mathbb{Q}$.

Vejamos ainda, nos exemplos a seguir, como obtemos a *fração geratriz*, dado um número racional na forma de dízima periódica.

Exemplo 12: Escreva a fração geratriz da dízima periódica $0,333\ldots$.

Solução: Procuramos a fração x que "gera" a dízima $0,333\ldots$, assim $x = 0,333\ldots$

Multiplicando $x = 0,333\ldots$ por 10, podemos escrever

$$\begin{cases} x = 0,333\ldots \\ 10x = 3,333\ldots \end{cases}$$

Subtraindo, membro a membro, a 1ª equação da 2ª equação:

$$10x - x = 3,333\ldots - 0,333\ldots$$
$$9x = 3$$
$$x = \frac{3}{9}$$
$$x = \frac{1}{3}$$

Exemplo 13: Escreva a dízima periódica $4,636363\ldots$ na forma de fração.

Solução: Procuramos a fração x tal que $x = 4,636363\ldots$

Multiplicando $x = 4,636363\ldots$ por 100, podemos escrever

$$\begin{cases} x = 4,636363\ldots \\ 100x = 463,636363\ldots \end{cases}$$

Subtraindo, membro a membro, a 1ª equação da 2ª equação:

$$100x - x = 463,636363\ldots - 4,636363\ldots$$

$$99x = 459$$

$$x = \frac{459}{99}$$

$$x = \frac{51}{11}$$

Conjunto dos números irracionais: $\mathbb{I}$

O conjunto dos números irracionais é formado por números cuja representação decimal é *infinita* e *não periódica*.

São exemplos de números irracionais:

$$\sqrt{2} = 1,41421356\ldots, \quad -\sqrt{3} = -1,7320508\ldots, \quad \pi = 3,141592654\ldots, \quad e = 2,718281\ldots$$

Os números irracionais, embora tenham representação decimal, **não** podem ser escritos na forma de fração de números inteiros, ou ainda, sua representação decimal **não será** uma decimal finita **nem** uma dízima periódica.

É comum provar que $\sqrt{2} = 1,41421356\ldots$ é um número irracional. A ideia consiste em supor inicialmente, por absurdo, que $\sqrt{2}$ é um número racional e ao final de uma sequência de raciocínios lógicos chegar a uma constatação absurda. Tal constatação nos leva a refutar a suposição inicial de que $\sqrt{2}$ é um número racional, sendo assim concluímos que $\sqrt{2}$ é um número irracional.[2]

Conjunto dos números reais: $\mathbb{R}$

O conjunto dos números reais é dado pela reunião entre os conjuntos dos números racionais e dos números irracionais, isto é, $\mathbb{R} = \mathbb{Q} \cup \mathbb{I}$. Assim, os conjuntos $\mathbb{N}$, $\mathbb{Z}$, $\mathbb{Q}$ e $\mathbb{I}$ são subconjuntos de $\mathbb{R}$.

Costumamos representar geometricamente o conjunto dos números reais associando esses números a pontos em um eixo orientado (reta real).

---

2   Consideremos, por absurdo, que $\sqrt{2}$ é racional, logo pode ser escrito na forma de uma fração irredutível $\frac{p}{q}$, ou seja, p e q são inteiros e primos entre si. Se elevarmos ao quadrado $\frac{p}{q} = \sqrt{2}$, obtemos $\frac{p^2}{q^2} = 2$, o que leva a $p^2 = 2q^2$. Temos p^2 múltiplo de 2, ou seja, p^2 é par e, consequentemente, p também é par e o escrevemos $p = 2k$ (k inteiro). Podemos então escrever $(2k)^2 = 2q^2$, o que leva a $4k^2 = 2q^2$, resultando em $q^2 = 2k^2$. Temos q^2 múltiplo de 2, ou seja, q^2 é par e, consequentemente, q também é par! Chegamos a um absurdo, dado que p e q não podem ser ambos números pares, pois são primos entre si. Logo, é falso admitir, inicialmente, que $\sqrt{2}$ é racional! Concluímos que $\sqrt{2}$ é irracional.

Para essa representação, tomamos o ponto O (associado ao número 0) como origem do eixo, estabelecendo um sentido de percurso (crescimento dos números, geralmente à direita) e uma unidade de comprimento, de modo que um número positivo $x > 0$ é representado por um ponto A à direita de O. O número $-x < 0$, oposto de x, pode ser representado por A' (simétrico de A) e estará à esquerda de O. Assim, se outro ponto B representar um número y maior que x, ele estará à direita de A.

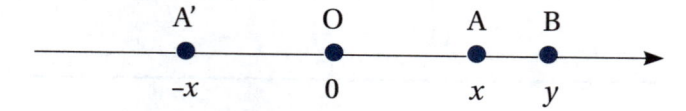

Figura 1.9 Números reais representados geometricamente

Exemplo 14: Números -3, $-\sqrt{3}$, 1, $\sqrt{2}$, π e 4 representados na reta real.

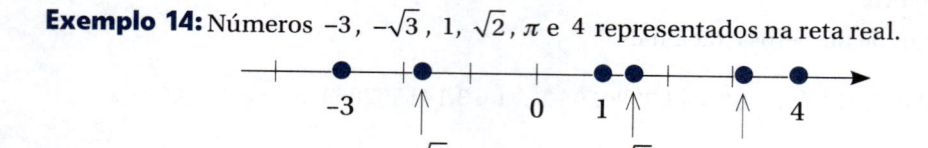

Figura 1.10 Números na reta real

Exercícios

1. Representando por meio de chaves, escreva os conjuntos:

   a) $A = \{x \mid x$ é natural e divide $10\}$

   b) $B = \{x \mid x$ é par natural e menor que $11\}$

   c) C é o conjunto dos naturais múltiplos de 3 e menores que 20

   d) D é o conjunto dos inteiros maiores que -4 e menores que 6

   e) E é o conjunto dos ímpares maiores que -6 e menores que 8

   f) $F = \{x \in \mathbb{N} \mid x < 10\}$

   g) $G = \{x \in \mathbb{N} \mid 2x + 4 = 10\}$

   h) $H = \{x \in \mathbb{N} \mid 2x + 4 = -10\}$

   i) $I = \{x \in \mathbb{N} \mid x^2 = 9\}$

   j) $J = \{x \in \mathbb{Z} \mid x^2 = 9\}$

2. Seja $A = \{0, 1, 2, 3, 4, 5\}$. Escreva os conjuntos:

   a) $R = \{x \in A \mid x$ é par$\}$

   b) $S = \{x \in A \mid x$ é primo$\}$

   c) $T = \{x \in A \mid x + 2 < 6\}$

   d) $U = \{x \in A \mid x^2 = 4\}$

   e) $V = \{x \in A \mid x^2 = 3\}$

3. Dado o conjunto $A = \{0, 1, 2, 3, 4, 5\}$, complete as sentenças abaixo utilizando um dos símbolos $\in$, $\notin$, $\subset$ e $\not\subset$.

   a) 1 ___ A

   b) $\{1\}$ ___ A

   c) 0 ___ A

   d) $\emptyset$ ___ A

   e) 7 ___ A

   f) $\{7\}$ ___ A

   g) -1 ___ A

   h) $\{0, 2, 4\}$ ___ A

   i) $\{4, 5, 6\}$ ___ A

   j) A ___ A

4. Sejam os conjuntos $E = \{0, 1, 2, 3, 4, 5\}$, $F = \{3, 4, 5, 6, 7\}$, $G = \{2, 3, 4\}$, $H = \{8, 9\}$ e o universo $U = \{0, 1, 2, 3, 4, 5, 6, 7, 8, 9\}$. Obtenha os conjuntos:

a) $E \cup F$ **b)** $E \cap F$ **c)** $E - F$

d) $F - E$ **e)** $E \cup G$ **f)** $E \cap G$

g) $E - G$ **h)** $G - E$ **i)** $G \cup H$

j) $G \cap H$ **k)** $G - H$ **l)** $H - G$

m) $(E \cap F) \cap G$ **n)** $(E \cap F) \cup H$ **o)** C_E^G

p) E^C **q)** G^C **r)** H^C

s) $(F \cap G)^C$ **t)** $(G \cup H)^C$

5. *"Dado um conjunto A, o conjunto das partes de A, representado por $P(A)$, é o conjunto formado por todos os subconjuntos de A".* Obtenha $P(A)$ para:

a) $A = \{3, 4\}$

b) $A = \{3, 4, 5\}$

6. Em uma escola, foram entrevistados 40 alunos e descobriu-se que 26 deles gostam de Português, 18 gostam de Matemática, 10 gostam das duas disciplinas. Esboce a situação descrita com um diagrama de Venn e responda:

a) Quantos alunos gostam apenas de Português?

b) Quantos alunos gostam de Português ou Matemática?

c) Quantos alunos não gostam de nenhuma das disciplinas?

7. Sejam os conjuntos numéricos $\mathbb{N}$, $\mathbb{Z}$, $\mathbb{Q}$, $\mathbb{I}$ e $\mathbb{R}$. Classifique em verdadeiro ou falso as afirmações:

a) $0 \in \mathbb{Q}$ **b)** $-2 \in \mathbb{N}$

c) $1,5 \in \mathbb{Z}$ **d)** $-3,777... \in \mathbb{Q}$

e) $0,5555... \in \mathbb{I}$ **f)** $\pi \in \mathbb{Q}$

g) $\dfrac{2}{5} \in \mathbb{I}$ **h)** $-7 \in \mathbb{Q}$

i) $-\sqrt{5} \in \mathbb{I}$ **j)** $5e \in \mathbb{R}$

k) $0,7 \in \mathbb{N}$ **l)** $\sqrt{7} \in \mathbb{Q}$

8. Escreva na forma decimal os seguintes números racionais:

a) $\dfrac{5}{4}$ **b)** $\dfrac{2}{3}$ **c)** $\dfrac{23}{20}$ **d)** $\dfrac{5}{6}$

e) $\dfrac{16}{25}$ **f)** $\dfrac{5}{8}$ **g)** $\dfrac{7}{9}$ **h)** $\dfrac{9}{7}$

9. Escreva na forma de fração as seguintes dízimas periódicas:

a) $1,3333...$ **b)** $5,6666...$ **c)** $0,454545...$

d) $0,171717...$ **e)** $0,7222...$ **f)** $5,31111...$

10. Complete as sentenças utilizando um dos símbolos $\subset$ e $\not\subset$.

a) $\mathbb{N} \underline{\quad} \mathbb{Z}$ **b)** $\mathbb{Z} \underline{\quad} \mathbb{N}$

c) $\mathbb{Z} \underline{\quad} \mathbb{Q}$ **d)** $\mathbb{Z} \underline{\quad} \mathbb{I}$

e) $\mathbb{I} \underline{\quad} \mathbb{R}$ **f)** $\mathbb{R} \underline{\quad} \mathbb{Q}$

11. Determine:

a) $\mathbb{N} \cup \mathbb{Z}$ **b)** $\mathbb{N} \cap \mathbb{Z}$ **c)** $\mathbb{Z} \cup \mathbb{Q}$

d) $\mathbb{Z} \cap \mathbb{Q}$ **e)** $\mathbb{Q} \cup \mathbb{I}$ **f)** $\mathbb{Q} \cap \mathbb{I}$

g) $(\mathbb{N} \cap \mathbb{Z}) \cup \mathbb{Q}$ **h)** $(\mathbb{Z} \cap \mathbb{I}) \cup \mathbb{N}$ **i)** $\mathbb{I} \cap \mathbb{R}$

12. Represente numa reta numérica os números 0, 3, $-\sqrt{5}$, $\dfrac{2}{3}$, $-\dfrac{1}{2}$, $\sqrt{3}$, $-\pi$, -2 e $\dfrac{5}{2}$.

1.2 Potenciação e radiciação

Vamos relembrar alguns tópicos de potenciação e radiciação. O domínio desses tópicos é importante para o estudo futuro de algumas funções, tais como função potência, função racional e função exponencial.

Potência inteira e positiva de um número real

Para o número real a e $n = 2, 3, 4, \ldots$, temos:

$$a^1 = a$$
$$a^n = \underbrace{a \cdot a \cdot \ldots \cdot a}_{n\,fatores}$$

Exemplo 15:

a) $7^1 = 7$ b) $3^4 = 3 \cdot 3 \cdot 3 \cdot 3 = 81$ c) $(-2)^3 = (-2) \cdot (-2) \cdot (-2) = -8$

Potência inteira de um número real não nulo

Para o número real a não nulo e $n = 1, 2, 3, 4, \ldots$, temos:

$$a^0 = 1$$
$$a^{-n} = \frac{1}{a^n}$$

Exemplo 16:

a) $5^0 = 1$ b) $2^{-3} = \frac{1}{2^3} = \frac{1}{8}$ c) $\left(\frac{4}{5}\right)^{-1} = \frac{1}{\frac{4}{5}} = \frac{5}{4}$

Regras de potenciação

Para os números reais a e b não nulos, m e n inteiros, temos as propriedades:

- $a^m a^n = a^{m+n}$ • $\dfrac{a^m}{a^n} = a^{m-n}$ • $(a^m)^n = a^{mn}$

- $(ab)^n = a^n b^n$ • $\left(\dfrac{a}{b}\right)^n = \dfrac{a^n}{b^n}$

Exemplo 17:

a) $2^3 2^4 = 2^{3+4} = 2^7 = 2 \cdot 2 \cdot 2 \cdot 2 \cdot 2 \cdot 2 \cdot 2 = 128$ b) $\dfrac{10^5}{10^3} = 10^{5-3} = 10^2 = 10 \cdot 10 = 100$

c) $\left(10^3\right)^2 = 10^{3 \cdot 2} = 10^6 = 1.000.000$ d) $(3 \cdot 5)^2 = 3^2 \cdot 5^2 = 9 \cdot 25 = 225$

e) $\left(\dfrac{5}{3}\right)^2 = \dfrac{5^2}{3^2} = \dfrac{25}{9}$

Raiz n-ésima (com índice par positivo)

Para o número real $b \geq 0$ e o número par $n > 1$, chamamos de **raiz n-ésima** de b ao número $a \geq 0$ tal que $a^n = b$ e a indicamos por $a = \sqrt[n]{b}$.

Nessa expressão, n é o **índice**, b é o **radicando**, a é a **raiz n-ésima** e o símbolo $\sqrt{}$ é o **radical**. Quando o índice é $n = 2$ costumamos usar apenas o símbolo $\sqrt{}$, em vez de $\sqrt[2]{}$.

Exemplo 18:

a) $\sqrt{25} = 5$, pois $5^2 = 25$. **b)** $\sqrt[4]{81} = 3$, pois $3^4 = 81$. **c)** $\sqrt{0} = 0$, pois $0^2 = 0$.

Note que a definição dada impõe o radicando real $b \geq 0$ e índice **par** $n > 1$. Assim, tal definição não trata de raízes de índice par com radicandos negativos (como $\sqrt{-1}$, $\sqrt{-4}$, $\sqrt{-9}$, $\sqrt[4]{-1}$ etc.). Raízes de índice par e radicando negativo não são números reais; tais raízes representam números complexos.

Raiz n-ésima (com índice ímpar positivo)

Para o número real b e o número ímpar $n > 1$, chamamos de **raiz n-ésima** de b ao número a tal que $a^n = b$ e a indicamos por $a = \sqrt[n]{b}$.

Exemplo 19:

a) $\sqrt[3]{8} = 2$, pois $2^3 = 8$. **b)** $\sqrt[5]{-32} = -2$, pois $(-2)^5 = -32$. **c)** $\sqrt[7]{0} = 0$, pois $0^7 = 0$.

Propriedades da raiz n-ésima

Para os inteiros m e n, com $m > 1$ e $n > 1$

- quando n e mn são ímpares;
- considerando $a \geq 0$ e $b \geq 0$ quando n e mn são pares; valem as propriedades:

- $\left(\sqrt[n]{a}\right)^n = a$
- $\sqrt[n]{ab} = \sqrt[n]{a}\sqrt[n]{b}$
- $\sqrt[n]{\dfrac{a}{b}} = \dfrac{\sqrt[n]{a}}{\sqrt[n]{b}}$ $(b \neq 0)$

- $\left(\sqrt[n]{a}\right)^m = \sqrt[n]{a^m}$
- $\sqrt[m]{\sqrt[n]{a}} = \sqrt[mn]{a}$
- $\sqrt[np]{a^{mp}} = \sqrt[n]{a^m}$

Para a propriedade $\left(\sqrt[n]{a}\right)^m = \sqrt[n]{a^m}$, devemos ainda ter $a \neq 0$ se $m < 0$ e, para a propriedade $\sqrt[np]{a^{mp}} = \sqrt[n]{a^m}$, é necessário a real, $a > 0$; n e p inteiros maiores que 1.

É importante lembrar que $\sqrt{x^2} = |x|$, em que $|x| = \begin{cases} x \text{ se } x \geq 0, \\ -x \text{ se } x < 0 \end{cases}$. Por exemplo, $\sqrt{5^2} = |5| = 5$, ou ainda, $\sqrt{(-3)^2} = |-3| = 3$.

Exemplo 20:

a) $\left(\sqrt[4]{7}\right)^4 = 7$

b) $\sqrt[3]{4} \cdot \sqrt[3]{5} = \sqrt[3]{4 \cdot 5} = \sqrt[3]{20}$

c) $\dfrac{\sqrt[5]{128}}{\sqrt[5]{4}} = \sqrt[5]{\dfrac{128}{4}} = \sqrt[5]{32} = 2$

d) $\left(\sqrt[3]{5}\right)^2 = \sqrt[3]{5^2} = \sqrt[3]{25}$

e) $\sqrt[3]{\sqrt[4]{5}} = \sqrt[3 \cdot 4]{5} = \sqrt[12]{5}$

f) $\sqrt[10]{7^6} = \sqrt[5 \cdot 2]{7^{3 \cdot 2}} = \sqrt[5]{7^3}$

Potência com expoente racional

Dados o número real positivo a e o número racional $\dfrac{p}{q}$, com p e q inteiros e $q > 0$, temos

$$a^{\frac{p}{q}} = \sqrt[q]{a^p}$$

e, em particular, para q inteiro e $q > 1$, temos

$$a^{\frac{1}{q}} = \sqrt[q]{a}$$

Exemplo 21:

a) $2^{\frac{3}{4}} = \sqrt[4]{2^3} = \sqrt[4]{8}$

b) $2^{\frac{1}{3}} = \sqrt[3]{2}$

c) $25^{\frac{1}{2}} = \sqrt{25} = 5$

Vale ressaltar ainda que dados os números reais positivos a e b e os números racionais m e n, temos também as seguintes propriedades para as potências racionais:

- $a^m a^n = a^{m+n}$
- $\dfrac{a^m}{a^n} = a^{m-n}$
- $\left(a^m\right)^n = a^{mn}$
- $(ab)^n = a^n b^n$
- $\left(\dfrac{a}{b}\right)^n = \dfrac{a^n}{b^n}$

Exercícios

13. Calcule o valor de:

a) 4^3

b) $(-2)^5$

g) 4^{-1}

h) 3^{-2}

c) $(-5)^2$

d) $\left(\dfrac{1}{2}\right)^2$

i) $\left(\dfrac{4}{5}\right)^{-2}$

j) $\left(-\dfrac{1}{5}\right)^{-2}$

e) -2^4

f) $\left(-\dfrac{2}{3}\right)^3$

k) $\left(-\dfrac{1}{2}\right)^{-3}$

l) $0,01^{-2}$

14. Calcule o valor de cada expressão:

a) $\left(\dfrac{3}{2}\right)^4 \cdot (-4)^3 - (-2)^4$

b) $\left(-\dfrac{1}{5}\right)^2 \cdot 100 + (-3)^3 \cdot \left(-\dfrac{1}{9}\right)$

c) $\dfrac{(-5)^2 - 4 \cdot (-1)^7 - (-3)^0}{81 \cdot \left(-\dfrac{1}{3}\right)^3}$

d) $2 \cdot 5^{-2} - 5 \cdot 2^{-5}$

e) $60 \cdot \left(\dfrac{4}{3}\right)^{-2} - 12 \cdot \left(-\dfrac{2}{3}\right)^{-2}$

15. Simplifique:

a) $\dfrac{7^2 \cdot \left(7^2\right)^3}{7^2}$

b) $\dfrac{5^6 \cdot 5^5 \cdot \left(5^3\right)^4}{\left(5^6\right)^3}$

c) $\dfrac{x^6 \cdot \left(y^2\right)^4}{x^4 \cdot y^{11}} \quad (x \cdot y \neq 0)$

d) $\dfrac{\left(x^2\right)^3 \cdot (x \cdot y)^4}{x^8 \cdot y} \quad (x \cdot y \neq 0)$

e) $\dfrac{\left(x^5\right)^4 \cdot \left(y^{-3}\right)^2}{x^{-2} \cdot y} \quad (x \cdot y \neq 0)$

16. Escreva na forma de raiz.

a) $7^{\frac{1}{2}}$ b) $7^{\frac{1}{3}}$ c) $7^{0,1}$

d) $7^{\frac{2}{3}}$ e) $7^{\frac{4}{5}}$ f) $7^{\frac{9}{11}}$

17. Escreva na forma de potência com expoente fracionário.

a) $\sqrt{11}$ b) $\sqrt[3]{11}$ c) $\sqrt[5]{11}$

d) $\sqrt[3]{11^2}$ e) $\sqrt[5]{11^3}$ f) $\sqrt[7]{11^4}$

g) $\dfrac{1}{\sqrt{11}}$ h) $\dfrac{1}{\sqrt[3]{11}}$ i) $\dfrac{1}{\sqrt[5]{11^4}}$

18. Calcule o valor de:

a) $25^{\frac{1}{2}}$ b) $8^{\frac{1}{3}}$ c) $81^{\frac{1}{4}}$

d) $27^{\frac{2}{3}}$ e) $16^{\frac{3}{2}}$ f) $8^{-\frac{2}{3}}$

g) $16^{-\frac{3}{4}}$ h) $0,36^{-0,5}$ i) $0,0001^{-0,25}$

19. Transforme numa só potência as seguintes expressões:

a) $7^{\frac{1}{2}} \cdot 7^{\frac{1}{3}}$ b) $7^{\frac{1}{4}} : 7^{\frac{1}{5}}$ c) $\left(7^{\frac{1}{2}}\right)^{\frac{1}{3}}$

d) $\left(7^{\frac{2}{3}}\right)^{\frac{9}{4}}$ e) $5^{\frac{2}{3}} \cdot 7^{\frac{2}{3}}$ f) $\dfrac{6^{\frac{4}{5}}}{7^{\frac{4}{5}}}$

▶ 1.3 Fatoração e produtos notáveis

Vamos relembrar os principais tópicos de fatoração e produtos notáveis. O domínio desses tópicos facilita a manipulação de expressões algébricas com diferentes usos na matemática.

Equações e identidades

A seguir temos exemplos de expressões algébricas envolvendo a variável x

$$2x + 10 \qquad (1)$$

$$\dfrac{1}{x - 3} \qquad (2)$$

Note que para a expressão (1) podemos efetuar as operações indicadas para todo x real; nesse caso, podemos estabelecer para o **domínio** da expressão o conjunto $\mathbb{R}$. Já para a expressão (2), o domínio pode ser dado pelo conjunto dos x reais diferentes de 3.

Obtemos uma **equação** pela igualdade de duas expressões, sendo que uma delas possui ao menos uma variável. As três igualdades a seguir são exemplos de equações na variável x:

$$5x - 3 = x + 5 \qquad (3)$$
$$2x = 2x + 3 \qquad (4)$$
$$2x - 4 + 3x - 6 = 5x - 10 \qquad (5)$$

Para essas equações, os membros à esquerda e à direita das igualdades apresentam operações que podem ser efetuadas para todo x real, assim podemos estabelecer o conjunto $\mathbb{R}$ como o domínio das equações.

Na equação (3), a igualdade é satisfeita apenas para $x = 2$, que é chamada **solução** da equação, e o conjunto $S = \{2\}$ é o **conjunto solução** da equação.

Na equação (4), a igualdade **não é satisfeita** para nenhum valor do domínio, ou seja, **não existe** x real que torne a sentença verdadeira. Nesse caso, o conjunto solução é $S = \emptyset$.

Na equação (5), a igualdade é satisfeita para todo valor do domínio, ou seja, **qualquer** x real torna a sentença verdadeira. Nesse caso, o conjunto solução é o próprio domínio, isto é, $S = \mathbb{R}$.

Equações como a equação (5), em que a igualdade é satisfeita para todo valor do domínio, também são chamadas **identidades** algébricas.

Nos exemplos anteriores, as expressões, equações e identidades envolveram apenas uma variável, x, mas podemos ter expressões, equações e identidades com mais de uma variável, x, y, z, w etc.

Muitas identidades podem ser obtidas por meio de operações (adição, subtração, multiplicação, divisão etc.) entre duas expressões algébricas, como os exemplos seguintes:

Exemplo 22: Simplifique as expressões efetuando as operações indicadas.

a) $\left(6x^2 - 5y + 6x + 3\right) + \left(x^2 - 7y + 2x - 1\right) = 7x^2 - 12y + 8x + 2$

b) $\left(5x^2 - 4x + 8\right) - \left(2x^2 - 3x - 3\right) = 5x^2 - 4x + 8 - 2x^2 + 3x + 3 = 3x^2 - x + 11$

c) $2x\left(3x^2 - 5x + 7\right) = 2x \cdot 3x^2 - 2x \cdot 5x + 2x \cdot 7 = 6x^3 - 10x^2 + 14x$

d) $(x + 2y)(3x - 5y + 4) = x(3x - 5y + 4) + 2y(3x - 5y + 4)$
$= x \cdot 3x - x \cdot 5y + x \cdot 4 + 2y \cdot 3x - 2y \cdot 5y + 2y \cdot 4$
$= 3x^2 - 5xy + 4x + 6xy - 10y^2 + 8y$
$= 3x^2 - 10y^2 + xy + 4x + 8y$

Fatoração, fator comum e agrupamentos

Com base no item (c) do Exemplo 22, podemos escrever a identidade

$$6x^3 - 10x^2 + 14x = 2x(3x^2 - 5x + 7)$$

Nessa identidade, o membro $6x^3 - 10x^2 + 14x$ foi escrito na forma da **multiplicação** $2x \cdot (3x^2 - 5x + 7)$ de dois fatores, $2x$ e $3x^2 - 5x + 7$. Dizemos, nesse caso, que fizemos a **fatoração** de $6x^3 - 10x^2 + 14x$ e que $2x$ é o **fator comum**.

Note que $2x$ "aparece" como **fator** que é **comum** em cada parte do membro $6x^3 - 10x^2 + 14x$:

$$6x^3 - 10x^2 + 14x = 2x \cdot 3x^2 - 2x \cdot 5x + 2x \cdot 7$$

Exemplo 23: Fatore as expressões a seguir:

a) $3ax - 3ay$ **b)** $10x^4 + 6x^2 - 2x$ **c)** $12a^5b^2x^3 + 4a^3b^4x^2 + 6a^4bx$

Solução:

a) $3ax - 3ay = 3a(x - y)$

b) $10x^4 + 6x^2 - 2x = 2x(5x^3 + 3x - 1)$

c) $12a^5b^2x^3 + 4a^3b^4x^2 + 6a^4bx = 2a^3bx(6a^2bx^2 + 2b^3x + 3a)$

Existem casos em que podemos fatorar a expressão usando **agrupamentos** dos termos de uma expressão:

$$ac - ad + bc - bd = a(c - d) + b(c - d) = (c - d)(a + b)$$
$$xa + 2x + a + 2 = x(a + 2) + a + 2 = (a + 2)(x + 1)$$

As identidades expostas apresentam produtos de expressões algébricas. Ressaltamos a seguir alguns produtos especiais, que merecem ser memorizados, conhecidos como **produtos notáveis:**[3]

Multiplicação da soma pela diferença – diferença de quadrados

$$(a + b) \cdot (a - b) = a^2 - b^2$$

Exemplo 24: Desenvolva o produto $(x + 10)(x - 10)$.

Solução:

$$(x + 10)(x - 10) = x^2 - 10^2 = x^2 - 100$$

---

3 Sugerimos como exercício a demonstração de cada um desses produtos.

Quadrado da soma e da diferença – trinômio do quadrado perfeito

$$(a+b)^2 = a^2 + 2ab + b^2$$
$$(a-b)^2 = a^2 - 2ab + b^2$$

Exemplo 25: Desenvolva os produtos a seguir:

a) $(x+5)^2$ **b)** $(2x-3)^2$

Solução:

a) $(x+5)^2 = x^2 + 2 \cdot x \cdot 5 + 5^2 = x^2 + 10x + 25$

b) $(2x-3)^2 = (2x)^2 - 2 \cdot 2x \cdot 3 + 3^2 = 4x^2 - 12x + 9$

Cubo da soma e da diferença

$$(a+b)^3 = a^3 + 3a^2b + 3ab^2 + b^3$$
$$(a-b)^3 = a^3 - 3a^2b + 3ab^2 - b^3$$

Exemplo 26: Desenvolva os produtos a seguir:

a) $(x+10)^3$ **b)** $(x-1)^3$

Solução:

a) $(x+10)^3 = x^3 + 3 \cdot x^2 \cdot 10 + 3 \cdot x \cdot 10^2 + 10^3 = x^3 + 30x^2 + 300x + 1.000$

b) $(x-1)^3 = x^3 - 3 \cdot x^2 \cdot 1 + 3 \cdot x \cdot 1^2 - 1^3 = x^3 - 3x^2 + 3x - 1$

Soma e diferença de cubos

$$a^3 + b^3 = (a+b) \cdot (a^2 - ab + b^2)$$
$$a^3 - b^3 = (a-b) \cdot (a^2 + ab + b^2)$$

Exemplo 27: Fatore as expressões a seguir utilizando os produtos notáveis:

a) $x^3 + 8$ **b)** $x^3 - 1$

Solução:

a) $x^3 + 8 = x^3 + 2^3 = (x+2) \cdot (x^2 - x \cdot 2 + 2^2) = (x+2) \cdot (x^2 - 2x + 4)$

b) $x^3 - 1 = x^3 - 1^3 = (x-1) \cdot (x^2 + x \cdot 1 + 1^2) = (x-1) \cdot (x^2 + x + 1)$

Exercícios

20. Simplifique as expressões efetuando as operações indicadas.

a) $3a + 5b - 3c + 7b - 5c + 2a$

b) $6x^2 - 5y + 6x - 7y + 2x - 1 + x^2$

c) $ab + xy + 2ab - 3xy$

d) $(2x - 3) + 2x - (3x - 8)$

e) $(2x - 3) + (5x - 8) - (-7x + 8)$

f) $(x^2 - 2x + 3) - (-5x^2 + 2x - 8)$

g) $-2(x - 3y)$

h) $x^2(x + 2)$

i) $3x(x^2 + xy + y)$

j) $x^3(x - xy + x^2)$

k) $(x - 1)(x + 2)$

l) $(x^2 + 2)(2x - y)$

m) $(x + 1)(x + 2y - xy)$

n) $(x + y)(x^2 - xy + y - 3)$

21. Fatore colocando os fatores comuns em evidência e, quando possível, simplifique ainda mais, usando o agrupamento.

a) $2ax + 2ay$

b) $x^2 + x$

c) $x^3 + x^2$

d) $6x^3 + 4x^2 + 2x$

e) $x^2y + x^2 + x$

f) $x^2y^2 + xy^2$

g) $a(x + y) + b(x + y)$

h) $x(a - b) + y(a - b)$

i) $a^2 + ab + ac + bc$

j) $ax - bx + ay - by$

22. Desenvolva.

a) $(x + y)^2$

b) $(x + 1)^2$

c) $(x + h)^2$

d) $(x - 3)^2$

e) $3 \cdot (x - y)^2$

f) $(3x - 4)^2$

g) $-2 \cdot (3x + 1)^2$

h) $(x^2 - 3)^2$

i) $(x + y)(x - y)$

j) $(x + 2)(x - 2)$

k) $(4x - 5)(4x + 5)$

l) $(xy - 3)(xy + 3)$

m) $(y^2 - 10)(y^2 + 10)$

n) $(x + 2)^3$

o) $(x - 2)^3$

p) $(3x - 2)^3$

23. Fatore utilizando os produtos notáveis.

a) $x^2 + 2xy + y^2$

b) $x^2 - 2xy + y^2$

c) $x^2 + 6x + 9$

d) $x^2 - 10x + 25$

e) $x^2 + 2x + 1$

f) $2x^2 - 12x + 18$

g) $a^2b^2 + 2abc + c^2$

h) $x^2 - 25$

i) $a^2 - 10.000$

j) $9x^2 - 4$

k) $4x^2 - 25y^2$

l) $x^3 + 6x^2 + 12x + 8$

m) $x^3 + 15x^2 + 75x + 125$

n) $x^3 - 9x^2 + 27x - 27$

o) $x^3 - 12x^2 + 48x - 64$

1.4 Equação do primeiro grau

Consideraremos o conjunto dos números reais o conjunto universo para as equações.

Solução da equação do primeiro grau

Uma equação com uma incógnita x é denominada **equação do primeiro grau** se pode ser reduzida por meio de operações elementares à forma

$$ax + b = 0$$

em que a e b são números reais e $a \neq 0$.

Seu conjunto solução será

$$S = \left\{ -\frac{b}{a} \right\}.$$

Exemplo 28: Resolva as equações do primeiro grau.

a) $3x + 6 = 0$

Solução:

$$3x + 6 = 0$$
$$3x = -6$$
$$x = -\frac{6}{3}$$
$$x = -2$$
$$S = \left\{ -2 \right\}$$

b) $(2x + 3) - (4 - 3x) = 7 - 4(-5 - 3x)$

Solução:

$$(2x + 3) - (4 - 3x) = 7 - 4(-5 - 3x)$$
$$2x + 3 - 4 + 3x = 7 + 20 + 12x$$
$$2x + 3x - 12x = 7 + 20 - 3 + 4$$
$$-7x = 28$$
$$7x = -28$$
$$x = -\frac{28}{7}$$
$$x = -4$$
$$S = \left\{ -4 \right\}$$

Observação: Equações que são reduzidas à forma $ax + b = 0$ com $a = 0$ são especiais, e o conjunto solução dependerá do valor de b:

- Se $b \neq 0$, o conjunto solução será $S = \emptyset$.
- Se $b = 0$, o conjunto solução será $S = \mathbb{R}$.

Exemplo 29: $0x + 7 = 0$ tem conjunto solução $S = \emptyset$.

Exemplo 30: $0x + 0 = 0$ tem conjunto solução $S = \mathbb{R}$.

Exercícios

24. Resolva as equações em $\mathbb{R}$.

a) $2x + 6 = 8$

b) $-2x + 4 = 1$

c) $-3x = \dfrac{6}{5}$

d) $\dfrac{x}{3} - 2 = 0$

e) $-\dfrac{1}{3}x - \dfrac{4}{7} = 0$

f) $12 + x = 7 - 4x$

g) $\dfrac{3x+9}{9} = \dfrac{x-5}{6}$

h) $\dfrac{-3x+6}{25} = \dfrac{2x+8}{10}$

i) $0,18x - 0,90 = 0$

j) $(1 + 2x) - (2 - 3x) - (-2 + 4x) = 3$

k) $\dfrac{5x}{3} - \dfrac{1}{2} = \dfrac{3x}{2} - \dfrac{5}{6}$

l) $0,21x + 3,33 = 0,12x + 6,66$

m) $\dfrac{2x+5}{4} + \dfrac{5x-6}{3} = 2$

n) $\dfrac{3x+1}{2} - \dfrac{x-3}{3} = 2x$

25. Um tampão é aberto em uma caixa d'água e começa a esvaziá-la. A quantidade, Q, de água (em litros) remanescente na caixa após t minutos da abertura do tampão é $Q = 5.000 - 40t$. Quanto tempo se passou quando há exatos 2.300 litros de água na caixa?

26. A posição, S (em metros), de um móvel no decorrer tempo, t (em segundos), é dada por $S = 300 - 15t$. Qual é o tempo quando a posição é:

a) 120 metros?

b) –270 metros?

27. A expressão $F = \dfrac{9}{5}C + 32$ permite a conversão entre as escalas de temperatura Fahrenheit (F) e Celsius (C). Para que valores de C temos:

a) Temperatura igual a 41 ºF?

b) Temperatura igual a 122 ºF?

28. Em um experimento, uma pilha comum de lanterna teve sua equação característica dada por $U = 9,0 - 1,0 \cdot i$, em que U é a diferença de potencial, medida em *volt* (V), e i é a intensidade da corrente, medida em *ampère* (A), que atravessou a pilha. Qual é o valor de i quando a diferença de potencial é igual a 4,5V?

29. Um fio de alumínio tem 200 metros de comprimento à temperatura, de 20 ºC. Com variações de temperatura, esse fio apresentará expansões ou contrações, e seu comprimento é dado por $L = 200 \cdot \left[1 + 24 \cdot 10^{-6} \cdot (t - 20)\right]$, em que t é a temperatura do fio (em graus C). Qual é a temperatura do fio quando temos:

a) comprimento do fio igual a 200,192 m?

b) comprimento do fio igual a 199,904 m?

30. Em uma linha de produção, o custo diário, C, para o beneficiamento de x toneladas de um alimento é de $C = 1.500 + 75x$. Qual a quantidade de alimento beneficiada num dia em que o custo foi de $\$6.000,00$?

31. Para uma assistência autorizada, o custo, C, da mão de obra para a manutenção de um eletrodoméstico em uma visita domiciliar é de $C = 50 + 25x$, em que x é o número de horas utilizadas na manutenção. Calcule quantas horas são utilizadas na manutenção de um eletrodoméstico quando o custo da mão de obra é de $\$162,50$.

32. O salário, S, mensal de um vendedor depende do valor, v, de suas vendas em um mês e é dado por $S = 2.500 + 0,03v$.

Qual o valor das vendas em um mês cujo salário foi de:

a) $ 4.000,00?   **b)** $ 6.250,00?

1.5 Equação do segundo grau

Vamos considerar o conjunto dos números reais o conjunto universo para as equações.

Equações do segundo grau

Uma equação com uma incógnita x é denominada *equação do segundo grau* se, por meio de operações elementares, puder ser reduzida a

$$ax^2 + bx + c = 0$$

em que a, b e c são números reais e $a \neq 0$.

Se $b \neq 0$ e $c \neq 0$, a equação é chamada *equação completa*.

Se $b = 0$ e/ou $c = 0$, a equação é chamada *equação incompleta*.

Exemplo 31:

a) $4x^2 - 7x + 3 = 0$ (Completa)

b) $4x^2 + 3 = 0$ (Incompleta, pois $b = 0$)

c) $4x^2 - 7x = 0$ (Incompleta, pois $c = 0$)

d) $4x^2 = 0$ (Incompleta, pois $b = 0$ e $c = 0$)

Temos diferentes maneiras de resolver as equações do segundo grau. A seguir abordaremos algumas formas de resolução.

Resolução das equações do segundo grau "incompletas"

1º Caso

Equações incompletas em que $b = 0$ e $c \neq 0$ são resolvidas "isolando" x:

$$ax^2 + c = 0$$
$$ax^2 = -c$$
$$x^2 = -\frac{c}{a}$$

➤ Quando $-\dfrac{c}{a} > 0$, a solução é dada por duas raízes reais e distintas:

$$x = \pm\sqrt{-\frac{c}{a}}$$

$$S = \left\{ -\sqrt{-\frac{c}{a}}, \ \sqrt{-\frac{c}{a}} \right\}$$

➤ Quando $-\dfrac{c}{a} < 0$, as raízes não são números reais, com conjunto solução $S = \varnothing$.

Exemplo 32: Resolva em $\mathbb{R}$ a equação $3x^2 - 12 = 0$.

Solução:

$$3x^2 - 12 = 0$$
$$3x^2 = 12$$
$$x^2 = \frac{12}{3}$$
$$x^2 = 4$$
$$x = \pm\sqrt{4}$$
$$x = \pm 2$$
$$S = \{-2,\ 2\}$$

Exemplo 33: Resolva em $\mathbb{R}$ a equação $x^2 + 25 = 0$.

Solução:

$$x^2 + 25 = 0$$
$$x^2 = -25$$

$x = \pm\sqrt{-25}$ não representam números reais! Não existe solução real! Logo $S = \varnothing$.

2º Caso

Equações incompletas em que $b \neq 0$ e $c = 0$ são resolvidas com fatoração:

$$ax^2 + bx = 0$$
$$x(ax + b) = 0$$
$$x = 0 \ \text{(Raiz)} \qquad \textbf{ou} \qquad$$

$$ax + b = 0$$
$$ax = -b$$
$$x = -\frac{b}{a} \ \text{(Raiz)}$$
$$S = \left\{0,\ -\frac{b}{a}\right\}$$

Exemplo 34: Resolva em $\mathbb{R}$ a equação $x^2 - 2x = 0$.

Solução:

$$x^2 - 2x = 0 \qquad\qquad x - 2 = 0$$
$$x(x - 2) = 0 \quad \textbf{ou} \quad x = 2$$
$$x = 0 \qquad\qquad\qquad S = \{0,\ 2\}$$

3º Caso

Para equações incompletas em que $b = 0$ e $c = 0$, a única raiz é $x = 0$, já que $a \neq 0$:

$$ax^2 = 0$$
$$x^2 = 0$$
$$x = 0$$
$$S = \{0\}$$

Resolução das equações do segundo grau "completas"

Equações do tipo $ax^2 + bx + c = 0$, com $b \neq 0$ e $c \neq 0$, e as equações incompletas já vistas podem ser resolvidas com a fórmula de **Bhaskara**:

Iniciamos a resolução calculando o *discriminante*

$$\boxed{\Delta = b^2 - 4ac}$$

se $\Delta \geq 0$, a equação tem raízes reais dadas por

$$\boxed{x = \frac{-b \pm \sqrt{\Delta}}{2a}}$$

se $\Delta < 0$, a equação **não** tem raízes reais.

Conjunto solução das equações do segundo grau

➢ Para $\Delta > 0$, as raízes reais **são distintas** com o conjunto solução

$$S = \left\{ \frac{-b - \sqrt{\Delta}}{2a}, \frac{-b + \sqrt{\Delta}}{2a} \right\}$$

➢ Para $\Delta = 0$, as raízes reais **são iguais** com o conjunto solução

$$S = \left\{ -\frac{b}{2a} \right\}$$

➢ Para $\Delta < 0$, o conjunto solução é

$$S = \varnothing.$$

Exemplo 35: Resolva em $\mathbb{R}$ as equações:

a) $x^2 - 3x - 10 = 0$

Solução: Coeficientes $a = 1$, $b = -3$ e $c = -10$.

Calculando o discriminante:

$$\Delta = b^2 - 4ac \Rightarrow \Delta = (-3)^2 - 4 \cdot 1 \cdot (-10) \Rightarrow \Delta = 49$$

Como $\Delta \geq 0$, utilizamos a fórmula $x = \dfrac{-b \pm \sqrt{\Delta}}{2a}$ para obter as raízes:

$$x = \frac{-(-3)\pm\sqrt{49}}{2\cdot 1} \Rightarrow x = \frac{3\pm 7}{2} \Rightarrow x = \frac{10}{2} \text{ ou } x = \frac{-4}{2} \Rightarrow x = 5 \text{ ou } x = -2$$

Assim, o conjunto solução é $S = \{-2,\ 5\}$.

b) $-x^2 + 10x - 25 = 0$

Solução: Coeficientes $a = -1$, $b = 10$ e $c = -25$.

Calculando o discriminante:

$$\Delta = b^2 - 4ac \Rightarrow \Delta = 10^2 - 4\cdot(-1)\cdot(-25) \Rightarrow \Delta = 0$$

Como $\Delta \geq 0$, utilizamos a fórmula $x = \dfrac{-b\pm\sqrt{\Delta}}{2a}$ para obter as raízes:

$$x = \frac{-10\pm\sqrt{0}}{2\cdot(-1)} \Rightarrow x = \frac{-10\pm 0}{-2} \Rightarrow x = \frac{-10}{-2} \Rightarrow x = 5$$

Assim, o conjunto solução é $S = \{5\}$.

c) $5x^2 + 3x + 2 = 0$

Solução: Coeficientes $a = 5$, $b = 3$ e $c = 2$.

Calculando o discriminante:

$$\Delta = b^2 - 4ac \Rightarrow \Delta = 3^2 - 4\cdot 5\cdot 2 \Rightarrow \Delta = -31$$

Como $\Delta < 0$, a equação não tem raiz real, assim o conjunto solução é $S = \emptyset$ ou $S = \{\ \}$.

Exercícios

33. Resolva as equações em $\mathbb{R}$.

a) $x^2 - 9 = 0$

b) $x^2 - 3 = 0$

c) $2x^2 - 50 = 0$

d) $x^2 + 4 = 0$

e) $x^2 + x = 0$

f) $2t^2 - 10t = 0$

g) $-2x^2 + 7x = 0$

h) $x^2 + 6x - 16 = 0$

i) $x^2 + 3x - 18 = 0$

j) $m^2 - 10m + 21 = 0$

k) $2x^2 + 14x + 20 = 0$

l) $0,5x^2 + x - 7,5 = 0$

m) $-x^2 - 5x - 4 = 0$

n) $-2t^2 + 12t - 10 = 0$

o) $3x^2 + 12x + 12 = 0$

p) $-x^2 + 2x - 1 = 0$

q) $-2k^2 + 20k - 50 = 0$

r) $x^2 - 4x + 5 = 0$

s) $-p^2 + 3p - 4 = 0$

t) $x^3 - 81x = 0$

u) $-x^3 + 10x^2 = 0$

v) $x^3 - 15x^2 + 50x = 0$

34. A produção, P, depende da quantidade, q, de insumos utilizados. Em uma fábrica temos $P = 0,05q^2$, com P em toneladas e q em milhares de \$. Determine a quantidade de insumos necessários para que a produção seja de 80 toneladas.

35. Na construção civil, uma empresa produz calhas com folhas de metal de 60 centímetros de largura que são dobradas conforme a figura:

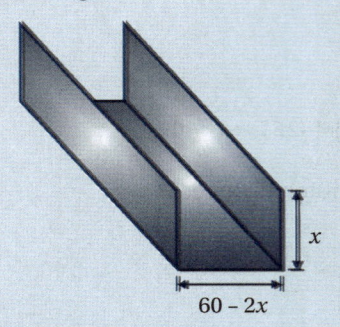

A secção transversal da calha é um retângulo que tem área dada por $A = (60 - 2x) \cdot x$. Sabendo que a capacidade da calha é maximizada quando a área é 450 cm², determine o valor de x que possibilita essa maximização.

36. Da sacada de um apartamento, a 30 metros de altura, um objeto é lançado verticalmente para cima com velocidade inicial de 20 m/s. A altura, h, do objeto após t segundos do lançamento pode ser aproximada por $h = 30 + 20t - 5t^2$.

a) Após quanto tempo o objeto atingiu 45 m de altura?

b) Após quanto tempo o objeto atingiu 50 m de altura?

c) Após quanto tempo o objeto atingiu 5 m de altura?

d) É possível o objeto atingir 60 m de altura?

37. Um gerador de energia elétrica lança a potência $P = 36i - 6i^2$, em *watts*, em um circuito elétrico em que i é a intensidade, em *ampères*, da corrente elétrica que atravessa o gerador. Determine o número de *ampères* da corrente elétrica quando a potência do gerador é de 54 *watts*.

38. A receita, R, na venda de q unidades de um produto é dada por $R = -2q^2 + 200q$. Determine a(s) quantidade(s) vendida(s) quando a receita é de:

a) \$ 1.800,00   **b)** \$ 5.000,00

39. O lucro, L, na venda de q unidades de um produto é dado por $L = -2q^2 + 160q - 1.400$. Determine a(s) quantidade(s) vendida(s) quando o lucro é de:

a) \$ 1.000,00   **b)** \$ 1.800,00

1.6 Intervalos numéricos

Os intervalos numéricos são subconjuntos dos números reais e podem ser representados graficamente em retas. Nas representações gráficas dos números que são extremos do intervalo, uma *"bola" vazia* indica que o extremo **não** pertence ao intervalo, e uma *"bola" cheia* indica que o número pertence ao intervalo.

    A seguir representamos de maneira geral cada tipo de intervalo, com um respectivo exemplo na sequência.

Intervalo aberto

Nos intervalos abertos, os extremos não pertencem ao conjunto.

$]a, b[= \{x \in \mathbb{R} \mid a < x < b\}$

Figura 1.11 Intervalo aberto

Exemplo 36:

$]-2, 3[= \{x \in \mathbb{R} \mid -2 < x < 3\}$

Intervalo fechado

Nos intervalos fechados, os extremos pertencem ao conjunto.

$[a, b] = \{x \in \mathbb{R} \mid a \leq x \leq b\}$

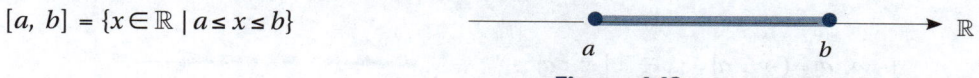

Figura 1.12 Intervalo fechado

Exemplo 37:

$[-2, 3] = \{x \in \mathbb{R} \mid -2 \leq x \leq 3\}$

Intervalos semiabertos

Nos intervalos semiabertos, um dos extremos pertence ao conjunto e o outro extremo não pertence ao conjunto.

$[a, b[= \{x \in \mathbb{R} \mid a \leq x < b\}$

Figura 1.13 Intervalo semiaberto à direita

$]a, b] = \{x \in \mathbb{R} \mid a < x \leq b\}$

Figura 1.14 Intervalo semiaberto à esquerda

Exemplo 38:

a) $[-2, 3[= \{x \in \mathbb{R} \mid -2 \le x < 3\}$

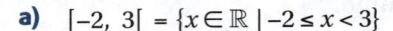

b) $]-2, 3] = \{x \in \mathbb{R} \mid -2 < x \le 3\}$

Intervalos infinitos

Nos intervalos infinitos, temos apenas um extremo indicado por número e costuma-se usar os parênteses junto aos símbolos de $+\infty$ e $-\infty$.

$[a, +\infty[= [a, +\infty) = \{x \in \mathbb{R} \mid x \ge a\}$

Figura 1.15 Valores reais maiores ou iguais a a

$]-\infty, a] = (-\infty, a] = \{x \in \mathbb{R} \mid x \le a\}$

Figura 1.16 Valores reais menores ou iguais a a

$]a, +\infty[=]a, +\infty) = \{x \in \mathbb{R} \mid x > a\}$

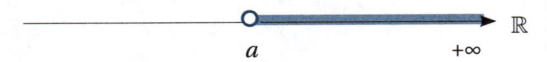

Figura 1.17 Valores reais maiores que a

$]-\infty, a[= (-\infty, a[= \{x \in \mathbb{R} \mid x < a\}$

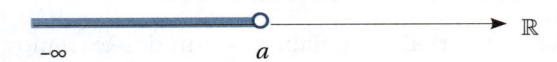

Figura 1.18 Valores reais menores que a

Exemplo 39:

a) $[4, +\infty[= [4, +\infty) = \{x \in \mathbb{R} \mid x \ge 4\}$

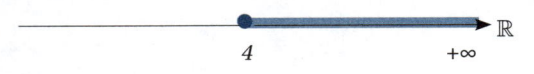

b) $]-\infty, 4] = (-\infty, 4] = \{x \in \mathbb{R} \mid x \le 4\}$

c) $]4, +\infty[=]4, +\infty) = \{x \in \mathbb{R} \mid x > 4\}$

d) $]-\infty, 4[= (-\infty, 4[= \{x \in \mathbb{R} \mid x < 4\}$

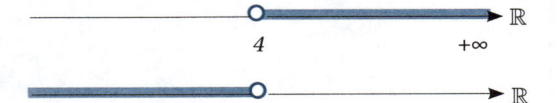

Exercícios

40. Represente graficamente os intervalos:

a) $A = \{x \in \mathbb{R} \mid -4 < x < 5\}$

b) $B = \{x \in \mathbb{R} \mid -8 \leq x \leq -5\}$

c) $C = \{x \in \mathbb{R} \mid 3 \leq x < 10\}$

d) $D = \{x \in \mathbb{R} \mid -6 < x \leq 0\}$

e) $E = \{x \in \mathbb{R} \mid x \geq 5\}$

f) $F = \{x \in \mathbb{R} \mid x \leq 2\}$

g) $G = \{x \in \mathbb{R} \mid x > -2\}$

h) $H = \{x \in \mathbb{R} \mid x < 0\}$

41. Represente graficamente os intervalos:

a) $A = [-1, 4]$ b) $B =]-3, 8[$

c) $C =]5, 8]$ d) $D = [-4, 3[$

e) $E =]-\infty, 7]$ f) $F = [-2, +\infty[$

g) $G =]-\infty, -3[$ h) $H =]5, +\infty[$

42. Dados os intervalos $A = [-2, 5]$ e $B = [3, 7[$, sendo $\mathbb{R}$ o universo, obtenha:

a) $A \cup B$ b) $A \cap B$

c) $A - B$ d) $B - A$

e) A^C f) B^C

(Sugestão: represente geometricamente os intervalos, um acima do outro, antes de realizar as operações.)

43. Dados os intervalos $A =]-\infty, 7]$ e $B = [5, +\infty[$, sendo $\mathbb{R}$ o universo, obtenha:

a) $A \cup B$ b) $A \cap B$

c) $A - B$ d) $B - A$

e) A^C f) B^C

1.7 Desigualdades e inequações do primeiro grau

Quando lidamos com situações práticas em diversas aplicações da matemática, é comum lidarmos com desigualdades e inequações. A seguir vamos rever propriedades e princípios que envolvem desigualdades e, com base nesses elementos, resolveremos inequações do primeiro grau.

Desigualdades

Vamos lembrar uma importante propriedade dos números reais:

Tricotomia – Sendo a e b números reais, ocorre uma única das possibilidades:

$$a < b \quad \text{ou} \quad a = b \quad \text{ou} \quad a > b.$$

Se $a < b$ ou $a = b$, escrevemos $a \leq b$; e se $a > b$ ou $a = b$, escrevemos $a \geq b$.

Se numa sentença matemática houver um dos símbolos $<$, $>$, $\leq$ ou $\geq$, então a sentença é uma **desigualdade**.

Exemplo 40:

a) $3 < 7$ b) $-3 > -7$ c) $0 \leq 3$ d) $0 \geq -3$ e) $2x < 10$ f) $3x - 2 \geq 10$

Sentenças abertas (como $2x < 10$ e $3x - 2 \geq 10$) são chamadas **inequações**.

Inequações equivalentes são aquelas que, a partir do mesmo conjunto universo, apresentam o mesmo conjunto solução.

Exemplo 41: As inequações $2x < 10$ e $x + 1 < 6$ são equivalentes em $\mathbb{R}$, pois apresentam o mesmo conjunto solução $S = \{x \in \mathbb{R} \mid x < 5\}$.

Princípios aditivo e multiplicativo de desigualdades

A seguir temos dois importantes princípios para desigualdades e que são úteis na resolução de inequações.

Princípio aditivo da desigualdade:

"Ao somarmos o mesmo número a ambos os membros de uma desigualdade verdadeira, obtemos uma desigualdade verdadeira."

$$a < b \quad \Leftrightarrow \quad a + c < b + c$$
$$a > b \quad \Leftrightarrow \quad a + c > b + c$$
$$a \leq b \quad \Leftrightarrow \quad a + c \leq b + c$$
$$a \geq b \quad \Leftrightarrow \quad a + c \geq b + c$$

Note que, ao **somarmos** o mesmo número aos membros da desigualdade, **mantém-se** o sinal da desigualdade.

Exemplo 42:

a) $6 > 3 \quad \Rightarrow \quad 6 + 4 > 3 + 4 \quad \Rightarrow \quad 10 > 7$

b) $-8 \leq 4 \quad \Rightarrow \quad -8 + (-10) \leq 4 + (-10) \quad \Rightarrow \quad -18 \leq -6$

O princípio multiplicativo, por sua vez, leva em consideração duas situações distintas.

Princípio multiplicativo da desigualdade:

*"Ao multiplicarmos ambos os membros de uma desigualdade verdadeira pelo mesmo número **positivo**, obtemos uma desigualdade verdadeira."*

Se $c > 0$:

$$a < b \quad \Leftrightarrow \quad a \cdot c < b \cdot c$$
$$a > b \quad \Leftrightarrow \quad a \cdot c > b \cdot c$$
$$a \leq b \quad \Leftrightarrow \quad a \cdot c \leq b \cdot c$$
$$a \geq b \quad \Leftrightarrow \quad a \cdot c \geq b \cdot c$$

*"Ao multiplicarmos ambos os membros de uma desigualdade verdadeira pelo mesmo número **negativo**, obtemos uma desigualdade verdadeira desde que seja **invertido** o sinal da desigualdade.*

$$\text{Se } c < 0:$$
$$a < b \iff a \cdot c > b \cdot c$$
$$a > b \iff a \cdot c < b \cdot c$$
$$a \leq b \iff a \cdot c \geq b \cdot c$$
$$a \geq b \iff a \cdot c \leq b \cdot c$$

Note que, ao **multiplicarmos** os membros da desigualdade pelo mesmo *número c*, **mantém-se** o sinal da desigualdade se o número c for *positivo* e **inverte-se** o sinal da desigualdade se o número c for *negativo*.

Exemplo 43:

a) $6 > 3 \implies 6 \cdot 5 > 3 \cdot 5 \implies 30 > 15$

b) $-8 \leq 4 \implies -8 \cdot 5 \leq 4 \cdot 5 \implies -40 \leq 20$

c) $6 > 3 \implies 6 \cdot (-5) < 3 \cdot (-5) \implies -30 < -15$

d) $-8 \leq 4 \implies -8 \cdot (-5) \geq 4 \cdot (-5) \implies 40 \geq -20$

Esses princípios, aditivo e multiplicativo, são usados na resolução de inequações.

Busca-se transformar uma **inequação** em outra **inequação equivalente** ao realizar as *operações elementares* sobre uma inequação:

➤ *Operação elementar:* **soma** do mesmo número aos dois membros da inequação;

➤ *Operação elementar:* **multiplicação** dos dois membros da inequação por um mesmo número diferente de zero (**mantém-se** o sinal da desigualdade se o multiplicador for **positivo**; **inverte-se** o sinal da desigualdade se o multiplicador for **negativo**).

Inequações do primeiro grau

Uma inequação com uma incógnita x é denominada *inequação do primeiro grau* se pode ser reduzida por meio de operações elementares a uma das formas

$$ax < b, \quad ax > b, \quad ax \leq b, \quad ax \geq b$$

em que a e b são números reais e $a \neq 0$.

Para resolvermos uma inequação do primeiro grau, realizamos, sobre ela, as operações elementares descritas anteriormente, obtendo inequações equivalentes e mais simples, até que o conjunto solução fique óbvio.

Exemplo 44: Resolva a inequação $4x - 10 \geq 6x + 20$ em $\mathbb{R}$.

Solução ("passo a passo"):

$4x - 10 \geq 6x + 20$

$4x - 10 + \mathbf{10} \geq 6x + 20 + \mathbf{10}$

$4x \geq 6x + 30$

$4x - \mathbf{6x} \geq 6x + 30 - \mathbf{6x}$

$-2x \geq 30$

$\left(-\dfrac{1}{2}\right) \cdot (-2x) \leq \left(-\dfrac{1}{2}\right) \cdot 30$

(Houve inversão do sinal!)

$x \leq -15$

$S = \{x \in \mathbb{R} \mid x \leq -15\}$

Solução ("resumida"):

$4x - 10 \geq 6x + 20$

$4x - 6x \geq 20 + 10$

$-2x \geq 30$

$x \leq \dfrac{30}{-2}$

(Houve inversão do sinal!)

$x \leq -15$

$S = \{x \in \mathbb{R} \mid x \leq -15\}$

Exercícios

44. Resolva as inequações em $\mathbb{R}$:

a) $4x - 12 > 0$

b) $2x + 16 \leq 0$

c) $-x - 3 \leq 5$

d) $-2x + 4 \geq 10$

e) $5 < -3x + 8$

f) $-12 > 2x - 4$

g) $12 + x \leq 3 - 2x$

h) $3x + 8 \geq 10 + 4x$

i) $4(x - 3) \leq -5(6 + x)$

j) $2(x + 5) - (4 - x) > 3(x - 6) + 2(1 - x)$

k) $\dfrac{x}{3} + \dfrac{x}{4} < -38 - x$

l) $\dfrac{x - 1}{2} + \dfrac{2 - x}{3} \geq \dfrac{3x - 7}{6}$

m) $\dfrac{3(x - 1)}{2} - \dfrac{2(1 - x)}{3} \leq \dfrac{5(-x - 1)}{4} - \dfrac{(x + 1)}{6}$

45. Em um período de estiagem, um reservatório perdeu água a uma taxa constante, e a quantidade Q de água (em milhões de litros) restante no reservatório no decorrer do tempo t pode ser aproximada por $Q = 240 - 4t$. Sendo o tempo dado em dias, para que valores de t temos $60 \leq Q \leq 180$?

46. A expressão $F = \dfrac{9}{5}C + 32$ permite a conversão entre as escalas de temperatura Fahrenheit (F) e Celsius (C). Para que valores de C temos:

a) Temperaturas superiores a 59 °F?

b) Temperaturas inferiores a 104 °F?

47. Em um experimento, uma pilha comum de lanterna teve sua equação característica dada por $U = 1,5 - 0,5 \cdot i$, em que U é a diferença de potencial, medida em *volt* (V), e i é a intensidade da corrente, medida em *ampère* (A), que atravessou a pilha. Qual o intervalo de variação de i quando a diferença de potencial é inferior a 0,7V e superior a 0,10V?

48. A velocidade, V, de um móvel é dada por $V = 3t + 15$, em que o tempo t é dado em segundos. Para quais instantes a velocidade é superior a 45 m/s?

49. Uma máquina de uma linha de produção tem seu valor V depreciado no decorrer do tempo t estimado pela relação $V = 250.000 - 1.250t$, sendo o tempo medido em meses.

a) A partir de quais valores de t a máquina tem valor inferior a \$ 150.000,00?

b) Para quais valores de t a máquina permanece com valor superior a \$ 100.000,00?

50. Uma pessoa tem duas propostas de emprego como vendedor. Na loja "A", o salário, S, mensal proposto depende do valor, v, de suas vendas em um mês e é dado por $S_A = 2.500 + 0,03v$. Na loja "B", o salário mensal proposto também depende do valor de suas vendas mensais e é dado por $S_B = 3.500 + 0,01v$.

a) Quais os valores das vendas mensais, em cada loja, para que o salário seja superior a \$ 4.000,00?

b) Para quais valores de vendas mensais o salário da loja "A" é superior ao da loja "B"?

◤ 1.8 Razão e proporção

Os conceitos envolvidos no estudo das razões e proporções possibilitam a resolução de muitos problemas práticos, além de servirem de base para o desenvolvimento da "regra de três".

Razão de dois números

A **razão** de um número a para um número b, com $b \neq 0$, é dada pelo quociente

$$\frac{a}{b}.$$

Exemplo 45: Em uma sala, temos 20 homens e 30 mulheres.

a) A razão do número de homens para o número de mulheres é $\dfrac{20}{30} = \dfrac{2}{3}$.

b) A razão do número de mulheres para o número de homens é $\dfrac{30}{20} = \dfrac{3}{2}$.

c) A razão do número de homens para o número de pessoas da sala é $\dfrac{20}{50} = \dfrac{2}{5}$.

Proporção

Os números, diferentes de zero, a, b, c e d, formam, nessa ordem, uma **proporção** se, e somente se, forem iguais às razões $\dfrac{a}{b}$ e $\dfrac{c}{d}$, ou seja,

$$\frac{a}{b} = \frac{c}{d}.$$

Na proporção $\dfrac{a}{b} = \dfrac{c}{d}$ lemos "a está para b, assim como c está para d". Podemos também escrever essa proporção como $a/b = c/d$, o que motiva chamar os números a e d de "**extremos**" e os números b e c de "**meios**".

Exemplo 46: Os números 4, 6, 2 e 3 formam, nessa ordem, uma proporção:

$$\frac{4}{6} = \frac{2}{3}$$

Propriedades das proporções

Para as propriedades, os números a, b, c, d,..., m e n são diferentes de zero.

➢ **Propriedade 1:** $\dfrac{a}{b} = \dfrac{c}{d} \;\Rightarrow\; a \cdot d = b \cdot c$

Exemplo 47: Determine o valor de x na proporção $\dfrac{x}{3} = \dfrac{4}{6}$.

Aplicando a propriedade, obtemos

$$6x = 4 \cdot 3$$
$$x = \frac{12}{6}$$
$$x = 2$$

➢ **Propriedade 2:** $\dfrac{a}{b} = \dfrac{c}{d} \;\Rightarrow\; \dfrac{a \pm b}{b} = \dfrac{c \pm d}{d}$

Exemplo 48: Dada a proporção $\dfrac{4}{6} = \dfrac{2}{3}$:

a) Aplicando a soma, obtemos as igualdades:

$$\frac{4}{6} = \frac{2}{3} \;\Rightarrow\; \frac{4+6}{6} = \frac{2+3}{3} \;\Rightarrow\; \frac{10}{6} = \frac{5}{3}$$

b) Aplicando a diferença, obtemos as igualdades:

$$\frac{4}{6} = \frac{2}{3} \;\Rightarrow\; \frac{4-6}{6} = \frac{2-3}{3} \;\Rightarrow\; -\frac{2}{6} = -\frac{1}{3}$$

➤ **Propriedade 3:** $\dfrac{a}{b} = \dfrac{c}{d} = \ldots = \dfrac{m}{n} = \dfrac{a+c+\ldots+m}{b+d+\ldots+n}$

$$(b+d+\ldots+n \neq 0)$$

Na propriedade 3, as sequências $(a, c, \ldots, m)$ e $(b, d, \ldots, n)$ de termos correspondentes nas razões formam uma *proporção múltipla* e, nesse caso, dizemos que os números da primeira sequência são **diretamente proporcionais** aos números da segunda sequência.

Exemplo 49:

$$\frac{2}{3} = \frac{4}{6} = \frac{6}{9} = \frac{2+4+6}{3+6+9} \Rightarrow \frac{2}{3} = \frac{4}{6} = \frac{6}{9} = \frac{12}{18}$$

Exemplo 50: As medidas dos ângulos internos de um triângulo são diretamente proporcionais aos números 2, 7 e 9. Calcule as medidas desses ângulos.

Solução: Considerando x, y e z as medidas procuradas, temos $\dfrac{x}{2} = \dfrac{y}{7} = \dfrac{z}{9}$ e a soma dos ângulos internos dada por $x+y+z = 180°$.

Aplicando a propriedade 3, temos:

$$\frac{x}{2} = \frac{y}{7} = \frac{z}{9} = \frac{x+y+z}{2+7+9} = \frac{180°}{18} = 10°$$

Calculando cada incógnita, obtemos as medidas:

$$\frac{x}{2} = 10° \Rightarrow x = 2 \cdot 10° \Rightarrow x = 20°$$

$$\frac{y}{7} = 10° \Rightarrow y = 7 \cdot 10° \Rightarrow y = 70°$$

$$\frac{z}{9} = 10° \Rightarrow z = 9 \cdot 10° \Rightarrow z = 90°$$

Exercícios

51. Em um departamento de projetos, temos 15 engenheiros e 20 *designers*. Escreva:

a) A razão do número de engenheiros para o número de *designers*.

b) A razão do número de *designers* para o número de engenheiros.

c) A razão do número de engenheiros para o número de profissionais.

52. Entre 80 estudantes de engenharia entrevistados, 35 preferem Matemática e os demais, Física. Escreva:

a) A razão do número dos que preferem Matemática para o número de entrevistados.

b) A razão do número dos que preferem Física para o número dos que preferem Matemática.

53. Verifique se os números a seguir formam, na ordem dada, uma proporção:

a) 7, 5, 35 e 25

b) 9, 12, 6 e 10

54. Obtenha o valor de x nas proporções:

a) $\dfrac{x}{4} = \dfrac{9}{12}$ **b)** $\dfrac{7}{5} = \dfrac{35}{x}$

55. Sabendo que $x + y = 12$, determine o valor das incógnitas na proporção $\dfrac{x}{5} = \dfrac{y}{15}$.

56. Álcool e gasolina estão presentes no tanque de combustível de um carro *flex*. As quantidades x e y de álcool e gasolina, respectivamente, se relacionam conforme a proporção $\dfrac{x}{36} = \dfrac{y}{54}$. Sabe-se que o tanque tem atualmente 30 litros de combustível. Quais as quantidades de álcool e gasolina presentes na mistura do tanque?

57. Em um terreno de 360 m², a razão entre a área construída e a área livre restante é $\dfrac{5}{4}$. Determine a área construída.

58. Na composição de uma liga metálica, as quantidades de aço, chumbo e cobre são diretamente proporcionais aos números 9, 7 e 4. Determine as quantidades de cada metal presente numa barra de 5 kg dessa liga.

◤ 1.9 Regra de três

No estudo da "regra de três", além da abordagem usual, resolveremos alguns problemas por meio de multiplicações diretas, e isso possibilitará a resolução rápida de problemas que envolvem regras de três compostas.

Grandezas diretamente proporcionais

As grandezas X e Y de medidas variáveis x e y, respectivamente, são **diretamente proporcionais** se, e somente se,

$$\frac{y}{x} = k$$

sendo k uma constante não nula e $x \neq 0$, e

$$y = 0 \text{ se } x = 0.$$

Exemplo 51: A tabela traz o tempo necessário t para um móvel percorrer a distância d correspondente a uma velocidade constante de 5 m/s.

t (segundos)	10	20	30	40
d (metros)	50	100	150	200

Temos distância e tempo diretamente proporcionais, pois

$$\frac{50}{10} = \frac{100}{20} = \frac{150}{30} = \frac{200}{40} = 5$$

Observação: uma sequência de números reais não nulos $(x, y, z, ...)$ tem os valores diretamente proporcionais a outra sequência de números reais não nulos $(a, b, c, ...)$ se as razões dos termos correspondentes forem iguais, isto é, se

$$\frac{x}{a} = \frac{y}{b} = \frac{z}{c} = ... = k, \text{ com } k \neq 0$$

Regra de três simples direta

Uso do dispositivo prático da **regra de três simples direta** *por meio das proporções*: em problemas que envolvem duas grandezas X e Y, diretamente proporcionais, se forem conhecidas duas medidas x_1 e x_2 de X e uma medida correspondente y_1 de Y, então pode-se determinar a outra medida correspondente y_2 de Y.

Exemplo 52: Um móvel com velocidade constante percorre 36 metros em 3 segundos. Quanto percorrerá em 8 segundos?

Solução: Temos duas grandezas diretamente proporcionais, pois, quanto **maior** o tempo, **maior** será a distância percorrida e a velocidade é constante.

Sendo D a distância, T o tempo e x a distância procurada:

$$\uparrow \quad T \qquad\qquad D \quad \uparrow$$
$$3 \quad ----- \quad 36$$
$$8 \quad ----- \quad x$$

Como as grandezas são diretamente proporcionais, podemos fazer

$$\frac{3}{8} = \frac{36}{x}$$

Realizando o produto em cruz, temos

$$3x = 8 \cdot 36$$

e após os cálculos, obtemos $x = 96$ metros.

Observação: Nesse exemplo, a resolução da equação $\frac{3}{8} = \frac{36}{x}$ pode ser feita seguindo os passos

$$3x = 8 \cdot 36$$

$$x = \frac{8 \cdot 36}{3}$$

$$x = \frac{8}{3} \cdot 36$$

e, nesse passo, notamos que a distância 36 metros é multiplicada pelo fator $\frac{8}{3}$, que é maior que 1.

Essa multiplicação, por um fator $\frac{8}{3} > 1$, resulta em 96, que é uma distância **maior** que 36, como esperado para o problema. O fator $\frac{8}{3}$ é formado pelos valores da grandeza tempo.

Os problemas de regra de três podem ser resolvidos utilizando multiplicações e fatores similares a esse.

Grandezas inversamente proporcionais

As grandezas X e Y de medidas variáveis x e y, respectivamente, são **inversamente proporcionais** se, e somente se,

$$x \cdot y = k$$

(k é constante não nula)

Exemplo 53: A tabela traz o tempo necessário t para um móvel percorrer a distância de 1.000 m para diferentes velocidades v.

t (segundos)	200	100	50	25
v (metros/segundos)	5	10	20	40

Temos velocidade e tempo inversamente proporcionais, pois

$$5 \cdot 200 = 10 \cdot 100 = 20 \cdot 50 = 40 \cdot 25 = 1.000$$

Observação: Uma sequência de números reais não nulos ($x, y, z, ...$) tem os valores inversamente proporcionais a outra sequência de números reais não nulos ($a, b, c, ...$) se os produtos dos termos correspondentes forem iguais, isto é, se

$$x \cdot a = y \cdot b = z \cdot c = ... = k, \text{ com } k \neq 0$$

Regra de três simples inversa

*Uso do dispositivo prático da **regra de três simples inversa**:* feito de maneira parecida com a regra de três simples e direta.

Exemplo 54: Um móvel percorre uma distância com a velocidade de 72 metros/segundo em 20 segundos. Em quanto tempo percorrerá a mesma distância se a velocidade for de 12 metros/segundo?

Solução: Temos duas grandezas inversamente proporcionais, pois, quanto **menor** a velocidade, **maior** será o tempo necessário para percorrer a mesma distância.

Sendo V a velocidade, T o tempo e x o tempo procurado:

$$\downarrow \qquad V \qquad\qquad T \qquad \uparrow$$
$$72 \quad ----- \quad 20$$
$$12 \quad ----- \quad x$$

Como as grandezas são inversamente proporcionais, podemos fazer

$$12x = 72 \cdot 20$$

e após os cálculos, obtemos $x = 120$ segundos.

Observação: Nesse exemplo, a resolução da equação $12x = 72 \cdot 20$ pode ser feita seguindo os passos

$$x = \frac{72 \cdot 20}{12}$$

$$x = \frac{72}{12} \cdot 20$$

e, nesse passo, notamos que o tempo 20 segundos é multiplicado pelo fator $\dfrac{72}{12}$, que é maior que 1.

Essa multiplicação por um fator $\dfrac{72}{12} > 1$ resulta em 120, que é um tempo **maior** que 20, como esperado para o problema. O fator $\dfrac{72}{12}$ é formado pelos valores da grandeza velocidade. Os problemas de regra de três podem ser resolvidos utilizando multiplicações e fatores similares a esse. Um fator entre 0 (zero) e 1 indicará uma **diminuição** do valor inicial da grandeza procurada.

Regra de três composta

A **regra de três composta** é usada em problemas que envolvem três ou mais grandezas. As grandezas envolvidas podem ser direta ou inversamente proporcionais.

Exemplo 55: Em um alojamento, 12 atletas consomem 216 kg de alimento durante 15 dias. Alimentando-se da mesma forma, quantos quilos de alimento 8 atletas consumirão em 20 dias?

Solução: Seja x a quantidade de alimento procurada

Atletas	Alimento	Dias
12	216	15
8	x	20

Obtemos a quantidade de alimento analisando os "fatores" de aumento ou diminuição que as variáveis "atletas" e "dias" causam separadamente sobre a variável "alimento", dada inicialmente pela quantidade 216 kg.

➤ **Para "atletas"**: Se o número de atletas diminuiu de 12 para 8, espera-se que a quantidade de alimento **diminua**, ou seja, o fator a ser aplicado sobre a quantidade 216 kg será $\dfrac{8}{12} < 1$.

➤ **Para "dias"**: Se o número de dias aumenta de 15 para 20, espera-se que a quantidade de alimento **aumente**, ou seja, o fator a ser aplicado sobre a quantidade 216 kg será $\dfrac{20}{15} > 1$. Finalmente, a quantidade de alimento será:

$$x = \frac{8}{12} \cdot \frac{20}{15} \cdot 216$$

$$x = 192 \text{ kg}$$

Exercícios

59. João recebe $ 900,00 por 12 horas extras realizadas. Quanto receberá se realizar 18 horas extras?

60. Sabendo que a quantidade de 15 quilos de um composto químico custa $ 960,00, quanto custa 8 quilos do mesmo composto?

61. O preço de 7,5 m² de um piso é $ 634,50. Qual é o preço de 36 m² do mesmo piso?

62. Para percorrer o trajeto de casa para o trabalho, uma pessoa leva 20 minutos a uma velocidade média de 45 km/h. Quanto tempo levará para percorrer o mesmo trajeto se a velocidade média for de 60 km/h?

63. Em um restaurante, o estoque de alimentos é suficiente para alimentar 200 pessoas durante 18 dias. Quanto tempo dura o mesmo estoque se for 360 o número de pessoas?

64. Na construção civil, 12 pedreiros constroem um muro em 9 dias. Trabalhando com a mesma eficiência, quantos pedreiros são necessários para construir o mesmo o muro se o prazo for de 6 dias?

65. Com $ 450,00, foi possível comprar 36 unidades de um produto. Quantas unidades do mesmo produto é possível comprar com $ 1.000,00?

66. Abrindo completamente 9 torneiras idênticas, é possível encher uma caixa d'água em 216 minutos. Quanto tempo levaria para encher a mesma caixa d'água se apenas 4 das mesmas torneiras forem abertas completamente?

67. Em um alojamento, 18 atletas consomem 900 kg de alimento durante 25 dias. Alimentando-se da mesma forma, quantos quilos de alimento 12 atletas consumirão em 30 dias?

68. Em um alojamento, 18 atletas consomem 900 kg de alimento durante 25 dias. Considerando 15 atletas alimentando-se da mesma forma, quantos dias durarão 540 quilos de alimento?

69. Trabalhando 8 horas por dia, 12 pedreiros constroem 360 m² de muro. Quantos metros quadrados de muro são construídos por 15 pedreiros trabalhando com a mesma eficiência durante 6 horas por dia?

70. Em 9 dias, um muro de 2.700 m² é construído por 15 pedreiros trabalhando 8 horas por dia. Supondo o mesmo "ritmo de construção", quantos metros quadrados de muro são construídos por 10 pedreiros que trabalham 5 horas por dia durante 12 dias?

▸ 1.10 Porcentagem

A seguir apresentamos os conceitos básicos a respeito de porcentagem.

Porcentagem

Porcentagem é uma razão centesimal (o denominador é 100). Costumamos representar uma porcentagem pela fração centesimal, pelo decimal correspondente ou usando o número que expressa a porcentagem acompanhado do símbolo %.

Exemplo 56:

a) $\dfrac{1}{100} = 0,01 = 1\%$ **b)** $\dfrac{25}{100} = 0,25 = 25\%$ **c)** $\dfrac{x}{100} = x\,\%$

Para calcular " x por cento de A ", ou seja, " $x\,\%$ de A ", basta fazer $\dfrac{x}{100} \cdot A$.

Exemplo 57: Para calcularmos 15% de 60, fazemos $\dfrac{15}{100} \cdot 60 = 9$.

Podemos calcular de maneira rápida "o percentual que um número A representa em relação a outro número B "; em outras palavras, calculamos "quantos por cento a quantia A é da quantia B " ou, ainda, dizemos que "A é $x\,\%$ de B ", fazendo

$$x = \frac{A}{B} \cdot 100\%$$

Exemplo 58: O número 15 representa que porcentagem de 60?

Solução: Seja x a porcentagem procurada:

$$x = \frac{15}{60} \cdot 100\%$$

$$x = 0,25 \cdot 100\%$$

$$x = 25\%$$

Acréscimos percentuais

Aumentando em $x\%$ uma quantia A, obtemos:

$$A + x\% \text{ de } A = A + \frac{x}{100} \cdot A = \left(1 + \frac{x}{100}\right) \cdot A$$

Exemplo 59: Uma mercadoria que custava $\$\,200,00$ teve um aumento de 25%. Qual é seu novo preço?

Solução:

$$200 + 25\% \text{ de } 200 = \left(1 + \frac{25}{100}\right) \cdot 200 =$$

$$(1 + 0,25) \cdot 200 = 1,25 \cdot 200 = 250$$

Resposta: $\$\,250,00$

Reduções percentuais

Reduzindo em $x\%$ uma quantia A, obtemos:

$$A - x\% \text{ de } A = A - \frac{x}{100} \cdot A = \left(1 - \frac{x}{100}\right) \cdot A$$

Exemplo 60: Uma mercadoria que custava $\$\,200,00$ teve uma redução de 25%. Qual é seu novo preço?

Solução:

$$200 - 25\% \text{ de } 200 = \left(1 - \frac{25}{100}\right) \cdot 200 =$$

$$(1 - 0,25) \cdot 200 = 0,75 \cdot 200 = 150$$

Resposta: $\$\,150,00$

Acréscimos e reduções percentuais sucessivas

Aumentando, sucessivamente, em $x_1\%$, $x_2\%$,..., $x_n\%$ uma quantia A, obtemos a quantia final A_n:

$$A_n = A \cdot \left(1 + \frac{x_1}{100}\right) \cdot \left(1 + \frac{x_2}{100}\right) \cdot \ldots \cdot \left(1 + \frac{x_n}{100}\right)$$

Exemplo 61: Uma mercadoria que custava $ 5.000,00 teve aumentos sucessivos de 25%, 12% e 8%. Qual é seu novo preço?

Solução: Sendo P o seu preço final, então

$$P = 5.000 \cdot \left(1 + \frac{25}{100}\right) \cdot \left(1 + \frac{12}{100}\right) \cdot \left(1 + \frac{8}{100}\right)$$

$$P = 5.000 \cdot (1 + 0,25) \cdot (1 + 0,12) \cdot (1 + 1,08)$$

$$P = 5.000 \cdot 1,25 \cdot 1,12 \cdot 1,08$$

$$P = 7.560$$

Resposta: $ 7.560,00

Reduzindo, sucessivamente, em $x_1\%, x_2\%$,..., $x_n\%$ uma quantia A, obtemos a quantia final A_n:

$$A_n = A \cdot \left(1 - \frac{x_1}{100}\right) \cdot \left(1 - \frac{x_2}{100}\right) \cdot \ldots \cdot \left(1 - \frac{x_n}{100}\right)$$

Exemplo 62: Uma mercadoria que custava $ 5.000,00 teve reduções sucessivas de 25%, 12% e 8%. Qual é seu novo preço?

Solução: Sendo P o seu preço final, então

$$P = 5.000 \cdot \left(1 - \frac{25}{100}\right) \cdot \left(1 - \frac{12}{100}\right) \cdot (1 - 0,08)$$

$$P = 5.000 \cdot (1 - 0,25) \cdot (1 - 0,12) \cdot (1 - 0,08)$$

$$P = 5.000 \cdot 0,75 \cdot 0,88 \cdot 0,92$$

$$P = 3.036$$

Resposta: $ 3.036,00

Exercícios

71. Calcule a porcentagem de:

a) 43 sobre 100   b) 1 sobre 10

c) 3 sobre 10   d) 350 sobre 100

e) 400 sobre 100   f) 16 sobre 10

g) 15 sobre 20   h) 40 sobre 200

i) 20 sobre 50   j) 2 sobre 5

72. Escreva, sob a forma de números decimais, as seguintes porcentagens:

a) 75%   b) 25%   c) 3%

d) 1%   e) 99%   f) 135%

g) 250%   h) 0,5%   i) 33,333...%

73. Escreva, sob a forma de porcentagens, os seguintes números decimais:

a) 0,35   b) 0,4   c) 0,05

d) 1,45   e) 4,25   f) 0,015

g) 0,0025   h) 0,00075   i) 0,3333...

74. Calcule:

a) 25% de 36   b) 15% de 60

c) 5% de 120   d) 2% de 480

e) 0,5% de 8.000   f) 0,03% de 288

g) 250% de 600   h) 1,25% de 2.000

75. Um produto custa $ 480,00. Qual será seu novo preço se ocorrer:

a) Um aumento de 25%?

b) Um aumento de 75%?

c) Um aumento de 0,5%?

d) Um aumento de 150%?

76. Um produto custa $ 960,00. Qual será seu novo preço se ocorrer:

a) Uma redução de 35%?

b) Uma redução de 85%?

c) Uma redução de 0,5%?

d) Uma redução de 99%?

77. Um produto custava $ 4.800,00 e teve aumentos sucessivos de 15%, 6% e 5%. Qual seu novo preço?

78. Um produto custava $ 1.200,00 e teve reduções sucessivas de 40%, 10% e 5%. Qual seu novo preço?

79. Um produto custava $ 2.400,00 e teve aumentos sucessivos de 50% e 20%, seguido de reduções sucessivas de 30% e 15%. Qual seu novo preço?

80. Em um show musical, compareceram 2.400 pessoas, das quais 65% eram mulheres. Na bilheteria, constatou-se que, a cada 5 mulheres, 3 pagaram meia-entrada. Constatou-se também que 70% dos homens pagaram meia-entrada.

a) Quantas pessoas pagaram meia-entrada?

b) Qual o percentual de pessoas que pagaram entrada inteira?

81. Em uma fábrica, trabalham 1.800 funcionários, sendo que, para cada 6 funcionários do sexo masculino, há 3 do sexo feminino. A proporção de funcionários que vêm de outros municípios, diferentes daquele em que a fábrica está instalada, é de $\frac{3}{4}$ entre os homens e $\frac{2}{5}$ entre as mulheres. Determine a porcentagem de:

a) Funcionárias da fábrica.

b) Funcionários que vêm de outro município.

c) Funcionários homens que vêm de outro município, considerando o total de funcionários que vêm de outro município.

Exercícios complementares

Acesse a página deste livro no site da Cengage para baixar os exercícios que complementam este capítulo e aprofunde seu conhecimento.

Palavras-chave

Parte 2

Funções

2 O conceito de função

Objetivos do capítulo

Neste capítulo, você estudará os conceitos iniciais relativos às *funções matemáticas*. O conceito de *função* é um dos mais importantes da matemática, dadas as suas aplicações teóricas e práticas. Você perceberá que são variadas as formas de entender e representar uma função. Com o auxílio de gráficos, você verá: como identificar a *existência* de uma função e suas *raízes*; diferenciar intervalos em que uma função é *positiva* ou *negativa*, bem como em que ela é *crescente* ou *decrescente*. Você também aprenderá o conceito, as manipulações algébricas e algumas aplicações das *funções compostas*. Esses assuntos acompanharão os estudos e análises de modelos funcionais a serem estudados nos capítulos seguintes.

Estudo de caso

Num laboratório de testes de uma indústria automobilística, os engenheiros estão analisando a eficiência dos filtros dos escapamentos usados por uma série de carros.

Em análises, constataram que a quantidade Q de certo poluente (em partes por milhão) presente nos gases que saíam do escapamento dependia da área A (em cm^2) da secção transversal do filtro presente no escapamento. Por sua vez, a área da secção transversal do filtro do escapamento depende do comprimento x desse filtro

que é adequado aos diferentes formatos dos escapamentos. Esse comprimento, por questões técnicas, varia no intervalo $20\,cm < x < 40\,cm$.

As relações matemáticas que traduzem essas dependências podem ser aproximadas por $Q = \dfrac{4,5 \cdot 10^7}{A^2}$ e $A = 400 - 2,5x$.

Entre as perguntas que os engenheiros estão interessados em responder estão:

Quais os limites possíveis das áreas das secções transversais dos escapamentos? Quantas partes por milhão do

poluente analisado estarão presentes nos gases se o filtro medir 30 cm? Qual o intervalo de variação das quantidades de poluentes nos gases que saem dos escapamentos? Qual a expressão matemática que dá a quantidade de poluentes nos gases em função do comprimento do escapamento?

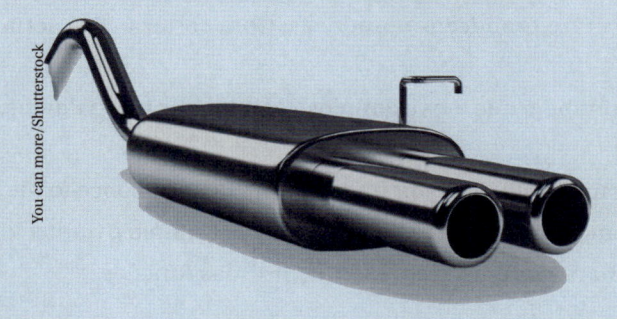

You can more/Shutterstock

Essas questões poderão ser respondidas com o auxílio dos tópicos a serem estudados neste capítulo!

◤ 2.1 O conceito de função

O conceito de função é um dos mais importantes da matemática! Tal conceito apresenta multiplicidade de *significados*, *representações* e *aplicações*; assim, não se esgota nesta seção nem tampouco em um capítulo. A partir deste ponto, este livro lhe trará várias abordagens, tipos de funções, bem como suas aplicações. Nossa intenção é ajudá-lo a formar e consolidar gradativamente o conceito de função. Desse modo, você poderá aplicá-lo em seus estudos e no exercício de sua profissão.

A noção intuitiva de função

É muito comum no dia a dia a ***associação*** entre grandezas numéricas usadas para explorar situações práticas, tais como:

- a *distância* percorrida por um carro **associada** ao *tempo* em que o carro está em movimento;
- a *produção* em uma fábrica **associada** ao *número de operários* envolvidos no processo;
- o *grau de dureza* de um concreto **associado** à *quantidade de cimento* de sua composição;
- a *diferença de potencial* elétrico **associada** à *intensidade de corrente* elétrica em um resistor;
- a *área* aproximada de uma mancha de petróleo **dependendo** do *tempo* de vazamento do petróleo;
- o *valor pago* no abastecimento de um carro **dependendo** da *quantidade de litros* abastecidos;

- a *frequência cardíaca* **relacionada** com o *tempo* de atividade física praticada por uma pessoa;
- a *altura* de uma pessoa **relacionada** com sua *idade*.

Como você pode notar, esses são alguns exemplos de situações práticas em que pode ocorrer a associação entre grandezas numéricas. Com certeza você seria capaz de dar muitos outros exemplos.

Você pode notar também que, nos exemplos, ressaltamos três palavras: **associada, dependendo** e **relacionada**.

Essas palavras foram ressaltadas, pois traduzem a "noção do conceito" de *função matemática*.

Esse conceito, como muitos outros na matemática, é amplo e traduz ideias e abstrações e, nesse sentido, trabalharemos com **"representações"** das funções.

Representações de função

As *funções matemáticas* podem ser entendidas como ferramentas utilizadas para representar a *associação* entre grandezas numéricas. Nessa associação, é muito comum que uma grandeza *dependa* da outra. Essa associação e dependência entre as grandezas podem ser representadas de várias maneiras, destacando-se as *representações numéricas, algébricas e gráficas*.

Para explorarmos essas representações, vamos indicar duas situações práticas com exemplos de representações na sequência.

Situação prática 1: Um carro percorre uma pista de testes com velocidade constante de 20 m/s e tem suas posições anotadas durante um intervalo de tempo de 5 segundos. No início da cronometragem de tempo, o móvel estava na posição 100 m e percorria as posições no sentido da trajetória. O exemplo a seguir traz três possíveis representações funcionais dessa situação prática.

Exemplo 1: Representações da função envolvida na *Situação prática 1*.

Representação numérica

Posição do móvel no decorrer do tempo

Tempo (s)	Posição (m)
0	100
1	120
2	140
3	160
4	180
5	200

Representação algébrica

Sendo t o tempo (em segundos) de cronometragem e S a posição (em metros) do móvel, temos os possíveis valores do tempo dados pelo intervalo

$$D = \{ t \in R \mid 0 \le t \le 5 \}$$

e a expressão

$$S = 20t + 100$$

que representa algebricamente a função dessa situação prática.

Representação gráfica

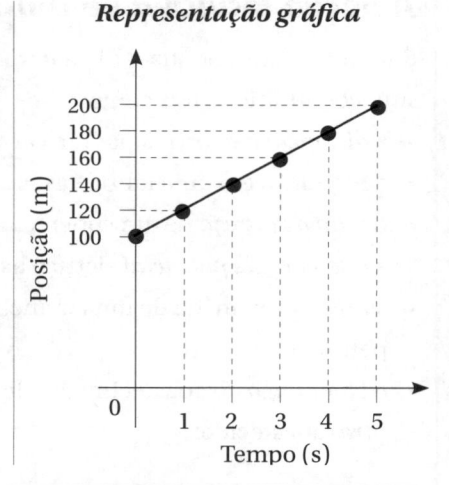

Situação prática 2:Uma panela com um litro de um líquido está sendo aquecida. Quando o líquido atingiu a temperatura de 80°C, a panela foi retirada do fogo e a temperatura do líquido foi medida, no decorrer do tempo, até atingir a temperatura ambiente considerada constante a 20°C.

Exemplo 2: Representações da função envolvida na *Situação prática 2*.

Representação numérica

Temperatura do líquido no decorrer do tempo

Tempo (horas)	Temperatura (°C)
0	80,0
0,5	62,4
1	50,0
1,5	41,2
2	35,0
2,5	30,6
3	27,5
4	23,8
6	20,9
8	20,2
10	20,1

Representação algébrica

Sendo t o tempo transcorrido após a retirada da panela do fogo e T a temperatura do líquido, temos os valores do tempo dados pelo intervalo $D = \{ t \in R \mid t \geq 0 \}$ e a temperatura com valores "aproximados" por $T = 20 + 60 \cdot 2^{-t}$, que representa algebricamente a função dessa situação prática.

Representação gráfica

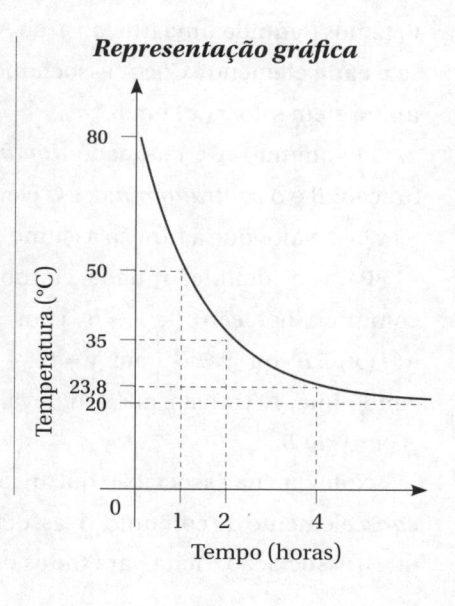

Conceito matemático de função

Além de situações como as que apresentamos, as funções podem ser utilizadas de maneira ampla, sendo que as variáveis envolvidas podem não ser numéricas.

Na representação gráfica ao lado, temos um exemplo de função representando a associação entre elementos de um conjunto.

Como você pode perceber, associamos cada aluno do conjunto A a uma cor no conjunto B.

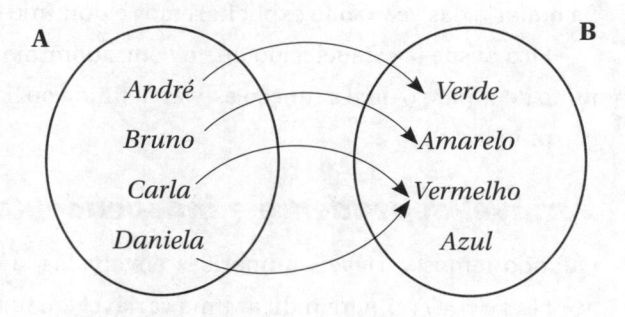

Figura 2.1 Função como associação entre elementos de dois conjuntos

Você pode fazer associações entre os elementos de dois conjuntos de diversas maneiras, mas para que tal *associação* seja considerada uma *função* ela deve respeitar a seguinte característica:

*"**Cada** elemento do primeiro conjunto é associado a **um único** elemento do segundo conjunto."*

Matematicamente, essa condição é expressa na definição de função apresentada a seguir:

"Dados dois conjuntos não vazios A e B, temos definida uma função f de A em B se **a cada** elemento x de A associamos **um único** elemento $f(x)$ em B."

O conjunto A é chamado *domínio* da função; B é o *contradomínio*; e o elemento $f(x)$ é o valor que a função assume em x.

Para a definição dada, também é comum a notação $f : A \to B$ com $x \in A$ e $f(x) \in B$ ou $y \in B$ com $y = f(x)$, indicando que f 'transforma' (ou 'leva') x de A em y de B.

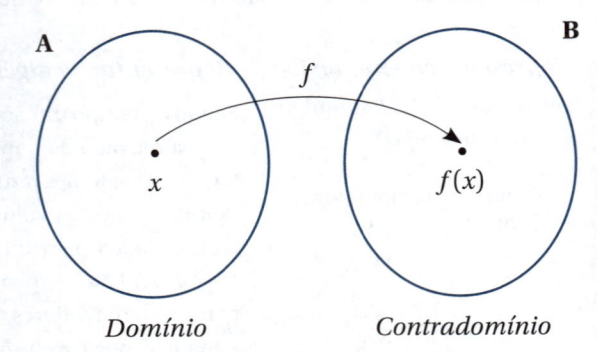

Figura 2.2 Representação da definição de função

Note que na associação que o conceito de função impõe não há ambiguidades, ou seja, a *cada* elemento do conjunto A associamos um único elemento correspondente. Também note que a associação é feita para **todos** os elementos do conjunto A.

Função real de uma variável real

As funções com as quais lidaremos neste livro terão como domínio e contradomínio subconjuntos de $\mathbb{R}$.

Essas funções são chamadas *funções de variável real*. Por uma questão de simplificação, na maioria das vezes não explicitaremos o domínio e o contradomínio.

Fica desde já estabelecido que o contradomínio é $\mathbb{R}$ e o domínio será o "maior" subconjunto de $\mathbb{R}$ para o qual a função estiver definida ou fizer sentido quando se tratar de uma situação prática.

Variável dependente e independente

Quando temos variáveis numéricas envolvidas, é comum utilizarmos símbolos tais como $y = f(x)$ e $S = f(t)$ para indicar uma variável em função da outra.

Quando escrito $y = f(x)$, podemos ler "y em função de x" ou "y é uma função de x", o que significa que o valor de y **depende** do valor atribuído a x. Nesse caso, dizemos que y é a variável **dependente** e x é a variável **independente**. Quando escrito $S = f(t)$, entendemos que "S em função de t" significa que o valor de S **depende** do valor atribuído a t. Logo, S é a variável **dependente** e t é a variável **independente**.

Associações entre elementos de conjuntos e que não são funções

Existem associações entre elementos de dois conjuntos que **não** representam funções.

De acordo com a definição de função, notamos que, no conjunto A do primeiro diagrama da Figura 2.3 ao lado, o número 4 não foi associado a nenhum elemento em B.

Assim, tal associação **não** é função, pois **"cada"** elemento de A deve ser associado a um elemento em B.

Se tal associação fosse feita, teríamos então uma função de A em B (Figura 2.3 – diagrama inferior).

Note ainda que, no último diagrama da Figura 2.3, podem "sobrar" elementos em B sem receber associação.

Outro aspecto é a unicidade da associação a partir do conjunto A para que seja representada uma função.

Dessa forma, a associação da Figura 2.4 **não** representa função, pois o elemento 4 do conjunto A foi associado a mais de um elemento do conjunto B.

Lembre-se de que para cada elemento de A deve haver um **único** elemento correspondente em B.

Pela definição de função, nada impede que um elemento do conjunto B tenha sido associado a mais de um elemento do conjunto A.

Assim, a associação da Figura 2.5 representa uma função de A em B, embora vários elementos de A estejam associados a um único elemento em B.

Em gráficos cartesianos, esboçamos curvas representando funções, mas nem toda curva esboçada num gráfico cartesiano representa uma função.

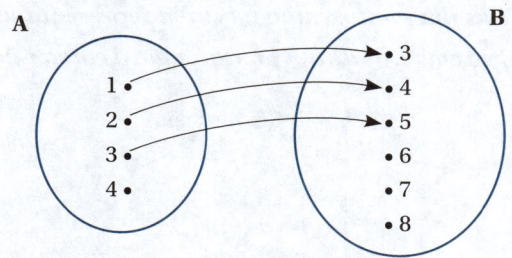

"Não representa função"

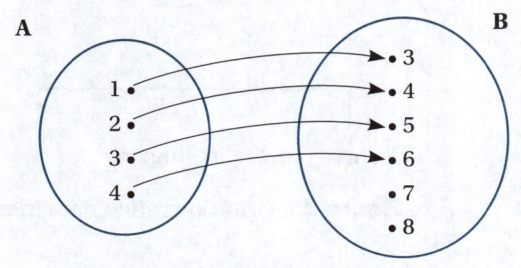

"Representa função"

Figura 2.3 Contraexemplo e exemplo de função

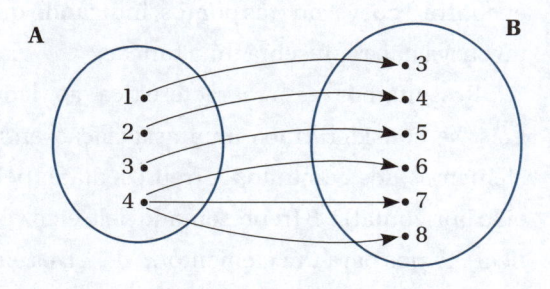

"Não representa função"

Figura 2.4 Contraexemplo de função

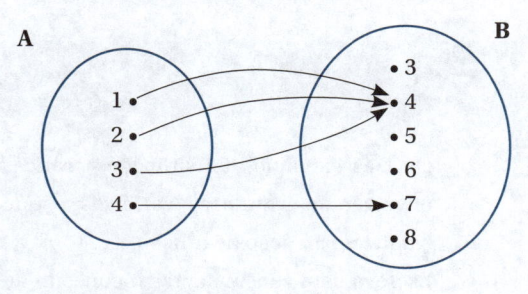

"Representa função"

Figura 2.5 Exemplo de função

Para distinguir entre curvas que representam ou não funções, usamos o seguinte critério gráfico: *ao ser traçada **qualquer** reta vertical em um gráfico, se tal reta cruzar a curva em **apenas um ponto**, então tal curva **representa uma função**; caso contrário, se a reta cruzar o gráfico em **mais de um ponto**, então a curva **não representa uma função***.

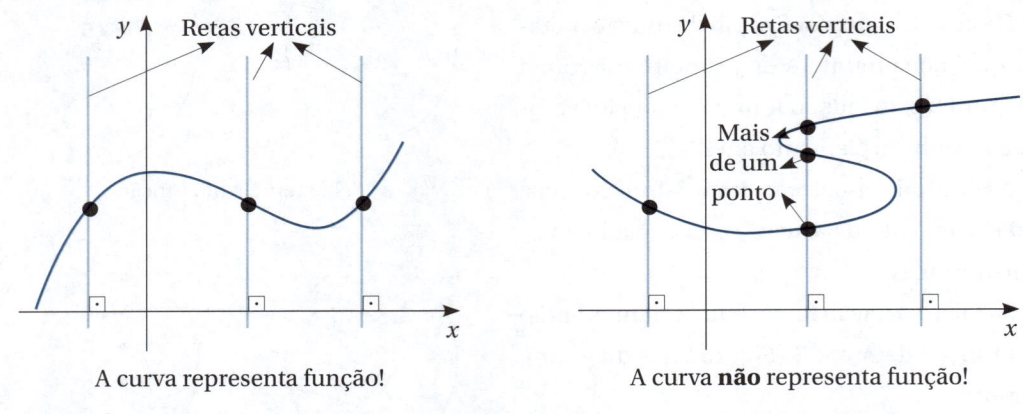

A curva representa função!   A curva **não** representa função!

Figura 2.6 Critério gráfico para identificar curvas que representam funções

No gráfico da esquerda da Figura 2.6, qualquer reta vertical traçada encontra a curva em um único ponto, as indicando que tal curva representa uma função. Na mesma figura, no gráfico da direita, uma das retas verticais traçadas encontra a curva em três pontos, indicando que tal curva não representa uma função.

Ressaltamos essa característica ao lado, pois, se considerarmos uma associação entre elementos dos conjuntos A (representado pelo eixo horizontal) e B (representado pelo eixo vertical), temos para um elemento a de A três elementos correspondentes b_1, b_2 e b_3 em B. Tal curva não representa função.

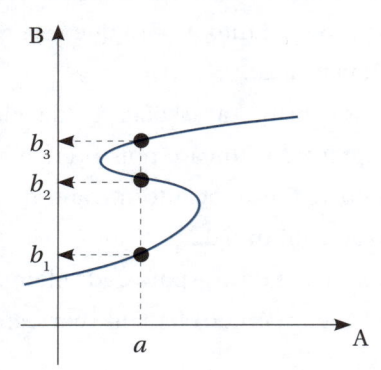

Figura 2.7 Contraexemplo de função

Exercícios

1. Dê três exemplos de situações práticas envolvendo grandezas variáveis e que traduzem a noção de função.

2. Escreva com suas palavras o conceito de função entre elementos de dois conjuntos.

3. Um gerador de energia elétrica lança a potência $P = 45i - 5i^2$, em *watts*, em um circuito elétrico em que i é a intensidade, em *ampères*, da corrente elétrica que atravessa o gerador. Qual é a variável independente e qual é a variável dependente para a função dada?

4. Indique, justificando, qual(is) associação(ões) dos elementos dos conjuntos A e B a seguir representa(m) ou não uma função.

a)
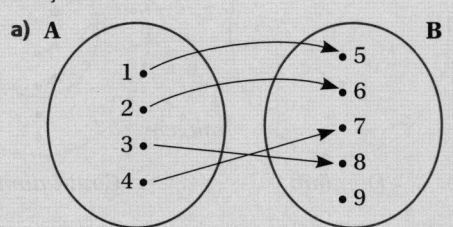

b)
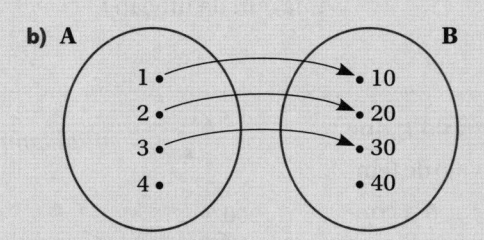

c)
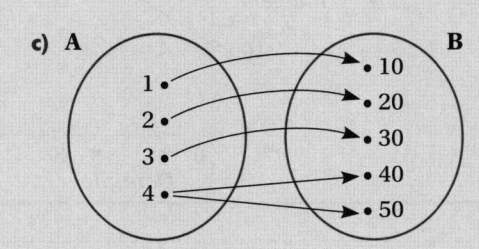

d)
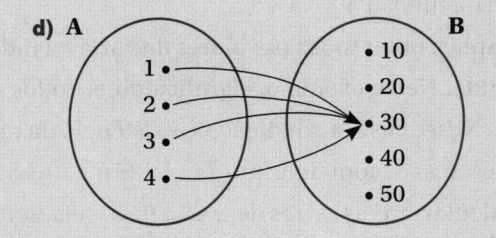

5. Nos gráficos a seguir, indique quais das curvas representam uma função.

a)
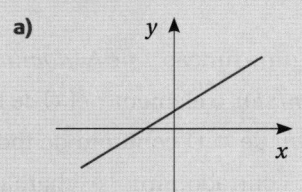

b)
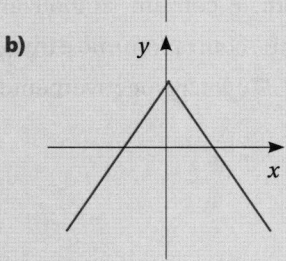

c)
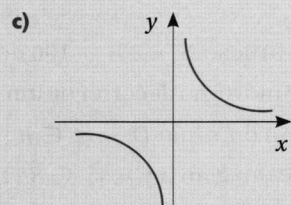

d)
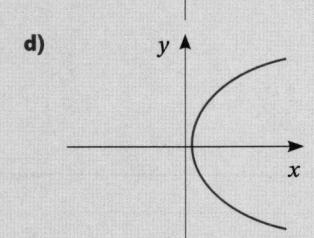

e)
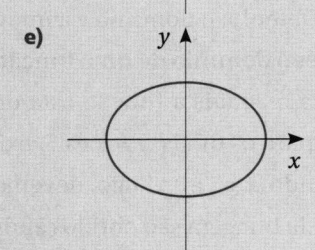

f)
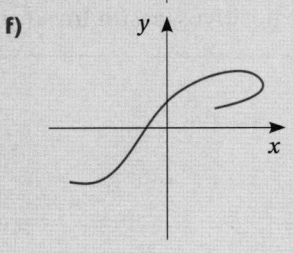

2.2 Elementos no estudo de uma função

Imagem

Na definição de uma função f de A (*domínio*) em B (*contradomínio*), o elemento $f(x)$ de B é chamado *imagem* de x. O conjunto de todas as imagens no contradomínio é chamado **conjunto imagem**. É comum simbolizar os conjuntos domínio, contradomínio e imagem com as letras D, CD e Im, respectivamente.

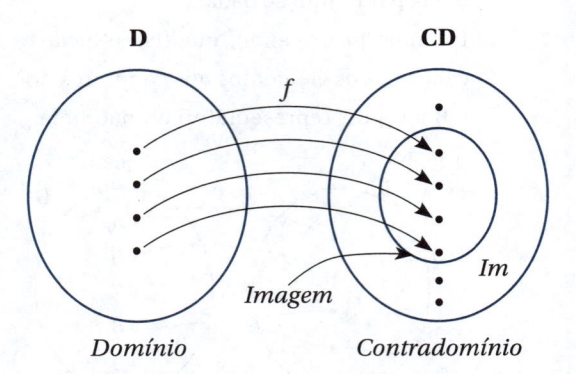

Figura 2.8 Domínio, contradomínio e imagem da função f.

Exemplo 3: A função $S = 20t + 100$ do Exemplo 1, que dá a posição do móvel no decorrer de um intervalo de tempo limitado, tem domínio $D = \{t \in R \mid 0 \leq t \leq 5\}$, contradomínio $\mathbb{R}$ e imagem $Im = \{S \in R \mid 100 \leq S \leq 200\}$.

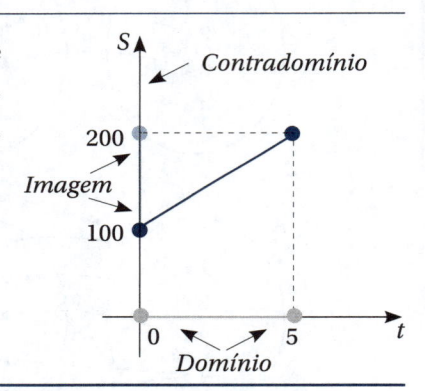

Exemplo 4: Obtenha o domínio e a imagem da função $y = \sqrt{x+5}$.

Solução: Obter o domínio de uma função implica obter todos os valores da variável independente para os quais a função está definida. Neste exemplo, significa obter todos os valores de x para os quais $y = \sqrt{x+5}$ existe. Nesse caso, a condição de existência da raiz impõe radicando $x+5 \geq 0$. Logo, devemos ter $x \geq -5$ com domínio $D = \{x \in R \mid x \geq -5\}$. Os valores y da imagem são obtidos após calcularmos as raízes de $x+5 \geq 0$, ou seja, serão valores reais e positivos, assim $Im = \{y \in R \mid y \geq 0\}$.

Elementos da representação gráfica de funções no plano cartesiano

A representação gráfica de funções costuma ser feita no plano cartesiano que é formado de dois eixos coordenados e perpendiculares.

O *eixo horizontal* é destinado aos valores da *variável independente*, enquanto no *eixo vertical* são tomados os valores da *variável dependente*.

Cada ponto do gráfico representa uma associação de valores entre variável independente e variável dependente.

O ponto é representado por um par de coordenadas $(x, f(x))$ em que x é a coordenada *abscissa* e $f(x)$ é a coordenada *ordenada*.

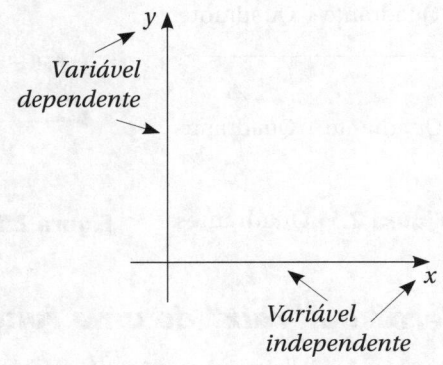

Figura 2.9 Eixos cartesianos

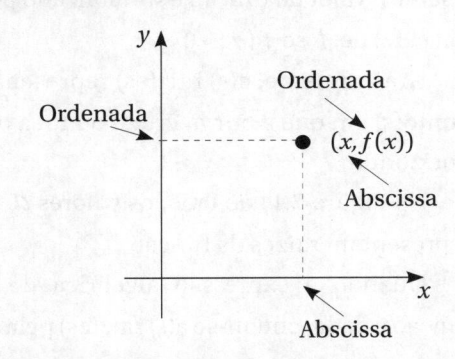

Figura 2.10 Coordenadas de um ponto

Exemplo 5: Dada a função $f(x) = x^2$, temos para a coordenada abscissa $x = 2$ a correspondente coordenada ordenada $y = f(2) = 2^2 = 4$, ou, simplesmente, para a abscissa 2 a ordenada 4, resultando no ponto $(2,4)$.

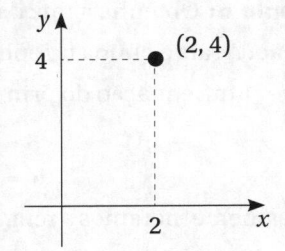

Quadrantes e pontos nos eixos coordenados

Os eixos cartesianos dividem o plano cartesiano em quatro quadrantes, como na Figura 2.11.

Os pontos que pertencem ao **eixo horizontal** têm a *ordenada valendo zero*. Na Figura 2.12 foram assinalados no eixo x, como exemplo, os pontos $(-4, \mathbf{0})$, $(2, \mathbf{0})$ e $(j, \mathbf{0})$.

Os pontos que pertencem ao **eixo vertical** têm a *abscissa valendo zero*. Na Figura 2.13 foram assinalados no eixo y, como exemplo, os pontos $(\mathbf{0}, -3)$, $(\mathbf{0}, 5)$ e $(\mathbf{0}, k)$.

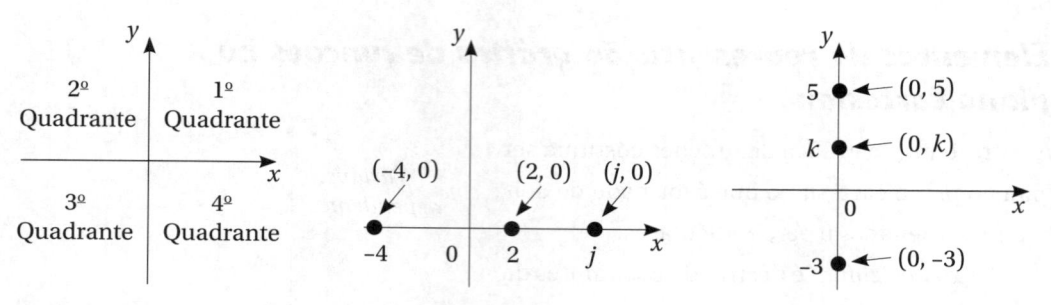

Figura 2.11 Quadrantes   **Figura 2.12** Pontos no eixo x **Figura 2.13** Pontos no eixo y

"Zero" ou "raiz" de uma função e interpretação gráfica

"Zero" ou *"raiz"* de uma função é todo valor do domínio que faz que a função valha zero, ou seja, se o valor da função é simbolizado por $f(x)$, o valor a pertencente ao domínio é um **zero** (ou **raiz**) de f se $f(a) = 0$.

Graficamente, a(s) raiz(es) representa(m) ponto(s) em que a curva cruza ou toca o eixo horizontal.

Na Figura 2.14 ao lado, os valores a, b e c representam raízes da função.

Quando a expressão algébrica de uma função é dada, obtêm-se a(s) raiz(es) pela resolução da equação $f(x) = 0$.

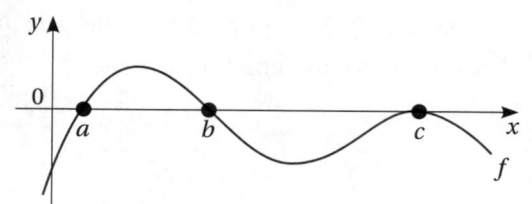

Figura 2.14 Raízes de f graficamente

Exemplo 6: Obtenha a raiz da função $f(x) = x - 5$.
Solução: A raiz é obtida fazendo $f(x) = 0$, o que implica resolver uma equação do primeiro grau

$$x - 5 = 0$$
$$x = 5.$$

Graficamente, notamos a reta, que representa a função, cruzando o eixo x na raiz 5.

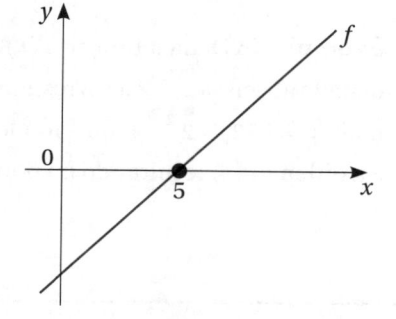

Leitura do sinal de uma função graficamente

Na leitura gráfica do sinal de uma função, identificamos os valores positivos e negativos de uma função com base em seu gráfico.

Nas regiões em que o traçado do gráfico está **abaixo** do eixo horizontal, a função assume valores **negativos** e, nas regiões em que o traçado está **acima** do eixo horizontal, a função é **positiva**, pois assume valores positivos.

Exemplo 7: A função representada ao lado é **negativa** para $x < 2$ e **positiva** para $x > 2$.

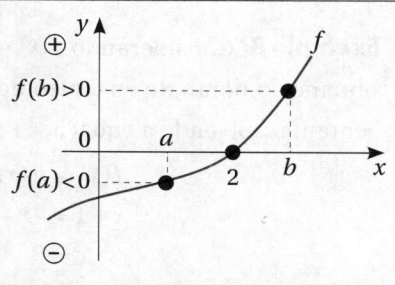

Comparação entre duas funções graficamente

Quando lidamos com duas ou mais funções e seus gráficos esboçados, é interessante notar que aquela que tem valores **maiores** apresenta o traçado gráfico **acima** do traçado da outra função.

No gráfico da Figura 2.15 ao lado, os valores de f são maiores que os de g, ou seja, $f(x) > g(x)$, pois a curva de f está **acima** do gráfico de g.

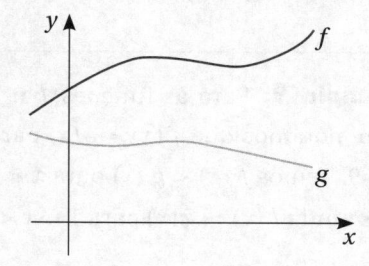

Figura 2.15 $f(x) > g(x)$ graficamente

No esboço da Figura 2.16 ao lado, temos $f(x) < g(x)$ para $x < a$ e $f(x) > g(x)$ para $x > a$.

O valor $x = a$ é obtido resolvendo a equação $f(x) = g(x)$ e graficamente.

Tal valor indica a abscissa do *ponto de encontro das curvas* que representam f e g.

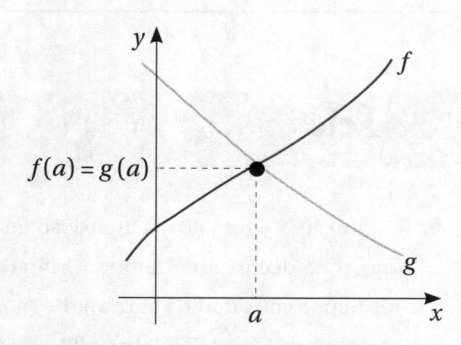

Figura 2.16 Valores de f e g comparados

Exemplo 8: Considerando $f(x) = x + 1$ e $g(x) = -x + 7$, obtemos o ponto de encontro das curvas que o representam resolvendo a equação:

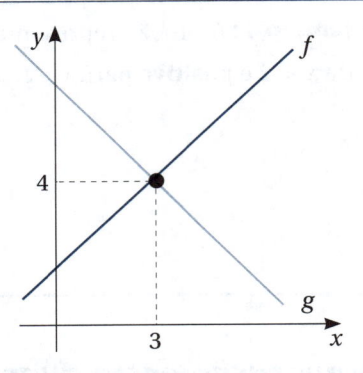

$$f(x) = g(x)$$
$$x + 1 = -x + 7$$
$$x = 3$$

O valor das funções em $x = 3$ pode ser obtido por $f(3) = 3 + 1 = 4$.

Nesse exemplo, com base nos gráficos de f e g que foram dados, temos $f(x) < g(x)$ para $x < 3$ e $f(x) > g(x)$ para $x > 3$.

Exemplo 9: Para as funções f e g representadas ao lado, notamos que $f(x) = g(x)$ para $x = 1$ ou $x = 6$ ou $x = 9$. Temos $f(x) < g(x)$ para $x < 1$ ou $6 < x < 9$ e temos ainda $f(x) > g(x)$ para $1 < x < 6$ ou $x > 9$.

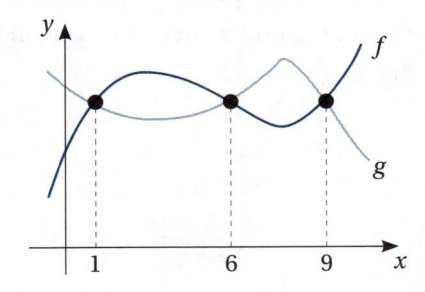

Exercícios

6. A função $S = 10t + 80$ dá a posição de um carro no decorrer do tempo. O intervalo de tempo considerado para análise nos dá o domínio $D = \{ t \in R \mid 0 \leq t \leq 20 \}$. Determine o conjunto imagem da função.

7. Obtenha o domínio de cada função:

a) $y = \sqrt{x - 6}$

b) $y = \dfrac{1}{x - 5}$

c) $y = \dfrac{2}{x^2 - 16}$

d) $y = \dfrac{\sqrt{x + 4}}{x - 3}$

8. Represente graficamente no plano cartesiano os pontos $A(2, 4)$, $B(-3, -2)$, $C(-4, 1)$, $D(4, -1)$, $E(0, 3)$, $F(3, 0)$ e em seguida responda:

a) Qual ponto pertence ao $2^{\underline{o}}$ Quadrante?

b) Qual ponto pertence ao $3^{\underline{o}}$ Quadrante?

c) Qual ponto pertence ao eixo das abscissas?

9. O ponto $P(k^2-9, 2k+8)$ pertence ao eixo das ordenadas.

a) Determine o(s) valor(es) k.

b) Determine o ponto P.

10. Obtenha as raízes das funções a seguir:

a) $y = 2x + 20$ **b)** $y = x^2 - 5x + 6$

c) $y = \sqrt{3x - 12}$ **d)** $y = \dfrac{x^2 - 100}{x - 10}$

11. Dada a função f representada a seguir:

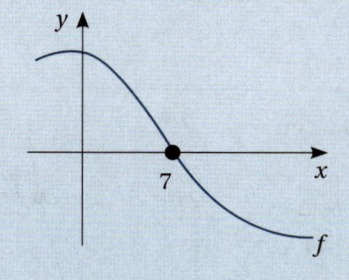

a) Qual a raiz de f?

b) Para que valores de x temos $f(x) < 0$?

c) Para que valores de x temos $f(x) > 0$?

12. Dada a função f representada a seguir:

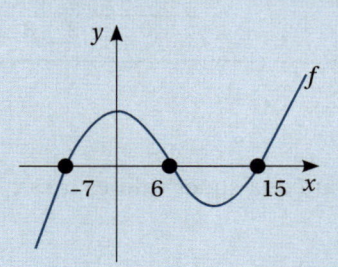

a) Quais as raízes de f?

b) Para que valores de x temos $f(x) < 0$?

c) Para que valores de x temos $f(x) > 0$?

13. Dadas as funções $f(x) = -x + 12$ e $g(x) = 2x - 3$, cujos gráficos estão esboçados a seguir:

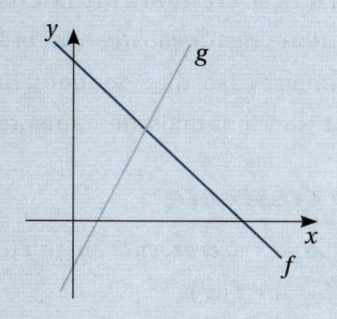

a) Obtenha o ponto de encontro das retas que representam f e g.

b) Para que valores de x temos $f(x) > g(x)$?

c) Para que valores de x temos $f(x) < g(x)$?

14. Dadas as funções $f(x) = x^2$ e $g(x) = x + 2$, cujos gráficos estão esboçados a seguir:

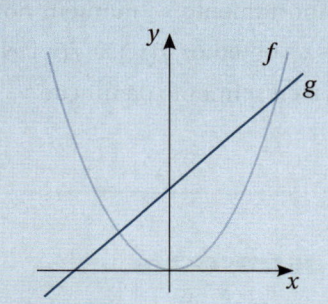

a) Obtenha os pontos de encontro das curvas que representam f e g.

b) Para que valores de x temos $f(x) > g(x)$?

c) Para que valores de x temos $f(x) < g(x)$?

▼ 2.3 Função crescente e função decrescente

Quando lidamos com funções numéricas, é interessante notar intervalos para os quais os valores da função **crescem** à medida que a variável independente cresce ou intervalos para os quais os valores da função **decrescem** à medida que a variável independente cresce.

No primeiro caso, dizemos que a função é **crescente** e, no segundo, que a função é **decrescente**. Analisaremos mais atentamente esses conceitos a seguir.

Função crescente

Uma função $f(x)$ é **crescente** em um intervalo se, para quaisquer valores $x_2 > x_1$ do intervalo, tivermos $f(x_2) > f(x_1)$.

Exemplo 10: A função $f(x) = 2^x$ é *crescente* em todo o seu domínio $(D = \mathbb{R})$.

Tomando, por exemplo, dois valores do domínio $x_1 = 2$ e $x_2 = 3$ e os respectivos valores da função, $f(2) = 2^2 = 4$ e $f(3) = 2^3 = 8$, concluímos que, para $3 > 2$, temos $f(3) > f(2)$. Esse comportamento se mantém no domínio de f. Logo, para $x_2 > x_1$, obtemos $f(x_2) > f(x_1)$. No gráfico ao lado, percebemos o crescimento da função.

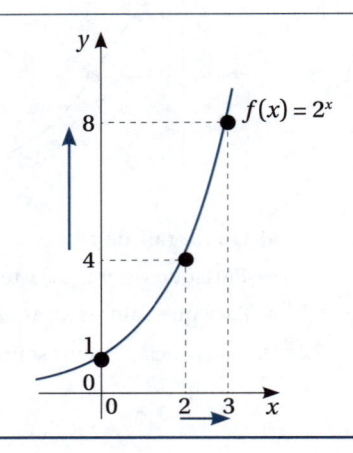

Função decrescente

Uma função $f(x)$ é **decrescente** em um intervalo se, para quaisquer valores $x_2 > x_1$ do intervalo, tivermos $f(x_2) < f(x_1)$.

Exemplo 11: A função $f(x) = \left(\dfrac{1}{2}\right)^x$ é decrescente em todo o seu domínio $(D = \mathbb{R})$. Tomando por exemplo dois valores do domínio $x_1 = 2$ e $x_2 = 3$ e os respectivos valores da função, $f(2) = \left(\dfrac{1}{2}\right)^2 = \dfrac{1}{4}$ e $f(3) = \left(\dfrac{1}{2}\right)^3 = \dfrac{1}{8}$, concluímos que, para $3 > 2$, temos $f(3) < f(2)$. Esse comportamento se mantém no domínio de f. Logo, para $x_2 > x_1$, obtemos $f(x_2) < f(x_1)$. Graficamente, percebemos o decrescimento da função.

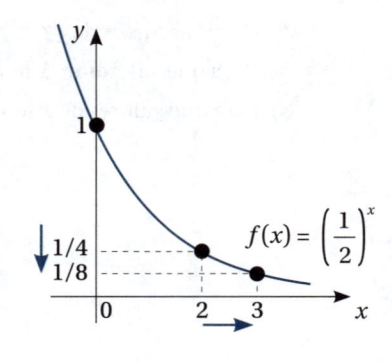

Intervalos de crescimento e decrescimento

É possível também que uma função apresente diferentes comportamentos quanto ao crescimento/decrescimento, de acordo com o intervalo observado em seu domínio.

Exemplo 12: A função $f(x) = x^2$ é **decrescente** para $x \leq 0$ e **crescente** para $x \geq 0$.

Podemos verificar que $f(x) = x^2$ é decrescente em $x \leq 0$; tomando, por exemplo, dois valores $x_1 = -2$ e $x_2 = -1$ nesse intervalo e os respectivos valores da função, $f(-2) = (-2)^2 = 4$ e $f(-1) = (-1)^2 = 1$, concluímos, que, para $-1 > -2$, temos $f(-1) < f(-2)$. Logo, para $x_2 > x_1$, obtemos $f(x_2) < f(x_1)$.

Por outro lado, percebemos que $f(x) = x^2$ é crescente em $x \geq 0$; tomando, por exemplo, dois valores $x_1 = 1$ e $x_2 = 2$ nesse intervalo e os respectivos valores da função, $f(1) = 1^2 = 1$ e $f(2) = 2^2 = 4$, concluímos que, para $2 > 1$, temos $f(2) > f(1)$. Logo, para $x_2 > x_1$, obtemos $f(x_2) > f(x_1)$.

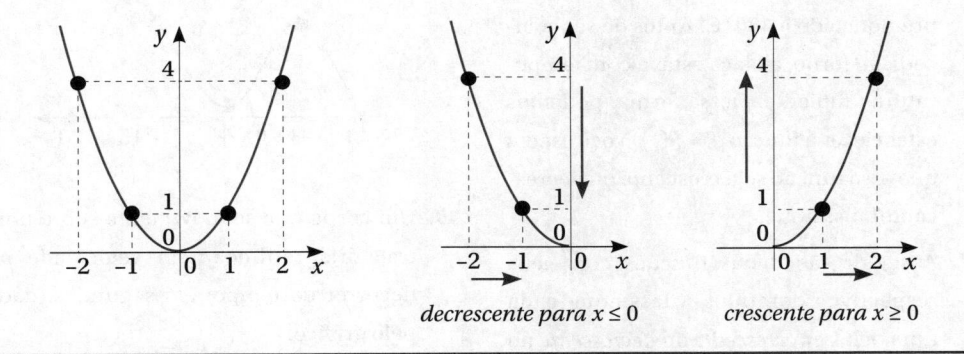

decrescente para $x \leq 0$ crescente para $x \geq 0$

Podemos ter ainda funções com vários intervalos de crescimento e vários intervalos de decrescimento, como o exemplo a seguir.

Exemplo 13: A função f representada no esboço a seguir é *crescente* para $x < 6$ e $16 < x < 25$ e é *decrescente* para $6 < x < 16$ e $x > 25$.

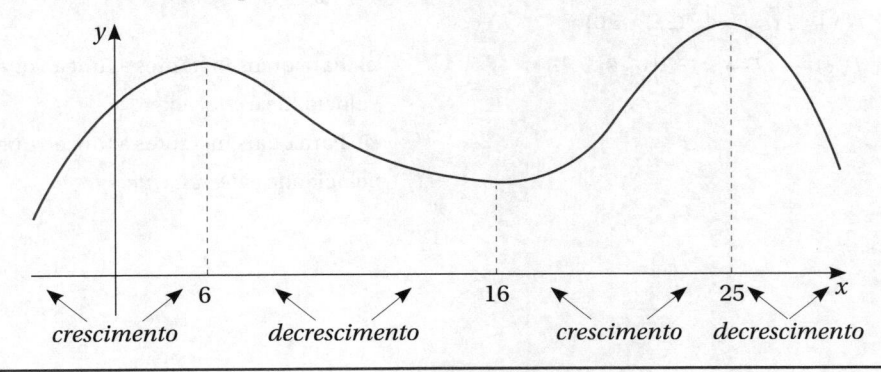

crescimento   decrescimento   crescimento   decrescimento

Exercícios

15. Um carro pode percorrer a distância de 100 km com diferentes velocidades médias e, consequentemente, com diferentes tempos. Estabelecida uma relação que dá o tempo t gasto no percurso em função da velocidade média v, ou seja, $t = f(v)$, você espera que tal função seja crescente ou decrescente? Justifique.

16. Considere um experimento em que se analisam, no decorrer do tempo t, as temperaturas T de uma placa de metal que foi colocada num forno industrial pré-aquecido a 500 °C. Antes de ser colocada no forno, a placa estava com temperatura ambiente. Dessa forma, podemos estabelecer a função $T = f(t)$. Você espera que essa função seja crescente ou decrescente? Justifique.

17. A seguir são dadas funções com seus respectivos domínios. Classifique cada uma delas em *crescente* ou *decrescente* no domínio dado. (Sugestão: calcule e compare os valores da função para diferentes valores do domínio.)

a) $f(x) = -2x + 40$; $D = \mathbb{R}$

b) $f(x) = 5x - 100$; $D = \mathbb{R}$

c) $f(x) = -x^2 + 4x - 12$; $D = \{x \in \mathbb{R} | x < 2\}$

d) $f(x) = x^2 + 6x + 5$; $D = \{x \in \mathbb{R} | x < -3\}$

e) $f(x) = \sqrt{x}$; $D = \{x \in \mathbb{R} | x \geq 0\}$

f) $f(x) = \dfrac{1}{x}$; $D = \{x \in \mathbb{R} | x \neq 0\}$

18. Determine em cada item os intervalos de crescimento e de decrescimento da função f representada.

a)

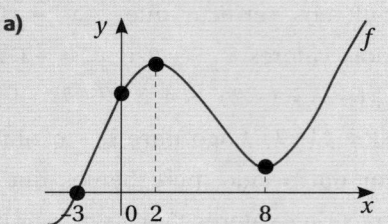

b)

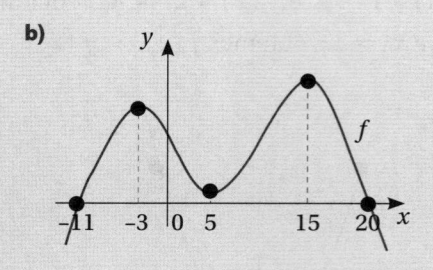

19. Um corpo que se movimenta sobre uma trajetória retilínea tem velocidade no decorrer do tempo, em segundos, dada pelo gráfico:

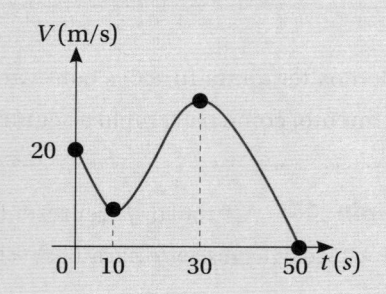

a) Para quais instantes a função que dá a velocidade é *crescente*?

b) Para quais instantes a função que dá a velocidade é *decrescente*?

◢ 2.4 Função composta

É bastante comum realizarmos operações com funções obtendo novas funções.

Muitas situações práticas são traduzidas em linguagem matemática por meio da *composição de funções,* que é uma operação entre funções muito importante.

Função composta

Dadas as funções $f : A \to B$ e $g : B \to C$, chamamos **função composta** de g e f a função $g \circ f : A \to C$, que é definida por

$$(g \circ f)(x) = g(f(x))$$

com $x \in A$.

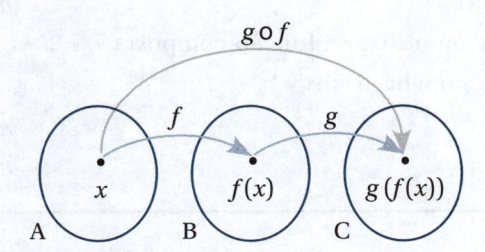

Figura 2.17 Função composta

Como você pode notar, para obtermos a composta $g(f(x))$, a função g foi "calculada" em $f(x)$.

Exemplo 14: Dadas as funções $f(x) = 4x^2 + 5$ e $g(x) = x - 3$, obtenha as funções compostas:

a) $g(f(x))$

b) $f(g(x))$

Solução:

a) Para obter $g(f(x))$, aplicamos g em $f(x)$:

$$g(f(x)) = f(x) - 3$$
$$g(f(x)) = 4x^2 + 5 - 3$$
$$g(f(x)) = 4x^2 + 2$$

b) Para obter $f(g(x))$, aplicamos f em $g(x)$:

$$f(g(x)) = 4 \cdot [g(x)]^2 + 5$$
$$f(g(x)) = 4 \cdot (x - 3)^2 + 5$$
$$f(g(x)) = 4 \cdot (x^2 - 6x + 9) + 5$$
$$f(g(x)) = 4x^2 - 24x + 36 + 5$$
$$f(g(x)) = 4x^2 - 24x + 41$$

Exemplo 15: Em uma fábrica, verificou-se que o número p de peças a serem substituídas de um grupo de máquinas depende do intervalo de tempo, t, transcorrido após a última manutenção (em anos). O número n de técnicos necessários para fazer a substituição das peças depende da quantidade p de peças a serem substituídas. Assim, p é em função de t, ou seja, $p = f(t)$; e n é em função de p, ou seja, $n = g(p)$. Considerando t um número inteiro de anos transcorridos, aproximaram-se os valores de p e n por $p = 20t + 10$ e $n = 0{,}1p$.

Desse modo, obtemos a composta $(g \circ f)(t) = g(f(t))$ substituindo em n a expressão de p:

$$n = 0{,}1(20t + 10)$$

$$n = 2t + 1$$

Nessa situação, se transcorreu um ano da última manutenção, podemos calcular, primeiro, o número de peças a serem substituídas, fazendo

$$p = 20 \cdot 1 + 10$$
$$p = 30$$

depois calcular o número de técnicos com base no número de peças,

$$n = 0{,}1 \cdot 30$$
$$n = 3$$

ou utilizar a função composta $n = 2t + 1$ e calcular, **diretamente**, o número de técnicos com base em $t = 1$,

$$n = 2 \cdot 1 + 1$$
$$n = 3$$

Como você pode notar, a função composta $(g \circ f)(t) = g(f(t))$ nos dá o número de técnicos necessários em função do tempo transcorrido após a última manutenção. Realizando os mesmos cálculos para o tempo $t = 2$, obtemos o número de peças $p = 50$ e o número de técnicos $n = 5$, como ilustrado ao lado.

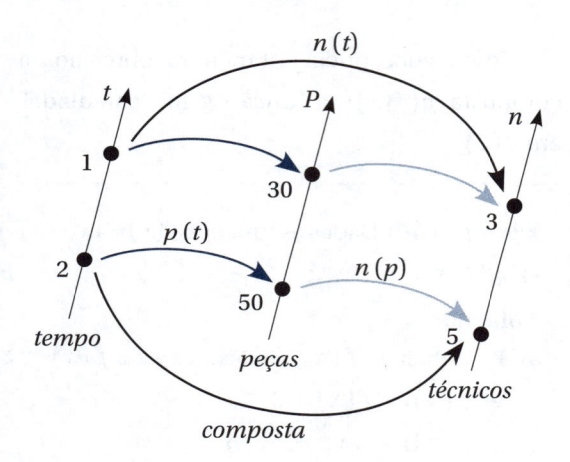

Exercícios

20. Dadas as funções $f(x) = x^2 + 3x$ e $g(x) = x - 2$, obtenha:

a) $g(f(2))$ **b)** $f(g(2))$

c) $g(g(2))$ **d)** $f(f(2))$

21. Dadas as funções $f(x) = x^2 - x$ e $g(x) = x + 5$, obtenha:

a) $f(10)$ **b)** $f(\pi)$ **c)** $f(x+1)$

d) $f(x+h)$ **e)** $g(20)$ **f)** $g(k)$

g) $g(x - 0{,}1)$ **h)** $g(x + \Delta x)$ **i)** $g(f(x))$

j) $f(g(x))$ **k)** $g(g(x))$ **l)** $f(f(x))$

22. Na construção de um shopping, o estacionamento descoberto de área total A será dividido em 10 setores iguais de área s, assim a área total A é em função de s dada por $A = 10s$. Os setores, por sua vez, terão o formato de retângulo com dimensões x

e $2x$, de modo que a área de cada setor é dada por $s = 2x^2$.

a) Qual a área de cada setor dada a dimensão $x = 50$ metros?

b) Qual será a área total do estacionamento se a área de cada setor for $5.000 \, m^2$?

c) Qual a expressão que dá a área total A em função da dimensão x?

d) Qual a área total do estacionamento dada a dimensão $x = 40$ metros?

23. No estudo para a fabricação de latas cilíndricas com volume V cm^3 e diâmetro da base medindo 20 cm, temos área da superfície lateral dependendo da altura h da lata e dada por $A = 20\pi \cdot h$. Sabe-se que a altura depende do volume e é expressa por $h = \dfrac{V}{100\pi}$. Obtenha a expressão da área da superfície lateral em função do volume.

24. Considere um resistor com resistência elétrica R constante e potência elétrica P dependendo da intensidade i da corrente elétrica tal que $P = R \cdot i^2$. Considere que a intensidade da corrente elétrica depende da diferença de potencial U de tal modo que $i = \dfrac{U}{R}$. Obtenha a expressão que dá a potência elétrica em função da diferença de potencial.

25. Se as funções f e g são tais que $f(x) = 2x + 4$ e $f(g(x)) = 6x$, determine $g(x)$.

2.5 Aplicações

Os conceitos matemáticos abordados neste capítulo podem ser aplicados em muitas situações práticas, e algumas dessas aplicações você já observou na teoria e em alguns exercícios apresentados.

A seguir apresentamos mais algumas situações práticas em que tais conceitos são utilizados.

Naturalmente as situações que serão apresentadas não esgotam as possibilidades de aplicações.

Você poderá verificar muitas outras aplicações no decorrer de seu curso com este livro, com outros livros das áreas técnicas, em outras disciplinas e em sua área de atuação profissional.

Mudanças de fase de substâncias

Situação prática: As substâncias químicas têm suas fases (sólida, líquida e gasosa) dependendo da temperatura e pressão. Considerando a pressão fixa em 1 atmosfera, estabelecemos para as substâncias simples as temperaturas para o ponto de fusão e ponto de ebulição que sinalizam, respectivamente, a mudança da fase sólida para a líquida e da fase líquida para a gasosa. Os gráficos a seguir trazem as curvas de aquecimento e ilustram a mudança de fase para uma substância simples (Água – Figura 2.18) e para uma mistura homogênea simples (Água e sal de cozinha – Figura 2.19).

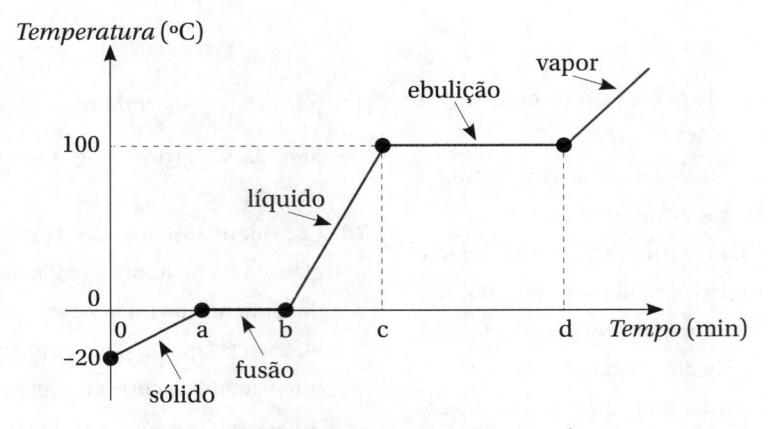

Figura 2.18 Curva de aquecimento: Água

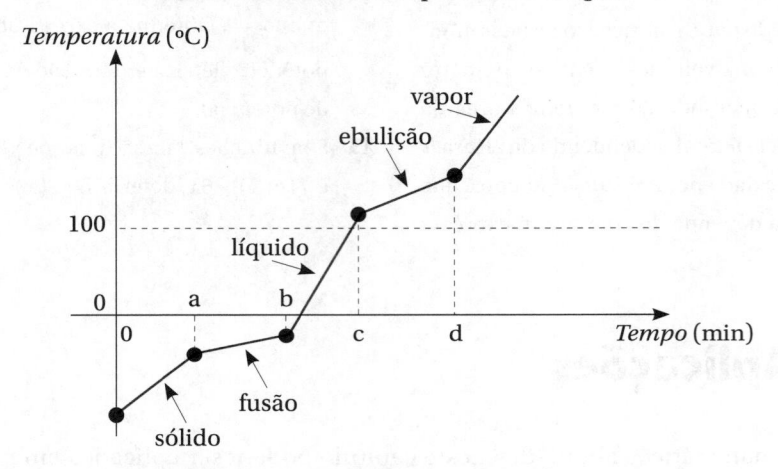

Figura 2.19 Curva de aquecimento: Água e sal

Análises: As duas curvas representam funções que dão a temperatura da substância em função do tempo, pois em cada gráfico temos uma única temperatura associada a um tempo dado.

Na Figura 2.18 notamos a temperatura crescente nos intervalos de tempo $0 < Tempo < a$, $b < Tempo < c$ e $Tempo > d$. No intervalo $0 < Tempo < a$, há o aumento da temperatura do gelo até $0\,^{\circ}C$ e no intervalo $a < Tempo < b$ temos o processo de fusão da água, sendo que a temperatura se mantém constante até a água mudar da fase sólida para a líquida. Outro intervalo em que a temperatura se mantém constante é no intervalo de ebulição, $c < Tempo < d$, quando a água passa do estado líquido para o gasoso.

Na Figura 2.19 notamos a temperatura com comportamento diferente quanto aos intervalos de mudança de fase da mistura homogênea simples (água e sal). A função da temperatura é crescente para todo o domínio $Tempo > 0$. Assim, nos intervalos de tempo que denotam fusão e ebulição, $a < Tempo < b$ e $c < Tempo < d$, respectivamente, a temperatura da mistura continua crescendo. Notamos ainda que a fusão ocorre em temperaturas negativas e a ebulição, em temperaturas superiores a $100\,^{\circ}C$.

Posição e velocidade em um lançamento vertical para cima

Situação prática: Um corpo é lançado no solo, verticalmente para cima, com velocidade inicial de 30 m/s. Desprezando a resistência do ar, admitindo aceleração da gravidade $g = 10\ m/s^2$ e sentido da trajetória de baixo para cima com origem no chão, temos a posição do móvel $S = 30t - 5t^2$ e a velocidade $V = 30 - 10t$ em função do tempo transcorrido a partir do lançamento. Uma ilustração da situação e os gráficos das funções estão nas figuras a seguir:

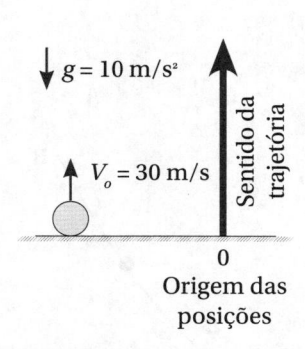

Figura 2.20 Lançamento do corpo

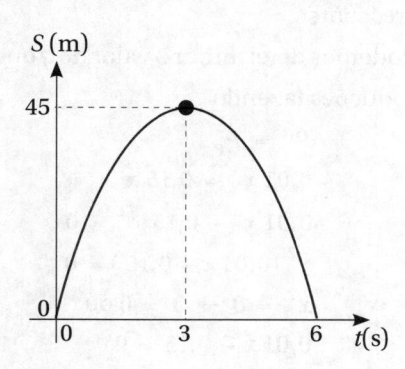

Figura 2.21 Posição × tempo

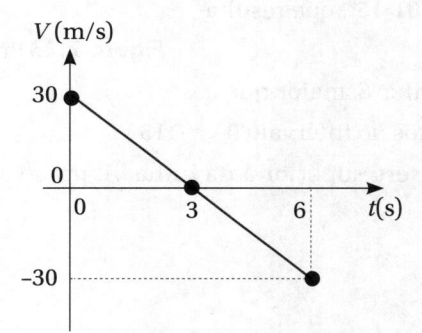

Figura 2.22 Velocidade × tempo

Análises: O corpo sobe e volta à posição inicial no solo em 6 segundos, sendo $0s \le t \le 6s$ o intervalo de tempo para o qual faz sentido o estudo desse lançamento vertical. Assim, o domínio das funções envolvidas é $D = \{t \in \mathbb{R} | 0 \le t \le 6\}$.

A função que dá as posições é positiva e crescente no intervalo $0s < t < 3s$ e positiva e decrescente no intervalo $3s < t < 6s$.

A função da velocidade é decrescente para todo o domínio. Temos velocidades positivas para $0s < t < 3s$ e velocidades negativas para $3s < t < 6s$. Temos também $t = 3s$ como raiz da função velocidade, ou seja, $V(3) = 0$, indicando nesse instante mudança de sentido do movimento.

Produção dependente dos insumos

Situação prática: Em uma indústria alimentícia, duas linhas, A e B, de beneficiamento têm suas produções P_A e P_B (em toneladas) dependentes das quantidades x de capital investido em equipamentos (em milhares de \$) e são dadas por $P_A = 0,01x^3$ e $P_B = 0,15x^2$, cujos gráficos estão expostos no mesmo sistema de eixos.

Análises: Percebemos que as funções da produção, tanto para a linha A quanto para a B, são crescentes.

Podemos determinar o valor de q que iguala as produções fazendo

$$P_A = P_B$$
$$0,01\,x^3 = 0,15\,x^2$$
$$0,01\,x^3 - 0,15\,x^2 = 0$$
$$x^2\,(0,01\,x - 0,15\,) = 0$$
$$x^2 = 0 \rightarrow x = 0 \text{ ou}$$
$$0,01\,x - 0,15 = 0$$
$$x = 15$$

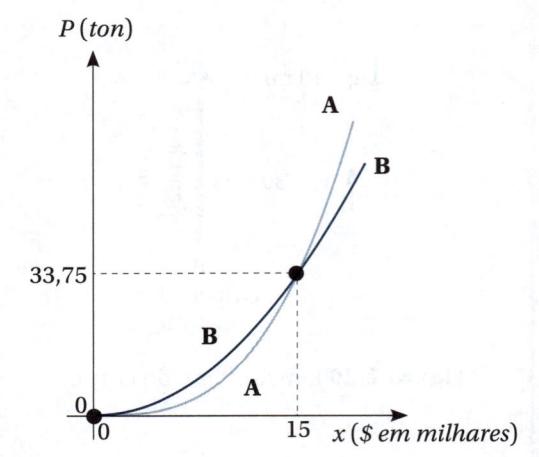

Figura 2.23 Produção de alimentos

Para $x = 15$ temos $P_A = 0,01 \cdot 15^3$, que resulta em $P_A = 33,75$.

Temos a produção na linha B maior que a da linha A para investimentos no intervalo $0 < x < 15$.

A produção da linha B será superior à da linha A para valores de investimentos tais que $x > 15$.

Solubilidade de sais

Situação prática: A indústria farmacêutica faz largo uso dos sais, que são importantes nutrientes dos seres vivos. O gráfico a seguir traz o esboço de três curvas de solubilidade dos sais KCl, $NaCl$ e $Ce_2(SO_4)_3$.

Análises: Nesse caso, a solubilidade é em função da temperatura a que é submetida a solução. Notamos que é crescente a solubilidade dos sais KCl e $NaCl$, sendo superior à solubilidade decrescente do sal $Ce_2(SO_4)_3$.

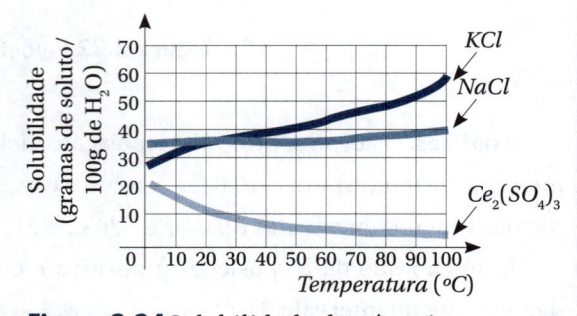

Figura 2.24 Solubilidade de três sais

Notamos ainda que a solubilidade do KCl a 0 °C é inferior à do $NaCl$, no entanto, entre 20 °C e 30 °C, a solubilidade do KCl torna-se superior à do $NaCl$.

Exercícios

26. O movimento de um corpo, com aceleração constante, foi analisado durante 8 segundos e determinou-se que sua velocidade no decorrer do tempo é dada por $V = 15t - 60$, além de apresentar o gráfico a seguir:

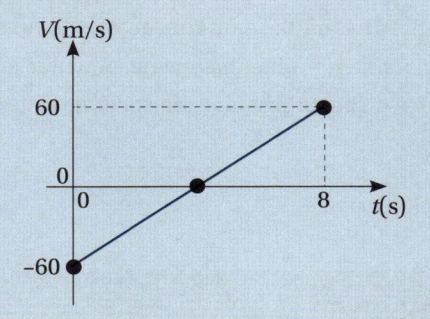

Determine:

a) O domínio de $V = f(t)$.

b) A raiz de $V = f(t)$.

c) O intervalo de tempo em que $V > 0$.

d) O intervalo de tempo em que $V < 0$.

27. O gráfico a seguir representa a posição $S = 20t - 5t^2$ de um corpo lançado verticalmente para cima.

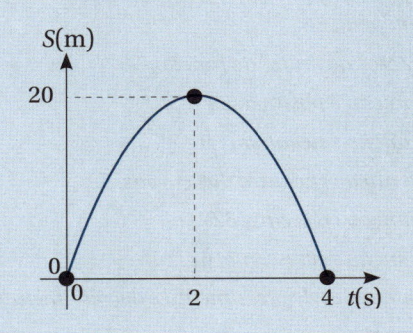

a) Qual o domínio de $S = f(t)$?

b) Para que instantes $S = f(t)$ é crescente?

c) Para que instantes $S = f(t)$ é decrescente?

28. Dois móveis A e B com funções $S_A = 30 + 20t$ e $S_B = 60 + 10t$, respectivamente, têm o gráfico de suas posições no decorrer do tempo dado por:

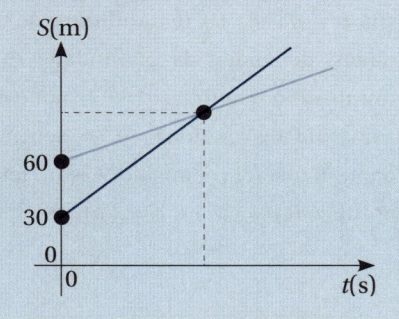

a) Em que instante os móveis se encontram?

b) Em que posição os móveis se encontram?

c) Para que instantes o móvel A tem posições superiores às do móvel B?

29. Em uma fábrica, constatou-se que o custo $C = 40q + 1400$ e a receita $R = -2q^2 + 200q$ dependem da quantidade q produzida (e comercializada). Os gráficos de custo e receita estão sobrepostos a seguir:

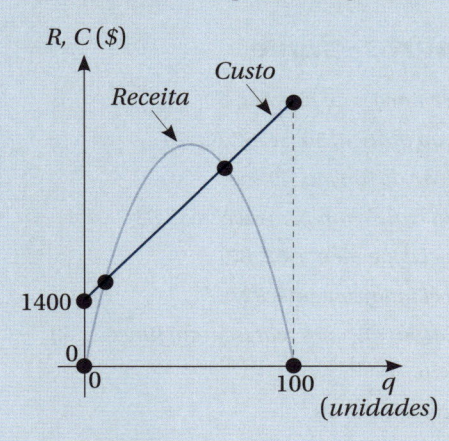

a) Qual é o domínio das funções?

b) Para que valores de q a receita e o custo se igualam?

c) Para que valores de q a receita é superior ao custo, indicando, assim, lucro positivo?

d) Para que valores de q a receita é inferior ao custo, indicando, assim, prejuízo?

30. Em uma fábrica de blocos, durante um período do ano, verificou-se que a produção $p = -q^2 + 8q + 9$ (em milhares de unidades) dependeu da quantidade q de um insumo (em toneladas) disponível, e a quantidade vendida $v = 0,7p$ dependeu daquilo que foi produzido. Assim, temos as funções $p = f(q)$ e $v = g(p)$.

a) Qual a quantidade produzida quando foram disponibilizadas 2 toneladas do insumo?

b) Qual a quantidade vendida de acordo com a produção obtida no item anterior?

c) Obtenha a quantidade vendida em função da quantidade disponível de insumo, ou seja, obtenha $v = g(f(q))$.

d) Com base na função obtida no item anterior, obtenha as vendas quando foram disponibilizadas 2 toneladas de insumo.

Exercícios complementares

Acesse a página deste livro no site da Cengage para baixar os exercícios que complementam este capítulo e aprofunde seu conhecimento.

Palavras-chave

3

Função linear

Objetivos do capítulo

Neste capítulo, você estudará os conceitos relacionados às *funções lineares*. O conceito de *função linear* será explorado em *modelos lineares* que apresentam *taxas de variação constantes* da variável dependente em relação à variável independente. Por ter muitas aplicações, as funções lineares e suas taxas de variação envolvidas serão analisadas em detalhes numéricos, algébricos e gráficos. Você também verá importantes aplicações dos modelos lineares em diversas áreas da engenharia, bem como em situações cotidianas.

Estudo de caso

O diretor de uma construtora precisa tomar uma decisão em relação à aquisição de um novo gerador para a sua empresa. Analisando os geradores disponíveis no mercado, após cotação de preços, ele organizou em uma tabela as informações mais importantes dos geradores produzidos pela empresa líder de mercado.

Tipo de gerador	Preço ($)	Custo operacional ($ por hora)
A gasolina	50.000,00	10,00
A diesel	70.000,00	8,00

Com base nesses dados, para a tomada de decisão sobre qual gerador deverá ser adquirido, primeiro o diretor pretende analisar os seguintes questionamentos:

Quais os custos totais (aquisição e operação) dos dois tipos de geradores em função do número de horas de utilização? Quais as taxas de variação dos custos dos dois modelos de geradores? Caso o índice de operação médio mensal do gerador seja de 60 horas, qual a melhor alternativa de aquisição? Em que situação de uso os custos totais para os dois geradores se igualam? Qual é a

representação gráfica comparativa do custo total dos dois modelos de gerador?   *Qual é a melhor opção de compra dos geradores?*

Baloncici/Shutterstock

Essas questões poderão ser respondidas com o auxílio dos tópicos a serem estudados neste capítulo!

3.1 Função linear

A *função linear* que estudaremos a seguir é bastante simples e é utilizada em muitas aplicações práticas.

Você notará que uma característica importante da função linear é que o valor da função muda a uma taxa constante em relação à sua variável independente. Essa característica nos fornece retas como representações gráficas da função linear.

Função linear

Uma função $f : \mathbb{R} \to \mathbb{R}$ é chamada *função linear* se for da forma

$$f(x) = mx + b$$

em que m e b são números reais.[1]

Exemplo 1: Nos itens a seguir, temos funções lineares com a indicação de seus coeficientes.

a) $f(x) = -2x + 6$ $(m = -2,\ b = 6)$ b) $y = x - 2$ $(m = 1,\ b = -2)$

c) $f(x) = \sqrt{3}x + 7$ $(m = \sqrt{3},\ b = 7)$ d) $f(x) = 4x$ $(m = 4,\ b = 0)$

e) $y = 7$ $(m = 0,\ b = 7)$ f) $f(x) = 0$ $(m = 0,\ b = 0)$

---

1   No Ensino Médio é comum denominar *função afim* à função da forma $f(x) = mx + b$, podendo classificá-la para o caso em que $m \neq 0$ (*função polinomial do 1º grau* ou, simplesmente, *função do 1º grau*) e o caso em que $b = 0$ (*função linear*). Nesse último caso, a *função linear* pode ser entendida como um caso particular da função do 1º grau.

Função constante

Um caso particular de função linear é a *função constante*, que pode ser definida tal que $f : \mathbb{R} \to \mathbb{R}$ e

$$f(x) = b$$

sendo b uma constante real.

Note que a função constante é obtida da função linear $f(x) = mx + b$, fazendo $m = 0$.

Exemplo 2: São exemplos de função constante as funções $y = 7$, $f(x) = -\sqrt{5}$ e $f(x) = 0$.

Gráfico da função linear

Para uma função linear $y = mx + b$ temos y variando a uma **taxa constante** em relação às variações de x. Graficamente, isso é percebido pelas coordenadas dos pontos da **reta** que representa a função linear.

Para esboçar o gráfico da função linear, basta traçar a reta por dois pontos obtidos por associações entre x e y.

Quando possível, é comum traçarmos a reta pelos pontos pertencentes aos eixos coordenados.

O ponto em que a reta cruza o eixo y é obtido fazendo $x = 0$, ou seja,

$$y = m \cdot 0 + b \to y = b \to \text{Ponto } (0, b)$$

O ponto em que a reta cruza o eixo x é obtido fazendo $y = 0$, ou seja, no ponto que representa a raiz da função; para tanto, é necessário $m \neq 0$:

$$0 = m \cdot x + b \quad \to \quad x = -\frac{b}{m} \quad \to \quad \text{Ponto } \left(-\frac{b}{m}, 0 \right)$$

Exemplo 3: A seguir temos os gráficos de três funções lineares.

a) $y = -2x + 6$

$x = 0 \to y = 6 \to$ Ponto $(0, 6)$

Ponto no qual cruza o eixo y.

$y = 0 \to x = 3 \to$ Ponto $(3, 0)$

Ponto no qual cruza o eixo x.

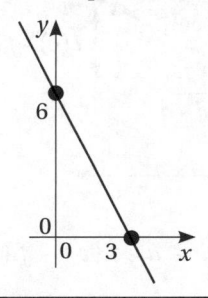

b) $y = 4x$

$x = 0 \to y = 0 \to$ Ponto $(0, 0)$

Reta cruza os eixos na origem!

Obtendo outro ponto:

$x = 1 \to y = 4 \to$ Ponto $(0, 4)$

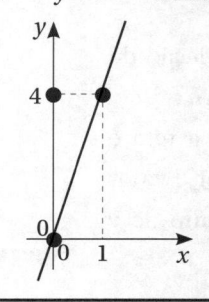

c) $y = 7$

$x = 0 \to y = 7 \to$ Ponto $(0, 7)$

Essa função não tem raiz!

Obtendo outro ponto:

$x = 1 \to y = 7 \to$ Ponto $(1, 7)$

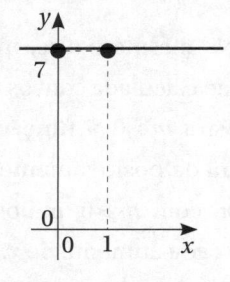

Coeficiente linear

Para uma função linear $y = mx + b$; o coeficiente b é chamado **termo independente** de x ou **coeficiente linear**.

Graficamente, esse coeficiente indica o ponto $(0, b)$ no qual a reta cruza o eixo y.

Em muitas aplicações práticas, se o domínio é composto apenas por valores não negativos, isto é, $x \geq 0$, esse coeficiente também é chamado "valor inicial" da função em questão.

Exemplo 4: A velocidade de um móvel no decorrer do tempo em um movimento com aceleração constante é dada por $V = 10\,t + 20$. O movimento é analisado apenas para $t \geq 0$, então, a "velocidade inicial" será obtida para $t = 0$:

$$V = 10 \cdot 0 + 20 \;\rightarrow\; V = 20$$

No gráfico ao lado indicamos esse valor no eixo vertical.

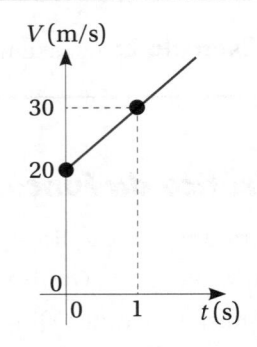

Taxa de variação ou coeficiente angular

Para uma função linear $y = mx + b$ o coeficiente m é chamado **taxa de variação** de y em relação a x ou **coeficiente angular** da reta que representa a função. Graficamente, m está associado à inclinação da reta que representa a função.

Podemos calcular essa taxa fazendo

$$m = \frac{\text{variação em } y}{\text{variação em } x} = \frac{\Delta y}{\Delta x}$$

Na Figura 3.1 indicamos as variações Δx e Δy.

Na Figura 3.2, denotando $y = f(x)$, se variarmos x no intervalo $a \leq x \leq c$, a taxa de variação é expressa por

$$m = \frac{f(c) - f(a)}{c - a}$$

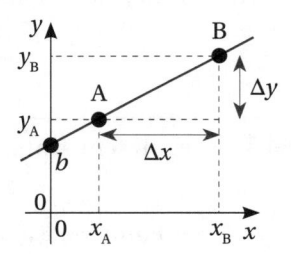

Figura 3.1 Variações Δx e Δy

Na mesma figura, indicamos a variação da função calculada com os valores de x em a e c.

Para $m > 0$ a função é *crescente* e a reta é inclinada positivamente. Quanto maior o valor de $\boldsymbol{m}$, com $m > 0$, maior é o crescimento de $\boldsymbol{y}$ para cada aumento de $\boldsymbol{x}$.

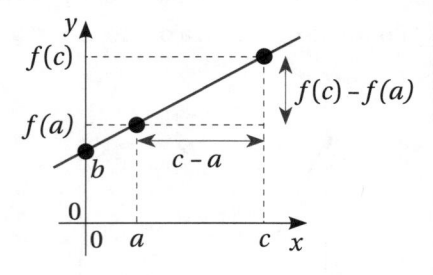

Figura 3.2 Variações $c - a$ e $f(c) - f(a)$

Para $m < 0$ a função é *decrescente* e a reta é inclinada negativamente e, para $m > 0$, a função é crescente e a reta é inclinada positivamente.

Quando $b = 0$, a função $y = mx + b$ se reduz a $y = mx$ e a reta que a representa passa pelo ponto $(0, 0)$.

As figuras 3.3 e 3.4 ao lado representam algumas possibilidades de inclinações para as retas dadas por $y = mx$.

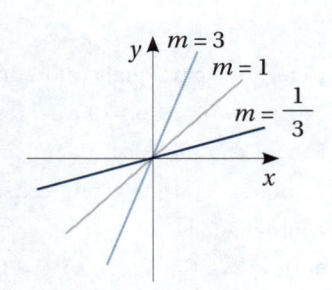

Figura 3.3 Retas $y = mx$ com $m > 0$.

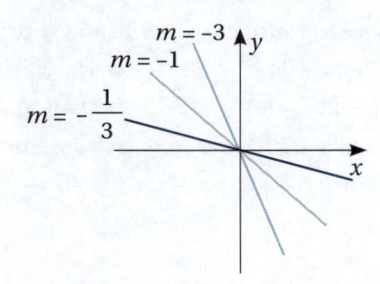

Figura 3.4 Retas $y = mx$ com $m < 0$.

Exemplo 5: A função $y = -2x + 6$ é **decrescente**, pois a taxa de variação é $m = -2 < 0$, indicando que a cada aumento de 1 unidade em x temos o **decréscimo** de 2 unidades em y. Proporcionalmente, se x aumenta em 3 unidades, o valor de y decresce 6 unidades, como mostra a reta inclinada negativamente ao lado.

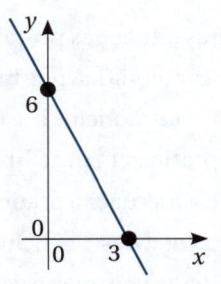

Exercícios

1. Para cada função linear, indique a taxa de variação m e o coeficiente linear b:

a) $f(x) = 2x - 5$ b) $f(x) = -3x + 10$

c) $y = x - 4$ d) $y = \dfrac{x}{2} + 7$

e) $y = 5x$ f) $V = -t$

g) $y = -4$ h) $y = 1$

2. Classifique em *crescente* ou *decrescente* cada função linear:

a) $f(x) = 7x - 15$ b) $y = \dfrac{2x}{3} - 12$

c) $P = -0,5t + 0,75$ d) $y = -\dfrac{x}{4} + \dfrac{3}{8}$

e) $T = 0,01q$ f) $y = -\sqrt{2}x$

3. Determine para quais valores de k a função $f(x) = (k + 2)x + 7$ é crescente.

4. Determine para quais valores de k a função $f(x)=(6-2k)x-10$ é decrescente.

5. Esboce o gráfico de cada função obtendo os pontos em que a reta cruza os eixos coordenados:

a) $y=-2x+10$ **b)** $y=3x-12$

c) $y=-4x-20$ **d)** $y=5x-25$

e) $y=-4x+16$ **f)** $y=4x+12$

6. Esboce o gráfico de cada função a seguir:

a) $y=2x$ **b)** $y=-2x$ **c)** $y=-x$

d) $S=4t$ **e)** $V=-0,5t$ **f)** $Q=0,25w$

7. Esboce o gráfico das funções constantes a seguir:

a) $y=2$ **b)** $y=-3$ **c)** $f(x)=0$

8. O gráfico da função $y=mx+10$ passa pelo ponto $(-2, 4)$. Obtenha m.

9. O gráfico da função $y=-5x+b$ passa pelo ponto $(3, 5)$. Obtenha b.

10. Esboce em um mesmo sistema de eixos as retas que representam as funções $f(x)$ e $g(x)$ e indique o seu ponto de encontro.

a) $f(x)=2x+4$ e $g(x)=-x+10$

b) $f(x)=3x+6$ e $g(x)=x+14$

c) $f(x)=5x$ e $g(x)=2x+18$

▼ 3.2 Modelos lineares

Muitas situações práticas podem ser representadas, analisadas e interpretadas com a linguagem matemática por meio de **modelos matemáticos**.

Esses modelos buscam traduzir, por meio de fórmulas, equações, funções etc., uma situação prática em uma linguagem científica.

Essa situação prática, uma vez traduzida em uma linguagem adequada, possibilita análises, interpretações e conclusões matemáticas, buscando-se fazer predições a respeito do fenômeno estudado, bem como validar as análises e predições com novas observações próximas do mundo real. Esse processo de encontrar um modelo matemático que represente adequadamente o fenômeno estudado, além de validá-lo, também é conhecido como **modelagem matemática**.

Nesse sentido, os **modelos lineares** ajudam a representar um fenômeno com o auxílio das funções lineares.

Modelos lineares

Os **modelos lineares** ocorrem quando uma situação pode ser representada por duas variáveis numéricas em que a variação em uma delas é acompanhada pela variação na outra a uma **taxa constante**.

Em outras palavras, quando temos uma situação envolvendo as variáveis x e y de tal modo que elas podem ser relacionadas pela função linear $y=mx+b$, temos um **modelo linear**. É importante lembrar que a taxa de variação é dada por $m=\dfrac{\text{variação em } y}{\text{variação em } x}=\dfrac{\Delta y}{\Delta x}$ e essa taxa é constante.

Quando a taxa é constante e diferente de zero, uma variação na variável independente gera uma *variação proporcional* na variável dependente.

São muitas as situações que podem ser representadas por modelos lineares. A seguir exploramos duas situações em que se evidenciará a relação linear entre as variáveis.

Posição de um móvel no movimento uniforme (MU)

A tabela a seguir traz posições de um móvel numa trajetória retilínea em função do tempo.

Tabela 3.1 Posição de um móvel no decorrer do tempo

Tempo (t) (segundos)	0	5	10	20	40	80
Posição (S) (metros)	50	70	90	130	210	370

Note que, quando se passam 5 segundos, a posição aumenta 20 metros; quando se passam 10 segundos, a posição aumenta 40 metros; quando se passam 20 segundos, a posição aumenta 80 metros; ou ainda, quando se passam 40 segundos, a posição aumenta 160 metros.

Observe que uma variação na variável independente gera uma *variação proporcional* na variável dependente. Esse fato permite que a função envolvida seja representada por uma função linear.

A taxa de variação constante é evidenciada pela razão entre essas variações:

$$m = \frac{\text{variação em } S}{\text{variação em } t} = \frac{\Delta S}{\Delta t} = \frac{20}{5} = \frac{40}{10} = \frac{80}{20} = \frac{160}{40} = \ldots = 4$$

Tal razão $m = 4$ expressa quantos metros a posição aumenta para o aumento de 1 segundo no tempo. Nesse exemplo, tal razão dá a velocidade média do móvel (4 metros/segundo).

Como você pode notar, a *velocidade média é constante* e esse tipo de movimento, na Física, é chamado de movimento uniforme (MU).

Note também que 50 metros é a posição do móvel para o instante $t = 0$ segundo.

Para os três primeiros segundos, temos as respectivas posições do móvel:

- Para $t = 1$ obtemos $S = 4 + 50$ ou $S = 54$;
- Para $t = 2$ obtemos $S = 4 \cdot 2 + 50$ ou $S = 58$;
- Para $t = 3$ obtemos $S = 4 \cdot 3 + 50$ ou $S = 62$.

A partir da razão $m = 4$, metros por segundo, e da posição 50 metros para $t = 0$, podemos escrever uma expressão que dá a posição do móvel para cada instante t:

$$S = 4t + 50.$$

Ao ser esboçado o gráfico da função linear, obtém-se uma reta em que $m = 4$ é o *coeficiente angular* da reta e o *termo independente* 50 representa o ponto em que a reta corta o eixo vertical.

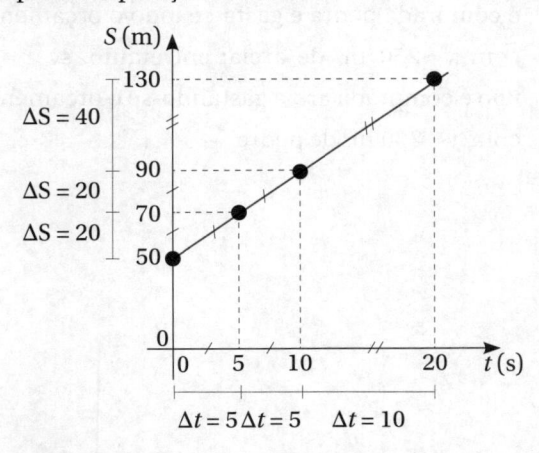

Figura 3.5 Posição em função do tempo

Restrição orçamentária linear

Em muitos processos de produção, a compra dos suprimentos é restrita a limitações de orçamento.

Lidamos com uma *restrição orçamentária linear* quando a compra dos suprimentos envolve dois produtos com preços e orçamento fixos.

Suponha, como exemplo, que na construção civil uma empreiteira deseja comprar areia e pedra para concluir uma etapa de uma obra e disponha de $ 20.000,00 para essa compra. Sabendo que o metro cúbico de areia custa $ 80,00 e o metro cúbico de pedra custa $ 100,00, podemos obter uma expressão matemática que relacione os possíveis valores e quantidades de areia e pedra a serem compradas com o orçamento de $ 20.000,00.

Sendo x e y as respectivas quantidades de areia e pedra a serem compradas, então os valores a serem gastos com areia e pedra serão $80x$ e $100y$, respectivamente.

A restrição orçamentária para a compra de dois produtos A e B de acordo com um orçamento determinado é dada pela expressão

"Valor gasto com A" + "Valor gasto com B" = Orçamento

Em nosso exemplo, a restrição orçamentária para a compra de areia e pedra será dada por
$$80x + 100y = 20.000 \cdot$$
Nessa expressão, a dependência entre x e y foi dada de forma *implícita*. Explicitamos tal dependência isolando x, ou y, obtendo $x = -1,25y + 250$ ou $y = -0,8x + 200$. Nessas expressões, as taxas de variação de uma grandeza em relação à outra são constantes, o que caracteriza a função linear.

No gráfico ao lado, é interessante notar que os pontos em que a reta cruza os eixos representam opções extremas de compra. Se $y = 0$, não é comprada pedra e gasta-se todo o orçamento com $x = 250$ m³ de areia; entretanto, se $x = 0$, não é comprada areia gastando-se o orçamento com $y = 200$ m³ de pedra.

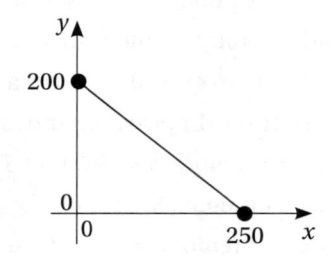

Figura 3.6 Restrição orçamentária

Exercícios

11. Dadas as tabelas que associam $y = f(x)$, verifique em quais delas temos uma função linear e, nesse caso, determine o valor da taxa de variação $m = \dfrac{\Delta y}{\Delta x}$.

a)

x	y
0	50
1	70
2	90
3	110

b)

x	y
0	30
1	50
2	60
3	80

c)

x	y
4	50
7	80
10	110
13	140

d)

x	y
20	–10
30	–15
40	–20
50	–25

e)

x	y
3	4
5	0
9	–8
15	–20

f)

x	y
1	4
4	16
8	32
16	56

12. A posição de S de um móvel no decorrer do tempo t é dada conforme a tabela a seguir:

$t(s)$	$S(m)$
0	30
5	55
10	80
20	130
40	230

a) Esse móvel apresenta velocidade constante? Determine-a.

b) Obtenha a relação algébrica que expressa $S = f(t)$.

c) Qual é a posição no instante 35 segundos?

d) Qual o instante em que a posição é 300 metros?

e) Esboce o gráfico dessa função.

13. Certa barra de metal com massa de 1.000 g pode ser feita de aço, de ferro ou de quantidades diferentes de aço e ferro. A quantidade F de ferro depende da quantidade a de aço na barra, e tal dependência é dada por $F = 1.000 - 10a$.

a) Qual é a quantidade de ferro em uma barra com 20 g de aço?

b) Qual é a quantidade de aço em uma barra com 100 g de ferro?

c) Determine o ponto em que o gráfico da função corta o eixo F. Em termos práticos, qual o significado de tal ponto?

d) Determine o ponto em que o gráfico da função corta o eixo a. Em termos práticos, qual é o significado de tal ponto?

e) Qual o valor da taxa de variação dessa função? Qual é o significado prático dessa taxa de variação?

f) Esboce o gráfico dessa função.

g) Qual é o domínio e qual o conjunto imagem dessa função?

14. Em uma linha de produção, são utilizados dois componentes básicos "A" e "B" vendidos a \$ 50,00 e \$ 80,00 o quilograma, respectivamente. Dispondo do orçamento de \$ 40.000,00 para compor a compra desses produtos e denominando x e y as quantidade respectivas a serem adquiridas dos produtos, determine:

a) A expressão da restrição orçamentária.

b) A expressão que dá $y = f(x)$.

c) Quantos quilogramas do produto "B" serão comprados se adquirirmos 250 quilogramas de "A".

d) Esboce o gráfico de $y = f(x)$ indicando os pontos em que a reta cruza os eixos coordenados.

e) Qual é o significado prático dos pontos em que a reta cruza os eixos coordenados?

f) Qual é o domínio e qual o conjunto imagem dessa função?

▶ 3.3 Obtenção da função linear

Para a obtenção de uma função linear, chamamos a atenção para duas situações.

Em uma primeira situação, conhecemos de antemão o coeficiente angular da função, ou seja, a taxa de variação da função.

Em uma outra situação, temos uma tabela de valores (ou pontos) indicando a variação linear da função. Vamos explorar as duas situações por meio de exemplos.

Exemplo 6: Uma caixa d'água tem 2.000 litros, quando é aberto um ralo que a esvazia a uma razão de 25 litros por minuto. Considere que y representa a quantidade de água remanescente na caixa d'água no decorrer do tempo medido em x minutos a partir da abertura do ralo. Escreva a expressão que representa y em função de x, ou seja, $y = f(x)$, e esboce seu gráfico cartesiano.

Solução: Calculando alguns valores de y para diferentes valores de x:

Para $x = 1$ minuto, temos $y = 2.000 - 25 \cdot 1$ ou $y = 1.975$ litros.

Para $x = 2$ minutos, temos $y = 2.000 - 25 \cdot 2$ ou $y = 1.950$ litros.

Para $x = 5$ minutos, temos $y = 2.000 - 25 \cdot 5$ ou $y = 1.875$ litros.

De modo geral, temos $y = 2.000 - 25x$.

Para o esboço do gráfico, podemos usar quaisquer dois pares de valores apresentados como pontos por onde a reta passa.

Entretanto, para uma melhor visualização da situação prática, utilizamos os pontos em que a reta cruza os eixos ordenados.

Se $x = 0$, temos $y = 2.000$ (instante em que o ralo foi aberto) e, se $y = 0$, temos $x = 80$, que dá a raiz da função (primeiro instante em que a caixa ficou vazia).

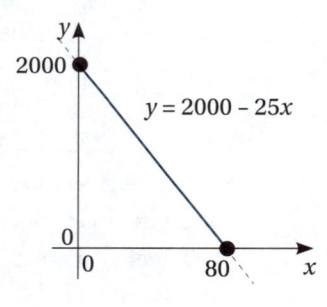

Note que nesse exemplo foi dada a taxa de variação constante (–25 litros/minuto) de esvaziamento, o que caracterizou a função como linear. Observe que o termo independente de x (2.000) também foi dado. Trabalharemos a seguir um problema em que será necessário calcular tais valores.

Exemplo 7: Alguns valores pagos em uma viagem de táxi, em função da distância percorrida, estão representados na tabela a seguir.

Distância (x) (km)	4	8	12	20	40	120
Valor pago (y) ($)	22,00	34,00	46,00	70,00	130,00	370,00

A distância é medida em quilômetros, representada por x, e o valor pago é dado em \$, representado por y. Escreva a expressão que representa y em função de x, ou seja, $y = f(x)$, e esboce seu gráfico cartesiano.

Solução: Calculando as variações das distâncias, Δx, as correspondentes variações dos valores, Δy, e as razões correspondentes, $\dfrac{\Delta y}{\Delta x}$, obtemos as proporções:

$$\frac{\Delta y}{\Delta x} = \frac{34-22}{8-4} = \frac{46-34}{12-8} = \frac{70-46}{20-12} = \frac{130-70}{40-20} = \frac{370-130}{120-40}$$

$$\frac{\Delta y}{\Delta x} = \frac{12}{4} = \frac{12}{4} = \frac{24}{8} = \frac{60}{20} = \frac{240}{80} = 3$$

A ocorrência dessas proporções garante que temos uma taxa de variação constante e lidamos assim com uma função linear, com $m = \dfrac{\Delta y}{\Delta x} = 3$ e expressão geral $y = mx + b$.

Para obtermos o parâmetro b, basta substituir, na expressão geral da função, $m = 3$ e um valor de x, com o correspondente valor de y da tabela. Usando $x = 4$ e $y = 22$, obtemos:

$$22 = 3 \cdot 4 + b$$
$$b = 10$$

Assim, a expressão procurada é $y = 3x + 10$.

Para esboçarmos o gráfico da função, usaremos dois pontos da tabela e também o ponto em que a reta cruza o eixo y, que tem ordenada $b = 10$.

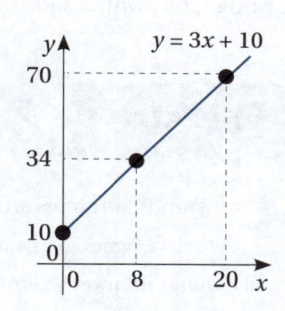

Exemplo 8: Determine a expressão da função cujo gráfico está esboçado ao lado e obtenha as coordenadas dos pontos A e B indicados.

Solução: Como o gráfico é uma reta, a função é linear com expressão geral $y = mx + b$. Vamos obter, neste exemplo, os parâmetros m e b de dois modos.

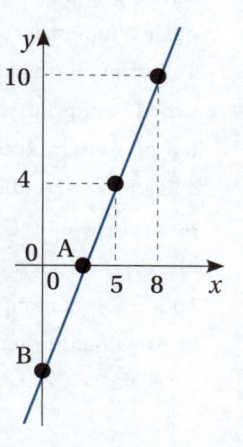

 # 1º modo: Calculamos m usando $m = \dfrac{\Delta y}{\Delta x} = \dfrac{10-4}{8-5} = \dfrac{6}{3} = 2$. Calculamos b substituindo $m = 2$ e um dos pontos da reta, por exemplo, (5, 4), na expressão geral:

$$4 = 2 \cdot 5 + b$$
$$b = -6$$

Logo, a expressão é $y = 2x - 6$.

 # 2º modo: Como a reta passa pelos pontos (5, 4) e (8, 10), suas coordenadas satisfazem simultaneamente a relação $y = mx + b$. Podemos, então, substituir as coordenadas na relação e obter os parâmetros resolvendo o sistema linear:

$$\begin{cases} 4 = m \cdot 5 + b \\ 10 = m \cdot 8 + b \end{cases} \Rightarrow \begin{cases} 5m + b = 4 \\ 8m + b = 10 \end{cases}$$

Resolvendo o sistema, obtemos $m = 2$ e $b = -6$. Assim, a expressão é $y = 2x - 6$.

Vamos concluir o exemplo determinando os pontos A e B, que representam a intersecção da reta com os eixos x e y, respectivamente.

O ponto A tem ordenada valendo 0, e o ponto B tem abscissa valendo 0:

- Para $y = 0$, temos $0 = 2x - 6$, o que leva a $x = 3$.
- Para $x = 0$, temos $y = 2 \cdot 0 - 6$, o que leva a $y = -6$.

Logo, os pontos são A $= (3, 0)$ e B $= (0, -6)$.

Exercícios

15. Estando a temperatura em uma sala em 36 °C, é ligado o ar-condicionado, programado no modo automático, que diminui a temperatura em 0,5 °C por minuto até que a temperatura da sala alcance 18 °C.

a) Escreva a relação que dá a temperatura T, em graus Celsius, em função do tempo t, em minutos, do instante em que é ligado o ar-condicionado até que a temperatura seja 18 °C.

b) Qual a temperatura da sala 20 minutos após o acionamento do ar-condicionado?

c) Após quanto tempo a temperatura na sala é de 20 °C?

d) Qual o valor da taxa de variação dessa função? Qual o significado prático dessa taxa de variação?

e) Esboce o gráfico dessa função.

f) Qual o domínio e qual a imagem dessa função?

16. O consumo médio de combustível de um tipo de carro é de 0,1 litro por quilômetro rodado. O tanque de combustível desse carro tem a capacidade de 50 litros e, estando cheio, a quantidade Q remanescente de combustível é função da distância d, em quilômetros, percorrida.

a) Dê a relação algébrica que expressa $Q = f(d)$.

b) Quanto resta de gasolina no tanque após o carro percorrer 200 quilômetros?

c) Quantos quilômetros o carro percorreu se restam 10 litros de combustível no tanque?

d) Qual o valor da taxa de variação dessa função? Qual é o significado prático dessa taxa de variação?

e) Determine o ponto em que o gráfico da função corta o eixo Q. Em termos práticos, qual é o significado de tal ponto?

f) Determine o ponto em que o gráfico da função corta o eixo d. Em termos práticos, qual é o significado de tal ponto?

g) Esboce o gráfico dessa função.

17. Dadas as tabelas, obtenha as expressões que associam $y = f(x)$.

a)

x	y
0	50
1	70
2	90
3	110

b)

x	y
20	–10
30	–15
40	–20
50	–25

c)

x	y
3	4
5	0
9	–8
15	–20

d)

x	y
1	4
4	16
8	32
16	64

18. Em cada item, são dados dois pontos A e B pelos quais passa uma reta que representa a função linear. Obtenha a expressão, $y = f(x)$, da função.

a) A = (1, 9) e B = (3, 13)

b) A = (2, –2) e B = (5, –11)

c) A = (–1, 11) e B = (1, –1)

d) A = (3, 11) e B = (–2, 6)

e) A = (1, 3) e B = (3, 2)

f) A = (4, 1) e B = (8, 2)

19. A velocidade V de um móvel no decorrer do tempo t é dada conforme a tabela a seguir:

t (s)	V (m/s)
5	35
10	50
20	80
50	170

a) Dê a relação algébrica que expressa $V = f(t)$.

b) Qual é a velocidade no instante 35 segundos?

c) Qual é o instante em que a velocidade é 152 m/s?

d) Qual é o valor da taxa de variação dessa função? Qual é o significado prático dessa taxa de variação?

e) Determine o ponto em que o gráfico da função corta o eixo V. Em termos práticos, qual é o significado de tal ponto?

f) Esboce o gráfico dessa função.

20. Determine a expressão de cada função cujo gráfico está esboçado a seguir e obtenha as coordenadas dos pontos A e B indicados.

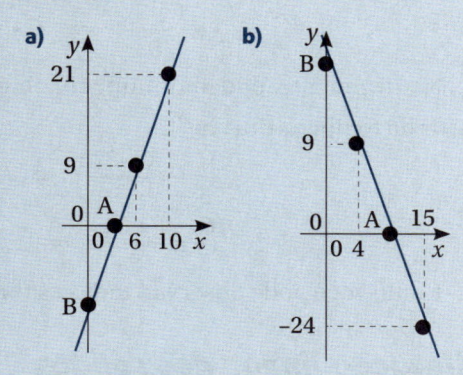

a)

b)

3.4 Aplicações

Os conceitos relacionados às funções lineares têm muitas aplicações. Você deve ter notado algumas delas nos exercícios e exemplos apresentados até aqui, bem como em seu dia a dia e área de trabalho.

Destacamos a seguir mais algumas aplicações nas áreas de engenharia: *escalas de temperatura e dilatação de sólidos; leis de transformação de gases; primeira lei de Ohm e equação característica de um receptor elétrico.*

Essas aplicações são muito importantes para engenharia civil, de produção, mecânica, química, de materiais, elétrica, da computação, entre outras.

Lembramos que as aplicações das funções lineares não estão apenas na engenharia. Também são muito comuns nas áreas administrativa e econômica, como você notará em alguns exercícios.

Escalas de temperatura

Situação prática: Sabemos que em uma escala termométrica associamos valores numéricos às temperaturas. As três escalas mais usadas são a Celsius, a Fahrenheit e a Kelvin. As temperaturas medidas nessas escalas serão representadas aqui por C, F e K, respectivamente. A equação que dá a conversão das escalas é $\dfrac{C}{5} = \dfrac{K-273}{5} = \dfrac{F-32}{9}$.

Análises: Com base na equação de conversão das escalas, podemos escrever, por exemplo, a função que dá a temperatura em $^{\circ}C$ a partir de Kelvin ou $^{\circ}F$:

$$\frac{C}{5} = \frac{K-273}{5} \quad \Rightarrow \quad C = K-273$$

$$\frac{C}{5} = \frac{F-32}{9} \quad \Rightarrow \quad C = \frac{5 \cdot (F-32)}{9} \quad \Rightarrow \quad C = \frac{5}{9}F - \frac{160}{9}$$

Naturalmente, podemos também obter as funções das temperaturas em Kelvin, ou $^{\circ}F$, a partir da temperatura em $^{\circ}C$:

$$\frac{C}{5} = \frac{K-273}{5} \quad \Rightarrow \quad K-273 = C \quad \Rightarrow \quad K = C+273$$

$$\frac{C}{5} = \frac{F-32}{9} \quad \Rightarrow \quad F-32 = \frac{9 \cdot C}{5} \quad \Rightarrow \quad F = \frac{9}{5}C + 32$$

Como você pôde observar, todas as funções obtidas são lineares!

Dilatação linear dos sólidos

Situação prática: Sabemos que um corpo que sofre dilatação tem aumento de suas dimensões em todas as direções, de modo que são ampliados ao mesmo tempo sua área e volume. Por simplificação, costumamos analisar separadamente a *dilatação linear* (o aumento predomina em uma dimensão, como em barras, fios etc.), a *dilatação superficial* (o aumento predomina em duas dimensões, como em placas, chapas etc.) e a *dilatação volumétrica* (o aumento considera as três dimensões do corpo, o que implica analisar o aumento do volume). Na dilatação linear, uma função bastante usada é a que dá o comprimento L do corpo em função de sua temperatura t

$$L = L_0 \cdot \left[1 + \alpha \cdot (t - t_0) \right]$$

sendo L_0 o comprimento inicial; α o *coeficiente de dilatação linear* (que depende do material com o qual é feito o corpo) e t_0 a temperatura inicial.

Análises: Considerando um fio de cobre com 200 m a 20 $^\circ C$ e coeficiente de dilatação $\alpha = 17 \cdot 10^{-6}$, a função do comprimento do fio é dada por

$$L = 200 \cdot \left[1 + 17 \cdot 10^{-6} \cdot (t - 20) \right]$$

Após algumas operações, obtemos $L = 0,0034t + 199,932$, que é uma função linear.

Calculando o comprimento do fio a $t = 60$ °C, obtemos $L = 200,136$ m, e as variações $\Delta t = 40$ °C de temperatura e comprimento $\Delta L = 0,136$ m estão representadas no gráfico ao lado.

Vale notar que, para essa função, a taxa de variação $m = \dfrac{\Delta L}{\Delta t} = \dfrac{0,136}{40} = 0,0034$ também é obtida pelo produto entre o comprimento inicial e o coeficiente de dilatação, ou seja, $m = L_0 \cdot \alpha$.

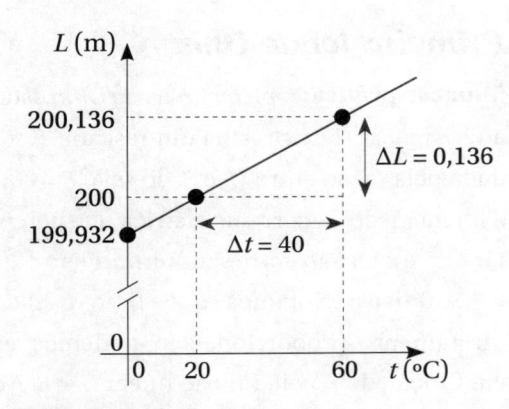

Figura 3.7 Dilatação linear

Lei de Gay-Lussac e lei de Charles — Transformações de um gás ideal

Situação prática: Embora na natureza não exista um gás ideal ou perfeito, sabemos que, quando os gases são submetidos a baixas pressões e altas temperaturas, eles têm comportamento muito próximo dos previstos para o modelo teórico de gás ao qual chamamos gás ideal ou perfeito.

Para os gases ideais, temos modelos lineares para duas leis físicas que regem o comportamento desses gases: a *lei de Gay-Lussac* e a *lei de Charles*.

A *lei de Gay-Lussac*, que rege transformações dos gases ideais sob *pressão constante*, nos diz que "o *volume V* ocupado por uma massa gasosa é *diretamente proporcional* à *temperatura T*", ou seja, $\dfrac{V}{T} = \alpha$. Para essa expressão, a temperatura é dada em kelvin e a constante α depende da massa e natureza do gás.

A *lei de Charles*, que rege transformações dos gases ideais com *volume constante*, nos diz que "a *pressão p* de uma massa de gás é *diretamente proporcional* à *temperatura T*", ou seja, $\dfrac{p}{T} = \beta$. Para essa expressão, a temperatura é dada em kelvin e a constante β depende da massa e natureza do gás.

Análises: Quando isolamos as variáveis V e p nas expressões $\frac{V}{T} = \alpha$ e $\frac{p}{T} = \beta$, obtemos duas funções lineares dadas por $V = \alpha \cdot T$ e $p = \beta \cdot T$. Para essas funções, notamos que, respectivamente, o volume e a pressão variam a uma taxa constante em relação à temperatura. Essa variação linear pode ser visualizada pelos gráficos. Lembre que a pressão pode ser medida em atmosferas (atm) e o volume depende da unidade de volume (uv) considerada (cm^3, dm^3, m^3 etc.)

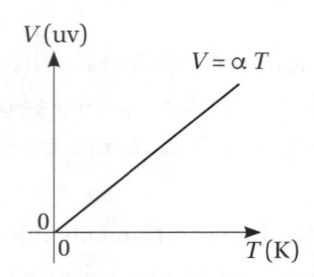

Figura 3.8 Lei de Gay-Lussac

Primeira lei de Ohm

Situação prática: A *primeira lei de Ohm* estabelece que a resistência elétrica R de um resistor[2] é *constante* e é dada pela razão entre U e i, ou seja, $R = \dfrac{U}{i}$, em que i é a intensidade da corrente elétrica que percorre o resistor e U é a tensão entre seus terminais.

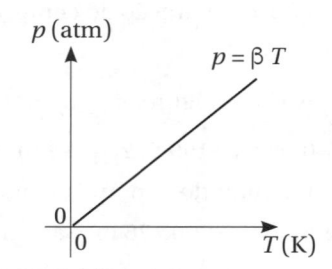

Figura 3.9 Lei de Charles

Análises: Notamos que U e i são grandezas diretamente proporcionais e podemos expressar U em função de i pela função linear $U = R \cdot i$ cujo gráfico está ao lado. Assim, a resistência mede a taxa de variação de U em relação a i, ou seja, graficamente também podemos obter o coeficiente angular m da reta fazendo $m = R = \dfrac{\Delta U}{\Delta i}$.

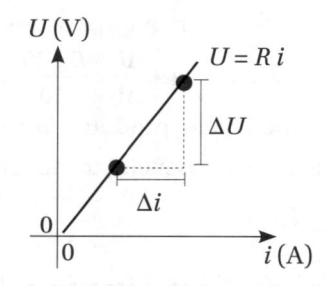

Figura 3.10 U em função de i

Equação característica de um gerador elétrico

Situação prática: Chamamos de *gerador elétrico* ao dispositivo ou aparelho que transforma energia química ou mecânica (ou de outra modalidade) em energia elétrica. A *equação característica do gerador* é dada pela função linear $U = \varepsilon - ri$, em que U é a diferença de potencial (ou tensão), medida em *volt* (V); ε é a força eletromotriz, medida em *volt* (V); r é a resistência interna do gerador, medida em *ohm* (Ω); e i é a intensidade da corrente que atravessa o gerador, medida em *ampère* (A).

Análises: Considerando um gerador com força eletromotriz de $\varepsilon = 20$ V e resistência interna de $r = 2\ \Omega$, sua equação característica será a função linear $U = 20 - 2i$.

No gráfico dessa função, Figura 3.11, indicamos os pontos em que a reta cruza os eixos coordenados.

---

2   Condutores que satisfazem essa lei são chamados *condutores ôhmicos* ou *resistores ôhmicos*. Condutores que não satisfazem essa lei são chamados *condutores não ôhmicos*.

Quando $i = 0$, temos a situação na qual não há consumo de energia por não passar corrente no gerador. Nessa situação, obtemos a tensão $U = 20$, que indica a própria força eletromotriz do gerador.

No outro extremo, em que $i = 10$ e $U = 0$, o gerador fica em situação de curto-circuito com toda potência útil anulada, sendo que a energia da outra modalidade que é transformada em energia elétrica se dissipa internamente no gerador.

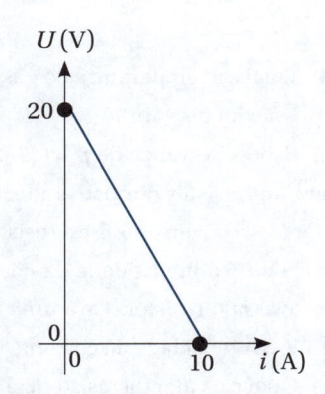

Figura 3.11 Curva característica de um gerador

Exercícios

21. Dadas as funções $C = K - 273$ e $C = \dfrac{5}{9}F - \dfrac{160}{9}$, que expressam a temperatura em graus *Celsius* a partir, respectivamente, das temperaturas em Kelvin e graus Fahrenheit, obtenha:

a) O valor em $^{\circ}C$ quando a temperatura é 300 *kelvin*.

b) O valor em $^{\circ}C$ quando a temperatura é $32\,^{\circ}F$.

c) O gráfico de $C = f(K)$.

d) O gráfico de $C = f(F)$.

22. Considerando uma barra de ferro com 10 m a $30\,^{\circ}C$ e coeficiente de dilatação $\alpha = 12 \cdot 10^{-6}$, a função do comprimento do fio é dada por $L = 10 \cdot \left[1 + 12 \cdot 10^{-6} \cdot (t - 30)\right]$, em que t indica a temperatura da barra. Obtenha:

a) O comprimento da barra a uma temperatura de $50\,^{\circ}C$.

b) A temperatura da barra quando seu comprimento é 9,9964 m.

c) A taxa de variação do comprimento em relação à variação da temperatura da barra.

d) O gráfico de $L = f(t)$.

23. Considere uma massa de gás ideal sob pressão constante com volume dado por $V = \alpha \cdot T$, em que α é constante e T representa a temperatura (em kelvin) do gás. Sabe-se que esse gás a 300 kelvin tem 5 dm³ de volume.

a) Determine o valor de α.

b) Escreva a expressão de $V = f(T)$.

c) Qual é o volume desse gás à temperatura 480 kelvin?

d) Qual é a temperatura do gás quando o volume for 6 dm³?

e) Esboce o gráfico de $V = f(T)$.

24. Uma massa de gás ideal está em um recipiente indeformável e hermeticamente fechado com volume constante. Nessas condições, a pressão é dada por $p = \beta \cdot T$, em que β é constante e T é a temperatura (em kelvin) do gás. Essa massa de gás suporta uma pressão de 3 atmosferas a uma temperatura de 300 K.

a) Determine o valor de β.

b) Escreva a expressão de $p = f(T)$.

c) Qual é a pressão desse gás à temperatura 373 K?

d) Qual é a temperatura do gás quando a pressão for de 5 atm?

e) Esboce o gráfico de $p = f(T)$.

25. Em um resistor ôhmico, a tensão é dada por $U = R \cdot i$, em que R é a resistência elétrica e i é a intensidade da corrente que atravessa o resistor. Para uma tensão de 10 V, a intensidade da corrente é 5 A.

a) Qual é o valor da resistência elétrica?

b) Escreva a expressão de $U = f(i)$.

c) Qual é a tensão quando a intensidade da corrente é de 2,5 A?

d) Qual a intensidade da corrente quando a tensão é de 15 V?

e) Esboce o gráfico de $U = f(i)$.

26. Um gerador tem equação característica $U = 30 - 2i$, em que U é a tensão, medida em *volt* (V), e i é a intensidade da corrente, medida em *ampère* (A), que atravessa o gerador.

a) Qual é a tensão para uma corrente de 5 A?

b) Qual é a intensidade da corrente para uma tensão de 10 V?

c) Esboce o gráfico de $U = f(i)$.

27. O custo C para a produção de um reagente químico depende da quantidade q produzida, conforme dado pela tabela a seguir:

q (kg)	C ($\$$)
1	225
5	325
10	450
20	700

a) Dê a relação algébrica que expressa $C = f(q)$.

b) Qual o custo quando são produzidos 100 kg de reagente?

c) Quantos quilogramas foram produzidos se o custo foi de $\$$ 1.450?

d) Qual é o valor da taxa de variação dessa função? Qual é o significado prático dessa taxa de variação?

e) Determine o ponto em que o gráfico da função corta o eixo C. Em termos práticos, qual é o significado de tal ponto?

f) Esboce o gráfico dessa função.

28. Em uma fábrica, o departamento de manutenção e limpeza deseja terceirizar o serviço de limpeza de suas instalações. Então, busca em sua cidade informações de preço em duas empresas, "A" e "B", que prestam esse tipo de serviço. A cada dia de limpeza na fábrica, a empresa "A" cobra $\$$ 150,00 por hora gasta pela sua equipe de funcionários na execução da tarefa. A empresa "B", a cada dia de limpeza, cobra $\$$ 300,00 pela ida à fábrica, mais $\$$ 100,00 por hora gasta pela sua equipe de funcionários na execução da tarefa.

a) Escreva, para cada uma das empresas, o valor, y, cobrado em função do tempo, x, em horas gastas na execução da limpeza diária, ou seja, escreva $y = f(x)$.

b) Esboce, em um mesmo sistema de eixos, os gráficos das funções obtidas no item anterior para uma limpeza que pode ter duração de até 10 horas.

c) Para a fábrica que quer contratar os serviços de limpeza, qual é a empresa mais vantajosa?

Exercícios complementares

Acesse a página deste livro no site da Cengage para baixar os exercícios que complementam este capítulo e aprofunde seu conhecimento.

Palavras-chave

4 Função quadrática

Objetivos do capítulo

Neste capítulo, você estudará os conceitos relacionados às *funções quadráticas*. Uma parte importante do estudo da função quadrática é a análise de seu gráfico representado pela *parábola*. Você verá passo a passo como construir a parábola identificando seus principais pontos e aspectos. Analisando a parábola, você identificará em seu *vértice* um ponto de *máximo* (ou *mínimo*) da função. Com o auxílio das coordenadas do vértice da parábola, você também identificará intervalos de crescimento e decrescimento da função. Dessa forma, você verá que a função quadrática, aplicada em situações práticas, permite identificar no fenômeno estudado as condições que maximizam ou minimizam uma de suas variáveis envolvidas.

Estudo de caso

Um produtor rural dispõe, em sua fazenda, de uma área ociosa na qual deseja implementar a produção com o cultivo de soja ou milho.

Um dos fatores que norteiam a decisão de qual lavoura escolher é o custo dos fertilizantes, bem como da produção obtida com a utilização dos fertilizantes.

Após consulta aos técnicos agrícolas, o produtor sabe que a produção estimada, em toneladas, de soja para a área

disponível é dada por $P_S = 500 + 40q - q^2$, em que q é a quantidade de fertilizantes em g/m^2. De modo análogo, sabe-se também que a produção para o plantio de milho é dada por $P_M = 144 + 32q - q^2$.

Conhecendo essas funções, é possível ao produtor responder às seguintes perguntas que norteiam a sua decisão:

Caso não sejam utilizados fertilizantes, quais as produções estimadas de milho e soja? Quais as quantidades

de fertilizantes a serem utilizadas para que as produções estimadas de soja e milho sejam maximizadas? Quais as estimativas de produções máximas de soja e milho? Existem quantidades de fertilizantes que indicam saturação do solo, inviabilizando as produções? Quais os intervalos das quantidades de fertilizantes que tornam crescentes as produções?

Essas questões poderão ser respondidas com o auxílio dos tópicos a serem estudados neste capítulo!

4.1 Função quadrática

A *função quadrática*, que estudaremos a seguir, é bastante interessante e utilizada em muitas aplicações práticas.

Você notará que o uso da função quadrática ocorre, entre outras coisas, por ser uma função simples cujo gráfico apresenta um ponto de máximo ou mínimo. Determinar o valor máximo ou mínimo da função é muito importante, e isso será abordado a seguir.

Função quadrática

Uma função $f : \mathbb{R} \to \mathbb{R}$ é chamada *função quadrática*, ou *função polinomial do segundo grau*, se for da forma

$$f(x) = ax^2 + bx + c$$

sendo a, b e c números reais e $a \neq 0$.

Exemplo 1: Nos itens a seguir, temos funções quadráticas com a indicação de seus coeficientes.

a) $y = -x^2 + 2x + 8$ $(a = -1, b = 2, c = 8)$ **b)** $f(x) = 3x^2 + 6x$ $(a = 3, b = 6, c = 0)$

c) $f(x) = 5x^2 + 10$ $(a = 5, b = 0, c = 10)$ **d)** $y = -4x^2$ $(a = -4, b = 0, c = 0)$

Gráfico da função quadrática e seus elementos "passo a passo"

Dada a função quadrática $y = f(x) = ax^2 + bx + c$, seu gráfico é a **parábola** e pode ser obtido observando os seguintes passos:

- se o coeficiente **a** for positivo, **a > 0**, a **concavidade** é voltada para **cima** e, se o coeficiente **a** for negativo, **a < 0**, a **concavidade** é voltada para **baixo**. Veja a Figura 4.1 ao lado.

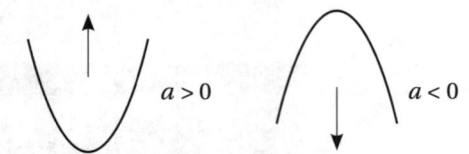

Figura 4.1 Concavidades da parábola

- o **termo independente c** sinaliza o ponto em que a parábola corta o eixo **y** e pode ser obtido fazendo $x = 0$:

$$y = f(0) = a \cdot 0^2 + b \cdot 0 + c \implies y = c$$

Veja a Figura 4.2 ao lado.

- as **raízes** da função, se existirem, indicam o(s) ponto(s) em que a parábola corta ou toca o eixo **x**. Para obter, quando possível, a(s) raiz(es), fazemos **y = 0**:

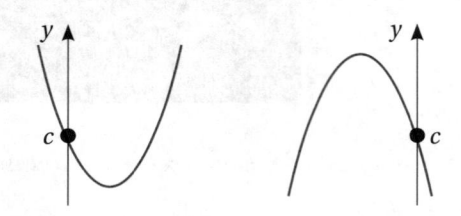

Figura 4.2 Parábola cortando o eixo y

$$y = 0 \implies ax^2 + bx + c = 0$$

Para a resolução dessa equação, pode-se utilizar a **fórmula de Bhaskara** com o *discriminante* dado por $\Delta = b^2 - 4ac$ e escrever:

$$x = \frac{-b \pm \sqrt{b^2 - 4ac}}{2a} \implies x = \frac{-b \pm \sqrt{\Delta}}{2a}$$

De acordo com o valor do discriminante, podemos determinar o número de raízes reais ou o número de pontos em que a parábola encontra o eixo x:

- Quando $\Delta > 0$, encontramos **duas raízes** reais distintas, ou seja, **dois pontos** em que a parábola cruza o eixo x. As raízes são $x_1 = \dfrac{-b + \sqrt{\Delta}}{2a}$ e $x_2 = \dfrac{-b - \sqrt{\Delta}}{2a}$. Veja a Figura 4.3 ao lado.

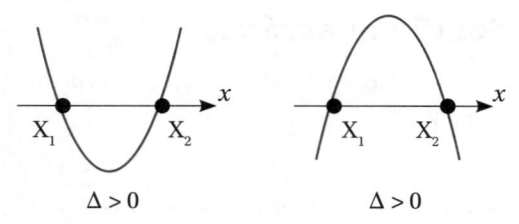

Figura 4.3 Parábola cruzando o eixo x

• Quando $\Delta = 0$, encontramos duas raízes reais **iguais**, ou seja, uma única raiz real, indicando um único ponto em que a parábola "toca" o eixo x. A raiz será $x = \dfrac{-b \pm \sqrt{0}}{2a} \Rightarrow x = \dfrac{-b}{2a}$. Nesse caso, dizemos que essa raiz tem multiplicidade 2. Veja a Figura 4.4 ao lado.

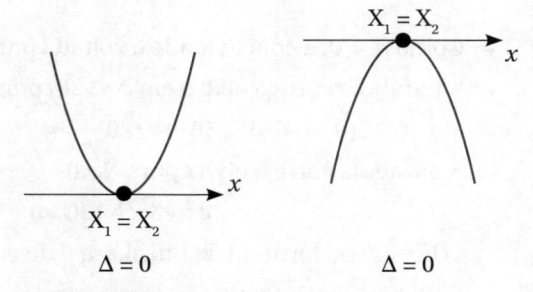

Figura 4.4 Parábola tocando o eixo x

• Quando $\Delta < 0$, não existem raízes reais, ou seja, a parábola não cruza o eixo x. Veja a Figura 4.5 ao lado.

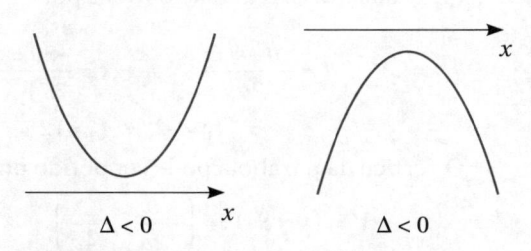

Figura 4.5 Parábola sem tocar o eixo x

Após a análise das raízes e seu significado gráfico, temos o último passo para o esboço do gráfico:

• o **vértice** da parábola é dado pelo ponto $V = \left(x_v; y_v \right) = \left(-\dfrac{b}{2a} ; -\dfrac{\Delta}{4a} \right)$. Veja a Figura 4.6 ao lado.

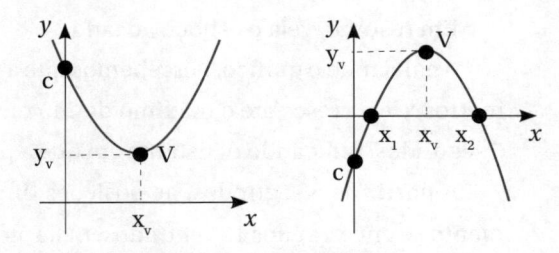

Figura 4.6 Vértices da parábola

Se a função apresenta raízes reais, é possível calcular as coordenadas do vértice de outro modo:

• Quando $\Delta > 0$, temos duas raízes reais distintas e a abscissa do vértice é a média aritmética simples das raízes, ou seja, $x_v = \dfrac{x_1 + x_2}{2}$, e a ordenada do vértice é obtida calculando o valor da função em x_v, ou seja, $y_v = f(x_v)$.

• Quando $\Delta = 0$, temos uma única raiz real e ela é a abscissa do vértice com $y_v = 0$, ou seja, o vértice é o ponto em que a parábola toca o eixo x.

Vamos esboçar um gráfico seguindo os passos descritos anteriormente.

Exemplo 2: Do alto de certo prédio, um corpo é lançado verticalmente para cima com velocidade inicial de 50 m/s. Considerando 10 m/s^2 a intensidade da aceleração da gravidade, as posições do móvel no decorrer do tempo são dadas por $S = -5t^2 + 50t + 120$. Vamos esboçar o gráfico e analisar as posições do móvel a partir dos principais pontos da parábola.

Para essa função quadrática, temos os coeficientes $a = -5$, $b = 50$ e $c = 120$.

- Como $a < 0$, a concavidade é voltada para baixo.
- A parábola corta o eixo $\textbf{\textit{S}}$ em $c = 120$, pois para $t = 0$:

$$S(0) = -5 \cdot 0^2 + 50 \cdot 0 + 120 \quad \Rightarrow \quad S(0) = 120$$

- A parábola corta o eixo $\textbf{\textit{t}}$ para $S = 0$

$$-5t^2 + 50t + 120 = 0$$

Usando na fórmula de Bhaskara o discriminante

$$\Delta = b^2 - 4ac \quad \Rightarrow \quad \Delta = 50^2 - 4 \cdot (-5) \cdot 120$$
$$\Delta = 4.900 \ (\Delta > 0)$$

As duas raízes reais são obtidas por

$$t = \frac{-b \pm \sqrt{\Delta}}{2a} \quad \Rightarrow \quad t = \frac{-50 \pm \sqrt{4.900}}{2 \cdot (-5)}$$
$$t_1 = -2 \quad \text{e} \quad t_2 = 12$$

- O vértice da parábola pode ser obtido por

$$V = \left(t_v ; S_v \right) = \left(-\frac{b}{2a} ; -\frac{\Delta}{4a} \right)$$

$$V = \left(-\frac{50}{2 \cdot (-5)} ; -\frac{4.900}{4 \cdot (-5)} \right) \quad \Rightarrow \quad V = \left(5; \ 245 \right)$$

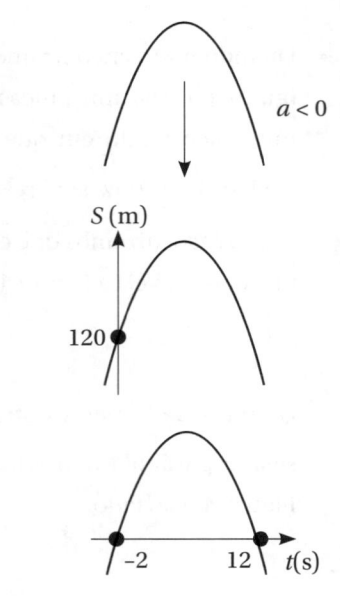

Em resumo, veja o esboço ao lado.

Analisando o gráfico, percebemos que a posição inicial é 120 metros, e ela cresce até o máximo de 245 metros para o instante 5 segundos, indicando o instante em que a posição é máxima.

A partir de 5 segundos, as posições diminuem até o movimento se encerrar aos 12 segundos, instante em que a posição é nula (0 metros), indicando que o corpo está no solo.

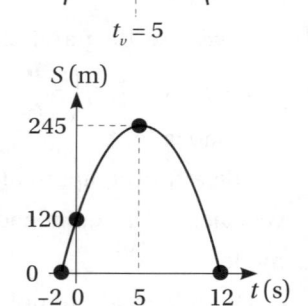

Forma fatorada da função quadrática

Sendo uma função quadrática $y = ax^2 + bx + c$, com $a \neq 0$ e suas raízes x_1 e x_2, a **forma fatorada** da função é

$$y = a \left(x - x_1 \right) \left(x - x_2 \right)$$

Exemplo 3: Dada a função $y = -2x^2 - 2x + 24$, suas raízes são $x_1 = 3$ e $x_2 = -4$. Então, sua *forma fatorada* é

$$y = a \left(x - x_1 \right) \left(x - x_2 \right)$$
$$y = -2 \left(x - 3 \right) \left[x - (-4) \right]$$
$$y = -2 \left(x - 3 \right) \left(x + 4 \right)$$

Exemplos de obtenção da função quadrática

Exemplificamos a seguir procedimentos para obter a função quadrática com base em seus gráficos.

Exemplo 4: Obtenha a função correspondente à parábola ao lado.

Solução: Se o gráfico é uma parábola, então a função é quadrática e tem a forma $y = ax^2 + bx + c$. Vamos determinar os parâmetros a, b e c.

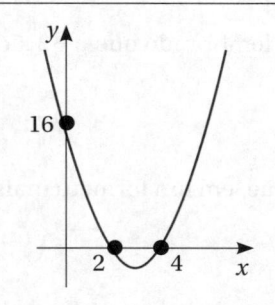

As raízes da função são indicadas pelos pontos em que a parábola cruza o eixo x, ou seja, para $x_1 = 2$ e $x_2 = 4$, temos $y = 0$. Substituindo tais raízes na forma fatorada $y = a(x - x_1)(x - x_2)$ da função, obtemos:

$$y = a(x - 2)(x - 4)$$

Para determinar o parâmetro a, substituímos na expressão as coordenadas do outro ponto, $(0, 16)$, por onde passa a parábola e que indica onde a curva cruza o eixo y.

$$16 = a(0 - 2)(0 - 4) \implies 16 = 8a \implies a = 2$$

Dessa forma, obtemos a função representada pela parábola:

$$y = 2(x - 2)(x - 4) \implies y = 2x^2 - 12x + 16$$

Exemplo 5: Obtenha a função correspondente à parábola ao lado.

Solução: Se o gráfico é uma parábola, então a função é quadrática e tem a forma $y = ax^2 + bx + c$.

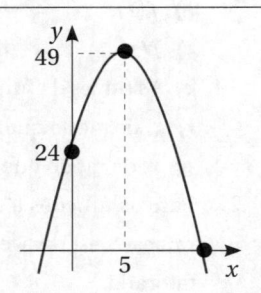

Nesse exemplo, temos o ponto $(0, 24)$ no qual a parábola cruza o eixo y e que indica o parâmetro $c = 24$. Com isso, escrevemos a função na forma $y = ax^2 + bx + 24$. Para obter os parâmetros a e b, utilizaremos o vértice $(5, 49)$ cujas coordenadas são dadas por $\left(-\dfrac{b}{2a}\,;\, -\dfrac{\Delta}{4a} \right)$.

Igualando a abscissa e ordenada do vértice, obtemos o sistema no qual foi substituída a expressão do discriminante

$$\begin{cases} -\dfrac{b}{2a} = 5 \\ -\dfrac{\Delta}{4a} = 49 \end{cases} \Rightarrow \begin{cases} -b = 5 \cdot 2a \\ -\left(b^2 - 4ac\right) = 4a \cdot 49 \end{cases}$$

e lembrando que $c = 24$, obtemos

$$\begin{cases} -b = 10a \\ -b^2 + 4a \cdot 24 = 196a \end{cases}$$

que, em um formato mais simples, leva a

$$\begin{cases} 10a + b = 0 \\ -b^2 - 100a = 0 \end{cases}$$

Substituindo $b = -10a$ da primeira equação na segunda, obtemos

$$-(-10a)^2 - 100a = 0 \quad \Rightarrow \quad -100a^2 - 100a = 0$$
$$a = -1 \quad \text{ou} \quad a = 0 \quad \text{(não convém)}$$

Como $a = -1$, temos $b = -10 \cdot (-1)$, ou $b = 10$, que substituímos na função:

$$y = -1x^2 + 10x + 24 \quad \Rightarrow \quad y = -x^2 + 10x + 24$$

Exercícios

1. Dada a função quadrática $f(x) = x^2 - 6x + 8$, determine:

a) $f(1)$ **b)** $f(0)$

c) $f(x+1)$ **d)** $f(x+h)$

e) As raízes da função.

f) x, de modo que $f(x) = 3$.

g) x, de modo que $f(x) = -1$.

2. Para as funções a seguir, determine suas raízes e escreva em seguida sua forma fatorada.

a) $f(x) = x^2 - 5x + 6$

b) $y = x^2 - 2x - 3$

c) $y = -2x^2 - 16x - 30$

d) $f(x) = 3x^2 - 6x + 3$

3. Para cada item a seguir, esboce o gráfico a partir da concavidade, dos pontos em que a parábola cruza os eixos (se existirem) e vértice.

a) $y = x^2 - 4x - 5$ **b)** $y = -x^2 + 5x - 6$

c) $y = 2x^2 - 4x - 30$ **d)** $y = -3x^2 - 6x + 24$

e) $y = x^2 - 8x + 16$ **f)** $y = -x^2 - 2x - 1$

g) $y = x^2 + 6x + 10$ **h)** $y = -x^2 + 4x - 6$

i) $y = x^2 - 4x$ **j)** $y = -3x^2 - 18x$

k) $y = 4x^2 - 100$ **l)** $y = x^2 + 10$

m) $y = -3x^2 + 48$ **n)** $y = 10x^2$

o) $y = -x^2$ **p)** $y = -x^2 - 5$

4. Dada a função quadrática $y = (k-2)x^2 + 5x - 6$, determine os valores reais de k para que a parábola correspondente tenha concavidade voltada para cima.

5. Para quais valores de k a função $y = x^2 - 6x + k$:

a) Tem uma única raiz real?

b) Tem duas raízes reais e distintas?

c) Não tem raiz real?

6. Determine o valor de k para que o ponto $P(2, 3)$ pertença à parábola que representa graficamente a função $y = x^2 - 6x + k$.

7. Em cada item a seguir, obtenha a função correspondente à parábola dada:

a)

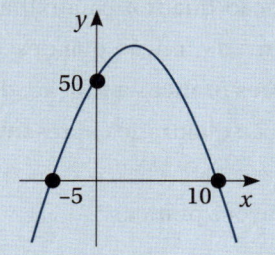

b)

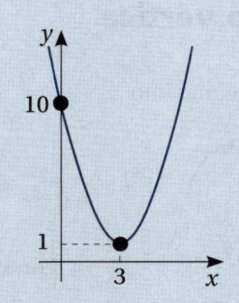

c)

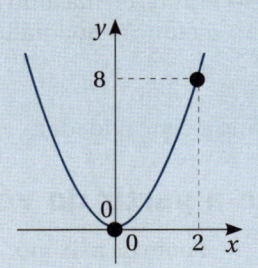

8. Do chão, um corpo é lançado verticalmente para cima com velocidade inicial de 20 m/s. Considerando 10 m/s² a intensidade da aceleração da gravidade, as posições do móvel no decorrer do tempo são dadas por $S = -5t^2 + 20t$. O tempo t é dado em segundos.

a) Esboce o gráfico da função a partir da concavidade, dos pontos em que a parábola cruza os eixos (se existirem) e vértice.

b) Qual o significado, na prática, das coordenadas do vértice dessa parábola?

c) Qual o significado, na prática, dos pontos em que a parábola corta o eixo t?

d) Qual o domínio dessa função?

e) Para quais instantes a função é crescente?

f) Para quais instantes a função é decrescente?

9. Em uma plantação, a produção P de soja depende de vários fatores, entre eles a quantidade q de fertilizante utilizada. Considere $P = -q^2 + 30q + 175$, sendo a produção em toneladas e a quantidade de fertilizante em g/m^2.

a) Esboce o gráfico da função a partir da concavidade, dos pontos em que a parábola cruza os eixos (se existirem) e vértice.

b) Qual o significado, na prática, do ponto em que a parábola corta o eixo P?

c) Qual o significado, na prática, das coordenadas do vértice dessa parábola?

d) Qual é o domínio dessa função?

e) Para quais quantidades de fertilizante temos a produção crescente?

f) Para quais quantidades de fertilizante temos a produção decrescente?

4.2 Aplicações

Como notamos, as funções quadráticas têm as parábolas como seus gráficos. Entre os pontos da parábola, o vértice é um dos mais importantes, pois sinaliza em que condições a função assume *valor máximo* (ou *mínimo*).

Em aplicações práticas, determinar o vértice da função quadrática auxilia a entender quais as condições que maximizam ou minimizam valores da função que descreve o fenômeno. O vértice também ajuda a entender em que situações práticas a função, do fenômeno estudado, é crescente ou decrescente, dado que cada função quadrática apresenta intervalos de crescimento e decrescimento.

Atentos a esses aspectos, analisaremos algumas aplicações práticas.

Pontos de máximo ou mínimo a partir do vértice

Dada a função quadrática $y = ax^2 + bx + c$, o vértice da parábola correspondente representará um ponto de **máximo** se a concavidade for voltada para **baixo**, sendo $a < 0$, e um ponto de **mínimo** se a concavidade for voltada para **cima**, sendo $a > 0$.

No vértice $V = (x_v \; ; \; y_v)$ a coordenada x_v dá o valor para o qual a função apresenta máximo ou mínimo (conforme a concavidade); o valor y_v dá o **valor máximo** ou **valor mínimo** da função (conforme a concavidade).

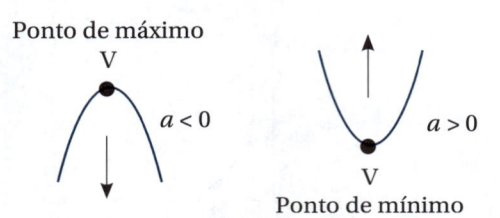

Figura 4.7 Pontos de máximo ou mínimo da função quadrática

Intervalos de crescimento/decrescimento a partir do vértice

A partir da parábola que representa uma função quadrática, notamos que, dado um ponto de **máximo**, à esquerda da abscissa do vértice a função é **crescente** e à direita a função é **decrescente**. Veja a Figura 4.8 ao lado.

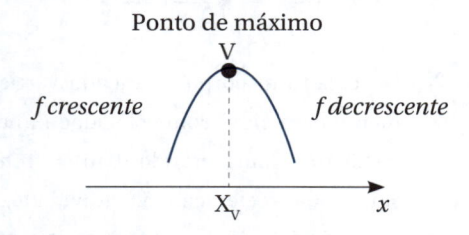

Figura 4.8 Crescimento e decrescimento

De modo parecido, dado um ponto de **mínimo,** à esquerda da abscissa do vértice a função é **decrescente** e à direita a função é **crescente**. Veja a Figura 4.9 ao lado.

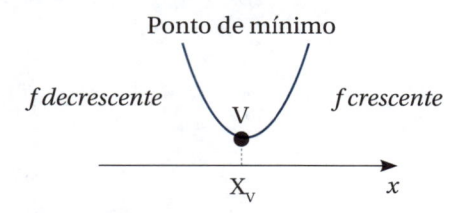

Figura 4.9 Decrescimento e crescimento

Movimento uniformemente variado (MUV)

Situação prática: Sabemos que, em um *movimento uniformemente variado* (MUV) para diferentes valores de tempo, as velocidades variam uniformemente devido à aceleração constante e não nula (as velocidades variam a taxas constantes positivas ou negativas). Para um corpo em movimento, se são estabelecidos um sentido da trajetória, sua posição inicial S_0, sua velocidade inicial v_0 e sua aceleração a, obtemos suas posições S no decorrer do tempo t pela *função horária das posições* do móvel $S = S_0 + v_0 \cdot t + \dfrac{a}{2} \cdot t^2$.

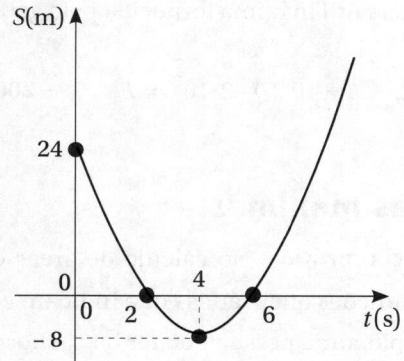

Análises: Um móvel se desloca sobre uma reta com movimento uniformemente variado com posição inicial 24 m, velocidade inicial 16 m/s em sentido contrário ao da trajetória e aceleração 4 m/s². Assim, a função que dá as posições no decorrer do tempo é $S = 24 - 16t + 2t^2$. O gráfico que descreve as posições do móvel no decorrer do tempo está esboçado ao lado.

As raízes $t = 2s$ e $t = 6s$ indicam os instantes em que o móvel passa pela origem da trajetória ($S = 0\,m$). O vértice $V = (4, -8)$ indica que, no instante $t = 4s$, o móvel atingiu posição mínima $S = -8\,m$ e também que as posições decresceram no intervalo $0s \leq t < 4s$ e cresceram para $t > 4s$.

Potência útil de um gerador

Situação prática: Para um gerador elétrico no processo de transformação energética, ocorrem perdas e, no balanço energético na unidade de tempo, temos a potência total P_t dada pela soma da potência útil P_u com a potência dissipada na forma de calor P_d, ou seja, $P_t = P_u + P_d$, e, se isolarmos nessa expressão P_u, obtemos $P_u = P_t - P_d$. Sabemos que a potência total é dada por $P_t = \varepsilon \cdot i$ e que a potência dissipada é dada por $P_d = r \cdot i^2$ (em que ε é a força eletromotriz, r é a resistência interna e i a intensidade da corrente que atravessa o gerador).

Dessas expressões, obtemos a potência útil fornecida pelo gerador $P_u = \varepsilon \cdot i - r \cdot i^2$, que é uma função quadrática cujo gráfico está ao lado. Note que o vértice da parábola indica que há uma intensidade de corrente para a qual a potência útil é máxima.

Análises: Considerando um gerador com força eletromotriz de $\varepsilon = 40\,V$ e resistência interna de $r = 2$ Ω, a potência útil é a função quadrática $P_u = 40i - 2i^2$.

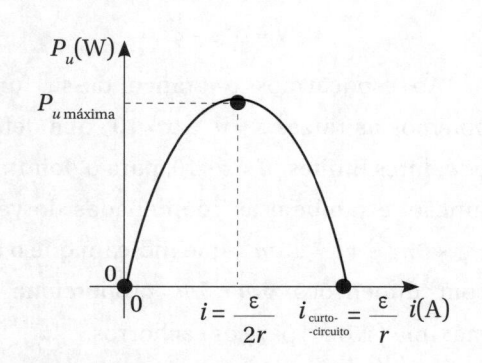

Figura 4.10 Potência útil de um gerador

Para o gráfico dessa função, as raízes são $i = 0\,A$ e $i = 20\,A$; a abscissa do vértice é

$$i_{vértice} = -\frac{b}{2a} \Rightarrow i = -\frac{40}{2\cdot(-2)} \Rightarrow i = 10\,A$$

e a ordenada correspondente do vértice é a potência útil máxima fornecida pelo gerador

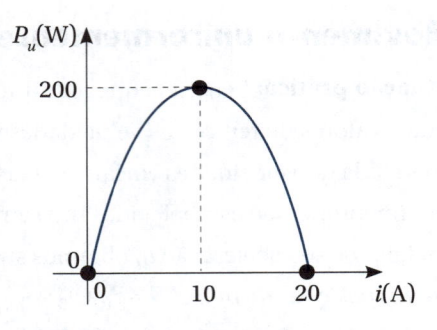

Figura 4.11 Potência útil máxima

$$P_{u_{máxima}} = 40\cdot10 - 2\cdot10^2 \Rightarrow P_{u_{máxima}} = 200\,W$$

Áreas máximas

Situação prática: No cálculo de áreas com restrições de perímetro, é comum depararmos com funções quadráticas que indicam condições que tornam a área máxima. Considere, por exemplo, uma pessoa que tenha cachorros e esteja interessada em montar e cercar um canil de formato retangular no quintal de sua casa.

Para tanto, ela compra 10 metros de cerca. Otimiza a cerca e o espaço cercado ao fazer o canil no canto do quintal, utilizando dois muros do quintal como lados do retângulo.

Análises: Sendo x uma das dimensões do canil (ou lado da cerca), vamos calcular a área do canil em função dessa dimensão.

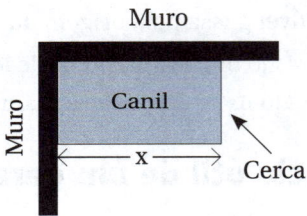

Figura 4.12 Cerca em canil

Se um dos lados da cerca mede x, então o outro lado mede o comprimento restante da cerca, ou seja, mede $10 - x$. Chamando a área do canil de y e multiplicando os lados do retângulo, obtemos a função:

$$y = x\cdot(10 - x)$$
$$y = 10x - x^2$$

Ao esboçarmos o gráfico dessa função, obtemos as raízes $x = 0$ e $x = 10$, que definem os valores limites, $0 < x < 10$, para o domínio da função, e também as coordenadas do vértice $x_V = 5m$ e $y_V = 25m^2$, que indicam que o canil com dimensões $5m \times 5m$ proporciona área máxima $(25\,m^2)$ para os cachorros.

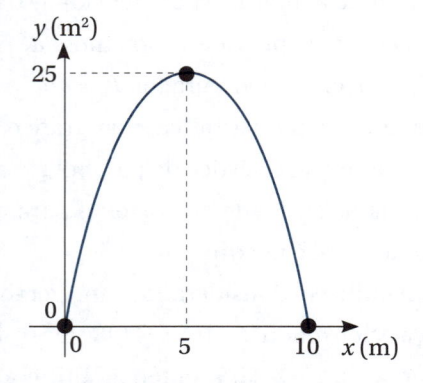

Figura 4.13 Vértice e área máxima

Demanda, receita, custo e lucro

Situação prática: Na comercialização de um produto, a receita R é dada pela multiplicação do preço p pela quantidade q do produto, ou seja, $R = p \cdot q$. O lucro L na comercialização de um produto é dado pela diferença entre a receita e o custo C, ou seja, $L = R - C$. Sabemos também que a quantidade q demandada pelos consumidores geralmente aumenta quando o preço diminui (ou, de outro modo, a demanda diminui quando o preço aumenta). Em outras palavras, a demanda e o preço, quando relacionados, apresentam características de uma função decrescente.

Análises: Considere que, para uma indústria química, o preço em \$ na comercialização de q (milhares de litros) de uma substância química seja dado por $p = -3q + 30$; essa função está associada à demanda pelo produto. Note que temos uma função linear decrescente, ou seja, para demandas maiores, o preço é menor e vice-versa.

Com base nessa função, calculamos a receita em função da quantidade comercializada para essa substância

$$R = (-3q + 30) \cdot q$$
$$R = -3q^2 + 30q$$

No gráfico, as coordenadas do vértice indicam que, para $q_V = 5$ (milhares de litros) da substância comercializada, obtemos a receita máxima $R_V = 75$ (milhares de \$).

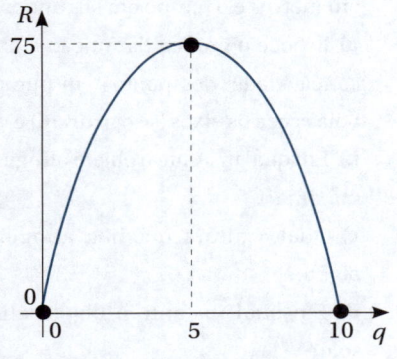

Figura 4.14 Função receita

Para quantidades superiores a $q = 5$ (milhares de litros), a receita diminui, pois também diminui o preço que compõe a receita, e a quantidade $q = 10$ inviabiliza a comercialização, dado que anula a receita (situação hipotética em que o preço é zero).

Para essa situação, considerando uma função que dá o custo C do produto, podemos calcular o lucro L fazendo a diferença entre receita e custo. Se o custo for dado por $C = 6q + 21$, o lucro será dado por

$$L = R - C$$
$$L = -3q^2 + 30q - (6q + 21)$$
$$L = -3q^2 + 30q - 6q - 21$$
$$L = -3q^2 + 24q - 21$$

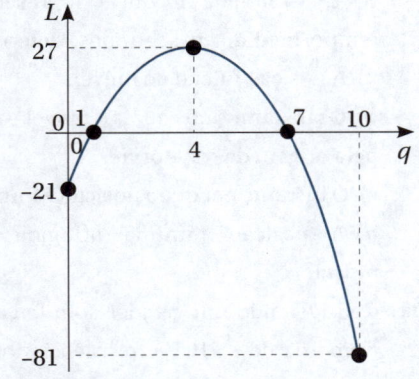

Figura 4.15 Função lucro

Como percebemos, existem quantidades que dão lucro negativo, para $0 < q < 1$ ou $7 < q < 10$; quantidades que dão lucro positivo, para $1 < q < 7$; e a quantidade $q = 4$, que dá lucro máximo $L = 27$ (milhares de \$).

Exercícios

10. Do alto de um prédio, um objeto é arremessado verticalmente para cima e tem suas posições, em relação ao solo, no decorrer do tempo, dadas por $S = -5t^2 + 70t + 160$, com as posições dadas em metros e o tempo em segundos.

a) Esboce o gráfico da função a partir da concavidade, dos pontos em que a parábola cruza os eixos (se existirem) e vértice.

b) Em qual instante o objeto atingiu altura máxima?

c) Qual a altura máxima atingida pelo objeto?

d) Em qual instante o objeto atingiu o solo?

e) Qual o outro instante em que o objeto estava à mesma altura do instante do lançamento?

11. Em uma trajetória retilínea, a posição S, em metros, de um móvel é dada por $S = 2t^2 - 16t + 30$, em que t representa o tempo, medido em segundos. Determine:

a) A posição inicial do móvel.

b) Os instantes nos quais o móvel passou pela origem da trajetória.

c) O instante em que a posição é mínima.

d) A posição mínima atingida pelo móvel.

12. Considerando um gerador com força eletromotriz de $\varepsilon = 10\,V$ e resistência interna de $r = 0,5\ \Omega$, a potência útil é dada por $P_u = 10i - 0,5i^2$, sendo a potência dada em *watt* (W) e a intensidade da corrente i dada em *ampère* (A).

a) Esboce o gráfico da função indicando o vértice e os pontos de intersecção com os eixos.

b) Qual a corrente que dá potência útil máxima?

c) Qual a potência útil máxima?

13. Um agricultor pretende construir uma horta retangular cercada, não havendo necessidade de fechar os fundos da horta, uma vez que ela faz divisa com outra propriedade que já está cercada. Para tanto, dispõe de 400 metros de tela de alambrado.

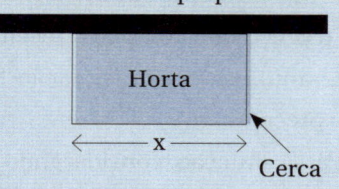

Na figura, temos uma vista aérea da futura horta e cerca, com x indicando uma das dimensões da horta.

a) Obtenha a função que dá a área y da horta em função de x.

b) Determine as dimensões do cercado para que a horta tenha área máxima.

c) Calcule a área máxima da horta.

14. O preço de um eletrodoméstico varia de acordo com a relação $p = -2q + 1.000$, em que q representa a quantidade comercializada. Sabendo que a receita é dada pela relação $R = p \cdot q$:

a) Obtenha a função receita e esboce seu gráfico indicando os principais pontos.

b) Qual a quantidade a ser comercializada para que a receita seja máxima?

c) Qual a receita máxima?

d) Para quais quantidades comercializadas a receita é crescente? E decrescente?

15. Considerando as mesmas condições do problema anterior e o custo para produção e comercialização do eletrodoméstico como $C = 200q + 35.000$:

a) Obtenha a função lucro e esboce o gráfico indicando os principais pontos.

b) Qual a quantidade a ser comercializada para que o lucro seja máximo?

c) Qual o lucro máximo?

d) Para quais quantidades comercializadas o lucro é positivo? E negativo?

16. Em uma represa, a quantidade de água foi observada durante 8 meses e pode ser aproximada pela função $Q = t^2 - 6t + 40$, em que Q dá a quantidade em bilhões de litros e o número de meses é dado por t (considere $t = 0$ o início da observação, $t = 1$ o 1º mês; $t = 2$ o 2º mês; ...).

a) Esboce o gráfico da função salientando os principais pontos.

b) Em que mês a quantidade de água na represa foi mínima?

c) Qual a quantidade mínima de água na represa?

17. Na região central de uma cidade, foi contado o número N de infrações de trânsito durante os 20 primeiros dias de um mês. Tal número pode ser aproximado pela expressão $N = 0,25t^2 - 6t + 84$, em que t representa o número do dia em que foi feita a contagem. Obtenha o vértice da parábola que representa essa função e interprete o significado de suas coordenadas.

18. Na confecção de uma liga metálica, dois dos metais que podem compô-la têm suas quantidades, em gramas, dadas por x (cobre) e y (ferro), sendo essas quantidades relacionadas por $10x^2 + 10y = 1.000$.

a) Expresse a quantidade de ferro em função da quantidade de cobre da liga.

b) Esboce o gráfico da função obtida no item anterior ressaltando os principais pontos.

c) Se forem inseridos 8 g de cobre, qual a quantidade de ferro na liga?

d) Se forem inseridos 19 g de ferro, qual a quantidade de cobre na liga?

e) Se não se inserir cobre na liga, quanto será inserido de ferro?

f) Se não se inserir ferro na liga, quanto cobre será inserido?

Exercícios complementares

Acesse a página deste livro no site da Cengage para baixar os exercícios que complementam este capítulo e aprofunde seu conhecimento.

Palavras-chave

5 Função exponencial

Objetivos do capítulo

Neste capítulo, você estudará os conceitos relacionados às *funções exponenciais*. O conceito de *função exponencial* será explorado em *modelos exponenciais* que ocorrem quando uma situação pode ser representada por duas variáveis numéricas em que variações iguais na variável independente são seguidas por variações na variável dependente a uma *taxa percentual constante* diferente de zero. Por ter muitas aplicações, as funções exponenciais e suas formas de crescimento e decaimento, associadas às bases da função, serão vistas em detalhes numéricos, algébricos e gráficos. Nesse contexto, analisaremos também a base especial *e*. Você também verá importantes aplicações dos modelos exponenciais em diversas áreas da engenharia, bem como em situações cotidianas.

Estudo de caso

Um engenheiro pretende analisar as características gerais de uma peça quanto à sua composição, resistência a choques físicos, bem como a variações extremas de temperatura.

Em relação à temperatura, o engenheiro encontrou o resumo de um artigo científico de um experimento realizado para uma peça similar.

No resumo do artigo, foi dada a função $T(t) = 400 - 380e^{-0,1258t}$, em que T é a temperatura, em $^\circ C$, da peça t minutos após ser inserida em um forno.

Tal função servirá como base inicial para prever o comportamento da peça em relação a variações de temperatura. Com base na função, ele pretende responder às seguintes perguntas:

Qual a temperatura inicial da peça antes de ser inserida no forno? Qual a temperatura do forno? Qual a evolução da temperatura da peça nos dez

primeiros minutos em que ela está no forno? Qual a taxa percentual de variação da temperatura da peça a cada minuto? Qual a taxa contínua de varia- *ção da temperatura da peça? Qual o aspecto gráfico da evolução da temperatura dessa peça? Após quanto tempo a temperatura da peça chega a 300°C ?*

Hintau Aliaksei/Shutterstock

Essas questões poderão ser respondidas com o auxílio dos tópicos a serem estudados neste capítulo!

5.1 Função exponencial

A *função exponencial* que estudaremos a seguir é importante devido a suas aplicações práticas em diversas áreas.

Você notará que uma característica importante da função exponencial é que sua taxa percentual de variação é constante.

Função exponencial

Uma função $f : \mathbb{R} \rightarrow \mathbb{R}$ é chamada *função exponencial* se for da forma
$$f(x) = b \cdot a^x$$
em que b e a são números reais, tais que $b \neq 0$, $a > 0$ e $a \neq 1$.

O termo b indica o valor da função para $x = 0$, pois
$$f(0) = b \cdot a^0 \Rightarrow f(0) = b \cdot 1 \Rightarrow f(0) = b$$
e indica o ponto em que a curva que representa a função cruza o eixo vertical. Em aplicações práticas nas quais $x \geq 0$, o valor b também é chamado *valor inicial* da função. Em nosso livro, vamos priorizar as situações em que tal valor é positivo, ou seja, $b > 0$, entretanto é possível lidar com situações em que $b < 0$.

O termo a chama-se **base** da função exponencial.

Exemplo 1: Nos itens a seguir, temos funções exponenciais com a indicação de seus termos.

a) $f(x) = 10 \cdot 2^x$ $(a = 2; b = 10)$ **b)** $y = 40 \cdot 0,5^x$ $(a = 0,5; b = 40)$

Gráfico e comportamento da função a partir da base

Para a função exponencial $f(x) = b \cdot a^x$, dado $b > 0$, o crescimento ou decrescimento depende do valor de sua base a:

- $a > 1 \rightarrow base$ maior que $1 \rightarrow$ função crescente $\rightarrow$ crescimento exponencial.
- $0 < a < 1 \rightarrow base$ entre 0 e 1 $\rightarrow$ função decrescente $\rightarrow$ decrescimento ou decaimento exponencial.

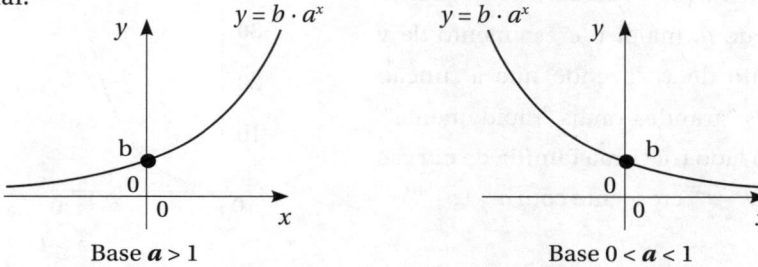

Figura 5.1 Resumo gráfico da função exponencial $y = b \cdot a^x$

Exemplo 2: A função $y = 10 \cdot 2^x$ tem base $a = 2 > 1$, logo é crescente e tem o gráfico dado ao lado.

Note que, neste exemplo, a base vale 2 e a cada aumento de 1 unidade em x o valor de y é o dobro do anterior.

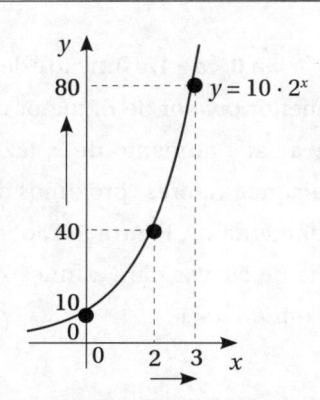

Exemplo 3: A função $y = 40 \cdot 0,5^x$ tem base $0 < a = 0,5 < 1$, logo é decrescente e tem o gráfico dado ao lado.

Note que a base vale 0,5 e a cada aumento de 1 unidade em x o valor de y é a metade do valor anterior.

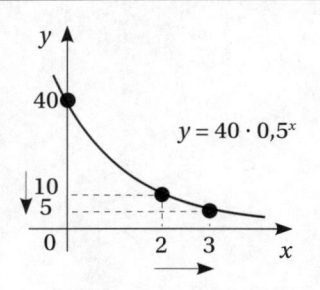

Nos gráficos das funções exponenciais, as curvas se aproximam do eixo x, entretanto não tocam tal eixo e, nesse caso, dizemos que a curva se aproxima assintoticamente do eixo x.

Quando uma curva cruza ou toca o eixo x, a função vale zero naquele ponto.

Entretanto, a função exponencial, nas condições expostas, tem base $a > 0$ e $a \neq 1$, de modo que a potência a^x é sempre positiva.

Assim, o valor da função exponencial, nessas condições, é diferente de zero.

Famílias de funções exponenciais

Para a função exponencial $y = b \cdot a^x$, dado $b > 0$, os diferentes valores de $a > 1$ diferenciam o crescimento da função, bem como os diferentes valores de $0 < a < 1$ diferenciam o decrescimento.

Se $a > 1$, a função é crescente e, quanto maior o valor de a, maior o crescimento de y a cada aumento de x, fazendo que a função alcance valores "grandes" mais "rapidamente". A Figura 5.2 ao lado traz uma família de curvas para a função $y = a^x$ crescente com $a > 1$.

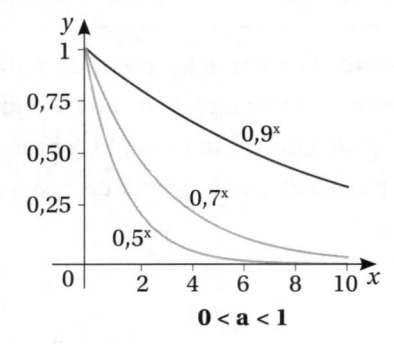

Figura 5.2 Família de curvas para $y = a^x$

Se $0 < a < 1$, a função é decrescente e, quanto menor o valor de a, maior o decrescimento de y a cada aumento de x, fazendo que a função alcance valores "próximos do zero" mais "rapidamente". A Figura 5.3 ao lado traz uma família de curvas para a função $y = a^x$ decrescente com $0 < a < 1$.

Figura 5.3 Família de curvas para $y = a^x$

Exercícios

1. Para cada função a seguir, complete a tabela com os valores de y correspondentes aos valores sugeridos de x e em seguida esboce o gráfico.

x	y
-2	
-1	
0	
1	
2	

a) $y = 2^x$ **b)** $y = 10^x$

c) $y = 0,5^x$ **d)** $y = 0,1^x$

e) $y = 2 \cdot 3^x$ **f)** $y = 10 \cdot 0,5^x$

g) $y = 40 \cdot 1,25^x$ **h)** $y = 200 \cdot 0,75^x$

2. Classifique as funções a seguir em crescente ou decrescente:

a) $y = 75 \cdot 0,15^x$ **b)** $y = 20 \cdot 1,05^x$

c) $y = 40 \cdot 1,01^x$ **d)** $y = 80 \cdot 0,98^x$

e) $y = 100 \cdot 2^{-x}$ **f)** $y = 50 \cdot 0,25^{-x}$

3. Sabe-se que a curva que representa a função $y = b \cdot 2^x$ passa pelo ponto $(3, 40)$. Determine o valor de b.

4. Sabe-se que a curva que representa a função $y = 40 \cdot a^x$ passa pelo ponto $(2, 90)$. Determine o valor de a.

5. Para quais valores de k a função $y = 10 \cdot (k + 0,25)^x$ é crescente?

6. Para quais valores de k a função $y = 20 \cdot (k - 0,75)^x$ é decrescente?

7. Dada a função $f(x) = 5 \cdot 2^x$, determine o valor de x tal que $f(x) = 320$.

8. O valor de uma máquina, em \$, no decorrer do tempo t contado em anos após sua compra $(t = 0)$, é dado por $V = 80.000 \cdot 0,9^t$.

a) Determine o valor da máquina em cada um dos cinco anos após sua compra.

b) Esboce o gráfico do valor da máquina em função do tempo.

c) Qual a taxa percentual de depreciação anual da máquina?

9. A população de uma cidade, em milhares de habitantes, no decorrer dos anos pode ser aproximada pela função $P = P_0 \cdot 1,025^x$, sendo 2015 o ano inicial de estudos, $x = 0$, com população inicial dada por P_0.

a) Se em 2017 a população da cidade era de 400 mil habitantes, determine a população inicial P_0.

b) Segundo esse modelo, qual a população da cidade no ano de 2020?

5.2 Modelos exponenciais

Os modelos exponenciais buscam traduzir, quando possível, uma situação prática em expressões que envolvam a função exponencial.

Após o uso adequado da linguagem matemática e da função exponencial, podemos analisar e interpretar a situação prática mais claramente e fazer predições a respeito do fenômeno estudado.

Identificando funções exponenciais

Os *modelos exponenciais* ocorrem quando uma situação pode ser representada por duas variáveis numéricas em que variações iguais na variável independente são seguidas por variações na variável dependente a uma *taxa percentual constante* diferente de zero.

Isso pode ser traduzido da seguinte maneira: há um *modelo exponencial* quando uma situação envolvendo as variáveis x e y é tal que variações iguais em x gerando os valores x_1, x_2, x_3, x_4, x_5 ..., e seus correspondentes y_1, y_2, y_3, y_4, y_5 ..., possibilitam a obtenção da proporção

$$\frac{y_2}{y_1} = \frac{y_3}{y_2} = \frac{y_4}{y_3} = \frac{y_5}{y_4} = ... = k$$

Nessa proporção, a constante k permite encontrar a *taxa percentual constante* com a qual variou y a partir de variações iguais em x.

Note que $y_2 = k \cdot y_1$; $y_3 = k \cdot y_2$; $y_4 = k \cdot y_3$; $y_5 = k \cdot y_4$; ...

Ou, ainda, quando temos uma situação envolvendo as variáveis x e y de tal modo que elas podem ser relacionadas pela função exponencial $y = b \cdot a^x$, temos um *modelo exponencial*.

Exemplo 4: Considere a tabela com valores de x e os correspondentes valores de y.

x	2	3	4	5	6
y	160.000	200.000	250.000	312.500	390.625

Realizando as divisões de um valor de y pelo valor imediatamente anterior, obtemos

$$\frac{200.000}{160.000} = \frac{250.000}{200.000} = \frac{312.500}{250.000} = \frac{390.625}{312.500} = 1{,}25$$

A obtenção dessa regularidade indica que lidamos com um modelo exponencial.

O número obtido nas divisões indica que, a cada variação de 1 unidade em x, o valor em y é obtido multiplicando-se o anterior pelo fator **1,25**.

Nesse caso, a variável y está crescendo a uma taxa percentual constante de 25%.[1]

Como lidamos com um modelo exponencial, as variáveis satisfazem à função $y = b \cdot a^x$.

Como a variação em x é de 1 unidade, o valor da base é o próprio fator **1,25**, ou seja,

$$a = \frac{200.000}{160.000} = \frac{250.000}{200.000} = \frac{312.500}{250.000} = \frac{390.625}{312.500} = 1{,}25$$

O outro coeficiente, b, é obtido ao substituirmos um par de valores (x, y) correspondentes da tabela na função $y = b \cdot 1{,}25^x$. Usando $x = 2$ e $y = 160.000$, obtemos:

---

1   Relembre como calcular os aumentos e decréscimos percentuais sucessivos no Capítulo 1, Seção 1.10, nos tópicos Acréscimos percentuais, reduções percentuais e Acréscimos e reduções percentuais sucessivas. Sugerimos também a revisão das operações e propriedades com potências no Capítulo 1, na Seção 1.2.

$$160.000 = b \cdot 1,25^2 \implies 160.000 = b \cdot 1,5625 \implies b = \frac{160.000}{1,5625} \implies b = 102.400$$

Assim, a função correspondente aos valores da tabela é $y = 102.400 \cdot 1,25^x$.

Crescimentos populacionais

Muitas populações apresentam crescimentos exponenciais no decorrer do tempo quando não há restrições ambientais.

Considere a tabela a seguir que traz a população, estimada em milhares de habitantes, de uma cidade no decorrer de cinco anos:

Tabela 5.1 – População estimada de uma cidade no decorrer dos anos

Ano	2012	2013	2014	2015	2016
População (em milhares)	994,8	1.009,7	1.024,8	1.040,1	1.055,7
Acréscimo populacional (em milhares)	14,9	15,1	15,3	15,6	###

Notamos que, a cada ano, os acréscimos populacionais são maiores.

Evidenciamos um crescimento exponencial, pois obtemos de maneira aproximada:

$$\frac{\text{População em 2013}}{\text{População em 2012}} = \frac{1.009.700}{994.800} \cong \mathbf{1,015} \qquad \frac{\text{População em 2014}}{\text{População em 2013}} = \frac{1.024.800}{1.009.700} \cong \mathbf{1,015}$$

$$\frac{\text{População em 2015}}{\text{População em 2014}} = \frac{1.040.100}{1.024.800} \cong \mathbf{1,015} \qquad \frac{\text{População em 2016}}{\text{População em 2015}} = \frac{1.055.700}{1.040.100} \cong \mathbf{1,015}$$

O fator aproximado **1,015** obtido indica um crescimento populacional de 1,5% ao ano.

Podemos aproximar a população P em função do tempo t em anos pela função $P = b \cdot a^t$.

Podemos considerar 2012 como o ano inicial fazendo $t = 0$ nessa data. Se assim convencionarmos as datas, temos população inicial, $b = 994,8$ e base $a = 1,015$, com função que aproxima a população dada por $P = 994,8 \cdot 1,015^t$.

Caso você queira fazer outra contagem de tempo, admitindo, por exemplo, 2010 como o ano inicial ($t = 0$), a tabela que traz as populações pode ser escrita como

Tabela 5.2 – População estimada de uma cidade com tempo ajustado

t	2	3	4	5	6
P (em milhares)	994,8	1.009,7	1.024,8	1.040,1	1.055,7

e a população inicial b, para o ano de 2010, será calculada substituindo um par de valores (t, P) correspondentes na expressão $P = b \cdot 1,015^t$. Usando $t = 2$ e $P = 994,8$, obtemos:

$$994,8 = b \cdot 1,015^2 \quad \Rightarrow \quad b \cong 965,6$$

Nessa situação, a função que aproxima a população é $P = 965,6 \cdot 1,015^t$.

Como você deve ter notado, essas funções consideram a contagem de tempo como "anos após a data inicial", ou seja, utilizamos $t = 0$, $t = 1$, $t = 2$ etc., entretanto, se você quiser utilizar o próprio ano nas funções, $t = 2014$, $t = 2015$, $t = 2016$ etc., basta fazer um pequeno ajuste nos expoentes e obterá

$$P = 994,8 \cdot 1,015^{t-2012} \quad \text{ou} \quad P = 965,6 \cdot 1,015^{t-2010}$$

Montante a juros compostos

Desconsiderando as correções monetárias devidas à inflação, ao calcularmos o **montante** de uma aplicação (ou de uma dívida) no sistema de **juros compostos**, obtemos uma função exponencial.

Considere a situação na qual uma pessoa faz um empréstimo de \$ 40.000,00, que será corrigido a uma taxa de 8% ao ano a juros compostos. Vamos obter o montante, M, da dívida como função dos anos, x, após a data do empréstimo, isto é, $M = f(x)$.

Consideraremos que a pessoa não fará nenhum pagamento parcial da dívida. No sistema de juros compostos, a dívida aumentará, sucessivamente, ao mesmo percentual de 8%, ano a ano.

O montante da dívida após 1 ano será:

$$M = 40.000 \cdot \left(1 + \frac{8}{100}\right) = 40.000 \cdot 1,08$$

Para o aumento da dívida em 8%, multiplicamos o capital emprestado inicialmente por 1,08.

Procedendo de maneira parecida para os próximos anos, temos o montante da dívida após 2 anos:

$$M = 40.000 \cdot \left(1 + \frac{8}{100}\right) \cdot \left(1 + \frac{8}{100}\right)$$

$$M = 40.000 \cdot 1,08 \cdot 1,08 = 40.000 \cdot 1,08^2$$

O montante da dívida após 3 anos será:

$$M = 40.000 \cdot \left(1 + \frac{8}{100}\right) \cdot \left(1 + \frac{8}{100}\right) \cdot \left(1 + \frac{8}{100}\right)$$

$$M = 40.000 \cdot 1,08 \cdot 1,08 \cdot 1,08 = 40.000 \cdot 1,08^3$$

O montante da dívida após x anos será:

$$M = 40.000 \cdot \underbrace{\left(1 + \frac{8}{100}\right) \cdot \ldots \cdot \left(1 + \frac{8}{100}\right)}_{x \ \textit{aumentos sucessivos de 8\%}}$$

$$M = 40.000 \cdot \underbrace{1,08 \cdot \ldots \cdot 1,08}_{x \ fatores \ 1,08} = 40.000 \cdot 1,08^{x}$$

Assim, a função exponencial obtida é $M = 40.000 \cdot 1,08^{x}$.

De modo geral, dados o capital C, a taxa i sobre o capital por unidade de tempo e na forma decimal, o tempo t na mesma unidade daquela utilizada na taxa, o montante M (que é o capital mais juro) no regime de juros compostos é dado por

$$M = C \cdot (1 + i)^{t}$$

Decaimento exponencial

As funções exponenciais também são úteis em situações nas quais ocorrem quedas percentuais iguais e sucessivas sobre o valor inicial.

Considere, por exemplo, um sistema de filtro de chaminé que elimina 15% de resíduos tóxicos a cada metro de filtro pelo qual passa a fumaça a ser expelida de uma fábrica. Assim, se P é a quantidade de poluentes remanescentes na fumaça e x é o comprimento, em metros, do filtro a partir de uma quantidade inicial P_0 de poluentes, temos:

Para 1 metro de filtro: $P = P_0 \cdot \left(1 - \dfrac{15}{100} \right) \ \Rightarrow \ P = P_0 \cdot (1 - 0,15) \ \Rightarrow \ P = P_0 \cdot 0,85$.

Para 2 metros de filtro: $P = P_0 \cdot 0,85 \cdot 0,85 \ \Rightarrow \ P = P_0 \cdot 0,85^2$.

Para 3 metros de filtro: $P = P_0 \cdot 0,85 \cdot 0,85 \cdot 0,85 \ \Rightarrow \ P = P_0 \cdot 0,85^3$.

Para x metros de filtro: $P = P_0 \cdot \underbrace{(0,85) \cdot (0,85) \cdot \ldots \cdot (0,85)}_{x \ reduções \ sucessivas \ de \ 15\%} \ \Rightarrow \ P = P_0 \cdot 0,85^{x}$

Assim, a função exponencial $P = P_0 \cdot 0,85^{x}$ expressa o **decaimento exponencial** indicado pela base $0 < a = 0,85 < 1$. Note, ainda, que uma taxa de redução percentual de 15% nos dá a base $a = 0,85$ e esta indica que a quantidade de poluentes é reduzida, a cada metro, a 85% do que era anteriormente.

Exercícios

10. Dadas as tabelas que associam $y = f(x)$, verifique em quais delas temos uma função exponencial. Naquelas que representarem função exponencial, diga se há um crescimento ou decaimento exponencial.

a)

x	y
0	5
1	10
2	20
3	40

b)

x	y
0	30
1	60
2	90
3	120

c)

x	y
4	648
5	216
6	72
7	24

d)

x	y
20	1
30	5
40	25
50	125

x	y
0	30
1	60
2	120
3	240
4	480

e)

x	y
3	1024
5	1536
7	2034
9	3456

f)

x	y
1	3456
4	2592
7	1944
10	1458

a) Podemos dizer que $y = f(x)$ representa uma função exponencial?

b) Obtenha $y = f(x)$.

c) Com base na função obtida no item anterior, estime a quantidade de bactérias sete horas após a contagem inicial.

d) Com base na função obtida no item anterior, estime a quantidade de bactérias 2 horas e 30 minutos após a contagem inicial.

e) Esboce o gráfico da função.

11. *"Sabemos que, para a função exponencial $y = b \cdot a^x$, se a taxa de variação percentual é de 25%, quando há crescimento exponencial sua base será $a = 1,25$ e quando há decaimento exponencial sua base será $a = 0,75$."*

Com base nesse exemplo, escreva para cada item a base a quando há:

a) Crescimento de 45%

b) Crescimento de 7%

c) Crescimento de 3,5%

d) Crescimento de 0,5%

e) Crescimento de 99%

f) Crescimento de 100%

g) Crescimento de 150%

h) Decaimento de 20%

i) Decaimento de 45%

j) Decaimento de 5%

k) Decaimento de 2%

l) Decaimento de 1%

m) Decaimento de 0,5%

n) Decaimento de 99%

12. Uma cultura de bactérias em um experimento, a partir da contagem inicial, apresentou número y estimado de indivíduos no decorrer do tempo x, em horas, de acordo com a tabela

13. Uma pessoa faz um empréstimo de $ 50.000,00 que será corrigido a uma taxa de 15% ao ano a juros compostos.

a) Qual o montante da dívida após 1 ano, 2 anos e 3 anos da data do empréstimo?

b) Escreva o montante, M, da dívida como função dos anos, x, após a data do empréstimo, isto é, $M = f(x)$.

c) Esboce o gráfico da função obtida.

14. Uma pessoa faz uma aplicação de $ 200.000,00 que será corrigida a uma taxa de 1% ao mês a juros compostos.

a) Calcule o montante ao final de cada um dos 5 primeiros meses após a aplicação.

b) Escreva o montante, M, da aplicação como função dos meses, t, após a data da aplicação, isto é, $M = f(t)$.

c) Esboce o gráfico da função obtida.

15. Após administração intravenosa de um remédio, sua concentração C na corrente sanguínea do paciente, hora a hora, decai exponencialmente a uma taxa de 10% devido à sua eliminação e metabolização pelo organismo. Sabendo que a concentração inicial do remédio era de $C_0 = $ 2 mg/litro de sangue:

a) Calcule a concentração do remédio ao final de cada uma das 4 primeiras horas pós-administração.

b) Escreva a concentração, C, do remédio no sangue como função das horas, t, após a administração intravenosa, isto é, $C = f(t)$.

c) Sabe-se que tal remédio é administrado a cada 12 horas. Qual é a quantidade remanescente da droga na corrente sanguínea imediatamente antes da segunda administração do remédio?

5.3 Obtenção da função exponencial

Para a obtenção de uma função exponencial, chamamos a atenção para três situações.

Na primeira situação, sendo um modelo exponencial representado por $y = b \cdot a^x$, conhecemos o parâmetro b (ou seja, conhecemos o valor y para $x = 0$), além de termos informação suficiente para escrever o parâmetro a (ou seja, conhecemos a taxa percentual da variação de y a partir da variação de x em 1 unidade).

Na segunda situação, temos vários valores das variáveis independente e dependente, de tal maneira que é possível concluir que o modelo é o exponencial e, se representarmos tal modelo por $y = b \cdot a^x$, com os valores disponíveis obtemos os parâmetros b e a.

Na terceira situação, é dada a informação de que se trata de um modelo exponencial, ou seja, podemos representá-lo por $y = b \cdot a^x$ e, conhecendo dois pares de valores (x, y), obtemos os parâmetros b e a.

Vamos explorar as três situações por meio de exemplos.

Exemplo 5: Após um vazamento de resíduos tóxicos em um lago, mediu-se uma quantidade de poluentes na água no decorrer do tempo e obteve-se 60 mg/litro no dia do vazamento ($t = 0$), sendo que dia a dia a taxa percentual de decaimento dos poluentes é de 3%. Sendo Q a quantidade de poluentes t dias após o vazamento, obtenha $Q = f(t)$.

Solução: Por se tratar de um modelo de decaimento exponencial, podemos representar a quantidade de poluente por $Q = Q_0 \cdot a^t$.

A quantidade inicial de poluentes é $Q_0 = 60$. A base da função exponencial, representando um decréscimo percentual sucessivo de 3%, é dada por

$$a = 1 - \frac{3}{100} \quad \Rightarrow \quad a = 1 - 0,03 \quad \Rightarrow \quad a = 0,97$$

Assim, a função procurada é $Q = 60 \cdot 0,97^t$.

Exemplo 6: A tabela a seguir traz alguns valores do montante y da dívida de uma pessoa após x meses do uso do limite do cheque especial. Obtenha o montante em função do tempo.

x (meses)	2	5	8	13	16
M (\$)	4.840,00	6.442,04	8.574,36	11.412,47	15.189,99

Solução: Temos variações iguais em x (3 meses) e variações crescentes em y. Vamos verificar se há a regularidade do modelo exponencial, ou seja, vamos verificar se é válida a proporção

$$\frac{M(5)}{M(2)} = \frac{M(8)}{M(5)} = \frac{M(13)}{M(8)} = \frac{M(16)}{M(13)}$$

$$\frac{M(5)}{M(2)} = \frac{6.442,04}{4.840,00} = 1,331 \qquad \frac{M(8)}{M(5)} = \frac{8.574,36}{6.442,04} \cong 1,331$$

$$\frac{M(13)}{M(8)} = \frac{11.412,47}{8.574,36} \cong 1,331 \qquad \frac{M(16)}{M(13)} = \frac{15.189,99}{11.412,47} \cong 1,331$$

Como ocorreu a igualdade das razões, temos o modelo exponencial para o montante em função do tempo. Então, os dados podem ser representados por $M = b \cdot a^x$.

Vamos determinar os valores de a e b.

Substituindo dois pares de valores $(2; 4.840,00)$ e $(5; 6.442,04)$ em $M = b \cdot a^x$, obtemos o sistema:

$$\begin{cases} 6.442,04 = b \cdot a^5 & \text{(I)} \\ 4.840,00 = b \cdot a^2 & \text{(II)} \end{cases}$$

Dividindo os termos da Equação (I) pelos termos da Equação (II), obtemos:

$$\frac{6.442,04}{4.840} = \frac{\not{b} \cdot a^5}{\not{b} \cdot a^2} \quad \Rightarrow \quad a^{5-2} = 1,331 \quad \Rightarrow \quad a^3 = 1,331 \quad \Rightarrow \quad a = \sqrt[3]{1,331} \quad \Rightarrow \quad \boldsymbol{a = 1,1}$$

Substituindo o valor $\boldsymbol{a = 1,1}$ na Equação II, obtemos o valor $\boldsymbol{b}$:

$$4.840 = b \cdot 1,1^2 \quad \Rightarrow \quad 4.840 = b \cdot 1,21 \quad \Rightarrow \quad b = \frac{4.840}{1,21} \quad \Rightarrow \quad \boldsymbol{b = 4.000}$$

Assim, a função do montante é $M = 4.000 \cdot 1,1^x$.

Exemplo 7: Obtenha a função exponencial representada pelo gráfico ao lado.

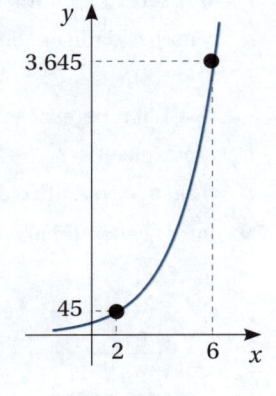

Solução: Sabemos que o modelo é o exponencial, ou seja, $y = b \cdot a^x$. Para obter os parâmetros a e b, vamos substituir as coordenadas (x, y) dos pontos $(2, 45)$ e $(6, 3.645)$ na função $y = b \cdot a^x$ e resolver o sistema.

$$\begin{cases} 3.645 = b \cdot a^6 & \text{(I)} \\ 45 = b \cdot a^2 & \text{(II)} \end{cases}$$

Dividindo os termos da Equação (I) pelos termos da Equação (II), obtemos:

$$\frac{3.645}{45} = \frac{\cancel{b} \cdot a^6}{\cancel{b} \cdot a^2} \Rightarrow a^{6-2} = 81 \Rightarrow a^4 = 81 \Rightarrow a = \pm\sqrt[4]{81} \Rightarrow a = \pm 3 \Rightarrow \boldsymbol{a = 3}$$

Substituindo o valor $\boldsymbol{a = 3}$ na Equação II, obtemos o valor $\boldsymbol{b}$:

$$45 = b \cdot 3^2 \Rightarrow 45 = b \cdot 9 \Rightarrow b = \frac{45}{9} \Rightarrow \boldsymbol{b = 5}$$

Assim, a função é $y = 5 \cdot 3^x$.

Como uma dica, note que, neste exemplo e no Exemplo 6, ao escrevermos o sistema de equações, mantivemos como "primeira equação" aquela em que o expoente é maior. Isso facilitou na divisão das equações e contas no processo de obtenção da base da função exponencial.

Exercícios

16. Escreva a função exponencial $y = b \cdot a^x$, sabendo que, se $x = 0$, temos $y = 50$ e que a taxa de crescimento exponencial é de 35%.

17. Escreva a função exponencial $y = b \cdot a^x$, sabendo que se, $x = 0$, temos $y = 60$ e que a taxa de decaimento exponencial é de 35%.

18. Após um vazamento de resíduos tóxicos em um lago, mediu-se a quantidade de poluentes na água no decorrer do tempo e obteve-se 40 mg/litro no dia do vazamento ($t = 0$), sendo que dia a dia a taxa percentual de decaimento dos poluentes é de 5%. Sendo Q a quantidade de poluentes t dias após o vazamento:

a) Obtenha $Q = f(t)$.

b) Qual a quantidade de poluentes um mês após o vazamento?

c) Esboce o gráfico da função.

19. Em um laboratório, a população de micro-organismos em uma cultura cresce exponencialmente a uma taxa de 50% por hora. No instante inicial, a população estimada era de 200 indivíduos.

a) Escreva a população P em função do tempo t (dado em horas), ou seja, escreva $P = f(t)$.

b) Qual a população 10 horas após o instante inicial?

c) Esboce o gráfico da função.

20. Para cada tabela a seguir, obtenha $y = f(x)$.

a)

x	y
2	1
3	5
4	25
5	125

b)

x	y
4	648
5	216
6	72
7	24

c)

x	y
3	27.000
5	60.750
7	136.687,5
9	307.546,875

d)

x	y
1	8.192
4	1.024
7	128
10	16

21. Os valores das tabelas a seguir correspondem a funções exponenciais. Para cada item, obtenha $y = f(x)$ e a taxa de crescimento ou decaimento exponencial, conforme o caso.

a)

x	y
3	50
4	250

b)

x	y
6	72
7	24

c)

x	y
3	270.000
7	1.366.875

d)

x	y
4	1.024
10	16

22. Os gráficos a seguir representam funções exponenciais. Obtenha a função correspondente em cada item.

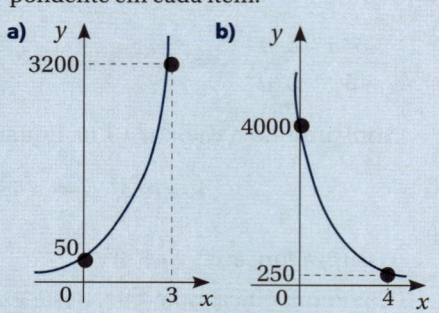

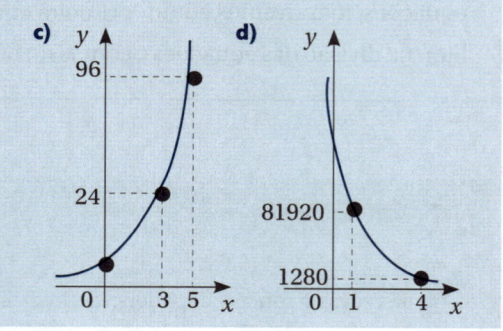

5.4 Função exponencial com base e

Até agora, vimos funções exponenciais com diferentes bases indicando crescimento ou decaimento exponencial. Nesta seção, estudaremos funções exponenciais escritas em uma base especial e que é útil em diversas situações práticas. Essa base é o número e.

O número e

O número irracional $e = 2,71828182...$ é bastante utilizado para representar funções exponenciais, e em muitas situações facilita a manipulação algébrica e numérica, dadas as suas propriedades. As calculadoras científicas possuem tecla (geralmente simbolizada por e^x) que permite o cálculo rápido das potências envolvendo tal número.

Um contexto em que surge o número e envolve a capitalização de valores, conforme o exemplo a seguir.

Exemplo 8: Considere que \$ 1,00 foi emprestado a uma taxa nominal de 100% ao ano. Vamos calcular o montante a_n a ser pago, ao final de 1 ano, para diferentes números de capitalizações, em que n representa o número de capitalizações que ocorrem no ano.

Se a capitalização for anual (1 capitalização, $n = 1$), temos $a_1 = 1 + 100\% \cdot 1 = 1 + 1 = 2$ ou $a_1 = 2$.

Se a capitalização for semestral (2 capitalizações, $n = 2$), temos:

Ao final do primeiro semestre: $1 + \dfrac{100\%}{2} \cdot 1 = 1 + \dfrac{1}{2} \cdot 1 = 1 + \dfrac{1}{2}$

Ao final do segundo semestre: $a_2 = 1 + \dfrac{1}{2} + \dfrac{100\%}{2} \cdot \left(1 + \dfrac{1}{2}\right) = 1 + \dfrac{1}{2} + \dfrac{1}{2} \cdot \left(1 + \dfrac{1}{2}\right)$

$$a_2 = \left(1 + \dfrac{1}{2}\right) + \dfrac{1}{2} \cdot \left(1 + \dfrac{1}{2}\right) = \left(1 + \dfrac{1}{2}\right)\left(1 + \dfrac{1}{2}\right) \implies a_2 = \left(1 + \dfrac{1}{2}\right)^2 \implies a_2 = 2,25$$

Se a capitalização for quadrimestral (3 capitalizações, $n = 3$), procedendo de maneira parecida, ao final do 3º quadrimestre, temos $a_3 = \left(1 + \dfrac{1}{3}\right)^3$ ou $a_3 = 2,3703\ldots$

Se a capitalização for mensal (12 capitalizações, $n = 12$), procedendo de maneira parecida, ao final do 12º mês, temos $a_{12} = \left(1 + \dfrac{1}{12}\right)^{12}$ ou $a_{12} = 2,6130\ldots$

Se a capitalização for diária ($n = 360$), temos $a_{360} = \left(1 + \dfrac{1}{360}\right)^{360}$ ou $a_{360} = 2,71451\ldots$

Dessa forma, estabelecemos a expressão do montante para n períodos iguais: $a_n = \left(1 + \dfrac{1}{n}\right)^n$

Idealizando uma situação na qual a capitalização ocorra a todo instante, dizemos que as capitalizações ocorrem de **maneira contínua**. Para expressar essa forma de capitalização, podemos dizer, de certa forma, que a capitalização ocorrerá um número "infinito" de vezes no período de um ano, ou que o número n "tende ao infinito". Simbolicamente, escrevemos $n \to \infty$. Essa forma de escrita traduz a ideia de que n assume valores tão grandes quanto se possa imaginar.

Para representarmos o montante a ser recebido, escrevemos, com a linguagem de *limites*:[2]

$$\lim_{n \to \infty} \left(1 + \dfrac{1}{n}\right)^n$$

---

2   Estudaremos os limites mais detalhadamente no Capítulo 12.

Podemos realizar alguns cálculos, computacionalmente, e obter alguns valores que aproximam o valor do montante de acordo com o número de capitalizações:

Tabela 5.3 – Aproximações para $\left(1+\dfrac{1}{n}\right)^n$

n	1	10	100	1.000	1.000.000	1.000.000.000
$\left(1+\dfrac{1}{n}\right)^n$	2	2,59374246	2,70481383	2,71692393	2,71828047	2,71828182

A segunda linha da tabela expressa alguns valores da sequência de montantes (a_n) em função do número de capitalizações $(n \geq 1)$ no período de um ano $(a_1,...,a_{10},...,a_{100},...,a_{1.000},...,a_{1.000.000},...,a_{1.000.000.000},...)$ e tal sequência *converge* para o número $e = 2,718281827...$, representado na última linha e coluna acima, com precisão de 8 casas decimais.

A *convergência* da sequência cujo termo geral é dado por $a_n = \left(1+\dfrac{1}{n}\right)^n$ traduz o fato de existir o limite dado acima. Nesse caso, podemos dizer que $\displaystyle\lim_{n \to \infty}\left(1+\dfrac{1}{n}\right)^n = e$.

Associando à situação prática descrita no problema, podemos dizer que o montante máximo, em reais, a ser recebido após um ano é $ $e = \$ 2,718281827...$, obtido no empréstimo de $ 1,00 a uma taxa nominal de 100% ao ano, capitalizada continuamente.

Função exponencial de base e

A função exponencial na base $e = 2,718281827...$ é $y = e^x$ e tem gráfico dado ao lado. Por ser a base $e > 1$, tal função é crescente.

Também é bastante comum o uso da função exponencial $y = e^{-x}$.

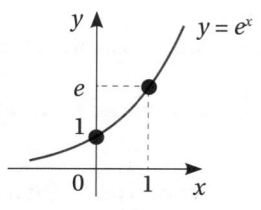

Figura 5.4 Função $y = e^x$

Nesse caso, podemos fazer $y = \left(\dfrac{1}{e}\right)^x$ ou $y = \left(\dfrac{1}{2,7182...}\right)^x$, sendo a base aproximada por $y = (0,3678...)^x$, ou seja, base $0 < \dfrac{1}{e} = 0,3678... < 1$, indicando função decrescente, como mostra o gráfico.

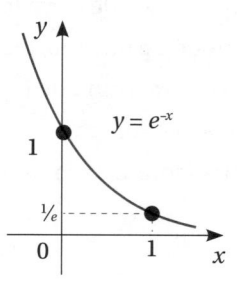

Figura 5.5 Função $y = e^{-x}$

Crescimento e decrescimento exponencial a taxas contínuas

No Exemplo 8, vimos que o número e pode ser obtido em um processo de capitalização *contínua*, que ocorre de maneira idealizada "a todo instante", "continuamente".

Nesse mesmo sentido, quando dizemos que um crescimento ou decrescimento exponencial ocorre a uma *taxa contínua*, sinalizamos que a taxa considerada é aplicada "continuamente", "a todo instante" e, nesse caso, utilizamos funções exponenciais na base e.

Uma função que **cresce** exponencialmente a uma *taxa contínua* k pode ser escrita como $y = b \cdot e^{k \cdot x}$, com $k > 0$ escrito na forma decimal.

Uma função que **decresce** (ou **decai**) exponencialmente a uma *taxa contínua* k pode ser escrita como $y = b \cdot e^{-k \cdot x}$, com $k > 0$ escrito na forma decimal.

Comparando a função escrita na forma $y = b \cdot a^x$ com a função $y = b \cdot e^{k \cdot x}$, notamos que $a = e^k$.

No Capítulo 7, com o auxílio de logaritmos, obteremos o valor de k a partir do logaritmo natural de a, ou seja, $k = \ln a$.

Exemplo 9: No decorrer dos anos, a população P de uma cidade cresce a uma taxa contínua de 1,4888%.

Sendo $P_0 = 965,6$ a população estimada inicialmente em milhares de habitantes, podemos escrever a função da população após t anos do início da contagem de tempo por $P = 965,6 \cdot e^{0,01488t}$.

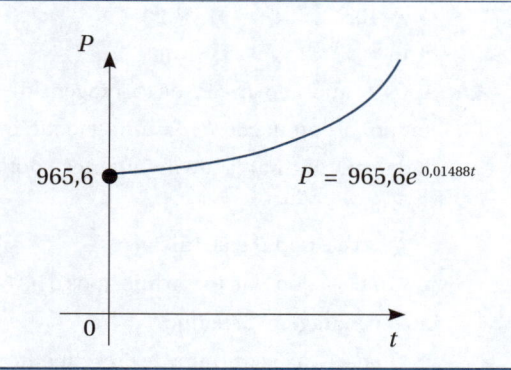

Exemplo 10: Após um vazamento de resíduos tóxicos, a quantidade Q de poluentes na água em um lago decai diariamente a uma taxa contínua de 3,046%.

Sendo $Q_0 = 60 \, mg/litro$ a quantidade inicial de poluentes no dia do vazamento, a função que dá a quantidade de poluentes após t dias do vazamento é $Q = 60 \cdot e^{-0,0346t}$.

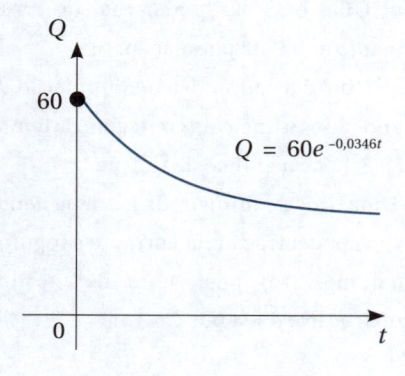

Exercícios

23. Com o auxílio de uma calculadora, para cada função a seguir, complete a tabela com os valores de y correspondentes aos valores sugeridos de x e em seguida esboce o gráfico.

x	y
–2	
–1	
0	
1	
2	

a) $y = e^x$
b) $y = e^{-x}$
c) $y = 10e^x$
d) $y = 20e^{-x}$
e) $y = 80e^{0,25x}$
f) $y = 60e^{-0,15x}$

24. Após t anos do início da contagem de tempo, a população P de uma cidade é dada, em milhares de habitantes, por $P = 280,3 \cdot e^{0,0217t}$.

a) Qual é a população inicial?

b) Qual é a população um ano após o início da contagem de tempo?

c) Qual é a taxa contínua de crescimento da população?

d) Qual é a taxa percentual de crescimento anual da população?

e) Qual é a estimativa da população dez anos após o início da contagem de tempo?

f) Esboce o gráfico da função.

25. Uma droga é ministrada a um paciente e sua concentração na corrente sanguínea (em mg/litro) após t horas de sua administração é dada por $C = 15 \cdot e^{-0,148t}$.

a) Qual é a concentração inicial no sangue do paciente?

b) Qual é a concentração uma hora após ser ministrada a droga?

c) Qual é a taxa contínua de decaimento da concentração?

d) Qual é a taxa percentual de decaimento da droga por hora?

e) Qual é a concentração da droga seis horas após ser ministrada?

f) Esboce o gráfico da função.

26. Em um gerador elétrico experimental, analisado em um laboratório, a tensão U no decorrer dos minutos de teste decai exponencialmente a uma taxa contínua de 5%. Sendo a tensão inicial 50 Volts, obtenha:

a) A tensão U como função do tempo t dado em minutos, ou seja, $U = f(t)$.

b) A tensão após 5 minutos de início do experimento.

c) O gráfico da função.

27. Uma aplicação inicial de $ 250.000,00 é corrigida no decorrer dos meses a uma taxa contínua de 1,5%. Obtenha:

a) O montante M como função do tempo t dado em meses, ou seja, $M = f(t)$.

b) O montante decorrido de um ano da aplicação inicial.

c) O gráfico da função.

5.5 Aplicações

Os conceitos relacionados às funções exponenciais têm muitas aplicações. Você deve ter notado algumas delas nos exercícios e exemplos apresentados até aqui, e a maior parte deles lidou com a função na forma $y = b \cdot a^x$. Nas aplicações a seguir, priorizaremos funções escritas na base e com crescimentos e decaimentos exponenciais a taxas contínuas. Entre as muitas aplicações nas áreas de engenharia, analisaremos: *decaimento radioativo; lei de resfriamento de Newton; curva de aprendizagem.*

Essas aplicações são muito importantes para a engenharia química, de materiais, civil, mecânica, química, de produção, entre outras.

Lembramos que as aplicações das funções exponenciais não estão apenas na engenharia. Também são muito comuns nas áreas administrativa e econômica, como você deve ter notado em alguns exercícios.

Decaimento radioativo

Situação prática: Sabemos que, em fenômenos de radioatividade, os elementos químicos radioativos, com a emissão de radiação, transformam-se em outros elementos ou decaem para um estado mais baixo de energia. Nesse processo, a quantidade de radioatividade de uma amostra diminui continuamente com o tempo. A ***meia-vida física,*** $t_{\frac{1}{2}}$, é o intervalo de tempo necessário para que a radioatividade da amostra se reduza à metade. Para uma amostra radioativa cuja massa inicial é Q_0, a quantidade de massa remanescente no decorrer do tempo t costuma ser expressa por $Q = Q_0 \cdot e^{-k\,t}$, com $k > 0$.

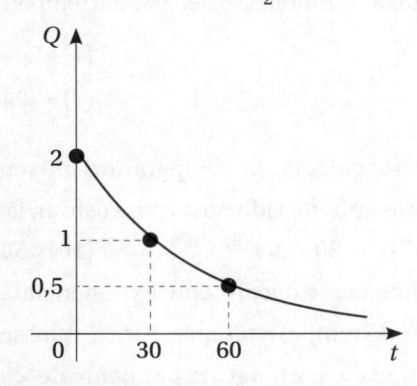

Análises: Considerando 2 gramas do elemento radioativo *césio* 137, que tem decaimento radioativo a uma taxa contínua de 2,3105%, a função que expressa sua massa no decorrer dos anos é dada por $Q = 2 \cdot e^{-0,023105t}$.

Figura 5.6 Decaimento radioativo

A meia-vida do *césio* 137 é de $t_{\frac{1}{2}} = 30$ anos, ou seja, após esse período a massa inicial é reduzida à metade, 1 grama, e serão necessários mais 30 anos para que essa massa remanescente, 1 grama, seja reduzida à metade, 0,5 grama:

$$Q = 2 \cdot e^{-0,023105 \times 30} \Rightarrow Q = 2 \cdot e^{-0,69315} \Rightarrow Q \cong 1 \text{ grama}$$

Lei de resfriamento de Newton

Situação prática: A lei de resfriamento de Newton indica que *"a taxa de variação de temperatura de um corpo é proporcional à diferença entre a temperatura do corpo e a temperatura da vizinhança (temperatura ambiente)"*.

Estudando essa lei, com o auxílio de equações diferenciais, é possível escrever a função $T(t) = T_A + (T_0 - T_A) \cdot e^{-k \cdot t}$, em que T é a temperatura do corpo no instante t a partir do instante de sua temperatura inicial T_0 e da temperatura constante T_A do ambiente, sendo $k > 0$ a taxa contínua com a qual varia a temperatura do corpo.

No gráfico ao lado, a linha pontilhada indica a temperatura ambiente T_A. Observe a curva superior se aproximando da linha, o que indica temperaturas de um corpo em resfriamento (decaimento exponencial). Note também a curva inferior se aproximando da linha, o que indica temperaturas de um corpo em aquecimento (crescimento exponencial).

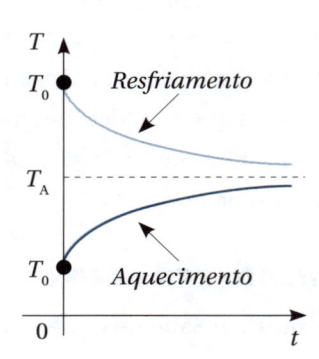

Figura 5.7 Lei de resfriamento de Newton

Análises: Considerando que um chá foi feito com água a $T_0 = 100\ {}^{\circ}C$ e posto para esfriar na temperatura ambiente constante $T_A = 20\ {}^{\circ}C$ a uma taxa contínua de 9,8083%, sua temperatura após t minutos será

$$T(t) = 20 + (100 - 20) \cdot e^{-0{,}098083 t}$$
$$T(t) = 20 + 80 e^{-0{,}098083 t}$$

Para calcular a temperatura do chá dez minutos após ter sido posto para esfriar, fazemos

$$T(10) = 20 + 80 e^{-0{,}098083 \cdot 10} \Rightarrow T(10) \cong 50\ {}^{\circ}C$$

Note nesse decaimento exponencial, com o passar do tempo, a temperatura do chá se aproximando da temperatura ambiente de $20\ {}^{\circ}C$.

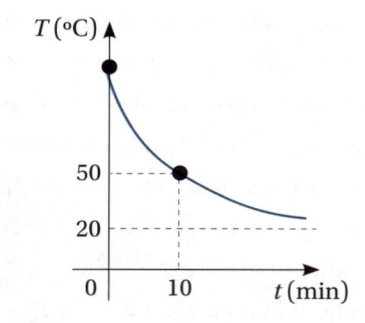

Figura 5.8 Temperatura de um chá

Curva de aprendizagem

Situação prática: Na análise da produtividade de um funcionário, é possível relacionar a quantidade P de tarefas que ele pode realizar (ou produtividade) de acordo com o tempo t (ou quantidade de treinamento) de experiência em realizar tais tarefas.

A função que descreve essa relação é

$$P(t) = B - A \cdot e^{-k \cdot t}$$

Na função, B é a quantidade máxima (ou produtividade máxima) que o funcionário pode atingir, A é a diferença entre a produtividade máxima e a produtividade inicial do funcionário e k é a taxa contínua de aprendizado do funcionário em relação à tarefa.

A Figura 5.9 traz o gráfico característico desse tipo de função, com a linha pontilhada indicando a produtividade máxima a ser alcançada com o passar do tempo (experiência do funcionário).

Análises: Em uma linha de produção, o número P de conferências por hora que um operário consegue fazer depende do número t de meses de experiência em que ele realiza tal trabalho.

Considerando uma taxa contínua de aprendizado de 10%, um limite de 300 conferências por hora e o número inicial de 100 conferências ao assumir o trabalho, temos $P = 300 - 200e^{-0,1t}$.

Após seis meses nesse serviço é esperado que o funcionário consiga fazer

$$P(6) = 300 - 200e^{-0,1 \times 6} \Rightarrow P(6) \cong 190$$

conferências/hora.

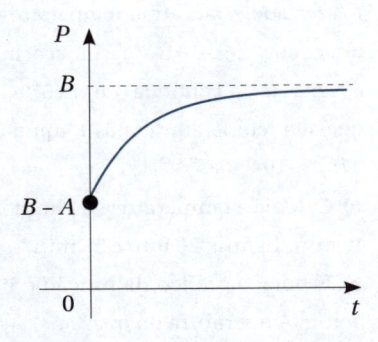

Figura 5.9 Curva de aprendizagem

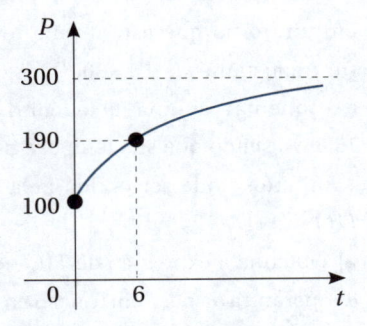

Figura 5.10 Conferências/hora no decorrer dos meses de experiência

Exercícios

28. Considerando 5 gramas do isótopo radioativo *potássio* 42, que tem decaimento radioativo a uma taxa contínua de 5,7762%, a função que expressa sua massa no decorrer das horas é dada por $Q = 5 \cdot e^{-0,057762t}$.

a) Qual a quantidade remanescente do isótopo para os instantes 6h, 12h, 18h e 24h?

b) Qual a meia-vida desse isótopo?

c) Esboce o gráfico da função.

29. Uma quantidade remanescente do isótopo radioativo *estrôncio* 90 após t anos é dada por $Q = 6,5e^{-0,024755t}$.

a) Qual é a quantidade inicial desse isótopo?

b) Qual é a taxa contínua de decaimento exponencial?

c) Qual é a quantidade remanescente do isótopo após 20 anos, 25 anos e 30 anos?

d) Estime por tentativa e erro a meia-vida desse isótopo.

e) Esboce o gráfico da função.

30. Um líquido que está a uma temperatura inicial de $T_0 = 30\,^{\circ}C$ é colocado em um *freezer* que está a uma temperatura constante de $T_A = -10\,^{\circ}C$ e começa a esfriar a uma taxa contínua de 10,57%, sendo que sua temperatura após t minutos será $T(t) = -10 + 40e^{-0,1057 \cdot t}$.

a) Calcule a temperatura do líquido após 10 min, 15 min, 20 min e 25 min.

b) Esboce o gráfico da função e indique nele a temperatura do *freezer*.

31. Uma peça de metal que está a uma temperatura inicial de $T_0 = 30\,^{\circ}C$ é colocada em um forno que está a uma temperatura constante de $T_A = 300\,^{\circ}C$ e começa a esquentar a uma taxa contínua de 15,86%, sendo que sua temperatura após t minutos pode ser obtida pela função $T(t) = T_A + (T_0 - T_A) \cdot e^{-k \cdot t}$.

a) Obtenha a expressão de $T(t)$ que dá a temperatura da peça em função do tempo.

b) Calcule a temperatura da peça após 10 min e 20 min.

c) Esboce o gráfico da temperatura da peça no decorrer do tempo e indique nele a temperatura do forno.

32. Em uma linha de produção, o número P de soldas por hora que um operário consegue fazer depende do número t de meses de experiência em que ele realiza tal trabalho. Para esse operário, considerando uma taxa contínua de aprendizado de 15%, um limite de 50 soldas por hora e o número inicial de 20 soldas realizadas, ao assumir o trabalho, temos $P = 50 - 30e^{-0,15t}$.

a) Obtenha o número aproximado de soldas esperado após seis meses e após um ano de experiência.

b) Esboce o gráfico da função.

33. A produtividade diária de um empregado ao realizar um certo número P de tarefas é dada por $P = 20 - 15e^{-0,05t}$, em que t é o número de dias de experiência realizando as tarefas.

a) Quantas tarefas diárias ele realizava ao ser contratado?

b) Qual o limite de tarefas diárias que ele poderá realizar?

c) Qual a taxa contínua de aprendizado dessas tarefas para esse empregado?

d) Quantas tarefas, aproximadamente, são esperadas que ele realize diariamente após 10 dias de experiência? E após 20 dias?

e) Esboce o gráfico da função.

Exercícios complementares

Acesse a página deste livro no site da Cengage para baixar os exercícios que complementam este capítulo e aprofunde seu conhecimento.

Palavras-chave

6 Funções especiais

Objetivos do capítulo

Neste capítulo, você estudará algumas funções especiais. Primeiro, você verá como obter funções mais elaboradas e seus gráficos a partir de operações sobre funções mais simples. Você analisará a paridade de uma função e seu significado gráfico, bem como estudará as condições necessárias para a existência e obtenção da *função inversa*. Você estudará também as *funções definidas por partes* e a *função modular* como um tipo especial dessas funções. Ao final do capítulo, esses conceitos serão explorados em aplicações práticas.

Estudo de caso

Em uma fábrica, o engenheiro responsável pela linha de produção avalia uma equipe e sabe que sua produtividade pode ser aproximada pela relação $P(t) = B - A \cdot e^{-k \cdot t}$, em que k, A e B são constantes positivas e t representa o intervalo de tempo em meses de treinamento na realização de certa tarefa. O engenheiro sabe que, se a tarefa for a produção de peças, as constantes são $B = 800$, $A = 300$ e $k = 0,2$, o que leva a $P(t) = 800 - 300 \cdot e^{-0,2t}$. O engenheiro está interessado em analisar detalhadamente tal função esbo-çando seu gráfico a partir do gráfico da função mais simples $f(t) = e^{-t}$ que ele conhece. Para tanto, pretende responder às seguintes questões: ***Qual é a sequência de transformações gráficas ocorridas em $f(t) = e^{-t}$ ao serem esboçados os gráficos de $g(t) = e^{-0,2t}$, $h(t) = -300e^{-0,2t}$ e $P(t) = 800 - 300 \cdot e^{-0,2t}$? Qual é o significado gráfico e prático se ocorrer mudança do parâmetro para $B = 1000$? Qual é o significado gráfico e prático se ocorrer mudança do parâmetro para $k = 0,5$?***

Firma/Shutterstock

Essas questões poderão ser respondidas com o auxílio dos tópicos a serem estudados neste capítulo!

6.1 Operações com funções e transformações gráficas

Dada uma função, podemos realizar operações que a alteram e, consequentemente, alteram seu gráfico. Assim obtemos uma nova função com um novo gráfico a partir de uma função antiga.

Essas operações e mudanças gráficas podem ser muito úteis no trabalho com funções e na interpretação do comportamento da função e do fenômeno envolvido.

Veremos a seguir as principais operações e respectivas mudanças gráficas de uma função.

Deslocamentos verticais

Considerando uma função f e uma constante $c > 0$:

➤ O gráfico de $y = f(x) + c$ é obtido deslocando o gráfico de $y = f(x)$ c unidades para **cima**.

➤ O gráfico de $y = f(x) - c$ é obtido deslocando o gráfico de $y = f(x)$ c unidades para **baixo**.

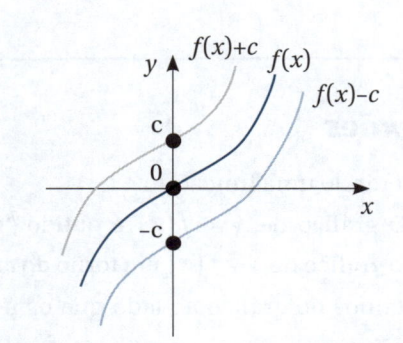

Figura 6.1 Deslocamentos verticais

Exemplo 1: Dada a função exponencial $f(x)=2^x$, as funções exponenciais $g(x)=2^x+1$ e $h(x)=2^x-3$ têm seus gráficos obtidos, respectivamente, deslocando-se de f 1 unidade para **cima** e 3 unidades para **baixo**.

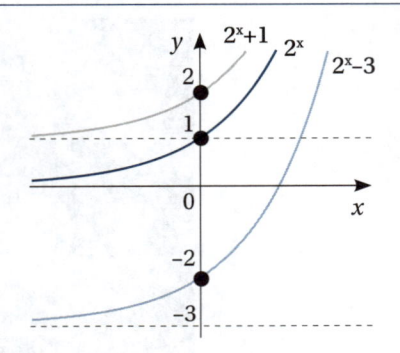

Deslocamentos horizontais

Considerando uma função f e uma constante $c>0$:

➤ O gráfico de $y=f(x+c)$ é obtido deslocando o gráfico de $y=f(x)$ c unidades para a **esquerda**.

➤ O gráfico de $y=f(x-c)$ é obtido deslocando o gráfico de $y=f(x)$ c unidades para a **direita**.

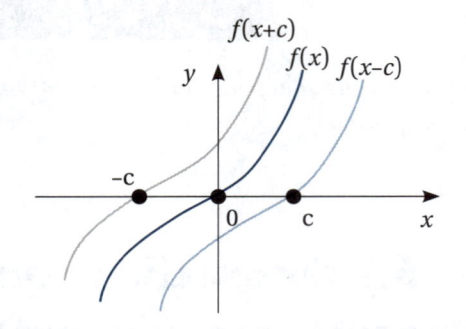

Figura 6.2 Deslocamentos horizontais

Exemplo 2: Dada a função quadrática $f(x)=x^2$, as funções quadráticas $g(x)=(x-1)^2=x^2-2x+1$ e $h(x)=(x+3)^2=x^2+6x+9$ têm seus gráficos obtidos, respectivamente, deslocando-se o gráfico de f 1 unidade para a **direita** e 3 unidades para a **esquerda**.

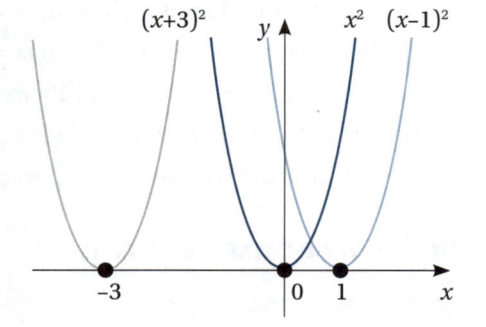

Reflexões

Considerando uma função f:

➤ O gráfico de $y=-f(x)$ é obtido "**refletindo**" o gráfico de $y=f(x)$ em torno do **eixo x**.

Notamos no gráfico ao lado que os pontos de $-f$ são simétricos aos pontos de f em relação ao eixo x.

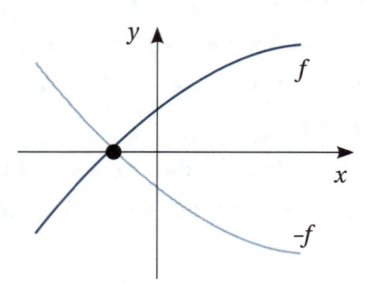

Figura 6.3 Reflexão em torno do eixo x

Exemplo 3: Dada a função exponencial $f(x) = 2^x$, a função exponencial $g(x) = -2^x$ tem seu gráfico obtido pela "reflexão" do gráfico de f em relação ao eixo x.

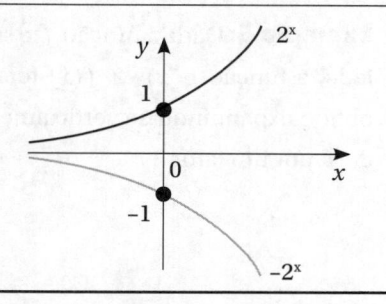

Considerando uma função f:

➤ O gráfico de $y = f(-x)$ é obtido **"refletindo"** o gráfico de $y = f(x)$ em torno do ***eixo y***.

Notamos no gráfico ao lado que os pontos de $y = f(-x)$ são simétricos aos pontos de f em relação ao eixo y.

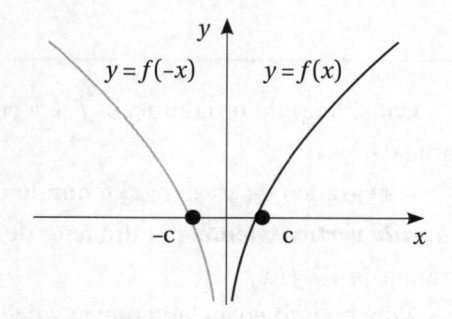

Figura 6.4 Reflexão em torno do eixo y

Exemplo 4: Dada a função exponencial $f(x) = 2^x$, a função exponencial $g(x) = f(-x) = 2^{-x}$ tem seu gráfico obtido pela "reflexão" do gráfico de f em relação ao eixo y.

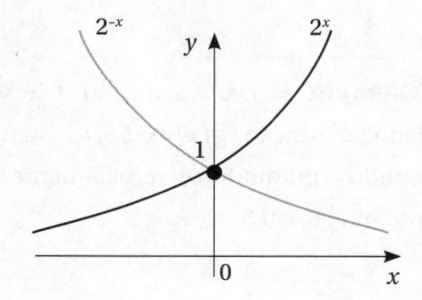

Expansões e contrações verticais

Considerando uma função f e a constante $c > 1$:

➤ O gráfico de $y = c \cdot f(x)$ é obtido ***expandindo verticalmente***, por um fator de c, o gráfico de $y = f(x)$.

Note no gráfico ao lado que as raízes de $y = c \cdot f(x)$ são as mesmas de $y = f(x)$.

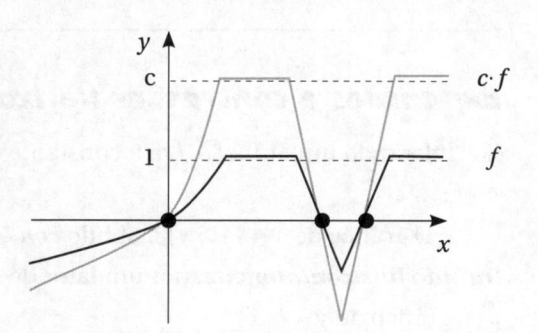

Figura 6.5 Expansão vertical

Exemplo 5: Dada a função f e seu gráfico ao lado, a função $g(x) = 2 \cdot f(x)$ tem seu gráfico obtido expandindo-se verticalmente o gráfico de f por um fator 2.

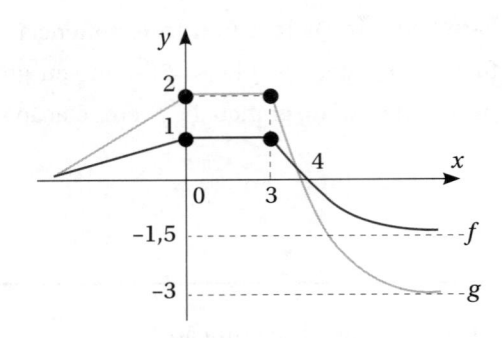

Considerando uma função f e a constante $0 < c < 1$:

➤ O gráfico de $y = c \cdot f(x)$ é obtido **contraindo verticalmente**, por um fator de c, o gráfico de $y = f(x)$.

Note no gráfico ao lado que as raízes de $y = c \cdot f(x)$ são as mesmas de $y = f(x)$.

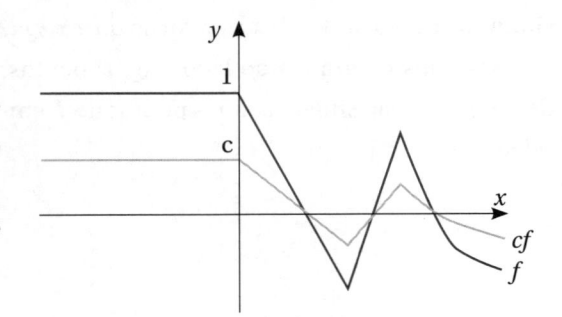

Figura 6.6 Contração vertical

Exemplo 6: Dada a função f e seu gráfico ao lado, a função $g(x) = 0,5 \cdot f(x)$ tem seu gráfico obtido contraindo-se verticalmente o gráfico de f por um fator 0,5.

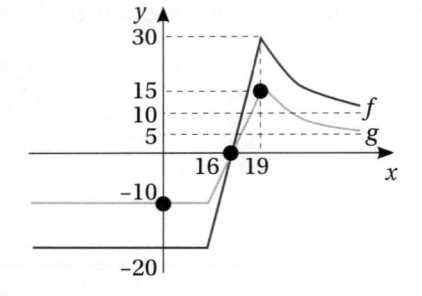

Expansões e contrações horizontais

Considerando uma função f e a constante $c > 1$:

➤ O gráfico de $y = f(c \cdot x)$ é obtido **contraindo horizontalmente**, por um fator de c, o gráfico de $y = f(x)$.

Note no gráfico ao lado que os valores de máximo ou mínimo de $y = c \cdot f(x)$ são os mesmos de $y = f(x)$.

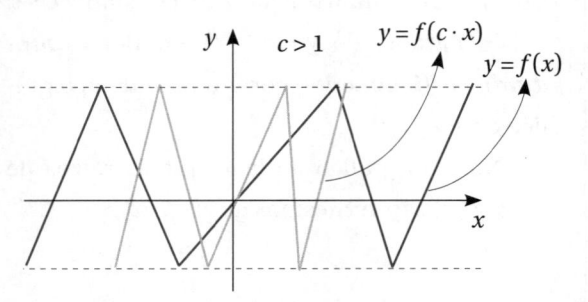

Figura 6.7 Contração horizontal

Exemplo 7: Dada a função f e seu gráfico ao lado, a função $g(x) = f(2x)$ tem seu gráfico obtido contraindo-se horizontalmente o gráfico de f por um fator 2.

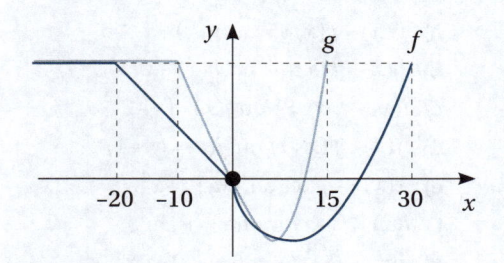

Considerando uma função f e a constante $0 < c < 1$:

➤ O gráfico de $y = f(c \cdot x)$ é obtido **expandindo horizontalmente**, por um fator de c, o gráfico de $y = f(x)$.

Note no gráfico ao lado que os valores de máximo ou mínimo de $g(x) = f(c \cdot x)$ *são os mesmos de* $y = f(x)$.

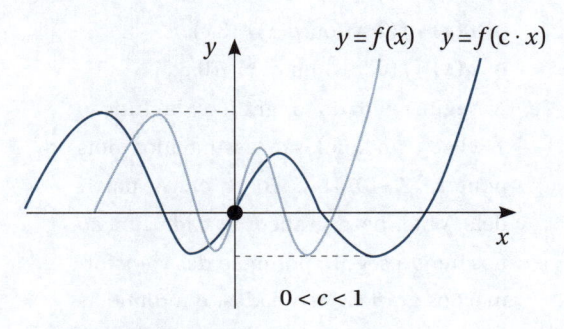

Figura 6.8 Expansão horizontal

Exemplo 8: Dada a função f e seu gráfico ao lado, a função $g(x) = f(0,5x)$ tem seu gráfico obtido expandindo-se horizontalmente o gráfico de f por um fator 0,5.

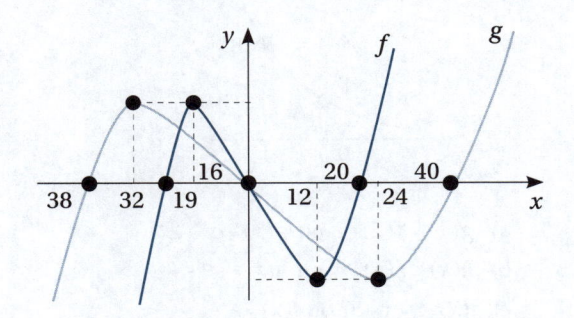

Exercícios

1. Ao lado é dado o gráfico da função $f(x) = x^2$ no qual são assinalados dois pontos, $A = (0, 0)$ e $B = (1, 1)$. A partir dele, obtenha o gráfico de cada função nos itens a seguir, por meio das transformações gráficas estudadas, e indique as novas posições dos pontos A e B.

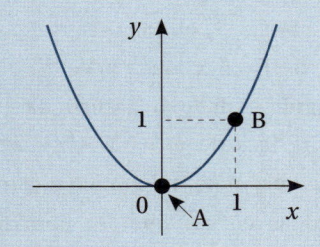

a) $g(x) = f(x) + 5$ ou $g(x) = x^2 + 5$

b) $h(x) = f(x) - 4$ ou $h(x) = x^2 - 4$

c) $i(x) = f(x-3)$ ou $i(x) = (x-3)^2$

d) $j(x) = f(x+1)$ ou $j(x) = (x+1)^2$

e) $k(x) = -f(x)$ ou $k(x) = -x^2$

f) $l(x) = f(-x)$ ou $l(x) = (-x)^2$

g) $m(x) = 5 \cdot f(x)$ ou $m(x) = 5x^2$

h) $n(x) = 0,4 \cdot f(x)$ ou $n(x) = 0,4x^2$

i) $p(x) = f(3 \cdot x)$ ou $p(x) = (3x)^2$

j) $q(x) = f(0,5 \cdot x)$ ou $q(x) = (0,5x)^2$

2. A seguir é dado o gráfico da função $f(x) = e^x$ no qual são assinalados dois pontos, $A = (0, 1)$ e $B = (1, e)$. A partir dele, obtenha o gráfico de cada função nos itens a seguir, por meio das transformações gráficas estudadas, e indique as novas posições dos pontos A e B.

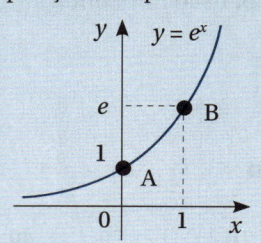

a) $g(x) = f(x) + 2$ ou $g(x) = e^x + 2$

b) $h(x) = f(x) - 4$ ou $h(x) = e^x - 4$

c) $i(x) = f(x-3)$ ou $i(x) = e^{x-3}$

d) $j(x) = f(x+1)$ ou $j(x) = e^{x+1}$

e) $k(x) = -f(x)$ ou $k(x) = -e^x$

f) $l(x) = f(-x)$ ou $l(x) = e^{-x}$

g) $m(x) = 10 \cdot f(x)$ ou $m(x) = 10e^x$

h) $n(x) = 0,5 \cdot f(x)$ ou $n(x) = 0,5e^x$

i) $p(x) = f(5 \cdot x)$ ou $p(x) = e^{5x}$

j) $q(x) = f(0,5 \cdot x)$ ou $q(x) = e^{0,5x}$

3. A seguir é dado o gráfico da função $f(x) = \dfrac{1}{x}$ cujo domínio é $D = \{x \in \mathbb{R} \mid x \neq 0\}$. Como você nota, tal gráfico é composto por duas curvas que "se aproximam" assintoticamente dos eixos coordenados.

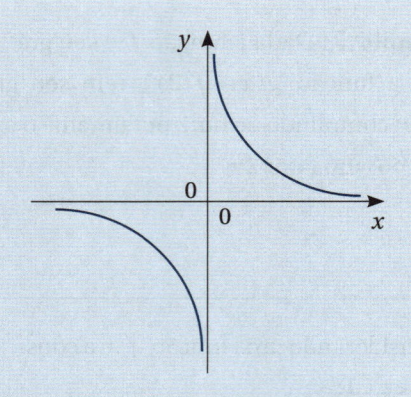

A partir desse esboço, obtenha o gráfico de cada função nos itens a seguir, indicando as retas das quais as curvas "se aproximam":

a) $g(x) = f(x) + 10$ ou $g(x) = \dfrac{1}{x} + 10$

b) $h(x) = f(x) - 5$ ou $h(x) = \dfrac{1}{x} - 5$

c) $i(x) = f(x-4)$ ou $i(x) = \dfrac{1}{x-4}$

d) $j(x) = f(x+2)$ ou $j(x) = \dfrac{1}{x+2}$

e) $k(x) = -f(x)$ ou $k(x) = -\dfrac{1}{x}$

f) $l(x) = f(x+3) - 7$ ou $l(x) = \dfrac{1}{x+3} - 7$

g) $m(x) = f(x-8) + 6$ ou $m(x) = \dfrac{1}{x-8} + 6$

4. A seguir é dado o gráfico da função $f(x) = 2^x$ no qual são assinalados dois pontos, $A = (0, 1)$ e $B = (1, 2)$. A partir dele, obtenha o gráfico de cada função nos itens a seguir, por meio das transformações gráficas estudadas, e indique as novas posições dos pontos A e B.

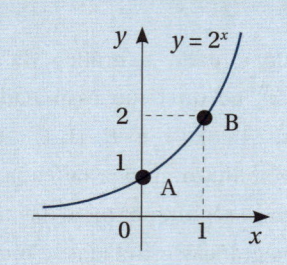

a) $g(x) = f(x) + 5$ ou $g(x) = 2^x + 5$

b) $h(x) = f(x-3)$ ou $h(x) = 2^{x-3}$

c) $i(x) = f(x-3) + 5$ ou $i(x) = 2^{x-3} + 5$

d) $j(x) = -f(x)$ ou $j(x) = -2^x$

e) $k(x) = 10 - f(x)$ ou $k(x) = 10 - 2^x$

f) $l(x) = f(-x)$ ou $l(x) = 2^{-x}$

g) $m(x) = -f(-x)$ ou $m(x) = -2^{-x}$

h) $n(x) = 20 - f(-x)$ ou $n(x) = 20 - 2^{-x}$

6.2 Funções pares, ímpares e periódicas

A seguir estudaremos três classificações especiais para as funções: *função par, função ímpar* e *função periódica*.

Função par

A função f é chamada *função par* se para todo elemento x de seu domínio $f(-x) = f(x)$.

O gráfico de uma função par é simétrico em relação ao eixo y.

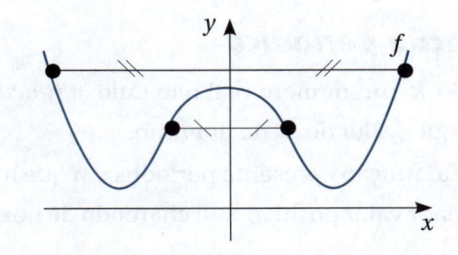

Figura 6.9 Função par

Exemplo 9: A função $f(x) = x^2$ é uma *função par*, pois $f(-x) = (-x)^2 = x^2 = f(x)$ para qualquer elemento de seu domínio. Note ao lado que seu gráfico é simétrico em relação ao eixo y.

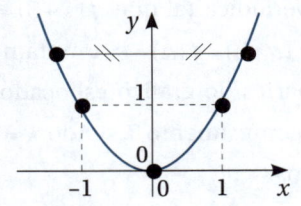

Função ímpar

A função f é chamada *função ímpar* se para todo elemento x de seu domínio $f(-x) = -f(x)$.

O gráfico de uma função ímpar é simétrico em relação à origem do sistema de coordenadas.

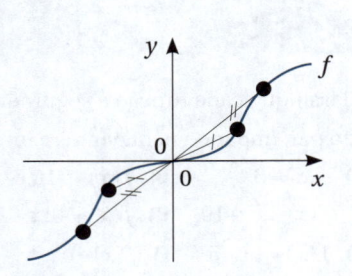

Figura 6.10 Função ímpar

Exemplo 10: A função $f(x)=x^3$ é uma *função ímpar*, pois $f(-x)=(-x)^3=-x^3=-f(x)$ para qualquer elemento de seu domínio. Note ao lado que seu gráfico é simétrico em relação à origem do sistema de coordenadas.

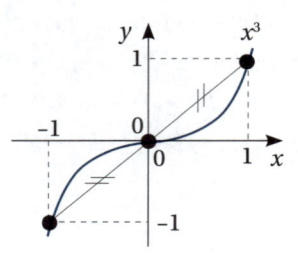

Exemplo 11: A função $f(x)=2x+3$ **não é par nem ímpar**, pois $f(-x)=2(-x)+3=-2x+3$ e $f(-x)=-2x+3 \neq f(x)$ (não é par) e $f(-x)=-2x+3 \neq -f(x)$ (não é ímpar).

Função periódica

Sendo k um número real não nulo, a *função periódica* é aquela em que $f(x+k)=f(x)$ para qualquer valor de x do domínio.

Tal função apresenta períodos em que há a "repetição" dos valores obtidos para a função. O menor valor positivo k é chamado de **período** da função.

Exemplo 12: Ao lado está o gráfico de uma função periódica tal que $f(x+3)=f(x)$. Indicamos $f(a+3)=f(a)=b$ e notamos a repetição de partes do gráfico esboçado para intervalos de comprimento 3, sendo $k=3$ o período da função.

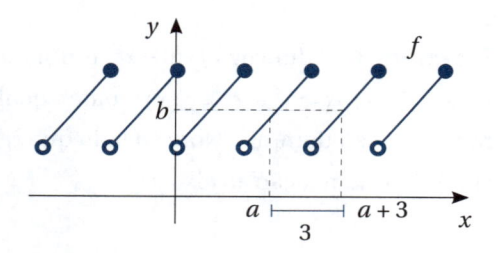

Exercícios

5. Classifique cada função a seguir em função par, ímpar ou nem par nem ímpar:

a) $f(x)=3x^2$
b) $f(x)=-10x$
c) $f(x)=x^2+10$
d) $f(x)=-2x^3$
e) $f(x)=4x-5$
f) $f(x)=e^x$
g) $f(x)=5 \cdot 2^x$
h) $f(x)=\dfrac{3}{x}$

6. Esboce o gráfico de cada função a seguir e, analisando as possíveis simetrias das curvas, decida se a função é par, ímpar ou nem par nem ímpar.

a) $f(x)=x^2+4$
b) $f(x)=x^2+x$
c) $f(x)=x^3$
d) $f(x)=5x$
e) $f(x)=x+2$
f) $f(x)=3^x$

7. A seguir temos o gráfico da função $y = \text{sen } x$ no intervalo $-2\pi \leq x \leq 2\pi$.

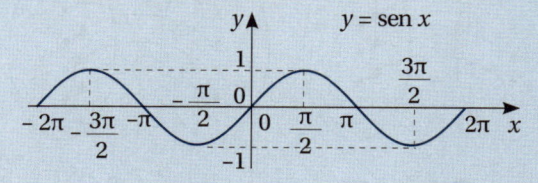

a) Classifique a função em função par, ímpar ou nem par nem ímpar.

b) Qual é o período da função?

8. A seguir temos o gráfico da função $y = \cos x$ no intervalo $-2\pi \leq x \leq 2\pi$.

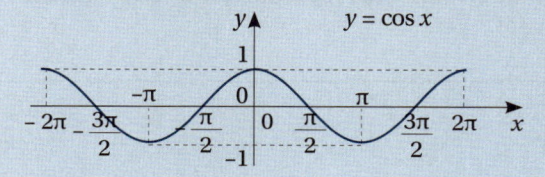

a) Classifique a função em função par, ímpar ou nem par nem ímpar.

b) Qual é o período da função?

9. A seguir temos o gráfico da função $y = \text{tg } x$ no intervalo $-2\pi \leq x \leq 2\pi$.

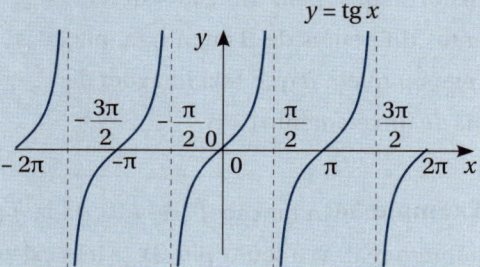

a) Classifique a função em função par, ímpar ou nem par nem ímpar.

b) Qual é o período da função?

6.3 Função inversa

A seguir estudaremos os conceitos de função sobrejetora, injetora e bijetora e, a partir da função bijetora, definiremos a função inversa.

Veremos também o procedimento para obter a função inversa e a interpretação do gráfico da inversa em comparação à função original.

Função sobrejetora

Uma função $f : A \to B$ é *sobrejetora* se, e somente se, para todo $y \in B$ é possível encontrar $x \in A$, tal que $f(x) = y$. Ou, ainda, f é *sobrejetora* quando todo elemento de B é imagem de pelo menos um elemento de A, ou seja, $Im(f) = B$.

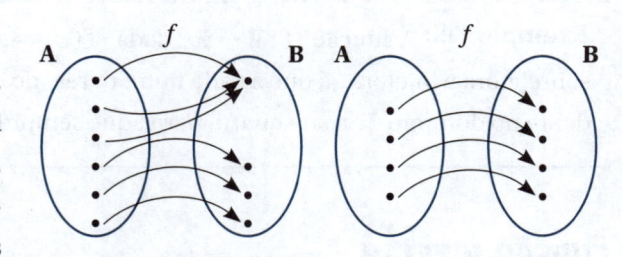

Figura 6.11 Funções sobrejetoras f

Exemplo 13: A função $f : \mathbb{R} \to \mathbb{R}$, dada $f(x) = x+1$, é *sobrejetora*, pois todo elemento do contradomínio, $\mathbb{R}$, é imagem de um elemento do domínio, $\mathbb{R}$. Para tanto, basta fazer $x = f(x) - 1$.

Função injetora

Uma função $f : A \to B$ é *injetora* se, e somente se, para quaisquer x_1 e x_2, com $x_1 \neq x_2$ em A, temos $f(x_1) \neq f(x_2)$; isto é, elementos diferentes de A são transformados pela função em elementos diferentes de B ou, ainda, não há elemento em B que seja imagem de mais de um elemento de A.

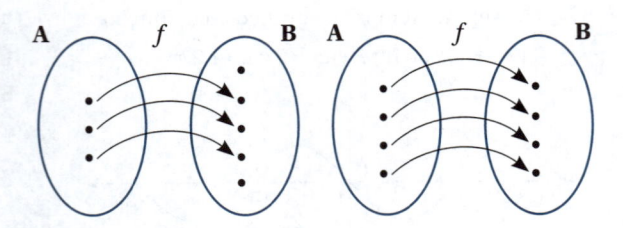

Figura 6.12 Funções injetoras f

Exemplo 14: A função $f : \mathbb{R} \to \mathbb{R}$, dada $f(x) = 3x$, é *injetora*, pois faz corresponder a cada número real x o seu triplo $3x$ e não existem dois números reais diferentes que tenham o mesmo triplo.

Função bijetora

Uma função $f : A \to B$ é *bijetora* se, e somente se, f é sobrejetora e é injetora.

Quando existe uma função bijetora de A em B dizemos que há uma bijeção ou uma correspondência biunívoca de A em B.

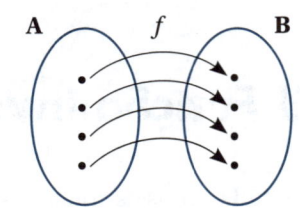

Figura 6.13 Função bijetora f

Exemplo 15: A função $f : \mathbb{R} \to \mathbb{R}$, dada $f(x) = 4x$, é *bijetora*, pois é simultaneamente sobrejetora e injetora, já que a cada número real do contradomínio $\mathbb{R}$ há como correspondente no domínio $\mathbb{R}$ a sua quarta parte, que sempre existe e é única.

Função inversa

Dada uma função $f : A \to B$, bijetora, denomina-se *função* **inversa** de f, indicada por f^{-1}, a função $f^{-1} : B \to A$, tal que, se $f(x) = y$, então $f^{-1}(y) = x$, com $x \in A$ e $y \in B$.

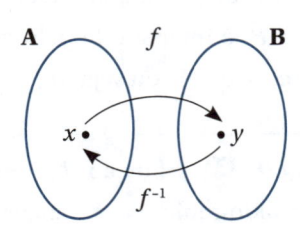

Figura 6.14 Função f e sua inversa f^{-1}

Exemplo 16: Dada a função $f : \mathbb{R} \to \mathbb{R}$, tal que $f(x) = 2x$, que é *bijetora*, sua função inversa $f^{-1} : \mathbb{R} \to \mathbb{R}$ é $f^{-1}(y) = \dfrac{y}{2}$, pois, fazendo $f(x) = y = 2x$, temos $f^{-1}(y) = \dfrac{y}{2} = \dfrac{2x}{2} = x$. Note que, ao aplicarmos a função f sobre um número, obtemos o "dobro" desse número e, ao aplicarmos a função inversa f^{-1} sobre um número, obtemos, de modo "inverso", a "metade" desse número.

Vale notar que, a partir da função inversa $f^{-1}(y) = \dfrac{y}{2}$, obtida no exemplo anterior, é comum reescrevê-la de modo diferente, trocando-se as variáveis envolvidas x e y, ou seja, $f^{-1}(y) = \dfrac{y}{2}$ é reescrita como $f^{-1}(x) = \dfrac{x}{2}$.

Uma vez reescrita a inversa f^{-1}, trocando-se as variáveis envolvidas, os gráficos de f e de f^{-1} são simétricos em relação à reta que representa a função $y = x$. Tal reta também é conhecida como bissetriz dos quadrantes ímpares.

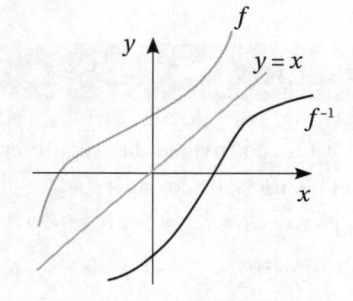

Figura 6.15 Simetria de f e de f^{-1} em relação à reta $y = x$.

Nem toda função possui inversa. Só existem funções inversas de funções bijetoras.

Graficamente, dada uma curva que representa uma função f, existirá a inversa f^{-1} se, ao traçarmos retas horizontais, cada reta horizontal cruzar a curva de f em um único ponto. Caso a reta horizontal cruze a curva de f em mais de um ponto, então não existe a inversa de f.

Dada uma função f tal que $y = f(x)$ para obtermos a inversa f^{-1}, caso exista, devemos "isolar" a variável x e escrevê-la em função de y, ou seja, devemos escrever $x = f^{-1}(y)$.

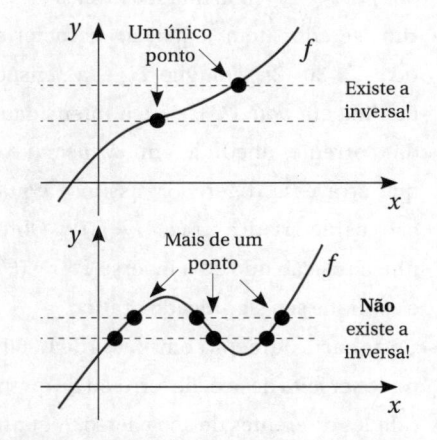

Figura 6.16 Critério gráfico da existência da inversa de f.

Exemplo 17: A velocidade de um móvel no decorrer do tempo em um movimento com aceleração constante é dada por $V = 10t + 20$, ou seja, temos $V = f(t)$. Obtenha a inversa $t = f^{-1}(V)$.

Solução: Vamos "isolar" t em V:

$$V = 10t + 20 \implies 10t = V - 20 \implies t = \frac{V - 20}{10} \implies t = \frac{V}{10} - \frac{20}{10} \implies t = 0{,}1V - 2$$

$t = 0{,}1V - 2$

Assim, a inversa $t = f^{-1}(V)$ é dada por $t = 0{,}1V - 2$. Se, na função original, para cada tempo obtemos uma velocidade, na função inversa, para cada velocidade obtemos um tempo.

Exercícios

10. Dê a função inversa das seguintes funções bijetoras, de $\mathbb{R}$ em $\mathbb{R}$:

a) $y = 5x$

b) $y = 5x - 20$

c) $y = \dfrac{x}{2} + 10$

d) $y = x^3$

e) $y = 2x^3 + 10$

f) $y = \sqrt[3]{x + 7}$

11. Dada a função $f : \mathbb{R} - \{5\} \to \mathbb{R} - \{1\}$ definida por $f(x) = \dfrac{x}{x - 5}$, obtenha sua inversa f^{-1}.

12. Um gerador tem equação característica $U = 30 - 2i$, em que U é a tensão, medida em *volt* (V), e i é a intensidade da corrente, medida em *ampère* (A), que atravessa o gerador; assim a equação característica traz $U = f(i)$. Obtenha a relação que dá a inversa $i = f^{-1}(U)$ e explique seu significado prático.

13. Certa barra de metal com massa de 1.000 g pode ser feita de aço, de ferro ou de quantidades diferentes de aço e ferro. A quantidade F de ferro depende da quantidade a de aço na barra, ou seja, $F = f(a)$, e tal dependência é dada por $F = 1.000 - 10a$. Obtenha a relação que representa a inversa $a = f^{-1}(F)$ e explique seu significado prático.

14. Dos gráficos a seguir, assinale os que representam funções que possuem inversa.

a)

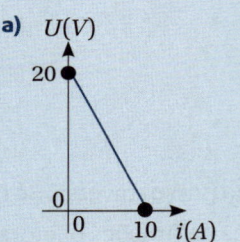

b)

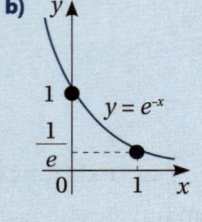

c)

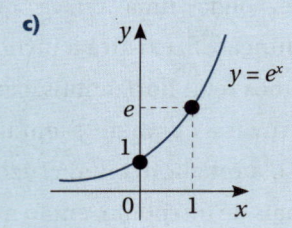

d)

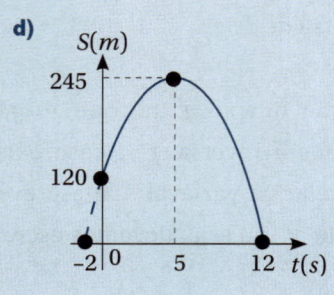

15. Esboce o gráfico da função $f(x) = x^2$, sendo $f : \mathbb{R} \to \{x \in \mathbb{R} | x \geq 0\}$, e em seguida obtenha, se existir, a inversa f^{-1}.

16. Esboce o gráfico da função $f(x) = x^2$, sendo $f : \{x \in \mathbb{R} | x \geq 0\} \to \{x \in \mathbb{R} | x \geq 0\}$, e em seguida obtenha, se existir, a inversa f^{-1}.

▼ 6.4 Função definida por partes

Função definida por partes

As *funções definidas por partes* têm sua expressão algébrica composta por diferentes partes. Cada parte determina o comportamento da função, em diferentes intervalos do domínio, e assim diferentes curvas no esboço do gráfico.

Exemplo 18: Considere a função definida por duas partes

$$f(x) = \begin{cases} x, & \text{se } x \leq 0 \\ \dfrac{1}{x}, & \text{se } x > 0 \end{cases}$$

cujo gráfico é traçado ao lado para os diferentes valores do domínio.

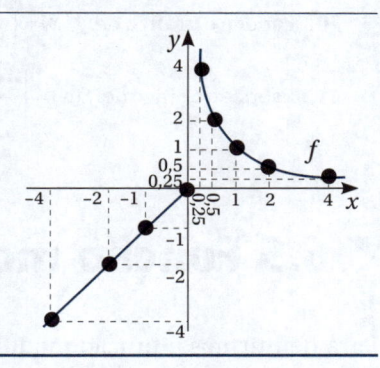

Exemplo 19: Considere a função definida por três partes

$$f(x) = \begin{cases} -x, & \text{se } x < 0 \\ x^2, & \text{se } 0 \leq x < 2 \\ 4, & \text{se } x \geq 2 \end{cases}$$

cujo gráfico ao lado é traçado para os diferentes valores do domínio.

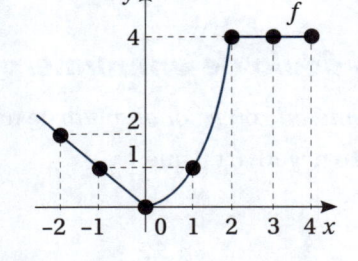

Exemplo 20: Outro exemplo de função definida por partes é $f : \mathbb{R} \to \mathbb{R}$ com

$$f(x) = \begin{cases} 0, \textit{ para } x \textit{ racional} \\ 1, \textit{ para } x \textit{ irracional} \end{cases}$$

Exercícios

17. Dada $f(x) = \begin{cases} 2x, & \text{se } x \le 0 \\ \dfrac{10}{x}, & \text{se } x > 0 \end{cases}$ obtenha:

a) $f(2)$ **b)** $f(-1)$ **c)** $f(0)$ **d)** $f(5)$

18. Dada $f(x) = \begin{cases} -2x, & \text{se } x < 0 \\ 2x^2, & \text{se } 0 \le x < 3 \\ 18, & \text{se } x \ge 3 \end{cases}$ obtenha:

a) $f(2)$ **b)** $f(-1)$

c) $f(0)$ **d)** $f(5)$

e) $f(3)$ **f)** O gráfico de $f(x)$

19. Esboce o gráfico de $f(x) = \begin{cases} 5, & \text{se } x \le 2 \\ -5, & \text{se } x > 2 \end{cases}$

20. Esboce o gráfico de $f(x) = \begin{cases} -x, & \text{se } x \le 0 \\ x, & \text{se } x > 0 \end{cases}$

21. Esboce o gráfico de $f(x) = \begin{cases} -x+3, & \text{se } x \le 3 \\ x-3, & \text{se } x > 3 \end{cases}$

22. Esboce o gráfico de $f(x) = \begin{cases} -x+5, & \text{se } x \le 2 \\ x+1, & \text{se } x > 2 \end{cases}$

23. Esboce o gráfico de

$$f(x) = \begin{cases} -x-2, & \text{se } x < -2 \\ -x^2+4, & \text{se } -2 \le x < 2 \\ x-2, & \text{se } x \ge 2 \end{cases}$$

24. Esboce o gráfico de

$$f(x) = \begin{cases} 9, & \text{se } x < -3 \\ x^2, & \text{se } -3 \le x < 0 \\ 2x, & \text{se } 0 \le x < 2 \\ 2^x, & \text{se } x \ge 2 \end{cases}$$

25. Dada $f(x) = \begin{cases} -x-2, & \text{se } x < -2 \\ -x^2+4, & \text{se } -2 \le x < 2 \\ x-2, & \text{se } x \ge 2 \end{cases}$

obtenha x tal que:

a) $f(x) = 4$ **b)** $f(x) = 3$ **c)** $f(x) = 0$

6.5 Função modular

Para definirmos a função modular, veremos primeiro a definição, significado geométrico e propriedades básicas do módulo. Veremos que a função modular é uma função definida por partes e podemos esboçar o gráfico das funções modulares por meio de operações com a função modular e suas respectivas transformações gráficas.

Módulo de um número real

O *módulo* ou *valor absoluto* de um número real x é representado por $|x|$ e é um número real não negativo tal que:

$$|x| = \begin{cases} x, & \text{se } x \ge 0 \\ -x, & \text{se } x < 0 \end{cases}$$

Exemplo 21:

a) $|3| = 3$, pois $3 \ge 0$ **b)** $|0| = 0$, pois $0 \ge 0$ **c)** $|-2| = -(-2) = 2$, pois $-2 < 0$

O módulo de um número real x pode ser interpretado, geometricamente, como a distância, na reta real, entre x e a origem 0.

Exemplo 22: $|-2| = 2$ indica que -2 está a uma distância de 2 unidades da origem 0, e $|3| = 3$ indica que 3 está a uma distância de 3 unidades da origem 0 na reta numérica.

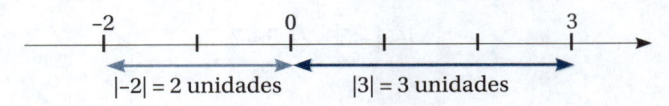

Propriedades do módulo

➤ **Propriedade 1:** Para todo x real, temos $|x| = |-x|$.

Exemplo 23: $|3| = |-3|$, dado que $|3| = 3$ e $|-3| = 3$.

➤ **Propriedade 2:** Para todo x real, temos $|x^2| = |x|^2 = x^2$.

Exemplo 24:

a) Sendo $x = 2$, temos $|2^2| = |4| = 4$; $|2|^2 = 2^2 = 4$; e $2^2 = 4$ e, portanto, $|2^2| = |2|^2 = 2^2$.

b) Sendo $x = 0$, temos $|0^2| = |0| = 0$; $|0|^2 = 0^2 = 0$; e $0^2 = 0$ e, portanto, $|0^2| = |0|^2 = 0^2$.

c) Sendo $x = -3$, temos $|(-3)^2| = |9| = 9$; $|-3|^2 = 3^2 = 9$; e $(-3)^2 = 9$ e, portanto, $|(-3)^2| = |-3|^2 = (-3)^2$.

Vale observar que, para todo x real, temos $\sqrt{x^2} = |x|$.

➤ **Propriedade 3:** Para todo x e y reais, $|x \cdot y| = |x| \cdot |y|$.

➤ **Propriedade 4:** Para todo x e y reais, $|x + y| \le |x| + |y|$.

Exemplo 25: Vamos analisar a expressão $|x + y| \le |x| + |y|$.

a) Sendo $x = -2$ e $y = -5$, temos:

$$|(-2) + (-5)| = |-7| = 7$$

e

$$|-2| + |-5| = 2 + 5 = 7$$

Nesse caso,

$$|(-2) + (-5)| = |-2| + |-5|$$

b) Sendo $x = -2$ e $y = 5$, temos:

$$\left|(-2)+5\right| = \left|3\right| = 3$$

e

Nesse caso,

$$\left|-2\right| + \left|5\right| = 2 + 5 = 7$$

$$\left|(-2)+5\right| < \left|-2\right| + \left|5\right|$$

Decorrem de algumas dessas propriedades as seguintes conclusões:

- Se $|x| = 0$, então $x = 0$.
- Se $|x| = a$, com $a > 0$, então $x = a$ ou $x = -a$.
- Não existe x real tal que $|x| = a$, com $a < 0$.

Exemplo 26:

a) Se $|x| = 3$, então $x = 3$ ou $x = -3$, já que $|3| = 3$ e $|-3| = 3$.

b) Não existe x real tal que $|x| = -7$, pois o módulo de um número real nunca é um número negativo.

Função modular

A função $f : \mathbb{R} \to \mathbb{R}$ dada por $f(x) = |x|$ é chamada *função modular*, que também pode ser escrita como uma função definida por partes:

$$f(x) = \begin{cases} x, & \text{se } x \geq 0 \\ -x, & \text{se } x < 0 \end{cases}$$

O gráfico de $f(x) = |x|$ pode ser esboçado a partir das duas retas que representam as funções $f(x) = -x$, para $x < 0$, e $f(x) = x$, para $x \geq 0$, conforme a figura ao lado.

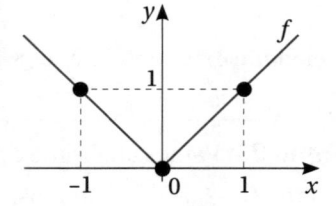

Figura 6.17 Função modular $f(x) = |x|$

Uma das maneiras de esboçarmos o gráfico de funções compostas que envolvem o módulo é partir de uma função simples e analisar as transformações gráficas resultantes das operações realizadas sobre a função simples.

Exemplo 27: Para esboçarmos o gráfico da função $f(x) = 2|x-3|+1$, podemos partir da função $g(x) = |x|$, mais simples, e realizar as seguintes operações com suas respectivas transformações gráficas:

- $g(x-3) = |x-3|$ desloca o gráfico de $g(x) = |x|$ 3 unidades para a direita ;
- $2 \cdot g(x-3) = 2 \cdot |x-3|$ expande verticalmente o gráfico de $g(x-3) = |x-3|$ por um fator 2; e
- $2 \cdot g(x-3)+1 = 2 \cdot |x-3|+1$ desloca o gráfico de $2 \cdot g(x-3) = 2 \cdot |x-3|$ 1 unidade para cima.

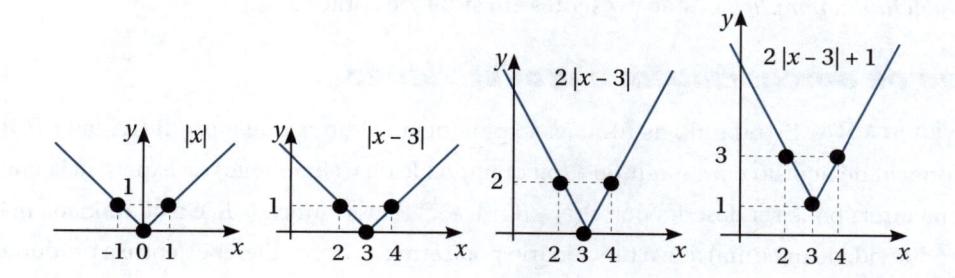

Exercícios

26. Resolva as equações em $\mathbb{R}$:

   a) $|x| = 7$

   b) $|x| = -1$

   c) $|x-2| = 10$

   d) $|2x+5| = 17$

   e) $2|x+1|+5 = 15$

   f) $|x|+3x = 20$

27. Para a função $f(x) = |x|$, analisando sua definição e seu gráfico, responda:

   a) Para quais valores de x a função é crescente?

   b) Para quais valores de x a função é decrescente?

   c) A função é par ou ímpar?

   d) A função possui inversa?

28. Esboce o gráfico de cada função a seguir por meio de transformações gráficas obtidas com operações sobre a função $f(x) = |x|$.

   a) $g(x) = |x-2|$

   b) $h(x) = 3|x-2|$

   c) $j(x) = 3|x-2|+4$

   d) $k(x) = |x+4|$

   e) $f(x) = -|x+4|$

   f) $f(x) = 5 - |x+4|$

29. Dada a função $f(x) = x^2 - 9$:

   a) Esboce o gráfico de $f(x)$ indicando os pontos em que a parábola cruza o eixo x e indicando seu vértice.

   b) Para quais valores de x temos $f(x) \geq 0$?

   c) Para quais valores de x temos $f(x) < 0$?

   d) Analisando os itens anteriores e a definição de módulo, esboce o gráfico de $g(x) = |f(x)|$, ou seja, $g(x) = |x^2 - 9|$.

► 6.6 Aplicações

Os conceitos matemáticos abordados neste capítulo estão relacionados às muitas funções já estudadas e a outras que serão vistas. Como tais funções podem representar situações práticas, os conceitos deste capítulo são usados em muitas aplicações práticas.

A seguir apresentamos três situações práticas nas quais tais conceitos são utilizados, mas que não esgotam a possibilidade de seu uso.

Veremos como as *operações com funções e transformações gráficas, a função inversa e a função definida por partes* estão presentes em situações práticas.

Curva de aprendizagem e produtividade

Situação prática: Estudando as funções exponenciais, vimos que a produtividade P de um funcionário de acordo com o tempo t (ou quantidade de treinamento) de experiência em realizar uma tarefa pode ser descrita por $P(t) = B - A \cdot e^{-k \cdot t}$. Nessa função, B é a quantidade máxima (ou produtividade máxima) que o funcionário pode atingir, A é a diferença entre a produtividade máxima e a produtividade inicial do funcionário e k é a taxa contínua de aprendizado do funcionário em relação à tarefa.

Vimos, como exemplo, que em uma linha de produção o número P de conferências por hora que um operário consegue fazer depende do número t de meses de experiência em que ele realiza tal trabalho.

Considerando uma taxa contínua de aprendizado de 10%, um limite de 300 conferências por hora e 100 o número inicial de conferências ao assumir o trabalho, temos $P = 300 - 200e^{-0,1t}$. Calculamos também que, após 6 meses nesse serviço, é esperado que o funcionário consiga fazer $P(6) = 300 - 200e^{-0,1 \times 6} \cong 190$ conferências/hora.

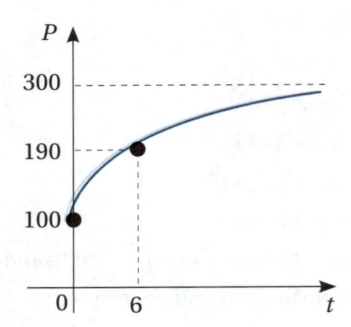

Figura 6.18 Curva de produtividade

O gráfico ao lado representa essa função.

Veremos agora como esboçar tal gráfico a partir de uma função mais simples e operações sobre ela.

Análises: Partimos primeiro da função $f(t) = e^{-t}$ cujo gráfico é dado na Figura 6.19.

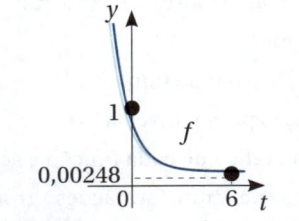

Figura 6.19 Função $f(t) = e^{-t}$

A partir dessa função, obtemos o gráfico de $g(t) = f(0,1t) = e^{-0,1t}$ por uma expansão vertical de fator 0,1, cujo gráfico é dado na Figura 6.20.

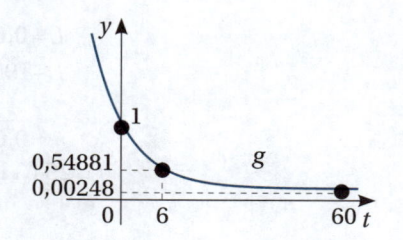

Figura 6.20 Função $g(t) = e^{-0,1t}$

No próximo passo, temos a função $h(t) = -200 \cdot g(t) = -200 \cdot e^{-0,1t}$, cujo gráfico é obtido pela reflexão em torno do eixo t e expansão vertical do gráfico de $g(t)$, conforme a Figura 6.21.

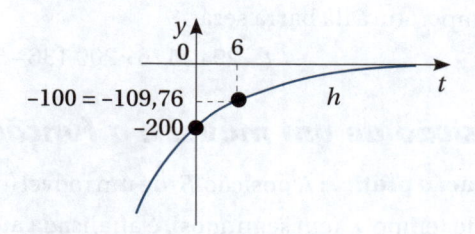

Figura 6.21 Função $h(t) = -200e^{-0,1t}$

Finalmente, o gráfico da função $P = 300 - 200e^{-0,1t}$, ou seja, $P = 300 + h(t)$, é obtido deslocando-se o gráfico de $h(t)$ 300 unidades para cima, conforme a Figura 6.22.

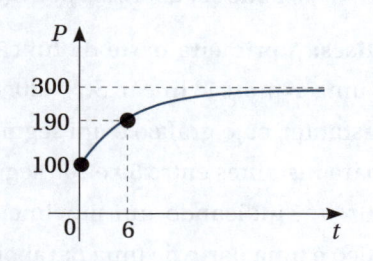

Figura 6.22 Função $P = 300 - 200e^{-0,1t}$

Dilatação linear de sólidos e a função inversa

Situação prática: Vimos que na dilatação linear o comprimento L do corpo em função de sua temperatura t pode ser dado por $L = L_0 \cdot [1 + \alpha \cdot (t - t_0)]$, sendo L_0 o comprimento inicial; α o *coeficiente de dilatação linear* e t_0 a temperatura inicial. Assim, considerando um fio de cobre com 200m a $20\,^{\circ}C$ e coeficiente de dilatação $\alpha = 17 \cdot 10^{-6}$, a função do comprimento do fio é dada por $L = 200 \cdot [1 + 17 \cdot 10^{-6} \cdot (t - 20)]$, que após algumas operações resulta em $L = 0,0034t + 199,932$.

Essa função que dá o comprimento a partir da temperatura, $L = f(t)$, possui inversa $t = f^{-1}(L)$, que vamos obter e analisar.

Análises: Para obter a inversa, vamos isolar t

$$L = 0,0034t + 199,932$$
$$L - 199,932 = 0,0034t$$
$$t = \frac{L}{0,0034} - \frac{199,932}{0,0034}$$
$$t \cong 294,1176L - 58.803,5294$$

De maneira inversa à função original, a partir da função inversa obtemos a temperatura do fio a partir de seu comprimento. Assim, se o comprimento da barra for $L = 200,136$ *metros*, a temperatura da barra será:

$$t = 294,1176 \times 200,136 - 58.803,5294 \quad \Rightarrow \quad t \cong 60 \ ^{\circ}C$$

Posição de um móvel e a função definida por partes

Situação prática: A posição S de um móvel (em metros) em uma trajetória retilínea, no decorrer do tempo t (em segundos), é analisada até o instante em que ele passa pela origem da trajetória ($S = 0$) e pode ser expressa por $S(t) = \begin{cases} 30t + 1.000, & \text{se } 0 \le t < 50 \\ 100t - t^2, & \text{se } 50 \le t \le 100 \end{cases}$.

Análises: A primeira parte da função para instantes entre 0 e 50 segundos é representada por uma expressão linear $S(t) = 30t + 1.000$, indicando um movimento uniforme (velocidade constante), cujo gráfico é um segmento de reta; veja a Figura 6.23a. A segunda parte da função para instantes entre 50 e 100 segundos é representada por uma expressão quadrática $S(t) = 100t - t^2$, indicando um movimento uniformemente variado (aceleração constante), cujo gráfico é uma parte de uma parábola; veja a Figura 6.23b. Unificando as partes, temos o gráfico completo da função ilustrando seu comportamento, conforme a Figura 6.23c.

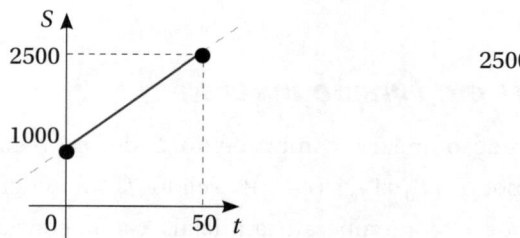

Figura 6.23a S para $0 \le t < 50$

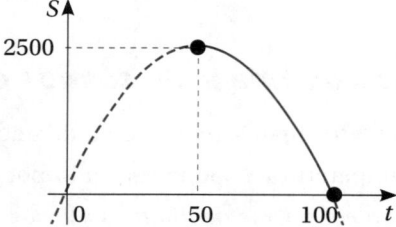

Figura 6.23b S para $50 \le t \le 100$

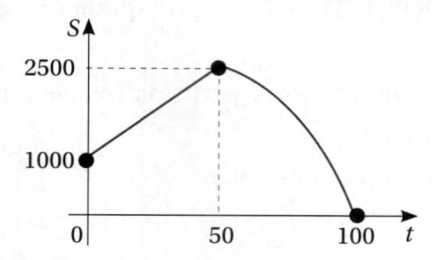

Figura 6.23c S para $0 \le t \le 100$

Exercícios

30. Um líquido que está a uma temperatura inicial de $T_0 = 30^\circ C$ é colocado em um *freezer*, que está a uma temperatura constante de $T_A = -20^\circ C$ e começa a esfriar a uma taxa contínua de 5%, sendo que sua temperatura após t minutos será $T(t) = -20 + 50e^{-0,05 \cdot t}$. Obtenha a temperatura do líquido após $t = 10$ minutos e, em seguida, faça o gráfico dessa função a partir de operações e gráficos das funções nos itens a seguir, indicando os pontos correspondentes a $t = 10$:

a) $f(t) = e^{-t}$

b) $g(t) = f(-0,05 \cdot t) = e^{-0,05 \cdot t}$

c) $h(t) = 50 \cdot g(t) = 50e^{-0,05 \cdot t}$

d) $T(t) = -20 + h(t) = -20 + 50e^{-0,05 \cdot t}$

31. Em uma linha de produção, o número P de soldas por hora que um operário consegue fazer depende do número t de meses de experiência em que ele realiza tal trabalho. Para esse operário, considerando uma taxa contínua de aprendizado de 15%, um limite de 50 soldas por hora e 20 o número inicial de soldas realizadas ao assumir o trabalho, temos $P = 50 - 30e^{-0,15t}$. Obtenha o número aproximado de soldas esperado após $t = 6$ meses, em seguida obtenha o gráfico dessa função a partir de operações e gráficos das funções nos itens a seguir, indicando os pontos correspondentes a $t = 6$:

a) $f(t) = e^{-t}$

b) $g(t) = f(-0,15 \cdot t) = e^{-0,15 \cdot t}$

c) $h(t) = 30 \cdot g(t) = 30e^{-0,15 \cdot t}$

d) $j(t) = -h(t) = -30e^{-0,15 \cdot t}$

e) $P = 50 + j(t) = 50 - 30e^{-0,15t}$

32. A função que dá a temperatura em $^\circ C$ a partir de Kelvin é dada por $C = K - 273$, ou seja, $C = f(K)$; obtenha $K = f^{-1}(C)$ e explique seu significado.

33. A função que dá a temperatura em $^\circ C$ a partir de $^\circ F$ é dada por $C = \dfrac{5}{9}F - \dfrac{160}{9}$, ou seja, $C = f(F)$; obtenha $F = f^{-1}(C)$ e explique seu significado prático.

34. Um gerador tem equação característica $U = 30 - 2i$, em que U é a tensão, medida em *volt* (V), e i é a intensidade da corrente, medida em *ampère* (A), que atravessa o gerador. Por essa expressão, temos $U = f(i)$. Obtenha $i = f^{-1}(U)$ e explique seu significado prático.

35. Uma locadora de máquinas para a construção civil cobra aluguel de um maquinário segundo a função $A = 5.000 + 80x$, sendo \$ 5.000,00 o aluguel mínimo pago e \$ 80,00 o valor acrescido por dia do maquinário utilizado, em que x é dado em dias. Por essa expressão, temos $A = f(x)$. Obtenha $x = f^{-1}(A)$ e explique seu significado prático.

36. A posição S de um móvel (em metros) em uma trajetória retilínea, no decorrer do tempo t (em segundos), é analisada até o instante em que ele volta à origem da trajetória $(S = 0)$ e pode ser expressa por

$$S(t) = \begin{cases} 80t - t^2, & \text{se } 0 \le t < 40 \\ -20t + 2.400, & \text{se } 40 \le t \le 80 \end{cases}.$$

a) Esboce o gráfico da função.

b) Determine os instantes em que a posição do móvel é 700m.

37. O custo C, em \$, na produção de x unidades de um produto é dado por

$$C(x) = \begin{cases} -x^2 + 60x + 700, & \text{se } 0 \le x < 20 \\ x^2 + 40x + 300, & \text{se } x \ge 20 \end{cases}.$$

a) Esboce o gráfico da função $f(x) = -x^2 + 60x + 700$ indicando o ponto em que a parábola corta o eixo y e seu vértice.

b) Esboce o gráfico da função $g(x) = x^2 + 40x + 300$ indicando o ponto em que a parábola corta o eixo y e seu vértice.

c) Esboce o gráfico do custo C dado.

Exercícios complementares

Acesse a página deste livro no site da Cengage para baixar os exercícios que complementam este capítulo e aprofunde seu conhecimento.

Palavras–chave

7 Funções logarítmicas

Objetivos do capítulo

Neste capítulo, você estudará os conceitos relativos aos *logaritmos* e às *funções logarítmicas*. O conceito de logaritmo será abordado em associação às potências e expressões exponenciais e será muito útil na resolução de equações exponenciais. Serão abordados de maneira especial os logaritmos na base 10 e base e. Você verá as principais características da função logarítmica e de seu gráfico, além de associá-los com a inversa da função exponencial. Esses conceitos permitirão a você explorar algumas das principais aplicações práticas dos logaritmos e das funções logarítmicas.

Estudo de caso

Na Secretaria de Meio Ambiente de um município, no qual ocorreu um acidente ambiental, um engenheiro ambiental analisa os dados coletados sobre um vazamento de resíduos tóxicos que contaminou as águas de uma das represas que abastecem a cidade.

Após as análises preliminares, o engenheiro constatou que a quantidade Q de poluentes na água da represa decai diariamente a uma taxa contínua de 2,71%. Sendo $Q_0 = 33\, mg/litro$ a quantidade inicial de poluentes no dia do vazamento, a função que dá a quantidade de poluentes após t dias do vazamento é $Q = 33 \cdot e^{-0,0271\, t}$. Por questões de segurança da população, foi suspenso o uso da água dessa represa até que os níveis de poluentes sejam inferiores a $3\, mg/litro$, pois a partir desse nível o tratamento da água é eficiente para deixá-la própria para o uso e consumo humano.

Entre as perguntas que o engenheiro está interessado em responder estão:

A quantidade de poluentes diminui em quantos mg/litro do 10º ao 11º dia após o dia do vazamento? E do 60º dia

para o 61º dia após o dia do vazamento? Após quantos dias a quantidade de poluentes na água decaiu a 20mg/litro? Após quantos dias a quantidade de poluentes na água decaiu à metade da quantidade inicial de poluentes do dia do vazamento? Após quantos dias a água poderá voltar a ser tratada para uso e consumo da população?

montree hanlue/Shutterstock

Essas questões poderão ser respondidas com o auxílio dos tópicos a serem estudados neste capítulo!

7.1 Logaritmos

Analisaremos a partir desta seção os logaritmos, suas propriedades, as funções logarítmicas, suas aplicações e a relação desses conceitos com expressões e funções exponenciais.

Definição de logaritmo de um número

A expressão

$$\log_a b = c$$

é lida "*logaritmo* do número b na base a é igual a c" e significa

$$a^c = b$$

sendo a e b positivos com $a \neq 1$.

Na expressão $\log_a b = c$, a **base** é a, o **logaritmando** é b e o **logaritmo** é c.

Exemplo 1:

a) $\log_2 8 = 3 \Leftrightarrow 2^3 = 8$ \qquad (a *base* é 2, o *logaritmando* é 8 e o *logaritmo* é 3)

b) $\log_3 \dfrac{1}{81} = -4 \Leftrightarrow 3^{-4} = \dfrac{1}{81}$ \qquad (a *base* é 3, o *logaritmando* é $\dfrac{1}{81}$ e o *logaritmo* é -4)

c) $\log_5 1 = 0 \Leftrightarrow 5^0 = 1$ \qquad (a *base* é 5, o *logaritmando* é 1 e o *logaritmo* é 0)

Consequências da definição de logaritmo

São consequências da definição do logaritmo:

I. $\log_a a = 1$, pois $a^1 = a$ para qualquer $a > 0$ e $a \neq 1$.

II. $\log_a 1 = 0$, pois $a^0 = 1$ para qualquer $a > 0$ e $a \neq 1$.

III. $\log_a a^n = n$, pois $a^n = a^n$ para qualquer $a > 0$, $a \neq 1$ e para todo n.

IV. $\log_a x = \log_a y \Leftrightarrow x = y$, com $x > 0$, $y > 0$, $a > 0$ e $a \neq 1$.

V. $a^{\log_a x} = x$, com $x > 0$, $a > 0$ e $a \neq 1$.

Justifica-se essa última relação fazendo $\log_a x = y \Rightarrow a^y = x$ e, substituindo y, temos $a^{\log_a x} = x$.

Exemplo 2: A seguir temos, em sequência, um exemplo de cada consequência da definição.

I. $\log_2 2 = 1$, pois $2^1 = 2$

II. $\log_5 1 = 0$, pois $5^0 = 1$

III. $\log_3 3^4 = 4$, pois $3^4 = 3^4$

IV. $\log_4 x = \log_4 10 \Leftrightarrow x = 10$

V. $7^{\log_7 x} = x$, com $x > 0$.

Propriedades operatórias dos logaritmos

A seguir temos as principais propriedades operatórias dos logaritmos.

Respeitadas as condições de existência em cada caso, vale:

I. $\log_a (B \cdot C) = \log_a B + \log_a C$

II. $\log_a \dfrac{B}{C} = \log_a B - \log_a C$

III. $\log_a B^k = k \cdot \log_a B$

IV. Mudança de base: $\log_A B = \dfrac{\log_C B}{\log_C A}$

Exemplo 3: A seguir temos, em sequência, um exemplo de cada propriedade operatória.

I. $\log_2(3\cdot5)=\log_23+\log_25$

II. $\log_2\dfrac{3}{5}=\log_23-\log_25$

III. $\log_37^4=4\cdot\log_37$

IV. Mudança de base: $\log_35=\dfrac{\log_25}{\log_23}$

Exemplo 4: Determine x em cada expressão a seguir.

a) $\log_232=x$

Solução:
$2^x=32$
$2^x=2^5$
$x=5$

b) $\log_2\dfrac{1}{64}=x$

Solução:
$2^x=\dfrac{1}{64}$
$2^x=\dfrac{1}{2^6}$
$2^x=2^{-6}$
$x=-6$

c) $\log_x25=2$

Solução:
$x^2=25$
$x=\pm\sqrt{25}$
$x=\pm5$

A base deve ser positiva,
$x>0$, então
$x=5$

d) $\log_3x=4$

Solução:
$x=3^4$
$x=81$

Exemplo 5: Considerando $\log_23=1{,}585$ e $\log_25=2{,}322$, resolva as equações exponenciais a seguir:

a) $2^x=30$

Solução: Aplicando o logaritmo (na base 2) na expressão

$\log_22^x=\log_230$ "Decorre da definição que $\log_aa^n=n$"

$x=\log_2(2\cdot3\cdot5)$ "Usando a propriedade $\log_a(B\cdot C)=\log_aB+\log_aC$"

$x=\log_22+\log_23+\log_25$ "Decorre da definição que $\log_aa=1$"

$x=1+1{,}585+2{,}322$

$x=4{,}907$

b) $8^x=7{,}5$

Solução:

Aplicando o logaritmo (na base 2) na expressão

$\log_28^x=\log_27{,}5$ "Usando a propriedade $\log_aB^k=k\cdot\log_aB$"

$x\cdot\log_28=\log_2\dfrac{75}{10}$

$x\cdot\log_22^3=\log_2\dfrac{15}{2}$ "Decorre da definição que $\log_aa^n=n$ e usando

a propriedade $\log_a\dfrac{B}{C}=\log_aB-\log_aC$"

$x \cdot 3 = \log_2 15 - \log_2 2$ "Decorre da definição que $\log_a a = 1$"

$3x = \log_2 (3 \cdot 5) - 1$ "Usando a propriedade $\log_a (B \cdot C) = \log_a B + \log_a C$"

$3x = \log_2 3 + \log_2 5 - 1$

$3x = 1,585 + 2,322 - 1$

$3x = 2,907$

$x = \dfrac{2,907}{3}$

$x = 0,969$

Exercícios

1. Dada a expressão $\log_y z = x$:

a) Escreva-a na forma de potência.

b) Qual variável é a base?

c) Qual variável é o logaritmando?

d) Qual variável é o logaritmo?

e) Quais são as condições de existência para essa expressão?

2. A partir da definição, determine, se existir:

a) $\log_7 7$ **b)** $\log_7 1$

c) $\log_7 7^5$ **d)** $7^{\log_7 10}$

e) $\log_7 0$ **f)** $\log_7 -1$

3. Determine x em cada expressão a seguir:

a) $\log_3 81 = x$ **b)** $\log_2 128 = x$

c) $\log_5 \dfrac{1}{25} = x$ **d)** $\log_3 \dfrac{1}{27} = x$

e) $\log_x 36 = 2$ **f)** $\log_x 16 = 4$

g) $\log_5 x = 3$ **h)** $\log_2 x = 6$

i) $\log_{0,5} 8 = x$ **j)** $\log_{0,7} 1 = x$

4. Considerando $\log_2 3 = 1,585$ e $\log_2 5 = 2,322$ e aplicando as propriedades operatórias, calcule o valor de:

a) $\log_2 15$ **b)** $\log_2 120$

c) $\log_2 \dfrac{5}{3}$ **d)** $\log_2 0,6$

e) $\log_2 81$ **f)** $\log_2 625$

g) $\log_3 5$ **h)** $\log_5 3$

5. Considerando $\log_2 3 = 1,585$ e $\log_2 5 = 2,322$, resolva as equações exponenciais a seguir:

a) $2^x = 60$ **b)** $16^x = 10$

c) $4^x = \dfrac{3}{5}$ **d)** $32^x = \dfrac{27}{25}$

6. Para qual(is) valor(es) de x temos $\log_{0,7} \left(x^2 - 12 \right) = \log_{0,7} \left(4x \right)$?

7.2 Base 10 e base e

Na seção anterior, você trabalhou com a definição de logaritmo e suas principais propriedades com bases variadas. Nesta seção, você trabalhará com logaritmos nas duas bases mais importantes: a base 10 e a base $e = 2,71828182\ldots$.

Logaritmos na base 10

Por ter muitas aplicações nas ciências e engenharia, as expressões exponenciais com a base 10 requerem a manipulação de logaritmos nessa base. Assim, facilitando seu uso, escrevemos logaritmos na base 10 de maneira simplificada e as calculadoras científicas trazem tecla específica para calcular potências e logaritmos na base 10, também chamados *logaritmos decimais*. Quando a base do logaritmo é 10, é comum escrever o logaritmo omitindo essa base:

$$\log_{10} x \approx \log x$$

Para representar, por exemplo, o logaritmo $\log_{10} 2538$, escrevemos apenas $\log 2538$.

Exemplo 6:

a) $\log 100 = 2 \Leftrightarrow 10^2 = 100$

b) $\log 0,001 = -3 \Leftrightarrow 10^{-3} = \dfrac{1}{10^3} = \dfrac{1}{1000} = 0,001$

Vale a pena relembrar consequências da definição para o logaritmo na base 10:

I. $\log 10 = 1$, pois $10^1 = 10$.

II. $\log 1 = 0$, pois $10^0 = 1$.

III. $\log 10^n = n$, pois $10^n = 10^n$ para todo n.

IV. $\log x = \log y \Leftrightarrow x = y$, com $x > 0$, $y > 0$.

V. $10^{\log x} = x$, com $x > 0$.

Naturalmente, as propriedades do logaritmo são válidas para base 10 e podem ser reescritas, respeitadas as condições de existência:

I. $\log(B \cdot C) = \log B + \log C$

II. $\log \dfrac{B}{C} = \log B - \log C$

III. $\log B^k = k \cdot \log B$

IV. **Mudança de base:** $\log_A B = \dfrac{\log B}{\log A}$

As calculadoras científicas possuem uma tecla para o cálculo de potências e logaritmos decimais. Geralmente são representados por $\boxed{10^x}$ e $\boxed{\log}$.

Assim, usando a calculadora, obtemos para $\log 2538$ o valor aproximado 3,404491618, significando que $10^{3,404491618} \cong 2.538$.

Exemplo 7: Usando uma calculadora, obtenha os logaritmos a seguir e escreva a expressão correspondente ao resultado na forma exponencial. (Utilize aproximação de seis casas decimais.)

a) $\log 0,0000001$ **b)** $\log 43127$ **c)** $\log 2$ **d)** $\log 0,072$

Solução:

a) $\log 0,0000001 = -7 \Leftrightarrow 10^{-7} = 0,0000001$ **b)** $\log 43127 \cong 4,634749 \Leftrightarrow 10^{4,634749} \cong 43127$

c) $\log 2 \cong 0,301030 \Leftrightarrow 10^{0,301030} \cong 2$ **d)** $\log 0,072 \cong -1,142668 \Leftrightarrow 10^{-1,142668} \cong 0,072$

Exemplo 8: Resolva a equação $40 \cdot 1{,}043^x = 250$ usando logaritmos decimais e uma calculadora.

Solução: Primeiro simplificamos a equação por meio de uma divisão:

$$1{,}043^x = \frac{250}{40}$$

$$1{,}043^x = 6{,}25$$

Aplicando o logaritmo decimal na expressão:

$$\log 1{,}043^x = \log 6{,}25 \qquad \text{"Usando a propriedade } \log B^k = k \cdot \log B \text{"}$$

$$x \cdot \log 1{,}043 = \log 6{,}25$$

$$x = \frac{\log 6{,}25}{\log 1{,}043} \qquad \text{"Usando a calculadora"}$$

$$x \cong \frac{0{,}795880017}{0{,}018284308}$$

$$x \cong 43{,}528035$$

$$S = \{43{,}528035\}$$

Logaritmos na base $e = 2{,}71828182...$

De maneira parecida à base 10, dadas as suas inúmeras aplicações, as expressões exponenciais com a base $e = 2{,}71828182...$ requerem a manipulação de logaritmos nessa base, também chamados *logaritmos naturais* ou *neperianos*. Também escrevemos os logaritmos naturais de maneira simplificada, e as calculadoras científicas trazem tecla específica para calcular potências e logaritmos na base *e*.

Quando escrevemos o logaritmo natural, omitimos a base $e = 2{,}71828182...$:

$$\log_e x \approx \ln x$$

Para representar, por exemplo, o logaritmo $\log_e 450$, escrevemos apenas $\ln 450$.

Exemplo 9: $\ln x = 5 \Leftrightarrow e^5 = x$

Vale a pena relembrar consequências da definição para o logaritmo natural:

I. $\ln e = 1$, pois $e^1 = e$.

II. $\ln 1 = 0$, pois $e^0 = 1$.

III. $\ln e^n = n$, pois $e^n = e^n$ para todo n.

IV. $\ln x = \ln y \Leftrightarrow x = y$, com $x > 0$, $y > 0$.

V. $e^{\ln x} = x$, com $x > 0$.

Naturalmente, as propriedades do logaritmo são válidas para base e e podem ser reescritas, respeitadas as condições de existência:

I. $\ln(B \cdot C) = \ln B + \ln C$ **II.** $\ln \dfrac{B}{C} = \ln B - \ln C$

III. $\ln B^k = k \cdot \ln B$ **IV.**   **Mudança de base:** $\log_A B = \dfrac{\ln B}{\ln A}$

As calculadoras científicas possuem uma tecla para o cálculo de potências e logaritmos naturais. Geralmente são representados por $\boxed{e^x}$ e $\boxed{\ln}$.

Assim, usando a calculadora, obtemos para $\ln 450$ o valor aproximado $6,109247583$, significando que $e^{6,103247583} \cong 2,718281828^{6,103247583} \cong 450$.

Exemplo 10: Usando uma calculadora, obtenha os logaritmos a seguir e escreva a expressão correspondente ao resultado na forma exponencial. (Utilize aproximação de seis casas decimais.)

a) $\ln 148,4131591$ **b)** $\ln 712$ **c)** $\ln 2$ **d)** $\ln 0,043$

Solução:

a) $\ln 148,4131591 = 5 \Leftrightarrow e^5 = 148,4131591$ **b)** $\ln 712 \cong 6,568078 \Leftrightarrow e^{6,568078} \cong 712$

c) $\ln 2 \cong 0,693147 \Leftrightarrow e^{0,693147} \cong 2$ **d)** $\ln 0,043 \cong -3,146555 \Leftrightarrow e^{-3,146555} \cong 0,043$

Exemplo 11: Resolva a equação $40 \cdot e^{0,05x} = 250$ usando logaritmos e uma calculadora.

Solução: Primeiro simplificamos a equação por meio de uma divisão:

$$e^{0,05x} = \frac{250}{40}$$

$$e^{0,05x} = 6,25$$

Por ser e a base dessa equação, o logaritmo natural é o mais adequado a ser aplicado na expressão:

$\ln e^{0,05x} = \ln 6,25$ "É consequência da definição que $\ln e^n = n$"

$0,05x = \ln 6,25$

$x = \dfrac{\ln 6,25}{0,05}$ "Usando a calculadora"

$x \cong \dfrac{1,832581464}{0,05}$

$x \cong 36,65162927$

$S = \{36,65162927\}$

A maior parte das calculadoras científicas está programada para o cálculo de logaritmos nas bases **10** e e somente. Entretanto, com o auxílio da propriedade de ***mudança de base*** e de uma calculadora, é possível o cálculo de qualquer logaritmo em qualquer base (respeitadas as condições de existência), conforme o exemplo a seguir.

Exemplo 12: Calcule o valor de $x = \log_3 49$.

Solução: Usando primeiro o logaritmo decimal.

$x = \log_3 49$ "Usando a **mudança de base:** $\log_A B = \dfrac{\log B}{\log A}$ "

$x = \dfrac{\log 49}{\log 3}$ "Usando a calculadora"

$x \cong \dfrac{1{,}69019608}{0{,}477121254}$

$x \cong 3{,}542487498$

Ou usando o logaritmo natural.

$x = \log_3 49$ "Usando a **mudança de base:** $\log_A B = \dfrac{\ln B}{\ln A}$ "

$x = \dfrac{\ln 49}{\ln 3}$ "Usando a calculadora"

$x \cong \dfrac{3{,}891820298}{1{,}098612289}$

$x \cong 3{,}542487498$

Exercícios

7. Dada a expressão $\log y = x$:

 a) Escreva-a na forma de potência.

 b) Qual é a base?

 c) Qual variável é o logaritmando?

 d) Qual variável é o logaritmo?

 e) Qual é a condição de existência para essa expressão?

8. Dada a expressão $\ln y = x$:

 a) Escreva-a na forma de potência.

 b) Qual é a base?

 c) Qual variável é o logaritmando?

 d) Qual variável é o logaritmo?

 e) Qual é a condição de existência para essa expressão?

9. A partir da definição, determine, se existir:

 a) $\log 10$ **b)** $\log 1$

 c) $\log 10^7$ **d)** $10^{\log 7}$

 e) $\log 0$ **f)** $\log -10$

10. A partir da definição, determine, se existir:

 a) $\ln e$ **b)** $\ln 1$

 c) $\ln e^5$ **d)** $e^{\ln 5}$

 e) $\ln 0$ **f)** $\ln -e$

11. Usando uma calculadora, obtenha os logaritmos a seguir e escreva a expressão correspondente ao resultado na forma exponencial. (Utilize aproximação de seis casas decimais.)

 a) $\log 1000$ **b)** $\log 0{,}000001$

 c) $\log 12345$ **d)** $\log 7$

 e) $\log 0{,}07$ **f)** $\log 0{,}00036$

 g) $\ln 54{,}598150$ **h)** $\ln 0{,}135335283$

 i) $\ln 12345$ **j)** $\ln 7$

 k) $\ln 0{,}07$ **l)** $\ln 0{,}00036$

12. Resolva as equações usando logaritmos decimais e uma calculadora.

 a) $2^x = 59$

 b) $45^x = 6000$

c) $2^x = 19{,}02731384$

d) $7^{0,5x} = 11{,}38603593$

e) $30 \cdot 8^x = 1350$

f) $60 \cdot 1{,}045^x = 210$

g) $50 \cdot 2^{0,05x} = 4700$

h) $800 \cdot 1{,}027^{-0,02x} = 3$

13. Resolva as equações usando logaritmos naturais e uma calculadora.

a) $e^x = 80$ **b)** $e^x = 0{,}007$

c) $e^x = 1096{,}633158$ **d)** $e^x = 0{,}018315638$

e) $20 \cdot e^x = 350$ **f)** $40 \cdot e^{-x} = 2$

g) $60 \cdot e^{0,08x} = 450$ **h)** $80 \cdot e^{-0,1x} = 2$

14. Usando a propriedade de mudança de base e uma calculadora, calcule os seguintes logaritmos:

a) $\log_3 81$ **b)** $\log_7 117649$

c) $\log_2 15$ **d)** $\log_5 320$

e) $\log_7 2$ **f)** $\log_4 0{,}05$

▼ 7.3 Função logarítmica

Veremos agora a função logarítmica, que tem muitas aplicações práticas e pode ser entendida também como a inversa da função exponencial.

Função logarítmica

Uma *função* $f : \mathbb{R}_+^* \to \mathbb{R}$ chamada *função logarítmica de base* **a** é dada por

$$f(x) = \log_a x$$

com $a > 0$ e $a \neq 1$.

Como você deve ter percebido, o logaritmando deve ser positivo, isto é, $x > 0$.

Exemplo 13:

a) $y = \log_2 x$ **b)** $f(x) = \log x$ **c)** $y = \ln x$

Gráfico e comportamento da função logarítmica a partir da base

O gráfico da função é a **curva logarítmica** com todos os pontos **à direita** do eixo y indicando que a função só é definida para valores positivos de x. O gráfico cruza o eixo x no ponto $(1, 0)$, pois para $x = 1$ obtemos $y = f(1) = \log_a 1 = 0$.

Para a função logarítmica $f(x) = \log_a x$, o crescimento ou decrescimento depende do valor de sua base a.

- $a > 1 \Rightarrow base$ maior que 1 $\Rightarrow$ função crescente $\Rightarrow$ crescimento logarítmico.
- $0 < a < 1 \Rightarrow base$ entre 0 e 1 $\Rightarrow$ função decrescente $\Rightarrow$ decrescimento logarítmico.

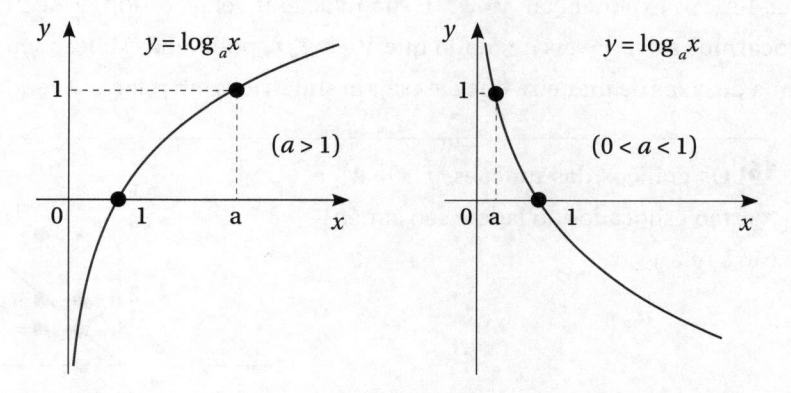

Figura 7.1 Resumo gráfico da função logarítmica $y = \log_a x$

Exemplo 14: A função $f(x) = \log_2 x$ tem base $a = 2 > 1$, logo é crescente e tem gráfico dado ao lado.

Note que nesse exemplo a base vale 2 e, sempre que o valor em x dobra, o valor de y aumenta em 1 unidade.

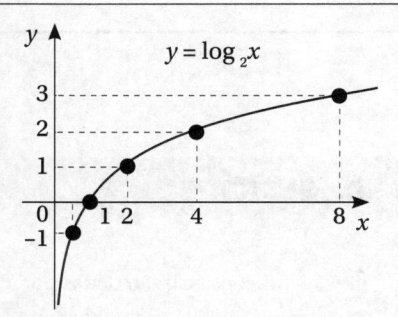

Exemplo 15: A função $f(x) = \log_{\frac{1}{2}} x$ tem base $0 < a = \frac{1}{2} < 1$, logo é decrescente e tem gráfico dado ao lado.

Note que nesse exemplo a base vale $\frac{1}{2}$ e, sempre que o valor em x dobra, o valor de y diminui em 1 unidade.

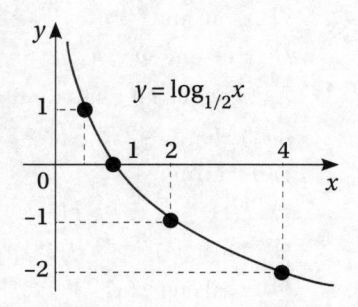

Quando estudamos a função inversa, no capítulo anterior, vimos que, dada uma função $f: A \to B$, bijetora, tal que se $f(x) = y$, a função **inversa** de f, indicada por f^{-1}, é a função $f^{-1}: B \to A$, tal que, então, $f^{-1}(y) = x$, com $x \in A$ e $y \in B$.

Nesse sentido, se escrevermos a função exponencial tal que $f: \mathbb{R} \to \mathbb{R}_+^*$ e $f(x) = a^x$, com $a > 0$ e $a \neq 1$, ou simplesmente $y = a^x$, a função inversa $f^{-1}: \mathbb{R}_+^* \to \mathbb{R}$ será dada por $x = \log_a y$.

Dada uma função exponencial $y = a^x$ e sua relação inversa $x = \log_a y$, se nessa segunda expressão trocarmos as variáveis de modo que $y = \log_a x$, podemos esboçar seus gráficos no mesmo sistema de eixos de maneira que eles sejam simétricos em relação à reta $y = x$.

Exemplo 16: Os gráficos das funções $f(x) = 2^x$ e $g(x) = \log_2 x$ estão esboçados ao lado e são simétricos em relação à reta $y = x$.

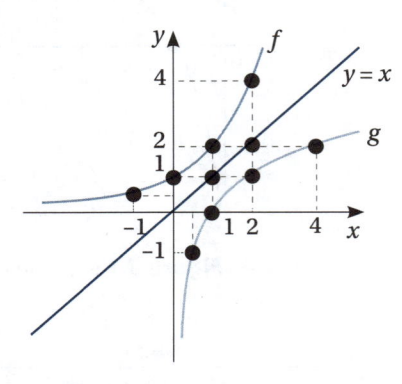

Exercícios

15. As funções f e g são dadas por $f(x) = \log_2 x$ e $g(x) = \log x$. Determine:

a) $f(16)$ **b)** $g(1000)$

c) $f(1) + g(1)$ **d)** $f(8) - g(100)$

e) x tal que $f(x) = 5$

f) x tal que $g(x) = -2$

16. As funções f e g são dadas por $f(x) = \log_3(x-2)$ e $g(x) = 2 + \ln x$. Determine:

a) $f(11)$ **b)** $g(e)$

c) $f(3) + g(1)$ **d)** $f(5) - g\left(e^4\right)$

e) x tal que $f(x) = 3$

f) x tal que $g(x) = 2$

17. Classifique cada função a seguir em crescente ou decrescente:

a) $f(x) = \log_5 x$ **b)** $f(x) = \log x$

c) $f(x) = \log_{0,1} x$ **d)** $f(x) = \ln x$

e) $f(x) = \log_{\frac{1}{3}} x$ **f)** $f(x) = \log_{1,02} x$

18. Construa o gráfico das funções logarítmicas a seguir:

a) $f(x) = \log_3 x$ **b)** $f(x) = \log x$

c) $f(x) = \log_{\frac{1}{3}} x$ **d)** $f(x) = \ln x$

19. Construa o gráfico das funções $y = x$, $f(x) = \left(\dfrac{1}{2}\right)^x$ e $g(x) = \log_{\frac{1}{2}} x$ no mesmo sistema de eixos notando a simetria entre os traçados de f e g.

20. Construa o gráfico das funções $y = x$, $f(x) = 10^x$ e $g(x) = \log x$ no mesmo sistema de eixos, notando a simetria entre os traçados de f e g.

21. Construa o gráfico das funções $y = x$, $f(x) = e^x$ e $g(x) = \ln x$ no mesmo sistema de eixos, notando a simetria entre os traçados de f e g.

22. A seguir é dado o gráfico da função $f(x) = \log_2 x$, em que são assinalados dois pontos, $A = (1, 0)$ e $B = (2, 1)$. A partir dele, obtenha o gráfico de cada função nos itens a seguir, por meio das transformações gráficas resultantes de operações sobre a função f, e indique as novas posições dos pontos A e B.

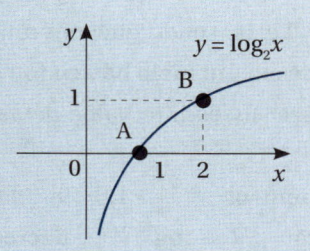

a) $g(x) = f(x) + 2$ ou $g(x) = \log_2 x + 2$

b) $h(x) = f(x - 2)$ ou $h(x) = \log_2 (x - 2)$

c) $j(x) = f(x - 2) + 2$ ou $j(x) = \log_2 (x - 2) + 2$

d) $k(x) = -f(x)$ ou $k(x) = -\log_2 x$

e) $l(x) = 10 \cdot f(x)$ ou $l(x) = 10 \log_2 x$

f) $m(x) = f(0{,}5 \cdot x)$ ou $m(x) = \log_2 (0{,}5x)$

7.4 Aplicações

Os conceitos relacionados às funções logarítmicas têm muitas aplicações. Várias delas estão relacionadas às funções e equações exponenciais, pois a sua resolução depende dos logaritmos.

Nas aplicações a seguir, trabalharemos ora com logaritmos decimais, ora com logaritmos naturais. Entre as muitas aplicações nas áreas de engenharia, analisaremos: *a definição de pH de uma solução; a escala de magnitude de momento usada no estudo de terremotos; a meia-vida de uma substância no decaimento radioativo; a inversão de uma função que dá o montante de uma aplicação financeira.*

Essas aplicações são muito importantes para a engenharia química, civil, de materiais, de produção, entre outras.

Lembramos que as aplicações das funções exponenciais não são apenas na engenharia. Também são muito comuns nas áreas administrativa e econômica, como você deve ter notado em alguns exercícios.

pH de uma solução aquosa

Situação prática: Na análise do grau de acidez e basicidade de uma solução aquosa, é comum usar o pH (potencial hidrogeniônico). O pH é dado pela fórmula $\boldsymbol{pH} = -\log\left[\boldsymbol{H^+}\right]$, em que $\left[\boldsymbol{H^+}\right]$

é a concentração de íons hidrogênio em mol/L à temperatura de 25 °C. O pH tem valores que variam de 0 a 14, sendo que: em um **meio neutro**, temos $pH = 7$; em um **meio** ácido, temos $0 \le pH < 7$; e em um **meio básico (ou alcalino)**, temos $7 < pH \le 14$.

Análises: Esses intervalos de valores decorrem das concentrações $\left[H^+ \right]$ das soluções aquosas a 25 °C.

Meio neutro: $\left[H^+ \right] = 1,0 \cdot 10^{-7} mol / L \Rightarrow pH = -\log 10^{-7} \Rightarrow pH = -(-7) \Rightarrow pH = 7$

A função $pH = -\log\left[H^+ \right]$ é **decrescente**, ou seja, se $x_2 > x_1$, então $-\log x_2 < -\log x_1$ (ocorre inversão do sinal da desigualdade), ou seja, quanto maior for $\left[H^+ \right]$, menor será o pH e vice-versa.

Meio ácido: $\left[H^+ \right] > 1,0 \cdot 10^{-7} mol / L \Rightarrow pH < -\log 10^{-7} \Rightarrow pH < -(-7) \Rightarrow pH < 7$

Meio básico: $\left[H^+ \right] < 1,0 \cdot 10^{-7} mol / L \Rightarrow pH > -\log 10^{-7} \Rightarrow pH > -(-7) \Rightarrow pH > 7$

Como exemplo, a cerveja é uma solução ácida com pH que varia de 4 a 5.

Para a cerveja, temos:

$\left[H^+ \right] = 1,0 \cdot 10^{-4} mol / L \Rightarrow pH = -\log 10^{-4} \Rightarrow pH = -(-4) \Rightarrow pH = 4$

$\left[H^+ \right] = 1,0 \cdot 10^{-5} mol / L \Rightarrow pH = -\log 10^{-5} \Rightarrow pH = -(-5) \Rightarrow pH = 5$

Ou, ainda, conhecendo o pH, é possível estimar a concentração $\left[H^+ \right]$ mol/L. O leite de magnésia é uma solução aquosa básica com $pH = 10,5$:

$$-\log\left[H^+ \right] = -10,5$$
$$\left[H^+ \right] = 10^{-10,5}$$
$$\left[H^+ \right] = 10^{-10-0,5}$$
$$\left[H^+ \right] = 10^{-0,5} \cdot 10^{-10}$$
$$\left[H^+ \right] \approx 0,316228 \cdot 10^{-10} \text{ mol}/L$$

Terremotos e a escala de magnitude de momento

Situação prática: Para medir a magnitude de um terremoto, atualmente se utiliza a **escala de magnitude de momento** (que veio em substituição à antiga escala Richter).[1] Nessa escala, a *magnitude do momento sísmico*, M_w, é dada pela fórmula $M_w = \dfrac{2}{3}\log(M_0) - 10,7$, em que M_0 representa o *momento sísmico* (dado em *dina·centímetro* $[\text{dyn} \cdot \text{cm}]$) que está relacionado à área de ruptura ao longo da falha geológica, ao deslocamento médio da área de ruptura e ao cisalhamento das rochas envolvidas no terremoto. Vamos calcular a magnitude do terremoto do Chile em 2010 cujo momento sísmico foi de aproximadamente $M_0 = 1,78 \times 10^{29}$ dyn·cm.

Análises: Substituindo $M_0 = 1,78 \times 10^{29}$ na expressão da magnitude, obtemos

---

1   Embora sejam diferentes as fórmulas de cálculo da magnitude nessas duas escalas, a *escala de magnitude de momento* preserva, de maneira aproximada, os valores de magnitude calculados na antiga escala Richter (para tremores de magnitude inferior a 7). Diferentemente da escala Richter, a *escala de magnitude de momento* leva em consideração outras variáveis na análise dos terremotos e é utilizada para o cálculo da magnitude dos terremotos da atualidade.

$$M_w = \frac{2}{3}\log\left(1,78\times10^{29}\right)-10,7 \qquad \text{"Fazendo } \log(B\cdot C)=\log B+\log C\text{ "}$$

$$M_w = \frac{2}{3}\left(\log 1,78+\log 10^{29}\right)-10,7 \qquad \text{"Decorre da definição que } \log 10^n = n\text{ "}$$

$$M_w = \frac{2}{3}\left(\log 1,78+29\right)-10,7 \qquad \text{"Usando a calculadora"}$$

$$M_w = \frac{2}{3}\left(0,2504+29\right)-10,7$$

$$M_w = 8,8$$

A meia-vida na desintegração radioativa

Situação prática: Quando estudamos os fenômenos de radioatividade dos elementos químicos radioativos, é comum determinar a ***meia-vida física***, $t_{\frac{1}{2}}$, que é o intervalo de tempo necessário para que a radioatividade da amostra se reduza à metade. Para o cálculo da meia-vida, utilizamos logaritmos. É comum escrevermos $Q = Q_0 \cdot e^{-k\,t}$, com $k > 0$, como a função que dá a quantidade Q de massa remanescente, no decorrer do tempo t, de uma amostra radioativa cuja massa inicial é Q_0. Essa função exponencial tem base e, assim o logaritmo natural é o mais adequado para determinar a meia-vida.

Análises: Considerando Q_0 gramas do elemento radioativo *césio*-137, que tem decaimento radioativo a uma taxa contínua de 2,3105%, a função que expressa sua massa no decorrer dos anos é dada por $Q = Q_0 \cdot e^{-0,023105\,t}$. Vamos calcular a meia-vida resolvendo a equação exponencial para $Q = \dfrac{Q_0}{2}$:

$$Q_0 \cdot e^{-0,023105\,t} = \frac{Q_0}{2} \;\Rightarrow\; e^{-0,023105\,t} = \frac{Q_0}{Q_0 \cdot 2} \;\Rightarrow\; e^{-0,023105\,t} = 0,5$$

Aplicando o logaritmo natural:

$$\ln e^{-0,023105\,t} = \ln 0,5 \qquad \text{"Decorre da definição que } \ln e^n = n\text{ "}$$

$$-0,023105\,t = \ln 0,5$$

$$t = \frac{\ln 0,5}{-0,023105} \qquad \text{"Usando a calculadora"}$$

$$t = \frac{-0,69314718}{-0,023105}$$

$$t \cong 30$$

Assim, a meia-vida do *césio*-137 é de $t_{\frac{1}{2}} = 30$ anos, ou seja, após esse período a massa inicial foi reduzida à metade. A cada 30 anos a massa remanescente é reduzida à metade. Isso está representado no gráfico ao lado.

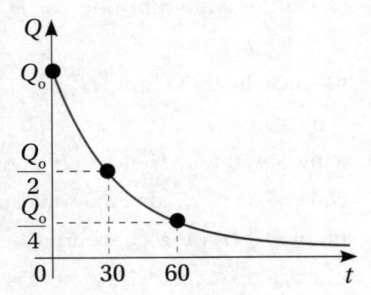

Figura 7.2 Meia-vida do *césio*-137

Obtendo a inversa de uma função montante

Situação prática: Uma pessoa faz uma aplicação de $ 250.000,00, que será corrigida a uma taxa de 1,5% ao mês a juros compostos. Podemos calcular o montante, M, da aplicação em função dos meses, t, após a data da aplicação, isto é, $M = f(t)$. Nesse caso, temos $M = 250.000 \cdot 1,015^t$.

Análises: Com a função, obtemos o montante M a partir do tempo t. Com o auxílio dos logaritmos, vamos obter a função inversa $t = f^{-1}(M)$, que dá o tempo t a partir do montante M, e tal função é uma função logarítmica.

$$M = 250.000 \cdot 1,015^t$$ "Aplicando o logaritmo decimal"

$$\log M = \log\left(250.000 \cdot 1,015^t\right)$$ "Fazendo $\log(B \cdot C) = \log B + \log C$"

$$\log M = \log 250.000 + \log 1,015^t$$ "Usando a propriedade $\log B^k = k \cdot \log B$"

$$\log M = \log 250.000 + t \cdot \log 1,015$$ "Isolando t"

$$t \cdot \log 1,015 = \log M - \log 250.000$$

$$t = \frac{\log M}{\log 1,015} - \frac{\log 250.000}{\log 1,015}$$ "Usando a calculadora"

$$t \cong \frac{\log M}{0,00646604225} - \frac{5,39794}{0,00646604225}$$

$$t \cong 154,6541 \cdot \log M - 834,8136$$

Exercícios

23. Sabemos que $pH = -\log\left[H^+\right]$ é a relação que dá o pH de uma solução aquosa na qual $\left[H^+\right]$ é a concentração de íons hidrogênio em mol/L a 25 °C. Determine o pH das seguintes soluções:

a) Água pura com $\left[H^+\right] = 10^{-7} mol/L$

b) Vinagre com $\left[H^+\right] = 10^{-3} mol/L$

c) Desinfetante com amônia $\left[H^+\right]$ $= 10^{-12} mol/L$

d) Suco de limão com $\left[H^+\right]$ $= 10^{-2,2} mol/L$

24. Sabemos que $pH = -\log\left[H^+\right]$ é a relação que dá o pH de uma solução aquosa na qual $\left[H^+\right]$ é a concentração de íons hidrogênio em mol/L a 25 °C. Dado o pH, determine $\left[H^+\right]$ das seguintes soluções:

a) Suco de laranja com $pH = 4$

b) Clara de ovo com $pH = 8$

c) Leite de vaca com $pH = 6,5$

d) Suco gástrico com $pH = 2,5$

25. Na *escala de magnitude do momento* de terremotos, a magnitude do momento sísmico é dada por $M_w = \frac{2}{3}\log(M_0) - 10,7$, em que M_0 é o *momento sísmico* (em dyn·cm).

a) Calcule a magnitude de um terremoto de momento sísmico $M_0 = 1,13 \times 10^{28}$ dyn·cm.

b) Calcule o momento sísmico (M_0) do terremoto de 26 de dezembro de 2004 registrado na costa da ilha de Sumatra, na Indonésia, cuja magnitude de momento foi de 9,1.

26. Considerando 5 gramas do isótopo radioativo *potássio*-42, que tem decaimento radioativo a uma taxa contínua de 5,7762%, a função que expressa sua massa no decorrer das horas é dada por $Q = 5 \cdot e^{-0,057762\,t}$.

a) Após quanto tempo a massa remanescente é de 4 gramas?

b) Qual a meia-vida desse isótopo?

27. Um sistema de filtro de chaminé elimina 15% de resíduos tóxicos a cada metro de filtro pelo qual passa a fumaça a ser expelida de uma fábrica. Sendo P a quantidade de poluentes remanescentes na fumaça e x o comprimento, em metros, do filtro a partir de uma quantidade inicial P_0 de poluentes, temos $P = P_0 \cdot 0,85^x$. Quantos metros deve ter o filtro para que a quantidade inicial de poluentes seja reduzida à metade?

28. Uma aplicação de $ 40.000,00 será corrigida a uma taxa de 0,8% ao mês a juros compostos. O montante da aplicação em função do tempo, $M = f(t)$, é dado por $M = 40.000 \cdot 1,008^t$.

a) Depois de quanto tempo o montante será de $ 48.817,25?

b) Depois de quanto tempo o valor aplicado inicialmente dobra?

c) Obtenha a função inversa $t = f^{-1}(M)$.

29. A população estimada de uma cidade no ano de 2012 é 994,8 mil habitantes. Verificou-se que a taxa de crescimento dessa população é 1,5% ao ano. A função que dá a população t anos após 2012 é aproximada por $P = 994,8 \cdot 1,015^t$ em milhares de habitantes. Mantida essa taxa de crescimento:

a) Em que ano a população chegará a 1.243,7 milhão de habitantes?

b) Quando a população será de 1.500 milhão de habitantes?

c) Após quanto tempo a população inicial duplica? Ou seja, qual o período de duplicação dessa população?

d) Obtenha a função inversa $t = f^{-1}(P)$.

30. Um líquido que está a uma temperatura inicial de $T_0 = 30\,^\circ C$ é colocado em um *freezer* que está a uma temperatura constante de $T_A = -10\,^\circ C$ e começa a esfriar a uma taxa contínua de 10,57%, sendo que sua temperatura após t minutos será $T(t) = -10 + 40 e^{-0,1057 \cdot t}$. Após quanto tempo a temperatura do líquido é $10\,^\circ C$?

31. A produtividade diária de um empregado em realizar certo número P de tarefas é dada por $P = 20 - 15 e^{-0,05t}$, em que t é o número de dias de experiência realizando as tarefas. Após quantos dias de experiência no trabalho o empregado vai realizar 12 tarefas diárias?

Exercícios complementares

Acesse a página deste livro no site da Cengage para baixar os exercícios que complementam este capítulo e aprofunde seu conhecimento.

Palavras-chave

Logaritmo, 154

Base, 157

Logaritmando, 155

Consequências da definição, 155, 158, 159

Propriedades operatórias, 155

Mudança de base, 155, 158, 160, 161

Base 10, 157

Logaritmos decimais, 158

Base e, 159

Logaritmos naturais e neperianos, 159

Função logarítmica, 162

Curva logarítmica, 162

Base maior que 1, 163

Crescimento logarítmico, 163

Base entre 0 e 1, 163

Decrescimento logarítmico, 163

pH de uma solução aquosa, 165

Situação prática, 165, 166, 167, 168

Escala de magnitude de momento, 166

Meia-vida física, 167

Inversa de uma montante, 168

8

Funções trigonométricas

Objetivos do capítulo

Neste capítulo, você estudará conceitos relativos à *trigonometria* e às *funções trigonométricas*. Inicialmente será explorada a trigonometria no triângulo retângulo. Serão destacadas as medidas de um ângulo em *graus* e *radianos*. Exploraremos o *seno*, *cosseno* e *tangente* na *circunferência trigonométrica* e os gráficos de suas respectivas funções. Outras funções e gráficos também serão explorados, entre elas a *secante*, a *cossecante*, a *cotangente* e as *funções trigonométricas inversas*. As análises numéricas, gráficas e algébricas dos conceitos trigonométricos embasarão as importantes aplicações práticas em diversas situações aplicadas nas engenharias.

Estudo de caso

Um fabricante pretende exportar ventiladores, que já produz e comercializa nacionalmente, e determina aos seus engenheiros o desenvolvimento de novos aparelhos adequados às condições de uso e normas técnicas dos países nos quais serão vendidos.

Entre as diferenças a serem consideradas estão os diferentes valores de *tensões elétricas alternadas* (C.A.) fornecidos nas residências dos países. As tensões C.A., medidas em *volt*, podem ser representadas por funções trigonométricas que dependem do tempo, medido em *segundos*. A empresa já fabrica ventiladores adequados às tensões C.A. que são aproximadas pelas funções $V_1 = 180 \cdot \text{sen}(120\pi \cdot t)$ ou $V_2 = 311 \cdot \text{sen}(120\pi \cdot t)$.

Os novos aparelhos para o mercado norte-americano levarão em conta a tensão C.A. dada por $V_3 = 156 \cdot \text{sen}(120\pi \cdot t)$. Na União Europeia (U.E.) é comum o uso de uma tensão C.A. dada por $V_4 = 325 \cdot \text{sen}(100\pi \cdot t)$.

O multímetro utilizado para medir as tensões C.A. detecta o *valor eficaz*,

V_{rms}, da tensão dado por $V_{rms} = \dfrac{V_{Máx}}{\sqrt{2}}$, em que $V_{Máx}$ é a tensão máxima (ou de pico) de acordo com cada função dada. Comparando as funções V_1, V_2, V_3 e V_4, inicialmente é necessário responder às perguntas: *Quais as quatro tensões máximas? Quais os quatro valores efi-* *cazes das tensões? Quais os períodos das funções? Quantas oscilações completas de tensão ocorrem em 1 segundo para as funções, ou seja, qual a frequência (em Hz) dessas tensões? Quais os gráficos das tensões para o mercado norte-americano e para o mercado da U.E.?*

axpitel/Shutterstock

Essas questões poderão ser respondidas com o auxílio dos tópicos a serem estudados neste capítulo!

8.1 Trigonometria no triângulo retângulo

A seguir temos as definições das principais relações trigonométricas no triângulo retângulo e os valores dessas relações para os ângulos notáveis $30°$, $45°$ e $60°$.

Seno, cosseno e tangente no triângulo retângulo

Considere os triângulos retângulos ABC, ADE e AFG que são semelhantes pelo caso Ângulo-Ângulo dados os ângulos α e $90°$ assinalados na Figura 8.1 a seguir.

Por serem semelhantes, podemos escrever as seguintes proporções:

$$\frac{BC}{AC} = \frac{DE}{AE} = \frac{FG}{AG} \text{ (constante)} \qquad \frac{AB}{AC} = \frac{AD}{AE} = \frac{AF}{AG} \text{ (constante)} \qquad \frac{BC}{AB} = \frac{DE}{AD} = \frac{FG}{AF} \text{ (constante)}$$

As razões dessas proporções recebem nomes especiais, respectivamente, **seno** de α, **cosseno** de α e **tangente** de α. Essas razões dependem apenas do ângulo agudo α nos triângulos retângulos e não do tamanho dos triângulos.

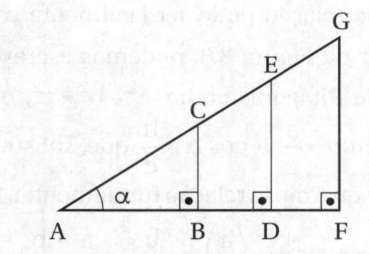

Figura 8.1 Triângulos retângulos semelhantes

Em relação ao ângulo α nos triângulos, chamamos de **catetos opostos a** α os catetos $\overline{BC}$, $\overline{DE}$ e $\overline{FG}$. De modo parecido, chamamos de **catetos adjacentes a** α os catetos $\overline{AB}$, $\overline{AD}$ e $\overline{AF}$. Na Figura 8.2 temos essa denominação para o triângulo ABC.

De modo resumido, temos as razões trigonométricas a seguir para $0^{\circ} < \alpha < 90^{\circ}$:

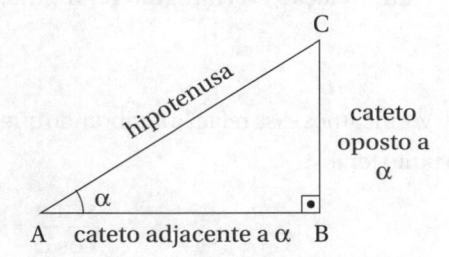

Figura 8.2 Triângulo retângulo

$$\text{sen } \alpha = \frac{\text{cateto oposto a } \alpha}{\text{hipotenusa}} \qquad \cos \alpha = \frac{\text{cateto adjacente a } \alpha}{\text{hipotenusa}} \qquad \text{tg } \alpha = \frac{\text{cateto oposto a } \alpha}{\text{hipotenusa}}$$

Exemplo 1: Para o triângulo retângulo ao lado, estão escritas a razões trigonométricas:

$$\text{sen } \alpha = \frac{3}{5} \qquad \cos \alpha = \frac{4}{5} \qquad \text{tg } \alpha = \frac{3}{4}$$

$$\text{sen } \beta = \frac{4}{5} \qquad \cos \beta = \frac{3}{5} \qquad \text{tg } \beta = \frac{4}{3}$$

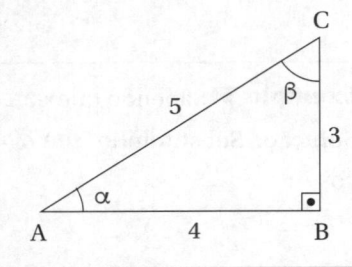

Relações elementares entre seno, cosseno e tangente

No exemplo anterior, temos os ângulos α e β complementares, ou seja, $\alpha + \beta = 90^{\circ}$. Para tais ângulos, valem as seguintes relações:

$$\text{sen } \alpha = \cos \beta, \quad \cos \alpha = \text{sen } \beta \quad \text{e} \quad \text{tg } \alpha = \frac{1}{\text{tg } \beta}$$

pois, conforme a Figura 8.2, $\text{sen } \alpha = \dfrac{a}{c} = \cos \beta$, $\cos \alpha = \dfrac{b}{c} = \text{sen } \beta$ e $\text{tg } \alpha = \dfrac{a}{b} = \dfrac{1}{\dfrac{b}{a}} = \dfrac{1}{\text{tg } \beta}$.

Vale também notar a **relação fundamental**, no triângulo retângulo, para $0^{\circ} < \alpha < 90^{\circ}$:

$$\text{sen}^2\alpha + \cos^2\alpha = 1$$

Essa relação pode ser facilmente verificada. A partir da Figura 8.3, podemos escrever o teorema de Pitágoras como $a^2 + b^2 = c^2$, e as relações $\operatorname{sen} \alpha = \dfrac{a}{c}$ e $\cos \alpha = \dfrac{b}{c}$ que, substituídas na parte esquerda da relação fundamental, levarão a

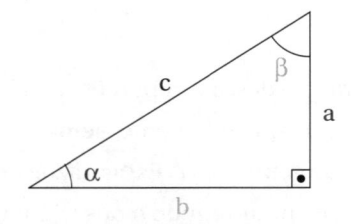

Figura 8.3 Ângulos complementares

$$\operatorname{sen}^2\alpha + \cos^2\alpha = \left(\frac{a}{c}\right)^2 + \left(\frac{b}{c}\right)^2 = \frac{a^2 + b^2}{c^2} = \frac{c^2}{c^2} = 1$$

Outra relação no triângulo retângulo, para $0^o < \alpha < 90^o$, é dada por

$$\operatorname{tg} \alpha = \frac{\operatorname{sen} \alpha}{\cos \alpha}$$

Verificamos essa relação lembrando que, a partir da Figura 8.3, $\operatorname{sen} \alpha = \dfrac{a}{c}$, $\cos \alpha = \dfrac{b}{c}$ e $\operatorname{tg} \alpha = \dfrac{a}{b}$, portanto temos:

$$\frac{\operatorname{sen} \alpha}{\cos \alpha} = \frac{\frac{a}{c}}{\frac{b}{c}} = \frac{a}{c} \times \frac{c}{b} = \frac{a}{b} = \operatorname{tg} \alpha$$

Exemplo 2: Dados os ângulos 10° e 80°, complementares, pois $10^o + 80^o = 90^o$, temos $\operatorname{sen} 10^o = \cos 80^o$ e $\cos 10^o = \operatorname{sen} 80^o$.

Exemplo 3: Sabendo que $\operatorname{sen} \alpha = 0,6$ para $0^o < \alpha < 90^o$, determine $\cos \alpha$ e $\operatorname{tg} \alpha$.

Solução: Substituindo $\operatorname{sen} \alpha = 0,6$ na *relação fundamental* $\operatorname{sen}^2\alpha + \cos^2\alpha = 1$, obtemos $\cos \alpha$:

$$(0,6)^2 + \cos^2\alpha = 1$$
$$0,36 + \cos^2\alpha = 1$$
$$\cos^2\alpha = 1 - 0,36$$
$$\cos^2\alpha = 0,64$$
$$\cos \alpha = \pm\sqrt{0,64}$$
$$\cos \alpha = 0,8$$

A tangente é dada por $\operatorname{tg} \alpha = \dfrac{\operatorname{sen} \alpha}{\cos \alpha} = \dfrac{0,6}{0,8} = 0,75$.

Seno, cosseno e tangente para arcos notáveis

Ao dividirmos um triângulo equilátero por uma de suas alturas, obtemos triângulos retângulos com ângulos agudos de 30° e 60° e, a partir das medidas dos lados desses triângulos, obtemos os valores de seno, cosseno e tangente de 30° e 60°. De modo parecido, a diagonal divide um quadrado em triângulos retângulos isósceles com ângulos agudos de 45° e, a partir das medidas dos lados desses triângulos, obtemos sen 45°, cos 45° e tg 45°.

Na Figura 8.4 ao lado, temos o triângulo equilátero ABC cujo lado mede l e com altura $\overline{AH}$. Aplicando o teorema de Pitágoras no triângulo ABH, temos $(AH)^2 + \left(\dfrac{l}{2}\right)^2 = l^2$, o que leva a $AH = \dfrac{l\sqrt{3}}{2}$.

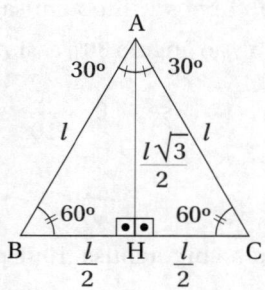

Figura 8.4 Triângulo equilátero

No triângulo ABH, as relações trigonométricas levam a

$$\text{sen } 30^\circ = \cos 60^\circ = \dfrac{\dfrac{l}{2}}{l} = \dfrac{l}{2} \times \dfrac{1}{l} = \dfrac{1}{2}$$

$$\text{sen } 60^\circ = \cos 30^\circ = \dfrac{\dfrac{l\sqrt{3}}{2}}{l} = \dfrac{l\sqrt{3}}{2} \times \dfrac{1}{l} = \dfrac{\sqrt{3}}{2}$$

$$\text{tg } 30^\circ = \dfrac{\dfrac{l}{2}}{\dfrac{l\sqrt{3}}{2}} = \dfrac{l}{2} \times \dfrac{2}{l\sqrt{3}} = \dfrac{1}{\sqrt{3}} \cdot \dfrac{\sqrt{3}}{\sqrt{3}} = \dfrac{\sqrt{3}}{3}$$

$$\text{tg } 60^\circ = \dfrac{\dfrac{l\sqrt{3}}{2}}{\dfrac{l}{2}} = \dfrac{l\sqrt{3}}{2} \times \dfrac{2}{l} = \sqrt{3}$$

Na Figura 8.5 ao lado, temos o quadrado ABCD cujo lado mede l e com diagonal $\overline{AC}$. Aplicando o teorema de Pitágoras no triângulo ABC, temos $(AC)^2 = l^2 + l^2$, o que leva a $AC = l\sqrt{2}$.

No triângulo ABC, as relações trigonométricas levam a

$$\text{sen } 45^\circ = \cos 45^\circ = \dfrac{l}{l\sqrt{2}} = \dfrac{1}{\sqrt{2}} \cdot \dfrac{\sqrt{2}}{\sqrt{2}} = \dfrac{\sqrt{2}}{2}$$

$$\text{tg } 45^\circ = \dfrac{l}{l} = 1$$

Reunimos os valores obtidos na tabela ao lado.

Figura 8.5 Quadrado

Tabela 8.1 Seno, cosseno e tangente de 30°, 45° e 60°

α	30°	45°	60°
sen α	$\dfrac{1}{2}$	$\dfrac{\sqrt{2}}{2}$	$\dfrac{\sqrt{3}}{2}$
cos α	$\dfrac{\sqrt{3}}{2}$	$\dfrac{\sqrt{2}}{2}$	$\dfrac{1}{2}$
tg α	$\dfrac{\sqrt{3}}{3}$	1	$\sqrt{3}$

Exemplo 4: Para o triângulo ao lado, determine as medidas dos lados indicados.

Solução: Temos a hipotenusa, 10m, para obter o cateto oposto, x , ao ângulo 30º, assim

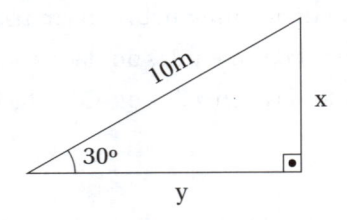

$$\text{sen } 30º = \frac{x}{10} \quad \rightarrow \quad \frac{1}{2} = \frac{x}{10}$$

$$x = \frac{10}{2} \quad \rightarrow \quad x = 5$$

Temos a hipotenusa, 10m, para obter o cateto adjacente, y , ao ângulo 30º, assim

$$\cos 30º = \frac{y}{10} \quad \rightarrow \quad \frac{\sqrt{3}}{2} = \frac{x}{10}$$

$$x = \frac{10\sqrt{3}}{2} \quad \rightarrow \quad x = 5\sqrt{3}$$

Exercícios

1. A partir dos valores dos lados e ângulos assinalados no triângulo retângulo a seguir, calcule os valores de seno, cosseno e tangente de α e β.

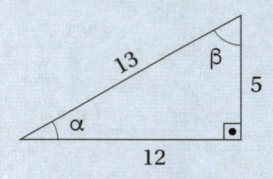

2. Para cada item, determine os valores de x e y, assinalados nos triângulos.

a)

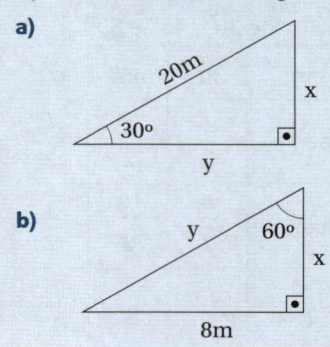

b)

c)

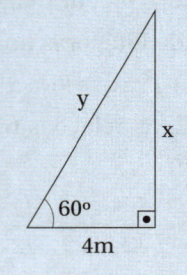

d)

e)

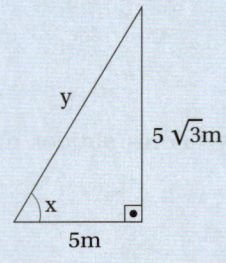

f)

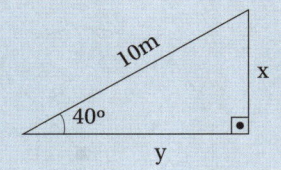

3. Sabendo que sen $\alpha = 0,8$ para $0^o < \alpha < 90^o$, determine $\cos \alpha$ e tg α.

4. As calculadoras científicas possuem teclas que calculam o seno (tecla $\boxed{\text{sin}}$), o cosseno (tecla $\boxed{\text{cos}}$) e a tangente (tecla $\boxed{\text{tan}}$) de um ângulo medido em graus (modo DEG), radianos (RAD) ou grados (GRAD). Utilizando a calculadora no modo de cálculo em graus, calcule com 4 casas decimais os valores de seno, cosseno e tangente dos seguintes ângulos:

a) 20°   **b)** 55°   **c)** 73°

d) 10°   **e)** 30°   **f)** 45°

5. Para cada item, determine os valores de x e y, assinalados nos triângulos, obtendo na calculadora os valores necessários de seno, cosseno e tangente dos ângulos assinalados. Use aproximações de 4 casas decimais e lembre-se de usar a calculadora no modo de cálculo em graus (modo DEG).

a)

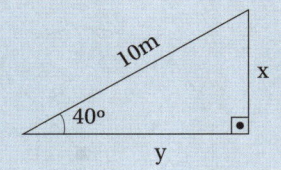

b)

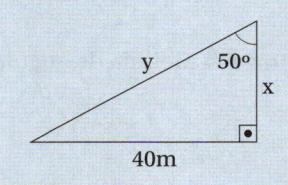

c)

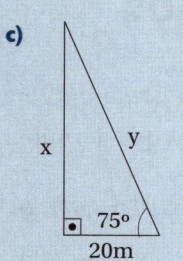

d)

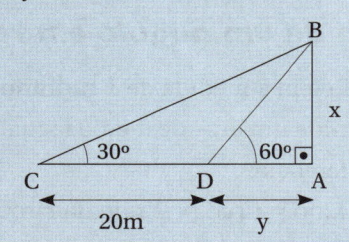

6. Na figura temos os triângulos ABC e ABD retângulos em A com medidas de ângulos e lados assinalados. Usando os valores notáveis de arcos, determine as medidas x e y dos lados assinalados.

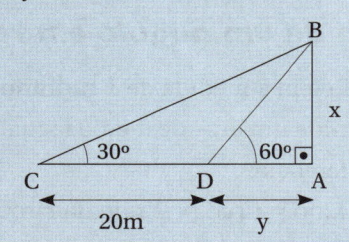

7. Na figura temos os triângulos ABC e ABD retângulos em A com medidas de ângulos e lados assinalados. Determine as medidas x e y dos lados assinalados, obtendo na calculadora os valores trigonométricos necessários. Use aproximações de 4 casas decimais e lembre-se de usar a calculadora no modo de cálculo em graus (modo DEG).

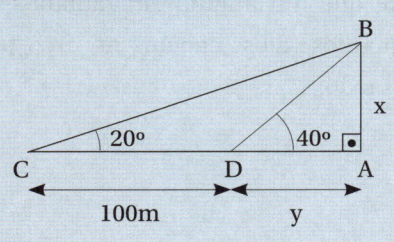

▶ 8.2 Radianos

Veremos a seguir o *grau* e o *radiano* como duas unidades de medidas dos ângulos. Trabalharemos também as relações que permitem as transformações de uma unidade para outra.

Medida de um ângulo em graus (°)

Sabemos que o ângulo de 1 *grau* (1°) corresponde a um arco que equivale a $\frac{1}{360}$ da circunferência em que está marcado.

Assim, em uma circunferência, um ângulo de 30° indica que o arco correspondente equivale a $30 \cdot \frac{1}{360} = \frac{30}{360}$ da circunferência. Veja esse ângulo na circunferência de centro O na Figura 8.6 ao lado.

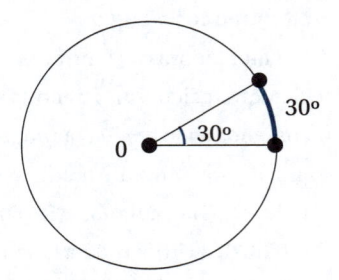

Figura 8.6 Ângulo de 30° na circunferência

Medida de um ângulo em radianos (rad)

Um ângulo tem a medida de 1 **radiano** (1 rad) se for definido um arco de medida igual ao raio da circunferência:

α = 1 radiano = 1 rad ≈ 1 raio da circunferência

Na Figura 8.7, temos tal ângulo na circunferência de centro O com arco $\overset{\frown}{AB}$ de medida igual ao raio.

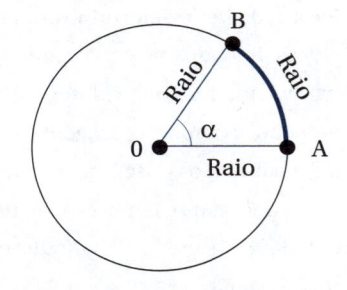

Figura 8.7 Ângulo de 1 radiano

Para medir um ângulo, ou arco, da Figura 8.8, em radianos usamos a relação

$$\alpha = \frac{\text{medida do arco } \overset{\frown}{AB}}{\text{raio}} \text{ rad} = \frac{l}{R} \text{ rad}$$

Note que um ângulo em radianos quantifica quantos raios "cabem" no arco por ele determinado.

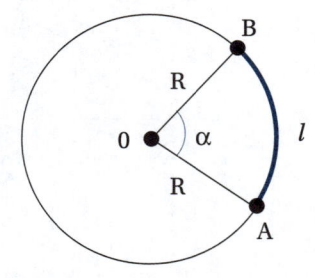

Figura 8.8 Medida de ângulo em radianos

Exemplo 5: Considere a circunferência ao lado com raio de 10 cm e arcos $\widehat{AB} = 15$ cm, $\widehat{BC} = 20$ cm e $\widehat{CD} = 27$ cm cujos ângulos correspondentes são α, β e θ. Determine as medidas dos ângulos em radianos.

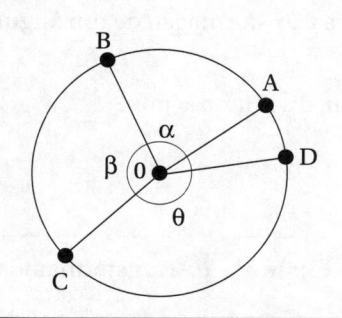

Solução: Utilizando a relação $\alpha = \dfrac{\text{medida do arco}}{\text{raio}} = \dfrac{l}{R}\text{rad}$, obtemos as medidas dos arcos

$\alpha = \dfrac{15}{10} = 1,5$ rad, $\beta = \dfrac{20}{10} = 2$ rad e $\theta = \dfrac{27}{10} = 2,7$ rad.

Medida de um ângulo de uma volta

Podemos relacionar as unidades de medidas, graus e radianos de um ângulo. Para isso, é comum tomarmos um ângulo de uma volta completa na circunferência.

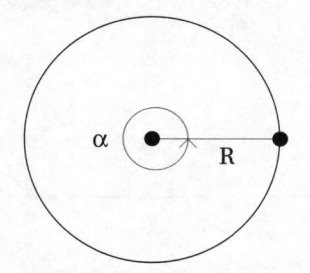

Para medirmos um grau (1º), dividimos a circunferência em 360 partes congruentes, então, o ângulo de uma volta completa mede $\alpha = 360^{\circ}$, conforme a Figura 8.9 ao lado.

Figura 8.9 Ângulo de uma volta

Para o ângulo de uma volta, medido em radianos, lembramos que o *comprimento de uma circunferência* de raio R é dado por $C = 2 \cdot \pi \cdot R$, sendo π um número irracional de valor aproximado, $\pi \cong 3,14$. Na relação $\alpha = \dfrac{\text{medida do arco}}{\text{raio}} = \dfrac{l}{R}\text{rad}$, que dá o ângulo em radianos, a medida do arco é dada pelo comprimento da circunferência, assim, obtemos, para o ângulo de uma volta da Figura 8.9:

$$\alpha = \frac{\text{medida do arco}}{\text{raio}} \Rightarrow \alpha = \frac{\text{comprimento da circunferência}}{\text{raio}} \Rightarrow \alpha = \frac{2 \cdot \pi \cdot R}{R}\text{rad} \Rightarrow \alpha = 2\pi\text{ rad}$$

Assim, o ângulo de uma volta nos dá a equivalência

$$\alpha = 360^{\circ} \approx 2\pi\text{ rad}$$

com $\pi \cong 3,14$. Substituindo o valor aproximado de π, obtemos para o ângulo de uma volta $\alpha = 2\pi$ rad $\cong 2 \times 3,14$ rad $= 6,28$ rad, indicando que o raio "cabe" aproximadamente "6,28 vezes" em uma circunferência.

Transformação graus × radianos

Na transformação de um ângulo em graus para radianos e vice-versa, usamos a equivalência

$$360^o \approx 2\pi \text{ rad}$$

ou, dividindo-a por 2,

$$180^o \approx \pi \text{ rad}$$

Exemplo 6: Transformamos 30° em radianos, resolvendo a regra de três simples e direta:

$$\downarrow \quad \text{Graus} \qquad \text{Radianos} \quad \downarrow$$

$$180^o \quad ----- \quad \pi$$

$$30^o \quad ----- \quad x$$

Como as grandezas são diretamente proporcionais, podemos fazer

$$\frac{180^o}{30^o} = \frac{\pi}{x}$$

Realizando o produto em cruz, temos

$$180^o \, x = 30^o \cdot \pi$$

$$x = \frac{30^o \, \pi}{180^o}$$

$$x = \frac{\pi}{6} \text{rad}$$

Exemplo 7: Transformamos $\frac{\pi}{6}$rad em graus, substituindo apenas π rad $= 180^o$:

$$\frac{\pi}{6} \text{rad} = \frac{180^o}{6} = 30^o$$

Exercícios

8. Considere a circunferência a seguir com raio de 15cm e arcos $\widehat{AB} = 10$cm, $\widehat{BC} = 18$cm e $\widehat{CD} = 42$cm, cujos ângulos correspondentes são α, β e θ. Determine as medidas dos ângulos em radianos.

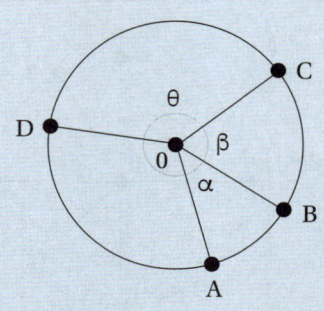

9. Uma circunferência com raio de 6 cm tem um arco de medida de 4π cm. Determine a medida, em radianos e em graus, do ângulo central correspondente.

10. Transforme para radianos os ângulos dados em graus em cada item a seguir.

   a) $60°$ **b)** $45°$ **c)** $270°$

   d) $120°$ **e)** $18°$ **f)** $150°$

   g) $20°$ **h)** $10°$ **i)** $1°$

11. Transforme para graus os ângulos dados em radianos em cada item a seguir.

   a) $\dfrac{\pi}{2}$ rad   **b)** $\dfrac{\pi}{4}$ rad   **c)** $\dfrac{\pi}{5}$ rad

   d) $\dfrac{3\pi}{2}$ rad   **e)** $\dfrac{7\pi}{6}$ rad   **f)** $\dfrac{4\pi}{3}$ rad

   g) $\dfrac{3\pi}{4}$ rad   **h)** 3π rad   **i)** 1 rad

12. Uma circunferência tem raio de 6cm. Qual a medida de um arco correspondente a um ângulo central de $\dfrac{5\pi}{6}$ rad ?

13. Uma circunferência tem raio de 8cm. Qual a medida de um arco correspondente a um ângulo central de $135°$?

14. Um relógio de parede tem o ponteiro dos minutos com comprimento de 15cm.

   a) Em 10 minutos, quantos centímetros sua extremidade percorreu?

   b) Em 10 minutos, quanto mede em radianos o ângulo correspondente ao arco que sua extremidade percorreu?

   c) Em 10 minutos, quanto mede em graus o ângulo correspondente ao arco que sua extremidade percorreu?

◣ 8.3 Circunferência trigonométrica

Nesta seção estudaremos a circunferência trigonométrica, analisando o modo de associar pontos dela aos números reais.

Circunferência trigonométrica

Descrevemos, a seguir, como construímos a *circunferência trigonométrica* da Figura 8.10 ao lado, na qual tomamos arcos aos quais associamos números reais: na figura tomamos uma circunferência de raio com 1 unidade de comprimento, sobrepomos a ela eixos cartesianos ortogonais, estabelecemos a origem dos arcos no ponto A(1,0), definimos a partir dele o sentido positivo como anti-horário e associamos a cada comprimento do arco assim marcado um número real.

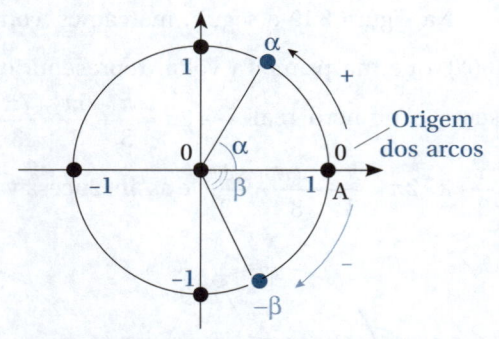

Figura 8.10 Circunferência trigonométrica

Exemplo 8: Na circunferência trigonométrica ao lado, assinalamos os arcos positivos $\frac{\pi}{3}$ rad (ou 60°) e π rad (ou 180°) e os arcos negativos $-\frac{\pi}{4}$ rad (ou –45°) e $-\frac{\pi}{2}$ rad (ou –90°).

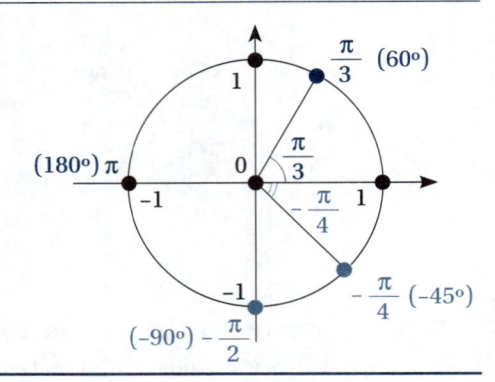

Quadrantes

Os eixos ortogonais dividem a circunferência trigonométrica em quatro *quadrantes* (1º Q, 2º Q, 3º Q e 4º Q) assinalados na Figura 8.11 ao lado.

Arcos côngruos

Associamos os números reais aos pontos da circunferência trigonométrica.

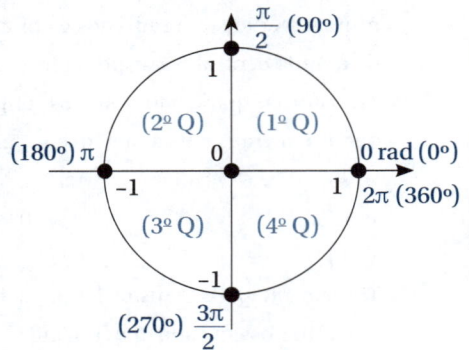

Figura 8.11

Sabemos que o comprimento da circunferência trigonométrica mede 2π, assim, no sentido positivo, na primeira volta, a cada ponto da circunferência, ou arco α, podemos associar um número tal que $0 \leq \alpha < 2\pi$. Na segunda volta, um ponto da circunferência, ou arco β, pode ser associado a um número tal que $2\pi \leq \beta < 4\pi$, e assim sucessivamente para as demais voltas da circunferência. Os números reais negativos podem ser marcados na circunferência de maneira parecida, seguindo o sentido negativo (horário) para a marcação dos arcos.

Na Figura 8.12 a seguir, marcamos, como exemplo, o ponto A a partir do arco $\frac{\pi}{3}$ rad (ou 60°), que, na primeira volta, representa o número real $\frac{\pi}{3}$, que, na segunda volta, representa o número real $\frac{\pi}{3} + 2\pi = \frac{\pi}{3} + \frac{6\pi}{3} = \frac{7\pi}{3}$ e que, na terceira volta, representa o número $\frac{\pi}{3} + 2 \times 2\pi = \frac{\pi}{3} + \frac{12\pi}{3} = \frac{13\pi}{3}$ e assim sucessivamente.

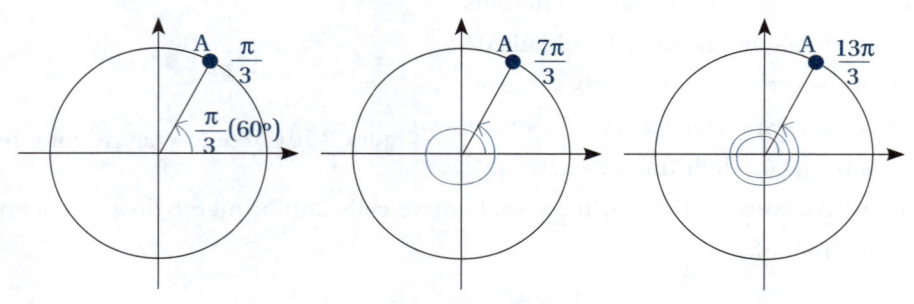

Figura 8.12 Arcos côngruos

Os arcos $\dfrac{\pi}{3}$, $\dfrac{7\pi}{3}$, $\dfrac{13\pi}{3}$ ..., que no círculo trigonométrico da Figura 8.12 são representados pelo mesmo ponto A, são chamados **arcos côngruos** e sua **expressão geral** é dada por $\dfrac{\pi}{3} + k \cdot 2\pi$, em que $k \in Z$. Para esse arco, sua expressão geral em graus é dada por $60° + k \cdot 360°$, em que $k \in Z$. Para esses arcos os valores $\dfrac{\pi}{3}$ (ou $60°$) que estão na primeira volta $(0 \le \alpha < 2\pi$ ou $0° \le \alpha < 360°)$ são chamados **primeira determinação positiva**.

Assim, para um arco cuja primeira determinação positiva é x rad (ou $x°$), a expressão geral de seus arcos côngruos será $x + k \cdot 2\pi$ ou $x° + k \cdot 360°$, com $k \in Z$.

Exemplo 9: Obtenha a primeira determinação positiva do arco $1.830°$.

Solução: A primeira determinação positiva será o **resto** obtido na divisão de $1.830°$ por $360°$. O quociente inteiro dessa divisão representa quantas "voltas" na circunferência foram dadas a partir da primeira determinação positiva.

$$\begin{array}{r|l} 1.830° & \underline{360°} \\ \underline{1.800°} & 5 \ (voltas) \\ 30° & \leftarrow \text{Primeira determinação positiva} \end{array}$$

A primeira determinação positiva será $30°$, pois $1.830° = 30° + 5 \times 360°$.

Exemplo 10: Obtenha a primeira determinação positiva do arco $\dfrac{27\pi}{4}$ rad.

Solução: A primeira determinação positiva será o **resto** obtido na divisão de $\dfrac{27\pi}{4}$ por 2π. Nesse caso, para facilitar a divisão, escrevemos 2π com o mesmo denominador do arco, ou seja, $2\pi = \dfrac{8\pi}{4}$. O quociente inteiro dessa divisão representa quantas "voltas" na circunferência foram dadas a partir da primeira determinação positiva.

$$\begin{array}{r|l} \dfrac{27\pi}{4} & \dfrac{8\pi}{4} \\[2mm] \dfrac{24\pi}{4} & 3 \ (voltas) \\[2mm] \dfrac{3\pi}{4} & \leftarrow \text{Primeira determinação positiva} \end{array}$$

A primeira determinação positiva será $\dfrac{3\pi}{4}$, pois $\dfrac{27\pi}{4} = \dfrac{3\pi}{4} + 3 \times \dfrac{8\pi}{4} = \dfrac{3\pi}{4} + 3 \times 2\pi$.

Finalizamos esta seção ressaltando que para a circunferência trigonométrica os valores nos eixos cartesianos variam de -1 até 1, pois o raio tem medida de 1 unidade. Veja a Figura 8.13 ao lado.

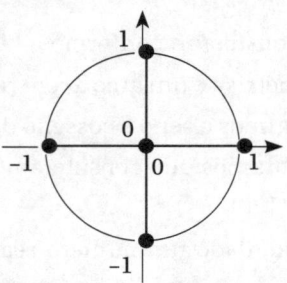

Figura 8.13 Valores nos eixos cartesianos

Exercícios

15. Na circunferência trigonométrica a seguir, os pontos A, B, C e D são vértices de um retângulo. Se o ponto A representa o arco $\frac{\pi}{3}$ rad (ou 60°), determine as medidas em radianos e em graus dos arcos correspondentes aos pontos B, C e D.

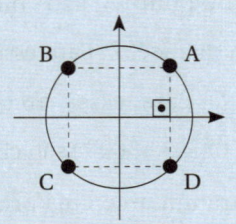

16. Na circunferência trigonométrica a seguir, os pontos A, B, C e D são vértices de um retângulo. Se o ponto A representa o arco $\frac{\pi}{4}$ rad (ou 45°), determine as medidas em radianos e em graus dos arcos correspondentes aos pontos B, C e D.

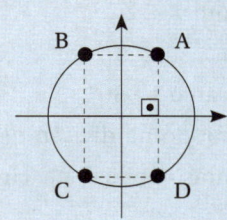

17. Escreva as expressões gerais, em radianos, dos arcos em cada item:

a) $\frac{\pi}{6}$ rad   b) $\frac{3\pi}{4}$ rad   c) $\frac{5\pi}{3}$ rad

18. Escreva as expressões gerais, em graus, dos arcos em cada item:

a) 30°   b) 150°   c) 240°

19. Obtenha a primeira determinação positiva de cada arco:

a) 780°   b) 1.560°   c) 3.825°

20. Obtenha a primeira determinação positiva de cada arco:

a) $\frac{17\pi}{4}$ rad   b) $\frac{53\pi}{6}$ rad   c) $\frac{63\pi}{5}$ rad

▶ 8.4 Seno, cosseno e tangente na circunferência trigonométrica

A seguir definimos seno, cosseno e tangente de um número real com o auxílio da circunferência trigonométrica. Serão explorados também valores de seno, cosseno e tangente para arcos notáveis.

Seno e cosseno de um número real

Vamos considerar, conforme a Figura 8.14, o sistema de coordenadas uOv, a circunferência trigonométrica e um arco x, em radianos, com imagem do ponto P sobre ela.

Definimos o seno e cosseno de x como as coordenadas do ponto P conforme a figura.

Lembramos que consideramos x positivo se tomado no sentido anti-horário a partir do ponto A (1, 0).

Assim, dado um número real x e o ponto que o representa na circunferência trigonométrica, o valor de cos x é dado pela medida algébrica da projeção do ponto sobre o eixo horizontal, e o valor de sen x é dado pela medida algébrica da projeção do ponto sobre o eixo vertical. Dadas essas projeções, é comum representar o eixo horizontal como o eixo dos cossenos e o eixo vertical como o eixo dos senos.

Naturalmente as projeções que denotam o seno e o cosseno de um arco x da circunferência trigonométrica estão limitadas entre valores que vão de -1 até 1, assim temos os seguintes *limites de variação*:

$$-1 \leq \text{sen } x \leq 1 \quad \text{e} \quad -1 \leq \cos x \leq 1$$

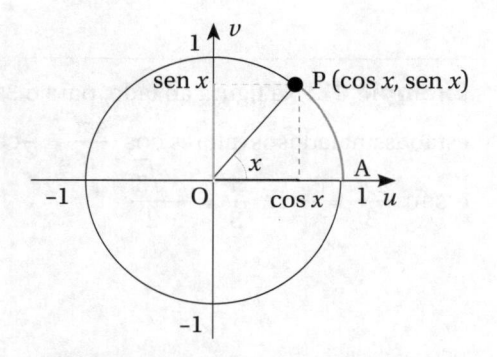

Figura 8.14 Seno e cosseno de um número real

Para o seno e cosseno de um número real x, como foram definidos, continua válida a *relação fundamental*:

$$\text{sen}^2 x + \cos^2 x = 1$$

Exemplo 11: Na figura ao lado estão assinalados os valores $\cos \dfrac{\pi}{3} = \dfrac{1}{2}$ e $\text{sen } \dfrac{\pi}{3} = \dfrac{\sqrt{3}}{2}$.

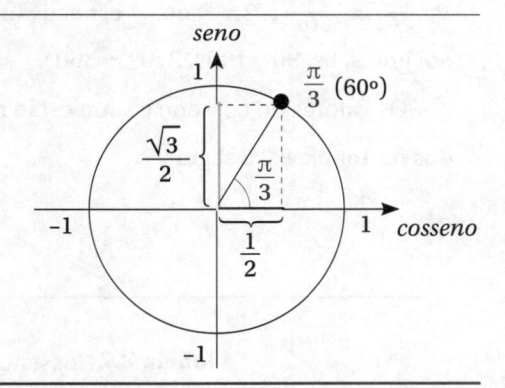

Para *arcos simétricos* aos arcos notáveis do $1^{\underline{o}}$ quadrante, obtemos por simetria os valores de seno e cosseno para arcos notáveis no $2^{\underline{o}}$ quadrante, $3^{\underline{o}}$ quadrante e $4^{\underline{o}}$ quadrante, conforme a Figura 8.15.

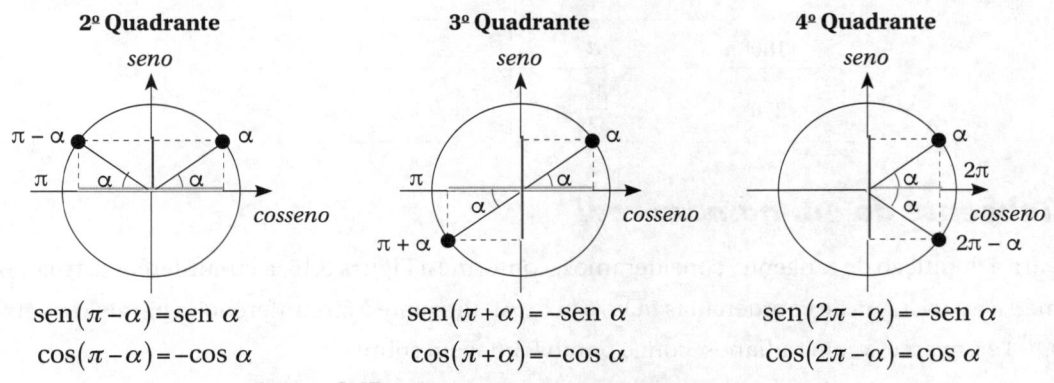

2º Quadrante

$$\text{sen}(\pi - \alpha) = \text{sen } \alpha$$
$$\cos(\pi - \alpha) = -\cos \alpha$$

3º Quadrante

$$\text{sen}(\pi + \alpha) = -\text{sen } \alpha$$
$$\cos(\pi + \alpha) = -\cos \alpha$$

4º Quadrante

$$\text{sen}(2\pi - \alpha) = -\text{sen } \alpha$$
$$\cos(2\pi - \alpha) = \cos \alpha$$

Figura 8.15 Simetrias e valores de seno e cosseno

Exemplo 12: Na figura ao lado, para o 3º quadrante, estão assinalados os valores $\cos\dfrac{4\pi}{3} = -\cos\dfrac{\pi}{3} = -\dfrac{1}{2}$ e $\operatorname{sen}\dfrac{4\pi}{3} = -\operatorname{sen}\dfrac{\pi}{3} = -\dfrac{\sqrt{3}}{2}$.

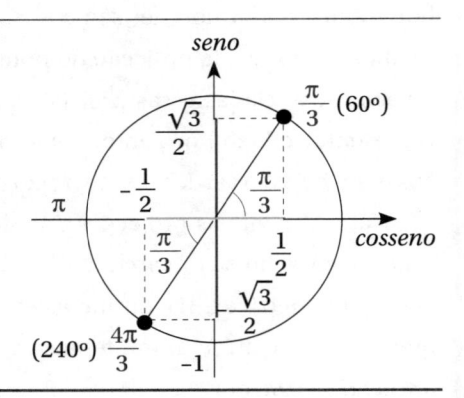

Exemplo 13: Na figura ao lado, temos assinalados os valores notáveis dos arcos 0, $\dfrac{\pi}{2}$, π, $\dfrac{3\pi}{2}$, 2π, ou, respectivamente, em graus, 0º, 90º, 180º, 270º e 360º.

Os valores do cosseno e seno estão reunidos na Tabela 8.2 a seguir.

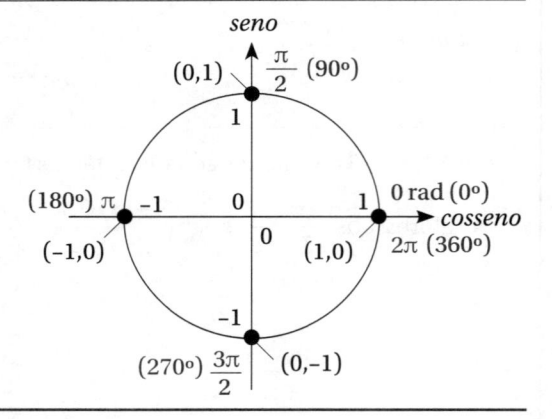

Tabela 8.2 Cosseno e seno para 0, $\dfrac{\pi}{2}$, π, $\dfrac{3\pi}{2}$, 2π

Arco Graus	Arco Radianos	Cosseno	Seno
$0° \approx 360°$	$0 \approx 2\pi$	1	0
$90°$	$\dfrac{\pi}{2}$	0	1
$180°$	π	-1	0
$270°$	$\dfrac{3\pi}{2}$	0	-1

Tangente de um número real

Para a definição de tangente, consideramos, conforme a Figura 8.16, a circunferência trigonométrica, o sistema de coordenadas uOv, o eixo $\overline{At}$ tangente à circunferência (paralelo ao eixo $\overline{Ov}$) e um arco x, em radianos, com o ponto P imagem sobre ela.

Considere a reta $\overleftrightarrow{OP}$ que passa pelo centro O do sistema de coordenadas e intercepta o eixo $\overrightarrow{At}$ no ponto T.

Definimos a tangente de x a partir do seno e cosseno de x e interpretamos geometricamente:

- $\operatorname{tg} x = \dfrac{\operatorname{sen} x}{\cos x}$, sendo $\cos x \neq 0$; ou

- $\operatorname{tg} x$ é a ordenada do ponto T, ou a medida algébrica de $\overline{AT}$.

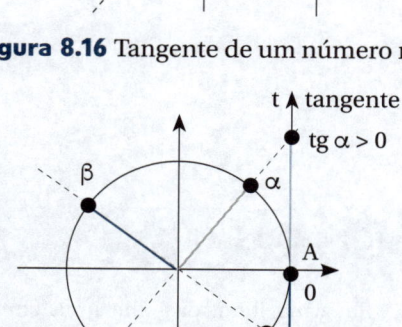

Figura 8.16 Tangente de um número real

Os valores da tangente são representados no eixo $\overrightarrow{At}$, considerado assim o eixo das tangentes. Nesse eixo, o ponto A corresponde ao valor 0 e a orientação positiva é para cima.

Logo, arcos do primeiro e terceiro quadrantes têm tangente positiva, enquanto arcos no segundo e quarto quadrantes têm tangente negativa. Veja a Figura 8.17 ao lado.

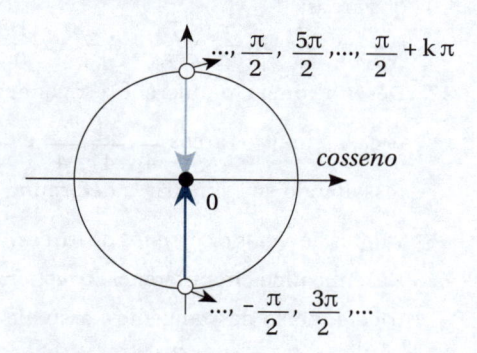

Figura 8.17 Sinais da tangente

Note que a tangente é definida para arcos x tais que $\cos x \neq 0$, ou seja, para que a tangente exista é necessário que $x \neq \dfrac{\pi}{2} + k \cdot \pi$, com $k \in \mathbb{Z}$. Os pontos para os quais a tangente não existe estão assinalados na Figura 8.18 ao lado.

Figura 8.18 Arcos em que não existe tangente

Exemplo 14: Na figura ao lado estão assinalados os valores da tangente para arcos simétricos em relação à origem e que podem ser relacionados ao arco notável $\dfrac{\pi}{3}$ (ou 60°) do primeiro quadrante:

$$\operatorname{tg} \frac{4\pi}{3} = \operatorname{tg} \frac{\pi}{3} = \sqrt{3} \quad \text{e} \quad \operatorname{tg} \frac{5\pi}{3} = \operatorname{tg} \frac{2\pi}{3} = -\operatorname{tg} \frac{\pi}{3} = -\sqrt{3}.$$

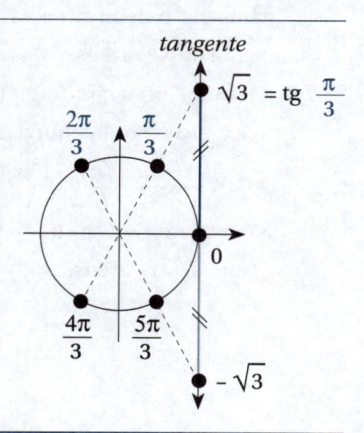

A seguir temos duas relações de igualdade para tangentes de arcos com pontos simétricos em relação à origem, conforme a Figura 8.19 ao lado:

- $\operatorname{tg}(\pi + x) = \operatorname{tg} x$;
- $\operatorname{tg}(\pi - x) = \operatorname{tg}(2\pi - x) = -\operatorname{tg} x$.

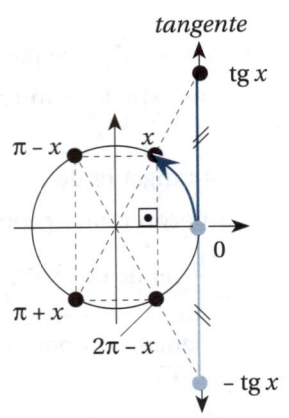

Figura 8.19 Tangentes de arcos simétricos

Exercícios

21. Em cada item, desenhe uma circunferência trigonométrica, assinale os dois arcos dados ressaltando sua simetria e determine os valores de senos e cossenos dos arcos:

   a) $\dfrac{\pi}{6}$ e $\dfrac{5\pi}{6}$ **b)** $\dfrac{\pi}{6}$ e $\dfrac{7\pi}{6}$ **c)** $\dfrac{\pi}{6}$ e $\dfrac{11\pi}{6}$

22. Desenhe uma circunferência trigonométrica, assinale os arcos $\dfrac{\pi}{4}, \dfrac{3\pi}{4}, \dfrac{5\pi}{4}$ e $\dfrac{7\pi}{4}$ ressaltando sua simetria e determine os valores de senos e cossenos dos arcos.

23. Desenhe uma circunferência trigonométrica e o eixo das tangentes, assinale os arcos $\dfrac{\pi}{4}, \dfrac{3\pi}{4}, \dfrac{5\pi}{4}$ e $\dfrac{7\pi}{4}$ ressaltando sua simetria e determine os valores da tangente desses arcos.

24. Desenhe uma circunferência trigonométrica e o eixo das tangentes, assinale os arcos $\dfrac{\pi}{6}, \dfrac{5\pi}{6}, \dfrac{7\pi}{6}$ e $\dfrac{11\pi}{6}$ ressaltando sua simetria e determine os valores da tangente desses arcos.

25. Dados os valores aproximados $\operatorname{sen} 70^\circ \cong 0,94$ e $\cos 70^\circ \cong 0,34$, determine os valores de seno e cosseno dos arcos 110°, 250° e 290°.

26. Dado o valor aproximado $\operatorname{tg} 70^\circ \cong 2,75$, determine os valores da tangente dos arcos 110°, 250° e 290°.

27. Dados os valores aproximados $\operatorname{sen} \dfrac{\pi}{5} \cong 0,59$ e $\cos \dfrac{\pi}{5} \cong 0,81$, determine os valores de seno e cosseno dos arcos $\dfrac{4\pi}{5}, \dfrac{6\pi}{5}$ e $\dfrac{9\pi}{5}$.

28. Dado o valor aproximado $\operatorname{tg} \dfrac{\pi}{5} \cong 0,73$, determine os valores da tangente dos arcos $\dfrac{4\pi}{5}, \dfrac{6\pi}{5}$ e $\dfrac{9\pi}{5}$.

29. Sabendo que $\operatorname{sen} 143^\circ \cong 0,6$, calcule os valores aproximados de $\cos 143^\circ$ e $\operatorname{tg} 143^\circ$, notando que 143° é um arco do 2° quadrante.

30. Obtenha o valor da tangente dos arcos 0 rad, π rad e 2π rad.

8.5 Função seno

Analisaremos a seguir a função seno e seu gráfico. Exploraremos gráficos mais elaborados envolvendo o seno com o uso de operações sobre a função e as respectivas transformações gráficas.

Função seno e seu gráfico

A função $f : \mathbb{R} \to \mathbb{R}$ chamada *função seno* é dada por

$$f(x) = \operatorname{sen} x$$

que é periódica, com *período* $\mathrm{p} = 2\pi$, e limitada com imagem $f(x) \in [-1,\ 1]$.

Seu gráfico é a *senoide*, conforme a figura a seguir, em que foi ressaltado um período completo.

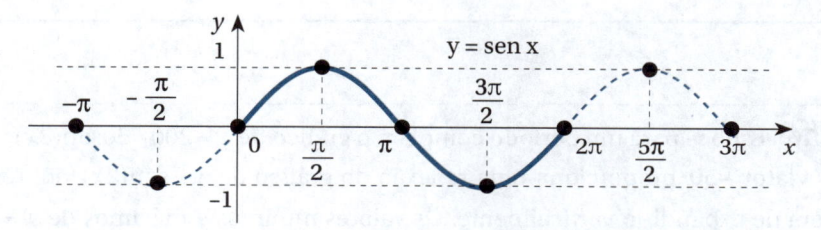

Figura 8.20 Gráfico da função $y = \operatorname{sen} x$

A *função é limitada* e nesse caso definimos a *amplitude* do gráfico ou função por

$$\text{Amplitude} = \frac{(\text{maior valor de } f) - (\text{menor valor de } f)}{2}$$

Para a função seno, sua amplitude será:

$$\text{Amplitude} = \frac{1 - (-1)}{2} \Rightarrow \text{Amplitude} = \frac{1+1}{2} \Rightarrow \text{Amplitude} = \frac{2}{2} \Rightarrow \text{Amplitude} = 1$$

Para as funções trigonométricas mais elaboradas, podemos esboçar e analisar o comportamento gráfico-algébrico com ajuda das operações e transformações gráficas estudadas nos capítulos anteriores (deslocamentos verticais e horizontais, expansões e contrações verticais e horizontais etc.).

É importante ressaltar que o período $(\mathrm{p} = 2\pi)$ da função $f(x) = \operatorname{sen} x$ sofre alteração para a função $f(c \cdot x) = \operatorname{sen}(c \cdot x)$, pois, em relação ao gráfico de $f(x)$, há contração horizontal (se $c > 1$) ou expansão horizontal (se $0 < c < 1$).

Em $f(x) = \operatorname{sen} x$, o período p ocorre para x com uma variação de 2π; de modo parecido, em $f(c \cdot x) = \operatorname{sen}(c \cdot x)$, com $c > 0$, o período p ocorre para $c \cdot x$ com uma variação de 2π, ou seja, $c \cdot \mathrm{p} = 2\pi$, o que leva a $\mathrm{p} = \dfrac{2\pi}{c}$. Assim, se $y = \operatorname{sen}(2x)$, o período será $\mathrm{p} = \dfrac{2\pi}{2}$ ou $\mathrm{p} = \pi$.

Estudaremos a seguir algumas funções ressaltando um período, já que na continuação do gráfico há a repetição de valores e comportamento.

Exemplo 15: Esboce para um período completo o gráfico de $y = 100 + 20\text{sen } x$.

Solução: O fator 20 expande verticalmente o gráfico de $y = \text{sen } x$ e indica a nova amplitude da função.

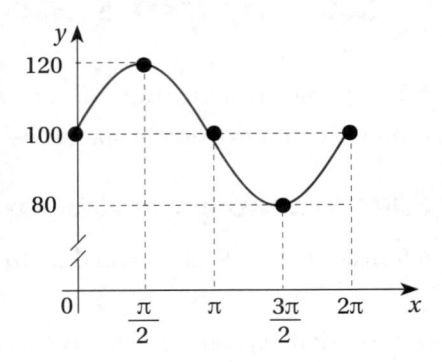

Como os limites de $y = \text{sen } x$ são -1 e 1, temos os valores mínimo e máximo do produto $20 \cdot \text{sen } x$ dados, respectivamente, por $20 \times (-1) = -20$ e $20 \times 1 = 20$.

A parcela 100 somada ao produto $20 \cdot \text{sen } x$ desloca 100 unidades para cima o gráfico de $y = 20 \cdot \text{sen } x$, de modo que os novos valores mínimo e máximo são, respectivamente, $100 + (-20) = 80$ e $100 + 20 = 120$.

Exemplo 16: Esboce para um período completo o gráfico de $y = 200 - 50\text{sen}(2x)$.

Solução: O fator -50 proporciona uma reflexão do gráfico de $y = \text{sen}(2x)$ em relação ao eixo x além de expandi-lo verticalmente. Os valores mínimos e máximos de $y = \text{sen}(2x)$ são -1 e 1. Assim, os valores mínimo e máximo do produto $-50 \cdot \text{sen}(2x)$ são, respectivamente, -50 e 50.

A parcela 200 somada ao produto $-50 \cdot \text{sen}(2x)$ desloca 200 unidades para cima o gráfico de $y = -50 \cdot \text{sen}(2x)$, de modo que os novos valores mínimo e máximo são, respectivamente, $200 - 50 = 150$ e $200 + 50 = 250$.

O fator 2 provoca uma contração horizontal no gráfico, fazendo que o novo período seja $p = \dfrac{2\pi}{2} \Rightarrow p = \pi$, ou seja, a contração do gráfico foi de um fator 2, o que tornou o novo período a metade $(p = \pi)$ do período original $(p = 2\pi)$.

Note que para o gráfico de $y = \text{sen } x$ os pontos ressaltados têm como abscissa os valores 0, $\dfrac{\pi}{2}$, π, $\dfrac{3\pi}{2}$ e 2π, que têm entre dois sucessivos um "espaçamento horizontal" de $\dfrac{\pi}{2}$; em outras palavras, o período original $p = 2\pi$ foi "dividido" em 4 espaços horizontais de tamanho $\dfrac{1}{4} \cdot 2\pi = \dfrac{2\pi}{4} = \dfrac{\pi}{2}$.

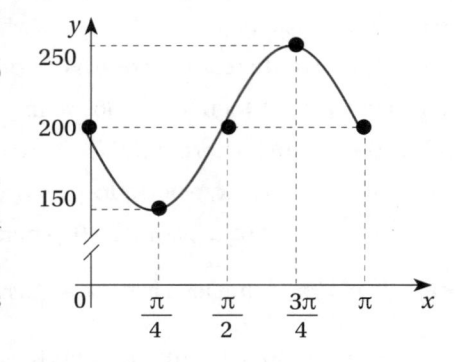

Para a função deste exemplo, os espaços horizontais entre dois pontos ressaltados no gráfico também serão obtidos dividindo o novo período $p = \pi$ por 4, resultando um espaço de $\dfrac{\pi}{4}$. Assim as novas abscissas a serem ressaltadas são 0, $\dfrac{\pi}{4}$, $\dfrac{\pi}{2}$, $\dfrac{3\pi}{4}$ e π.

Exercícios

31. Determine os valores mínimo, máximo e a amplitude das funções:

a) $y = 20 \operatorname{sen} x$

b) $y = -5 \operatorname{sen} x$

c) $y = 0,1 \operatorname{sen}(4x)$

d) $y = 10 + 3 \operatorname{sen} x$

e) $y = 12 - 4 \operatorname{sen}(2x)$

f) $y = -30 + 5 \operatorname{sen}(10x)$

32. Determine o período das funções:

a) $y = 10 - 2 \operatorname{sen} x$

b) $y = \operatorname{sen}(8x)$

c) $y = 40 - 5 \operatorname{sen}(3x)$

d) $y = 50 + 10 \operatorname{sen}\left(\dfrac{x}{2}\right)$

e) $y = 30 - 8 \operatorname{sen}\left(\dfrac{\pi\, x}{6}\right)$

f) $y = 12 + 4 \operatorname{sen}\left(0,1\pi\, x\right)$

33. Esboce o gráfico, para um período completo, das funções:

a) $y = 5 \operatorname{sen} x$

b) $y = -15 \operatorname{sen} x$

c) $y = 10 + \operatorname{sen} x$

d) $y = 20 - 4 \operatorname{sen} x$

e) $y = 50 - 10 \operatorname{sen}(4x)$

f) $y = 40 + 5 \operatorname{sen}\left(\dfrac{\pi\, x}{4}\right)$

34. Qual o período e qual a amplitude das funções representadas pelos gráficos ao lado:

a)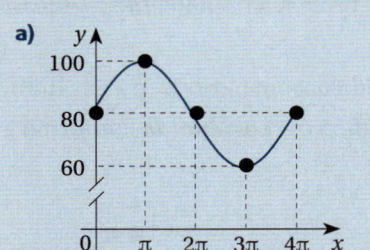

b)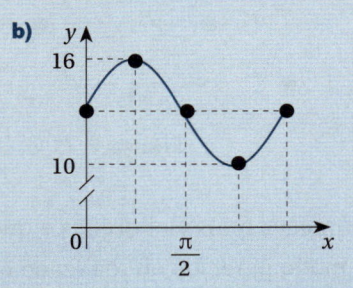

c)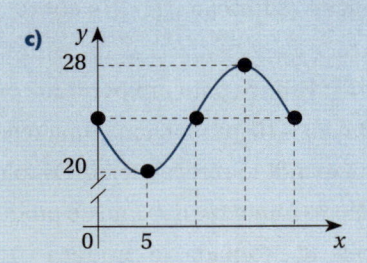

d)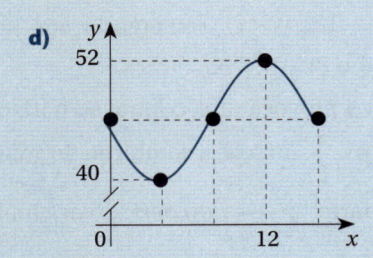

▶ 8.6 Função cosseno

De modo parecido com a função seno, estudaremos a seguir a função cosseno e seu gráfico. Os procedimentos para estudo da função cosseno também exploram as operações sobre a função e as respectivas transformações gráficas.

Definição

A função $f : \mathbb{R} \rightarrow \mathbb{R}$ chamada *função cosseno* é dada por

$$f(x) = \cos x$$

que é periódica, com período $p = 2\pi$, limitada com imagem $f(x) \in [-1, \ 1]$ e amplitude 1.

Seu gráfico é a *cossenoide* conforme a figura a seguir, em que foi ressaltado um período completo.

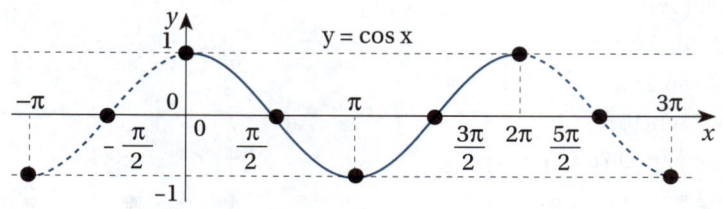

Figura 8.21 Gráfico da função $y = \cos x$

Para as funções mais elaboradas e que envolvem o cosseno no traçado do gráfico, procedemos de modo parecido ao realizado com funções que envolvem o seno, lembrando que dada $f(x) = \cos x$, a função $f(c \cdot x) = \cos(c \cdot x)$ terá o período dado por $p = \dfrac{2\pi}{c}$, com $c > 0$.

Exemplo 17: Esboce para um período completo o gráfico de $y = 80 - 10\cos(4x)$.

Solução: O fator -10 proporciona uma reflexão do gráfico de $y = \cos(4x)$ em relação ao eixo x, além de expandi-lo verticalmente. Os valores mínimo e máximo de $y = \cos(4x)$ são -1 e 1, assim, os valores mínimo e máximo do produto $-10\cos(4x)$ são -10 e 10, respectivamente.

A parcela 80, somada ao produto $-10\cos(4x)$, desloca 80 unidades para cima o gráfico de $y = -10\cos(4x)$, remetendo aos novos valores de mínimo e máximo dados por $80 - 10 = 70$ e $80 + 10 = 90$.

O fator 4 provoca uma contração horizontal no gráfico, fazendo que o novo período seja $p = \dfrac{2\pi}{4} \Rightarrow p = \dfrac{\pi}{2}$, ou seja, a contração do gráfico foi de um fator 4, o que fez que o novo período seja um quarto $\left(p = \dfrac{\pi}{2} \right)$ do período original ($p = 2\pi$).

Para obtermos as abscissas dos pontos, dividimos o novo período, $p = \dfrac{\pi}{2}$, em quatro espaços horizontais de tamanho $\dfrac{1}{4} \cdot p = \dfrac{1}{4} \times \dfrac{\pi}{2} = \dfrac{\pi}{8}$.

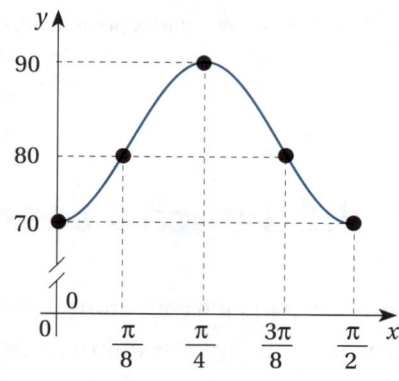

Assim, as novas abscissas a serem ressaltadas são 0, $\dfrac{\pi}{8}, \dfrac{\pi}{4}, \dfrac{3\pi}{8}, \dfrac{\pi}{2}$ e podem ser assim obtidas:

$$0; \ 0 + \frac{\pi}{8} = \frac{\pi}{8}; \ \frac{\pi}{8} + \frac{\pi}{8} = \frac{2\pi}{8} = \frac{\pi}{4}; \ \frac{\pi}{4} + \frac{\pi}{8} = \frac{2\pi}{8} + \frac{\pi}{8} = \frac{3\pi}{8};$$

e $\dfrac{3\pi}{8} + \dfrac{\pi}{8} = \dfrac{4\pi}{8} = \dfrac{\pi}{2}$. Veja o gráfico ao lado.

Exemplo 18: Esboce para um período completo o gráfico de $y = 400 + 70\cos\left[\dfrac{\pi}{6}(x-2)\right]$.

Solução: Os valores máximo e mínimo de $\cos\left[\dfrac{\pi}{6}(x-2)\right]$ são -1 e 1, e o fator 70 expande verticalmente o gráfico de $y = \cos\left[\dfrac{\pi}{6}(x-2)\right]$, tal que os valores máximo e mínimo de $y = 70\cos\left[\dfrac{\pi}{6}(x-2)\right]$ são -70 e 70, respectivamente.

A parcela 400 somada ao produto $70\cdot\cos\left[\dfrac{\pi}{6}(x-2)\right]$ desloca 400 unidades para cima o gráfico de $y = 70\cos\left[\dfrac{\pi}{6}(x-2)\right]$, de modo que os valores mínimo e máximo de $y = 400 + 70\cos\left[\dfrac{\pi}{6}(x-2)\right]$ são, respectivamente, $400 - 70 = 330$ e $400 + 70 = 470$.

A parcela 2 subtraída de x desloca o gráfico para a direita e o fator $\dfrac{\pi}{6}$ altera o período da função. O novo período será:

$$p = \dfrac{2\pi}{\dfrac{\pi}{6}} \Rightarrow p = 2\pi \times \dfrac{6}{\pi} \Rightarrow p = 12$$

Para obtermos as abscissas dos pontos, dividimos o novo período, $p = 12$, em quatro espaços horizontais de tamanho $\dfrac{1}{4}\cdot p = \dfrac{1}{4}\times 12 = 3$ e deslocamos para a direita somando 2. Assim, as novas abscissas a serem ressaltadas são 2, 5, 8, 11, 14, que foram obtidas fazendo $0 + 2 = 2$, $2 + 3 = 5$, $5 + 3 = 8$, $8 + 3 = 11$ e $11 + 3 = 14$.

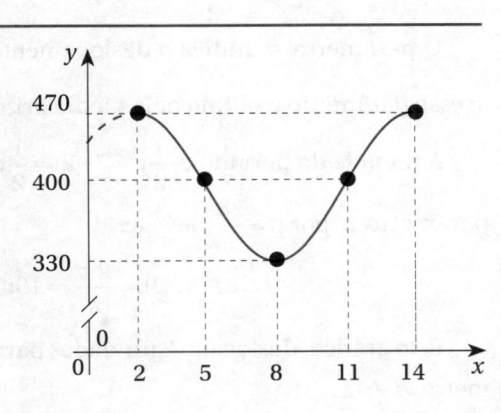

Nos gráficos desta e da seção anterior, exploramos funções seno e cosseno que, por meio de operações sobre elas, tiveram seus gráficos construídos a partir de transformações gráficas.

Nos exemplos anteriores foram dadas as funções na forma algébrica e obtidos seus gráficos. É também muito importante obter as funções na forma algébrica a partir de seus gráficos.

Assim, dada uma senoide ou cossenoide, é possível associá-las a uma expressão do tipo $y = b + a\cdot\mathrm{sen}[c\cdot(x+d)]$ ou $y = b + a\cdot\cos[c\cdot(x+d)]$, em que $c\cdot(x+d)$ é o *argumento* das funções.

Para essas expressões, sabemos que, em relação ao gráfico, o parâmetro:

- a determina a amplitude associada à expansão vertical indicada pelos valores máximo e mínimo da função, além de evidenciar se há reflexão do gráfico em relação ao eixo x;
- b determina o deslocamento vertical associado à média aritmética simples dos valores máximo e mínimo da função;

- c determina a expansão ou contração horizontal associadas ao período $p = \dfrac{2\pi}{c}$, com $c > 0$; e
- d determina o deslocamento horizontal para a direita ou esquerda, conforme seu sinal.

Exemplo 19: Obtenha uma expressão algébrica da função trigonométrica representada pelo gráfico ao lado.

Solução: O traçado gráfico é uma senoide cuja expressão pode ser representada por

$$y = b + a \cdot \text{sen}\left[c \cdot (x + d)\right].$$

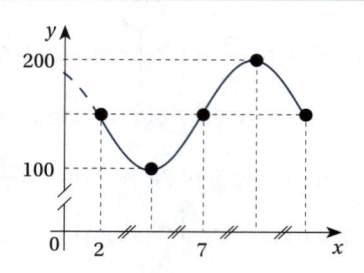

Pelo traçado percebemos que houve reflexão, em relação ao eixo x, do gráfico de $y = \text{sen } x$, assim, o parâmetro a é negativo, além de relacionado à amplitude. Seu valor será dado por

$$-a = \frac{200 - 100}{2} \Rightarrow -a = \frac{100}{2} \Rightarrow a = -50 \ .$$

O parâmetro b indica o deslocamento para cima (b é positivo) do gráfico de $y = \text{sen } x$, e esse parâmetro é obtido pela média aritmética simples: $b = \dfrac{200 + 100}{2} \Rightarrow b = \dfrac{300}{2} \Rightarrow b = 150$.

A metade do período é $\dfrac{1}{2}p = 7 - 2 \Rightarrow \dfrac{1}{2}p = 5$, ou seja, o período é $p = 10$ que, associado ao parâmetro c por $p = \dfrac{2\pi}{c}$, leva a:

$$10 = \frac{2\pi}{c} \Rightarrow 10c = 2\pi \Rightarrow c = \frac{2\pi}{10} \Rightarrow c = \frac{\pi}{5}$$

Pelo gráfico, deslocado 2 unidades para a direita em relação ao de $y = \text{sen } x$, temos o parâmetro $d = -2$.

Assim, o gráfico representa a função $y = 150 - 50\text{sen}\left[\dfrac{\pi}{5}(x - 2)\right]$.

Exercícios

35. Quais os valores mínimo, máximo e a amplitude das funções:

a) $y = -10 \cos x$

b) $y = 30 - 8 \cos x$

c) $y = 20 - 5 \cos(2x)$

d) $y = 10 + 15 \cos(4x)$

36. Qual o período das funções:

a) $y = \cos(7x)$

b) $y = 16 - 4 \cos(12x)$

c) $y = 60 + 8 \cos(x)$

d) $y = 70 - 10 \cos\left(\dfrac{\pi x}{4}\right)$

37. Esboce o gráfico, para um período completo, das funções:

a) $y = 6 \cos x$

b) $y = 30 - 8 \cos x$

c) $y = 90 + 20 \cos(8x)$

d) $y = 60 - 15 \cos\left(\dfrac{x}{12}\right)$

e) $y = 80 + 10\cos\left(\dfrac{\pi x}{8}\right)$

f) $y = 30 - 6 \operatorname{sen}(0,2\pi\, x)$

38. Obtenha uma expressão algébrica de cada função trigonométrica representada pelo gráfico:

a)

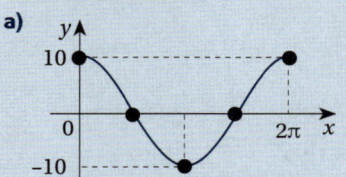

b)

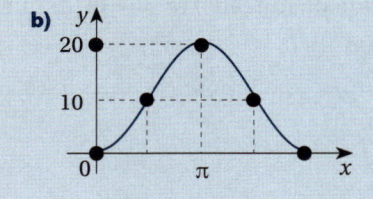

c)

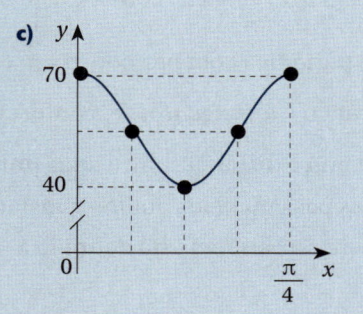

d)

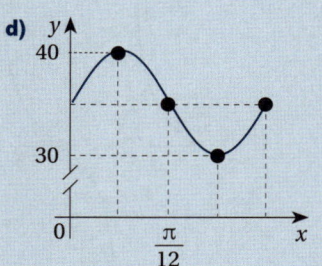

e)

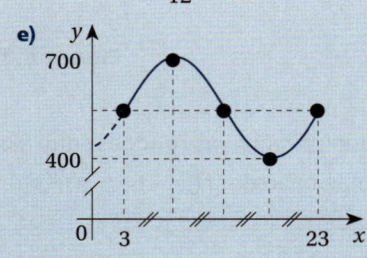

f)

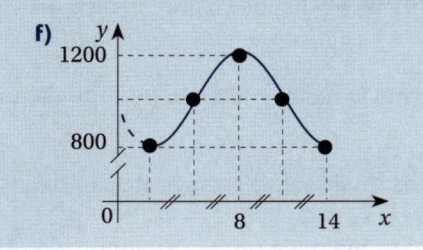

8.7 Outras funções trigonométricas

Veremos, a seguir, a definição, o domínio e o gráfico de outras funções trigonométricas, a saber, tangente, secante, cossecante e cotangente.

Função tangente

A função $f : D \to \mathbb{R}$ chamada *função tangente* é dada, em termos de seno e cosseno, por

$$f(x) = \operatorname{tg}\, x = \frac{\operatorname{sen} x}{\cos x}$$

com $D = \left\{ x \in R \middle| x \neq \dfrac{\pi}{2} + k\pi, \text{com } k \in Z \right\}$, ou seja, para esse domínio temos $\cos x \neq 0$. A função tangente é periódica com período $p = \pi$ e tem imagem $f(x) \in \mathbb{R}$.

Seu gráfico é a ***tangentoide***, conforme a figura a seguir, em que podemos notar o período $p = \pi$ como a distância entre duas linhas verticais pontilhadas consecutivas. Essas linhas pontilhadas passam pelos pontos que não pertencem ao domínio da função, ou seja, passam por pontos nos quais não está definida a tangente.

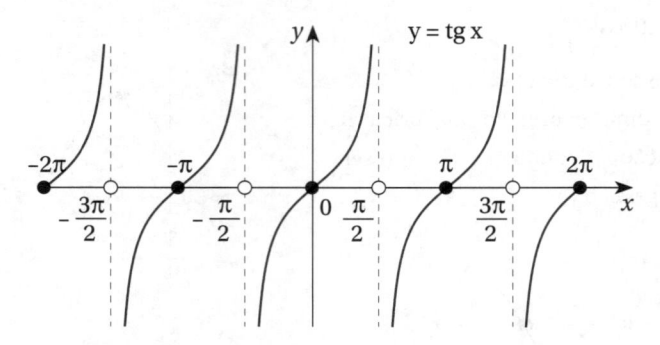

Figura 8.22 Gráfico de $y = \text{tg } x$

De modo parecido às funções seno e cosseno, o período da função $f(c \cdot x) = \text{tg}(c \cdot x)$ é alterado em relação ao de $f(x) = \text{tg } x$ e é dado por $p = \dfrac{\pi}{c}$, com $c > 0$.

Exemplo 20: Esboce o gráfico de $y = 4 - \text{tg}\left(\dfrac{\pi x}{6}\right)$.

Solução: O fator $\dfrac{\pi}{6}$ altera o período da função para $p = \dfrac{\pi}{\dfrac{\pi}{6}} \Rightarrow p = \pi \times \dfrac{6}{\pi} \Rightarrow p = 6$, e os valores

para os quais existe a tangente são dados para $\dfrac{\pi x}{6} \neq \dfrac{\pi}{2} + k\pi$, com $k \in Z$. Multiplicando essa desigualdade por $\dfrac{6}{\pi}$, obtemos $\dfrac{6}{\pi} \cdot \dfrac{\pi x}{6} \neq \dfrac{6}{\pi} \cdot \dfrac{\pi}{2} + \dfrac{6}{\pi} \cdot k\pi$, que resulta em $x \neq 3 + 6k$, com $k \in Z$, ou seja, $x \neq \ldots -9,\ -3,\ 3,\ 9,\ldots$

Na função $y = 4 - \text{tg}\left(\dfrac{\pi x}{6}\right)$, o sinal $-$ à frente da tangente indica que o gráfico de $y = \text{tg}\left(\dfrac{\pi x}{6}\right)$ é "refletido" em relação ao eixo x, e a parcela 4 adicionada na função indica que o gráfico de $y = \text{tg}\left(\dfrac{\pi x}{6}\right)$ é deslocado 4 unidades para cima.

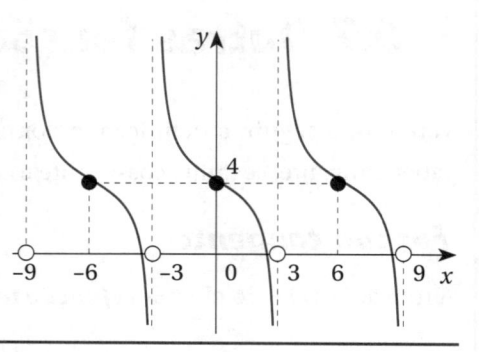

Função secante

A função $f : D \rightarrow \mathbb{R}$ chamada **função secante** é dada, em termos do cosseno, por

$$f(x) = \sec x = \frac{1}{\cos x}$$

com $D = \left\{ x \in R \middle| x \neq \frac{\pi}{2} + k\pi, \text{ com } k \in Z \right\}$, ou seja, para esse domínio temos $\cos x \neq 0$. A função secante é periódica com período $p = 2\pi$. Como $-1 \leq \cos x \leq 1$, temos $\sec x \leq -1$ ou $\sec x \geq -1$.

O gráfico de $f(x) = \sec x$ é dado a seguir, no qual notamos as linhas verticais pontilhadas que passam pelos pontos em que não é definida a secante e assim não pertencem ao domínio da função.

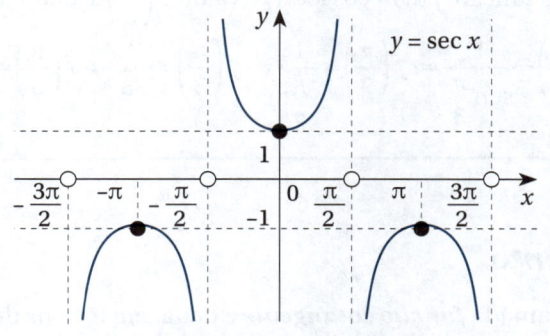

Figura 8.23 Gráfico de $y = \sec x$

Exemplo 21: Dada a função $f(x) = \sec x$, o valor $f\left(\frac{\pi}{3}\right)$ é dado por:

$$f\left(\frac{\pi}{3}\right) = \sec\frac{\pi}{3} \Rightarrow f\left(\frac{\pi}{3}\right) = \frac{1}{\cos\frac{\pi}{3}} \Rightarrow f\left(\frac{\pi}{3}\right) = \frac{1}{\frac{1}{2}} \Rightarrow f\left(\frac{\pi}{3}\right) = 2$$

Função cossecante

A função $f : D \rightarrow \mathbb{R}$ chamada **função cossecante** é dada, em termos do seno, por

$$f(x) = \operatorname{cossec} x = \frac{1}{\operatorname{sen} x}$$

com $D = \left\{ x \in \mathbb{R} \middle| x \neq k\pi, \text{ com } k \in \mathbb{Z} \right\}$, ou seja, para esse domínio, temos $\operatorname{sen} x \neq 0$. A função cossecante é periódica com período $p = 2\pi$. Como $-1 \leq \operatorname{sen} x \leq 1$, temos $\operatorname{cossec} x \leq -1$ ou $\operatorname{cossec} x \geq -1$.

O gráfico de $f(x) = \operatorname{cossec} x$ é dado a seguir, no qual notamos as linhas verticais pontilhadas que passam pelos pontos em que não é definida a cossecante e assim não pertencem ao domínio da função.

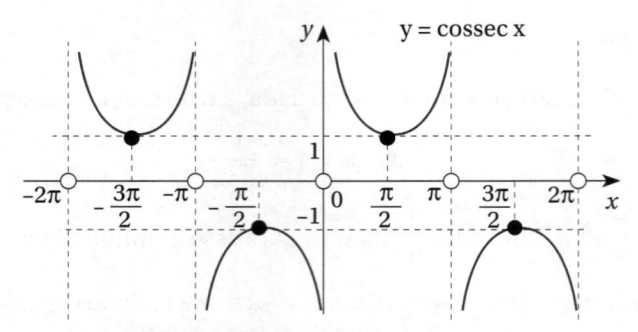

Figura 8.24 Gráfico de $y = \text{cossec } x$

Exemplo 22: Dada a função $f(x) = \text{cossec } x$, o valor $f\left(\dfrac{\pi}{3}\right)$ é dado por:

$$f\left(\frac{\pi}{3}\right) = \text{cossec}\frac{\pi}{3} \Rightarrow f\left(\frac{\pi}{3}\right) = \frac{1}{\text{sen}\dfrac{\pi}{3}} \Rightarrow f\left(\frac{\pi}{3}\right) = \frac{1}{\dfrac{\sqrt{3}}{2}} \Rightarrow f\left(\frac{\pi}{3}\right) = \frac{2}{\sqrt{3}} \Rightarrow f\left(\frac{\pi}{3}\right) = \frac{2}{\sqrt{3}} \times \frac{\sqrt{3}}{\sqrt{3}} \Rightarrow f\left(\frac{\pi}{3}\right) = \frac{2\sqrt{3}}{3}$$

Função cotangente

A função $f : D \to \mathbb{R}$ chamada *função cotangente* é dada, em termos de seno e cosseno, por

$$f(x) = \text{cotg } x = \frac{\cos x}{\text{sen } x}$$

com $D = \{x \in \mathbb{R} \mid x \neq k\pi,\ \text{com } k \in \mathbb{Z}\}$, ou seja, para esse domínio temos $\text{sen } x \neq 0$. A função cotangente é periódica com período $p = \pi$.

Vale também a relação $\text{cotg } x = \dfrac{1}{\text{tg } x}$, já que $\dfrac{\cos x}{\text{sen } x} = \dfrac{1}{\dfrac{\text{sen } x}{\cos x}}$.

O gráfico de $f(x) = \text{cotg } x$ é dado a seguir, no qual notamos as linhas verticais pontilhadas que passam pelos pontos em que não é definida a cotangente e assim não pertencem ao domínio da função.

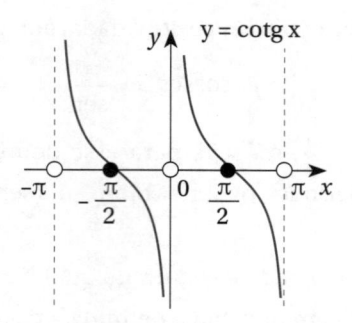

Figura 8.25 Gráfico de $y = \text{cotg } x$

Exemplo 23: Dada a função $f(x) = \text{cotg}\, x$, o valor $f\left(\dfrac{\pi}{3}\right)$ é dado por:

$$f\left(\frac{\pi}{3}\right) = \text{cotg}\,\frac{\pi}{3} \Rightarrow f\left(\frac{\pi}{3}\right) = \frac{\cos\dfrac{\pi}{3}}{\text{sen}\dfrac{\pi}{3}} \Rightarrow f\left(\frac{\pi}{3}\right) = \frac{\dfrac{1}{2}}{\dfrac{\sqrt{3}}{2}} \Rightarrow f\left(\frac{\pi}{3}\right) = \frac{1}{2} \times \frac{2}{\sqrt{3}} \Rightarrow f\left(\frac{\pi}{3}\right) = \frac{1}{\sqrt{3}} \times \frac{\sqrt{3}}{\sqrt{3}} \Rightarrow f\left(\frac{\pi}{3}\right) = \frac{\sqrt{3}}{3}$$

Ou, ainda, a partir de $\text{cotg}\, x = \dfrac{1}{\text{tg}\, x}$, podemos fazer:

$$f\left(\frac{\pi}{3}\right) = \text{cotg}\,\frac{\pi}{3} \Rightarrow f\left(\frac{\pi}{3}\right) = \frac{1}{\text{tg}\dfrac{\pi}{3}} \Rightarrow f\left(\frac{\pi}{3}\right) = \frac{1}{\sqrt{3}} \Rightarrow f\left(\frac{\pi}{3}\right) = \frac{1}{\sqrt{3}} \times \frac{\sqrt{3}}{\sqrt{3}} \Rightarrow f\left(\frac{\pi}{3}\right) = \frac{\sqrt{3}}{3}$$

Exercícios

39. Dada a função $f(x) = \text{tg}(2x)$, calcule:

a) $f(\pi)$ **b)** $f\left(\dfrac{\pi}{6}\right)$ **c)** $f\left(\dfrac{\pi}{8}\right)$

40. Dada a função $f(x) = \sec x$, calcule:

a) $f(\pi)$ **b)** $f\left(\dfrac{\pi}{6}\right)$ **c)** $f\left(\dfrac{\pi}{4}\right)$

41. Dada a função $f(x) = \text{cossec}\, x$, calcule:

a) $f\left(\dfrac{\pi}{2}\right)$ **b)** $f\left(\dfrac{\pi}{6}\right)$ **c)** $f\left(\dfrac{\pi}{4}\right)$

42. Dada a função $f(x) = \text{cotg}\, x$, calcule:

a) $f\left(\dfrac{\pi}{2}\right)$ **b)** $f\left(\dfrac{\pi}{6}\right)$ **c)** $f\left(\dfrac{\pi}{4}\right)$

43. Obtenha o valor de

$$A = \frac{\sec\dfrac{5\pi}{3} + \text{cossec}\,\dfrac{5\pi}{6}}{\text{tg}\dfrac{\pi}{4} + \text{cotg}\dfrac{5\pi}{4}}.$$

44. Esboce o gráfico, para um período completo, das funções:

a) $y = \text{tg}(4x)$

b) $y = 1 - \text{tg}\left(\dfrac{\pi x}{2}\right)$

c) $y = 2 + \text{tg}(3x)$

d) $f(x) = -\sec x$

e) $f(x) = 3\,\text{cossec}\, x$

f) $f(x) = 1 - \text{cotg}\, x$

8.8 Funções trigonométricas inversas

Veremos a seguir as restrições necessárias a serem feitas nos domínios das funções seno, cosseno e tangente para que existam suas respectivas funções inversas e as definições dessas inversas, a saber, arco-seno, arco-cosseno e arco-tangente.

Existência das funções trigonométricas inversas

Ao estudarmos a função inversa, vimos que dada uma função $f : A \to B$, tal que $f(x) = y$, só existe a função inversa de f, indicada por f^{-1}, **se a função** f **for bijetora**. Vimos ainda que f^{-1} é tal que $f^{-1} : B \to A$ e $f^{-1}(y) = x$, com $x \in A$ e $y \in B$.

Lembramos que uma função $f : A \to B$ é bijetora quando é **sobrejetora** (para todo $y \in B$ é possível encontrar $x \in A$, tal que $f(x) = y$, ou seja, quando todo elemento de B é imagem de pelo menos um elemento de A, isto é, $Im(f) = B$) **e injetora** (para quaisquer x_1 e x_2, com $x_1 \neq x_2$ em A temos $f(x_1) \neq f(x_2)$; isto é, elementos diferentes de A são transformados pela função em elementos diferentes de B, ou, ainda, não há elemento em B que seja imagem de mais de um elemento de A).

Graficamente, dada uma curva que representa uma função f, existirá a inversa f^{-1} se, ao traçarmos retas horizontais, cada reta horizontal cruzar a curva de f em um único ponto. Caso a reta horizontal cruze a curva de f em mais de um ponto, então não existe a inversa de f.

Nesse sentido, percebemos facilmente que as funções trigonométricas $f(x) = \operatorname{sen} x$, $f(x) = \cos x$ (definidas tais que $f : \mathbb{R} \to \mathbb{R}$) e a função $f(x) = \operatorname{tg} x$ (definida tal que $f : D \to \mathbb{R}$ com $D = \left\{ x \in R \,\middle|\, x \neq \dfrac{\pi}{2} + k\pi, \text{com } k \in Z \right\}$) como foram definidas **não possuem inversa**.

Entretanto, é bastante útil e importante ao conhecer um valor do seno (ou cosseno, ou tangente) conseguir determinar o arco (ou ângulo) ao qual esse valor de seno (ou cosseno, ou tangente) corresponde. Assim, é útil e importante conseguirmos "inverter" essas funções trigonométricas. Nesse sentido, para que a "inversão" dessas funções trigonométricas seja possível, definimos funções inversas trigonométricas ao **restringirmos** os domínios e contra-domínios das funções trigonométricas originais.

Na Figura 8.26 a seguir, temos os gráficos das funções seno, cosseno e tangente com restrições do domínio e que possibilitam sua "inversão". Essas restrições impõem novos intervalos para o domínio e contradomínio para as funções, de modo que **existe inversa** para as funções: $f(x) = \operatorname{sen} x$ com $f : \left[-\dfrac{\pi}{2}; \dfrac{\pi}{2} \right] \to [-1; 1]$; $f(x) = \cos x$ com $f : [0; \pi] \to [-1; 1]$; e $f(x) = \operatorname{tg} x$ com $f : \left] -\dfrac{\pi}{2}; \dfrac{\pi}{2} \right[\to R.$

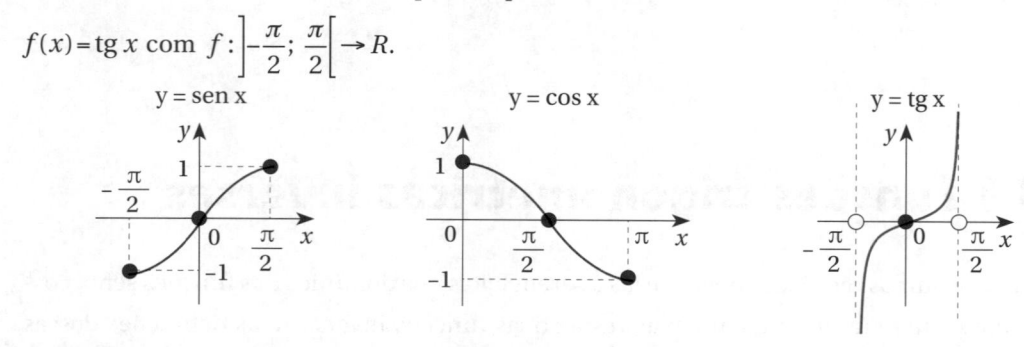

Figura 8.26 Funções $f(x) = \operatorname{sen} x$, $f(x) = \cos x$ e $f(x) = \operatorname{tg} x$ com restrições de domínio.

Função arco-seno

Dada $f:\left[-\dfrac{\pi}{2},\dfrac{\pi}{2}\right]\to[-1,\ 1]$ com $f(x)=\operatorname{sen} x$,

a função inversa de f é chamada **arco-seno** e é

representada por $f^{-1}:[-1,\ 1]\to\left[-\dfrac{\pi}{2},\dfrac{\pi}{2}\right]$ com

$f^{-1}(x)=\operatorname{arcsen} x$.

Nessas condições, se escrevermos $y=\operatorname{arcsen} x$, temos $\operatorname{sen} y=x$ e seu gráfico é dado na figura ao lado.

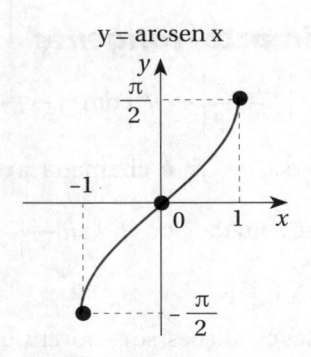

Figura 8.27 Função $y=\operatorname{arcsen} x$

Exemplo 24: Quando escrevemos $y=\operatorname{arcsen}\dfrac{1}{2}$, queremos saber qual é o arco y cujo seno é $\dfrac{1}{2}$, ou seja, estamos interessados em resolver a equação $\operatorname{sen} y=\dfrac{1}{2}$ com $y\in\left[-\dfrac{\pi}{2},\dfrac{\pi}{2}\right]$. Como $\operatorname{sen}\dfrac{\pi}{6}=\dfrac{1}{2}$, temos $y=\operatorname{arcsen}\dfrac{1}{2}=\dfrac{\pi}{6}$, ou seja, $\dfrac{\pi}{6}$ é o arco cujo seno é $\dfrac{1}{2}$.

Função arco-cosseno

Dada $f:[0,\pi]\to[-1,\ 1]$ com $f(x)=\cos x$, a função inversa de f é chamada **arco-cosseno** e é representada por $f^{-1}:[-1,\ 1]\to[0,\pi]$ com $f^{-1}(x)=\operatorname{arccos} x$.

Nessas condições, se escrevermos $y=\operatorname{arccos} x$, temos $\cos y=x$ e seu gráfico é dado na figura ao lado.

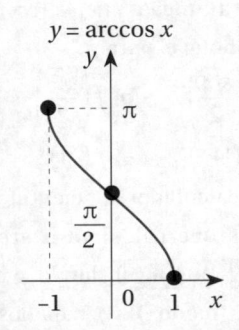

Figura 8.28 Função $y=\operatorname{arccos} x$

Exemplo 25: A expressão $y=\operatorname{arccos}\dfrac{1}{2}$ remete determinar qual é o arco y cujo cosseno é $\dfrac{1}{2}$, ou seja, devemos determinar a solução da equação $\cos y=\dfrac{1}{2}$ com $y\in[0,\pi]$. Como $\cos\dfrac{\pi}{3}=\dfrac{1}{2}$, temos $y=\operatorname{arccos}\dfrac{1}{2}=\dfrac{\pi}{3}$, ou seja, $\dfrac{\pi}{3}$ é o arco cujo cosseno é $\dfrac{1}{2}$.

Função arco–tangente

Dada $f:\left]-\dfrac{\pi}{2};\dfrac{\pi}{2}\right[\to R$ com $f(x)=\operatorname{tg} x$, a função inversa de f é chamada **arco-tangente**

e é representada por $f^{-1}:R\to\left]-\dfrac{\pi}{2};\dfrac{\pi}{2}\right[$ com

$f^{-1}(x)=\operatorname{arctg} x$.

Nessas condições, se escrevermos $y=\operatorname{arctg} x$, temos $\operatorname{tg} y=x$ e seu gráfico é dado ao lado.

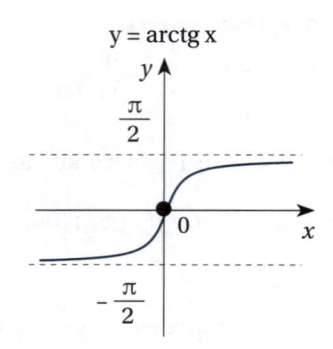

y = arctg x

Figura 8.29 Função $y=\operatorname{arctg} x$

Exemplo 26: Quando escrevemos $y=\operatorname{arctg} 1$, queremos descobrir qual é o arco y cuja tangente é 1, ou seja, queremos resolver a equação $\operatorname{tg} y=1$ com $y\in\left]-\dfrac{\pi}{2};\dfrac{\pi}{2}\right[$. Como $\operatorname{tg}\dfrac{\pi}{4}=1$, temos $y=\operatorname{arctg} 1=\dfrac{\pi}{4}$, ou seja, $\dfrac{\pi}{4}$ é o arco cuja tangente é 1.

Exercícios

45. Para a função $f(x)=\operatorname{arcsen} x$, calcule o arco notável para:

a) $f\left(\dfrac{\sqrt{3}}{2}\right)$ **b)** $f\left(\dfrac{\sqrt{2}}{2}\right)$ **c)** $f\left(-\dfrac{1}{2}\right)$

d) $f(1)$ **e)** $f(-1)$ **f)** $f(0)$

46. As calculadoras científicas possuem teclas que calculam o arco-seno (tecla $\boxed{\textbf{asin}}$ ou $\boxed{\textbf{sin}^{-1}}$) dando o resultado em graus (modo DEG), radianos (RAD) ou grados (GRAD). Para a função $f(x)=\operatorname{arcsen} x$, utilizando a calculadora primeiro no modo RAD e depois no modo DEG, obtenha (com 4 casas decimais) os valores de:

a) $f(0,5)$ **b)** $f(0,75)$ **c)** $f(-0,3875)$

d) $f(1)$ **e)** $f(-1)$ **f)** $f(0)$

47. Para a função $f(x)=\operatorname{arccos} x$, calcule o arco notável para:

a) $f\left(\dfrac{\sqrt{3}}{2}\right)$ **b)** $f\left(\dfrac{\sqrt{2}}{2}\right)$ **c)** $f\left(-\dfrac{\sqrt{3}}{2}\right)$

d) $f(1)$ **e)** $f(-1)$ **f)** $f(0)$

48. As calculadoras científicas possuem teclas que calculam o arco-cosseno (tecla $\boxed{\textbf{acos}}$ ou $\boxed{\textbf{cos}^{-1}}$) dando o resultado em graus (modo DEG), radianos (RAD) ou grados (GRAD). Para a função $f(x)=\operatorname{arccos} x$, utilizando a calculadora primeiro no modo RAD e depois no modo DEG, obtenha (com 4 casas decimais) os valores de:

a) $f(0,5)$ **b)** $f(0,75)$ **c)** $f(-0,3875)$

d) $f(1)$ **e)** $f(-1)$ **f)** $f(0)$

49. Para a função $f(x)=\operatorname{arctg} x$, calcule o arco notável para:

a) $f\left(\sqrt{3}\right)$ **b)** $f\left(\dfrac{\sqrt{3}}{3}\right)$ **c)** $f\left(-\sqrt{3}\right)$

d) $f\left(-\dfrac{\sqrt{3}}{3}\right)$ **e)** $f(-1)$ **f)** $f(0)$

50. As calculadoras científicas possuem teclas que calculam o arco-tangente (tecla $\boxed{\textbf{atan}}$ ou $\boxed{\textbf{tan}^{-1}}$) dando o resultado em graus (modo DEG), radianos (RAD) ou grados (GRAD). Para a função $f(x) = \text{arctg } x$, utilizando a calculadora primeiro no modo RAD e depois no modo DEG, obtenha (com 4 casas decimais) os valores de:

a) $f(0,5)$ **b)** $f(3)$ **c)** $f(-0,3875)$
d) $f(-4,75)$ **e)** $f(-1)$ **f)** $f(0)$

51. Com a calculadora, a partir das razões trigonométricas elementares e das medidas dadas nos triângulos ao lado, obtenha a medida x, em graus, dos ângulos assinalados. Use aproximações de 4 casas decimais e lembre-se de usar a calculadora no modo de cálculo em graus (modo DEG).

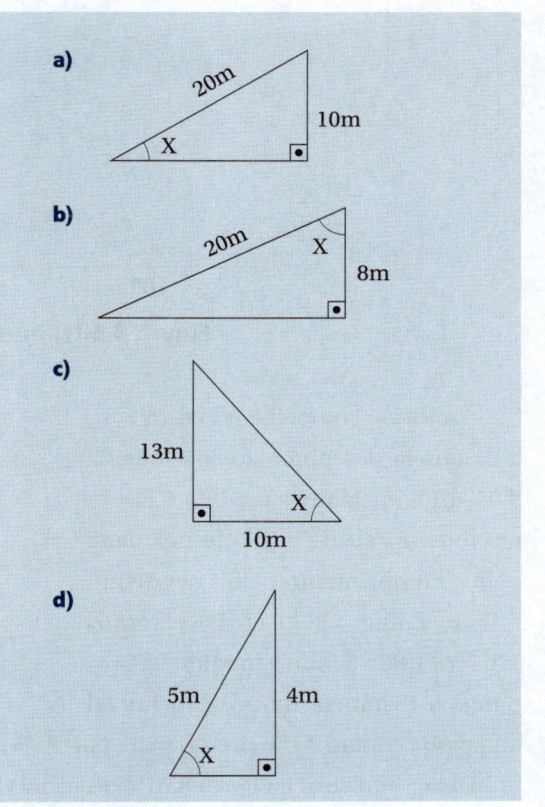

8.9 Aplicações

Os conceitos relacionados às funções trigonométricas têm muitas aplicações. Dentre elas destacamos três situações práticas bastante interessantes: *altura de um prédio; tensão elétrica alternada e movimento harmônico simples (MHS).*

Essas aplicações são muito importantes para engenharia civil, elétrica, mecatrônica, de computação, mecânica, entre outras.

Lembramos que as funções trigonométricas não são aplicadas apenas nas engenharias. Aparecem em todas as áreas em que ocorrem fenômenos periódicos cujos dados podem ser aproximados por meio dessas funções.

Altura de um prédio

Situação prática: uma pessoa observa o topo de um prédio cujo ângulo de elevação vertical de sua vista em relação ao horizonte é 20°, então caminha 100m em direção ao prédio e vê o topo do prédio sob um novo ângulo de 39°. A distância dos olhos da pessoa até o solo é de 1,80m. Veja a Figura 8.30. Vamos calcular a altura do prédio.

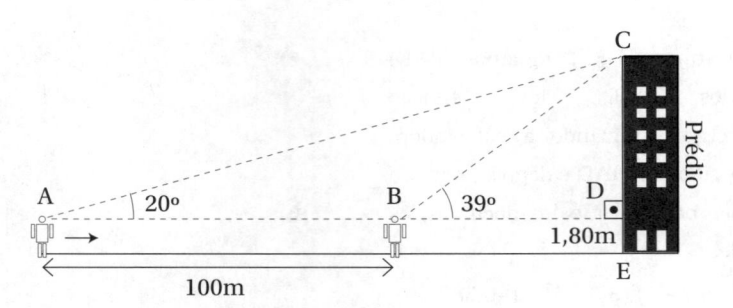

Figura 8.30 Homem observando prédio

Análises: conforme a Figura 8.31, a distância dos olhos ao solo nos dá $DE = 1,80m$. Sendo a medida $CD = x$, teremos a altura do prédio dada pelo comprimento do segmento $\overline{CE}$ e, como $CE = CD + DE$, temos $CE = x + 1,80$. Sendo a medida $BD = y$, temos a distância da posição inicial

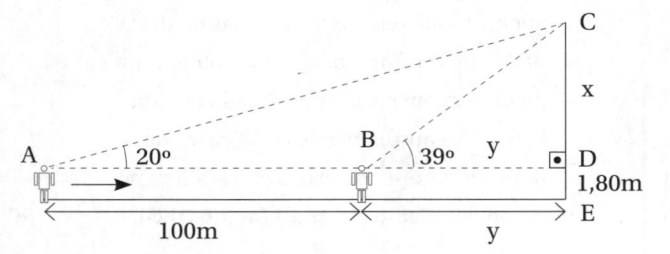

Figura 8.31 Triângulos ACD e BCD

da pessoa (ponto A) ao prédio dada por $AE = AB + BD$ ou $AE = 100 + y$.

De acordo com a Figura 8.31, temos dois triângulos retângulos em D. Usando a tangente no triângulo BCD, obtemos, com valores aproximados:

$$\text{tg } 39° = \frac{CD}{BD} \quad \Rightarrow \quad 0,8098 = \frac{x}{y} \quad \Rightarrow \quad x = 0,8098y \qquad (\text{ I })$$

Usando a tangente no triângulo ACD, obtemos, com valores aproximados:

$$\text{tg } 20° = \frac{CD}{AD} \quad \Rightarrow \quad 0,3640 = \frac{x}{100 + y} \quad \Rightarrow \quad x = 0,3640(100 + y) \qquad (\text{ II })$$

Igualando as expressões (I) e (II), obtemos:

$$0,8098y = 0,3640(100 + y)$$

Resolvendo essa equação, obtemos $y = 81,6510$, que substituído em (I) leva a

$$x = 0,8098 \times 81,6510 \quad \Rightarrow \quad x = 66,1210 \quad \Rightarrow \quad x \cong 66,12$$

Assim, a altura aproximada do prédio é $CE = 66,12 + 1,80 \Rightarrow CE = 67,92$ *metros*.

Tensão elétrica alternada

Situação prática: as *tensões elétricas alternadas (C.A.)* fornecidas nas residências pelas redes elétricas podem ser representadas por funções trigonométricas que dependem do tempo. Considere que em uma residência a tensão, V, medida em *volt* (V) no decorrer do tempo t (em segundos) em uma tomada é dada por $V = V_{Máx} \cdot \text{sen}(2 \cdot \pi \cdot f \cdot t)$, em que $V_{Máx}$ é a *tensão máxima* (ou de pico) e f é a *frequência* (em Hertz) da C.A. Conforme essa função, os valores da tensão oscilam de forma periódica no decorrer do tempo e, na prática, o *valor eficaz*, V_{rms}, da tensão é dado por $V_{rms} = \dfrac{V_{Máx}}{\sqrt{2}}$.

Análises: Numa residência, a tensão é dada por $V = 180 \cdot sen(120\pi \cdot t)$. A Figura 8.32 ao lado traz o gráfico dessa função e nele temos: a amplitude dada pela tensão máxima $V_{Máx} = 180\ volt$; o período $p = \dfrac{2\pi}{120\pi}$ segundos ou $p = \dfrac{1}{60}$ segundos, significando que em 1 segundo a tensão realiza 60 oscilações completas, ou seja, a frequência é $f = 60Hz$.

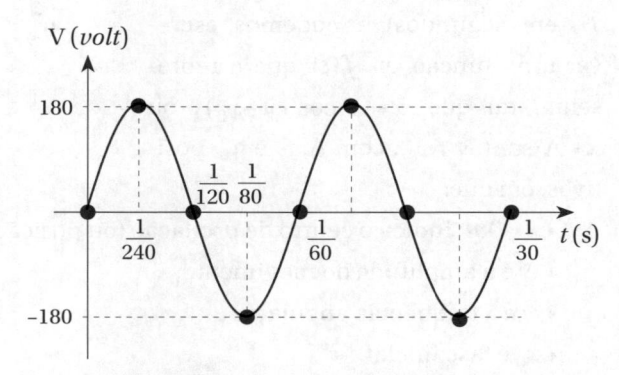

Figura 8.32 Tensão elétrica residencial

A *frequência* também pode ser obtida por comparação dos argumentos das funções, ou seja, $2 \cdot \pi \cdot f \cdot t = 120\pi \cdot t$, o que leva a $f = \dfrac{120\pi \cdot t}{2\pi \cdot t}$, resultando $f = 60Hz$.

Na Figura 8.32, no eixo t foram ressaltadas as abscissas dos pontos principais para um período $p = \dfrac{1}{60}$. Os valores indicados foram obtidos dividindo primeiro o período em quatro espaços horizontais de tamanho $\dfrac{1}{4} \cdot p = \dfrac{1}{4} \times \dfrac{1}{60} = \dfrac{1}{240}$ e fazendo: 0; $0 + \dfrac{1}{240} = \dfrac{1}{240}$;

$\dfrac{1}{240} + \dfrac{1}{240} = \dfrac{2}{240} = \dfrac{1}{120}$; $\dfrac{2}{240} + \dfrac{1}{240} = \dfrac{3}{240} = \dfrac{1}{80}$ e $\dfrac{3}{240} + \dfrac{1}{240} = \dfrac{4}{240} = \dfrac{1}{60}$.

Na prática, nesse caso temos ainda o valor eficaz da tensão dado por $V_{rms} = \dfrac{180}{\sqrt{2}}$, que resulta $V_{rms} \cong 127 volt$. Esse é o valor obtido em mensurações técnicas em grande parte das residências. Outro valor eficaz da tensão, bastante comum nas residências, é $V_{rms} \cong 220 volt$, que é obtido a partir de uma tensão máxima de $V_{Máx} = 311\ volt$; afinal $V_{rms} = \dfrac{311}{\sqrt{2}}$ resulta $V_{rms} \cong 220 volt$.

Movimento harmônico simples

Situação prática: um tipo importante de movimento oscilatório é o *movimento harmônico simples* (MHS), no qual analisamos o movimento numa trajetória retilínea de um corpo que oscila em torno de uma posição de equilíbrio (a exemplo do sistema massa-mola com as oscilações de um corpo preso a uma mola). Para descrever o MHS, é comum utilizarmos funções periódicas que dependem do tempo.

Na Figura 8.33 ao lado, representamos a posição do móvel por x (em metros) no decorrer do tempo t (em segundos) e podemos escrever uma função $x = f(t)$ que a representa, tal que $x = A \cdot \cos(\omega t + \varphi_0)$, ou $x = A \cdot \text{sen}(\omega t + \varphi_0)$, com A, ω e φ_0 positivos, em que:

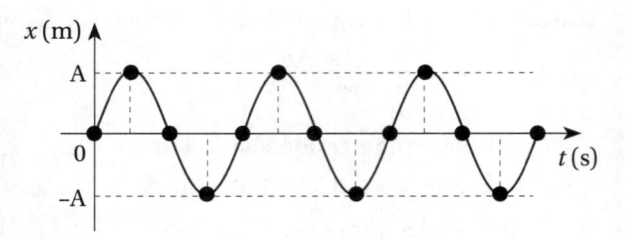

Figura 8.33 Gráfico de MHS

- $x = 0m$ indica o centro de oscilação (ou posição de equilíbrio);
- A é a amplitude do movimento;
- ω é a frequência angular; e
- φ_0 é fase inicial.

No MHS, as diferentes posições x do móvel são chamadas *elongações,* sendo a função $x = f(t)$ chamada *função horária da elongação* e o argumento $\omega t + \varphi_0$ chamado *fase do movimento no tempo t*.

Note que as funções horárias da elongação podem ser dadas em termos do seno "ou" cosseno. É comum escrever tal função usando o cosseno, fazendo ajustes nos cálculos para obter a fase inicial, φ_0, como é mostrado nas análises a seguir.

Análises: vamos obter a função horária da elongação na forma $x = A \cdot \cos(\omega t + \varphi_0)$ para o MHS representado pela Figura 8.34 ao lado. Para a amplitude, temos

$$A = \frac{0,2 - (-0,2)}{2} \Rightarrow A = 0,2$$

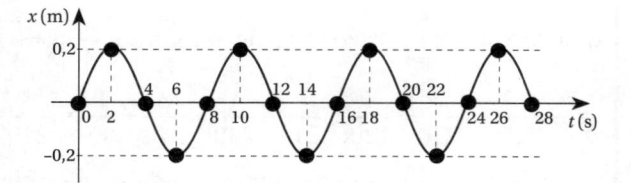

Figura 8.34 Gráfico de MHS

A frequência angular ω altera o período p da função. Como $p = \dfrac{2\pi}{\omega}$, com $\omega > 0$ e $p = 8$, temos:

$$8 = \frac{2\pi}{\omega} \quad \Rightarrow \quad 8\omega = 2\pi \quad \Rightarrow \quad \omega = \frac{2\pi}{8} \quad \Rightarrow \quad \omega = \frac{\pi}{4}$$

Para determinar $\varphi_0 > 0$ no argumento da função $x = A \cdot \cos(\omega t + \varphi_0)$, temos $x = 0,2$ para $t = 2$, que, substituídos na função, juntamente com $A = 0,2$ e $\omega = \dfrac{\pi}{4}$, leva a

$$0,2 = 0,2 \cdot \cos\left(\frac{\pi}{4} \cdot 2 + \varphi_0\right) \quad \Rightarrow \quad \cos\left(\frac{\pi}{2} + \varphi_0\right) = \frac{0,2}{0,2} \quad \Rightarrow \quad \cos\left(\frac{\pi}{2} + \varphi_0\right) = 1$$

A resolução dessa equação trigonométrica leva a

$$\frac{\pi}{2} + \varphi_0 = k \cdot 2\pi \quad \Rightarrow \quad \varphi_0 = -\frac{\pi}{2} + k \cdot 2\pi$$

em que $k \in \mathbb{Z}$. Ao variarmos k, obtemos diversos valores de φ_0, sendo a primeira determinação positiva obtida para $k = 1$:

$$\varphi_0 = -\frac{\pi}{2} + 1 \cdot 2\pi \quad \Rightarrow \quad \varphi_0 = -\frac{\pi}{2} + \frac{4\pi}{2} \quad \Rightarrow \quad \varphi_0 = \frac{3\pi}{2}$$

Dessa forma, a função procurada é dada por $x = 0{,}2 \cdot \cos\left(\frac{\pi}{4}t + \frac{3\pi}{2}\right)$.

É interessante notar que uma função equivalente a essa, dada em termos de seno, é $x = 0{,}2 \cdot \operatorname{sen}\left(\frac{\pi}{4}t\right)$. Sugerimos que você obtenha tal função seguindo passos semelhantes aos dados anteriormente.

Exercícios

52. Em alto mar um míssil de testes é lançado de um submarino, sai da água formando um ângulo de 60° com a "lâmina d'água" e segue em linha reta por 2 km até explodir.

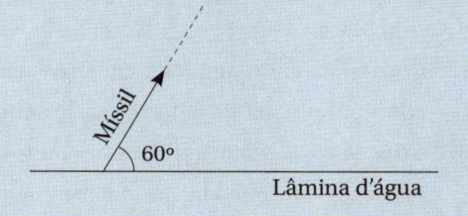

Calcule a altura do míssil, em relação à água, no momento da explosão.

53. Na construção civil é comum descrever a "inclinação" de um telhado usando porcentagens. Diz-se que um telhado tem inclinação $x\% = \frac{x}{100}$ se a cada deslocamento horizontal de 100 (numa unidade de medida) ocorrer uma elevação x na altura da cumeeira (na mesma unidade de medida). Veja as figuras a seguir. Por exemplo, se *um telhado tem inclinação de 30%,* significa que a altura da cumeeira se eleva 30 cm na vertical para um deslocamento horizontal de 100 cm. A inclinação adequada de um telhado geralmente

é indicada de acordo com o tipo de telha usada em sua construção.

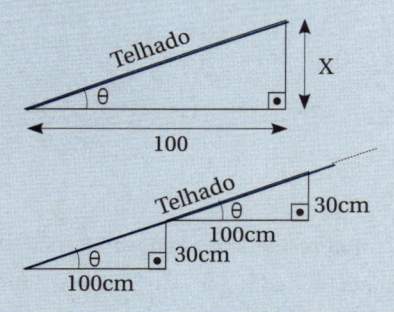

Considere que, na construção de uma edícula com área de churrasqueira, o proprietário está propenso a usar um de dois tipos de telha: *telha cerâmica* (de barro) com inclinação mínima de 30% ou *telha PVC* com inclinação mínima de 10%. O telhado cobrirá horizontalmente uma largura de 5 metros a ser considerada para o cálculo da elevação da respectiva altura de cumeeira do telhado.

a) Se o telhado for feito com a inclinação mínima exigida pelo tipo de telha, calcule as alturas ***x*** de elevação do telhado para os dois tipos de telha.

b) Nas figuras foi indicado o ângulo geométrico θ associado à inclinação de um telhado. Calcule para cada tipo de telha o ângulo θ (em graus) mínimo resultante.

c) Calcule para cada tipo de telha o comprimento mínimo do telhado da edícula.

54. Uma pessoa, no ponto A, observa o topo C de um monte cujo ângulo de elevação vertical de sua vista em relação ao horizonte é 25°. Então caminha, em um terreno relativamente plano, 400m em direção ao monte e, no ponto B, vê o seu topo sob um novo ângulo de 33°. A partir desses dados, a pessoa calcula a altura do monte, considerando, para tanto, desprezível a distância de seus olhos até o solo. Qual a medida **x** da altura obtida?

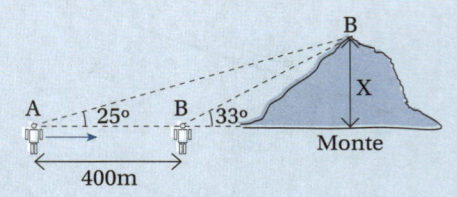

55. Numa residência a tensão elétrica alternada é dada por $V = 311 \cdot sen(120\pi \cdot t)$. A tensão é medida em V e o tempo t é medido em s. Sabe-se ainda que o *valor eficaz*, V_{rms}, da tensão é dado por

$$V_{rms} = \frac{V_{Máx}}{\sqrt{2}}.$$

a) Esboce o gráfico da função para um período completo destacando os principais pontos.

b) Qual o período da função? Em 1 segundo a tensão realiza quantas oscilações completas? Qual a frequência, em Hz, da tensão?

c) Qual a tensão máxima?

d) Qual o valor eficaz da tensão?

56. Em certos países, nas residências, a tensão elétrica alternada é dada por $V = 156 \cdot sen(120\pi \cdot t)$. A tensão é medida em V e o tempo t é medido em s. Sabe-se ainda que o *valor eficaz*, V_{rms}, da tensão é dado por $V_{rms} = \frac{V_{Máx}}{\sqrt{2}}$.

a) Esboce o gráfico da função para um período completo destacando os principais pontos.

b) Qual o período da função? Qual a frequência, em Hz, da tensão?

c) Qual a tensão máxima? Qual a amplitude da função?

d) Qual o valor eficaz da tensão?

e) Quais os valores de tensão para $t = 2s$, $t = 3s$ e $t = 1,5s$?

f) Quais os valores de tensão para $t = 0,01s$ e $t = 0,1s$?

57. Num cais, onde algumas embarcações aportam, o nível da água varia durante o dia de acordo com as diferentes marés. Foi verificado que em um determinado período a profundidade, y, da água varia de modo aproximado de acordo com a função $y = 5,2 + 0,8sen\left(\frac{\pi t}{6}\right)$. Considere a profundidade medida em metros e o tempo, em horas, sendo $t = 0$ o início das mensurações ocorrido às 14:00 horas de um dia.

a) Qual o período da função?

b) Esboce o gráfico da função para **dois períodos** completos destacando os principais pontos.

c) Qual a profundidade máxima obtida no momento da maré alta?

d) Em 24 horas, quantas marés altas foram observadas?

e) Em 24 horas, a partir das 14:00 h, em quais horários ocorreram as marés altas?

f) Qual a profundidade mínima obtida no momento da maré baixa?

g) Em 24 horas, quantas marés baixas foram observadas?

h) Em 24 horas, a partir das 14:00 h, em quais horários ocorreram as marés baixas?

i) Qual a diferença entre os valores máximos e mínimos das profundidades? Qual a amplitude da função?

j) Qual a profundidade às 15:00 h? E às 15:30 h?

k) Qual o primeiro instante, após as 14:00 h, em que a profundidade foi de 5,5m?

58. Num experimento, um corpo oscila em relação à posição de equilíbrio, gerando um movimento harmônico simples (MHS) quando analisadas as posições do corpo numa trajetória retilínea. A posição x (em metros) do móvel no decorrer do tempo t (em segundos) é descrita pela função horária da elongação $x = A \cdot \cos(\omega t + \varphi_0)$, em que A, ω e φ_0 são positivos e representam, respectivamente, a amplitude do movimento, a frequência angular e a fase inicial. Considerando $x = 0m$ o centro de oscilação (ou posição de equilíbrio) e $x = 0{,}1 \cdot \cos\left(\dfrac{\pi}{6}t + \dfrac{\pi}{3}\right)$:

a) Qual a amplitude do movimento?

b) Qual a frequência angular?

c) Qual a fase inicial?

d) Qual o período da função?

e) Esboce o gráfico da função para um período completo.

f) Em 1 minuto, quantas oscilações completas o móvel realiza? E em 1 hora?

g) Obtenha a posição do móvel para $t = 2s$.

59. Um corpo está em movimento harmônico simples com função horária de elongação representada pelo gráfico a seguir :

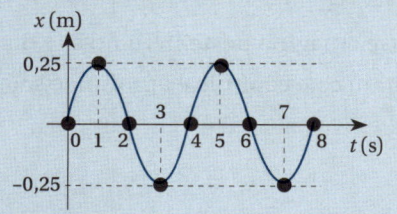

a) Obtenha uma possível expressão que represente tal função na forma **cossenoidal** $x = A \cdot \cos(\omega t + \varphi_0)$, lembrando que A, ω e φ_0 são positivos e representam, respectivamente, a amplitude do movimento, a frequência angular e a fase inicial. Lembre-se também de que $x = 0m$ indica o centro de oscilação (ou posição de equilíbrio) do movimento.

b) Obtenha uma possível expressão na forma **senoidal** que represente a função do gráfico.

c) Obtenha o valor da elongação (x) para os instantes $t = 1{,}5s$ e $t = 2{,}5s$.

60. Numa semana de a temperatura média T de uma cidade oscilou diariamente entre $10\,^{\circ}C$, às 4:00h, e $20\,^{\circ}C$, às 16:00h. Sabe-se que naquela semana as temperaturas puderam ser aproximadas por uma função senoidal (ou cossenoidal) no decorrer do tempo t, dado em horas, sendo $t = 0h$ o instante correspondente às 4:00h.

a) Esboce o gráfico da situação descrita para um período de 24 horas a partir de $t = 0h$.

b) Obtenha uma expressão possível para $T = f(t)$.

c) De acordo com o gráfico e com a função obtida, qual a temperatura às 10:00h?

d) De acordo com a função obtida, qual a temperatura às 11:00h? E às 11:30h?

Exercícios complementares

Acesse a página deste livro no site da Cengage para baixar os exercícios que complementam este capítulo e aprofunde seu conhecimento.

Palavras-chave

9 Função potência

Objetivos do capítulo

Neste capítulo, você estudará os conceitos relativos às *funções potências*. Os diferentes tipos de função potência com seus aspectos numéricos, algébricos e gráficos serão analisados a partir dos diferentes expoentes da variável independente. Analisaremos as *potências inteiras e positivas*, as *potências fracionárias e positivas* e *as potências inteiras e negativas*. Essas análises permitirão a você explorar algumas das principais aplicações práticas dessas funções.

Estudo de caso

Numa fábrica para duas linhas de produção dos produtos "A" e "B", as quantidades produzidas dependem das quantidades de insumos investidos na compra de novos equipamentos. Em outras "plantas" de fábricas do mesmo fabricante, em que foram realizados diferentes investimentos, observaram-se os incrementos de produção e concluiu-se que, de maneira aproximada, para "A" a produção é dada por $P_A = 4,6q^{1,25}$, enquanto para "B" a produção é obtida por $P_B = 10,8q^{0,75}$. Nessas relações, P é o número (em milhares) de unidades produzidas mensalmente, sendo q o capital investido em centenas de

milhares de $. O engenheiro responsável pelas linhas de produção, em uma análise preliminar, está interessado em responder às seguintes perguntas:

Quantas unidades dos produtos "A" e "B" serão produzidas se forem investidos em cada linha 1, 2, 3, 7 e 8 centenas de milhares de $? Quais os incrementos de produção se os investimentos variarem de 1 para 2, 2 para 3 e de 7 para 8 centenas de milhares de $? A partir dos incrementos de produção, as taxas de crescimento dos produtos aumentam ou diminuem? Em qual dos produtos são maiores os incrementos de produção a partir de um

mesmo investimento financeiro na produção? Existe um nível de investimento que torna iguais as produções de "A" e "B"? Como se mostram os gráficos de produção quando sobrepostas as curvas que representam P_A e P_B?

Vereshchagin Dmitry/Shutterstock

Essas questões poderão ser respondidas com o auxílio dos tópicos a serem estudados neste capítulo!

▶ 9.1 Função potência

Analisaremos nesta seção a definição de função potência e organizaremos a análise dessa função em casos. Esses casos trarão breves interpretações gráficas do comportamento das funções envolvidas.[1]

Função potência

Uma função $f : \mathbb{R} \to \mathbb{R}$ é chamada *função potência,* se for da forma

$$f(x) = k \cdot x^n$$

em que k e n são números reais, sendo $k \neq 0$.[2]

Nos três exemplos a seguir, distinguimos os casos mais interessantes de funções potências e as respectivas restrições no domínio.

---

1   Recomendamos uma breve revisão dos principais conceitos, operações e propriedades das *potências e raízes* presentes na Seção 1.2 – Potenciação e radiciação – do Capítulo 1.

2   A *função constante,* estudada no Capítulo 3, também pode ser entendida aqui como um caso de função potência em que $n = 0$, pois $f(x) = k \cdot x^0$, que leva a $f(x) = k \cdot 1$, ou seja, $f(x) = k$.

Exemplo 1: *Potências inteiras e positivas*

a) $y = 10x$ b) $y = 25x^2$ c) $y = -400x^3$

d) $y = 0{,}15x^4$ e) $y = 250x^5$

No Exemplo 1, os itens a) e b) trazem casos da função linear e quadrática, respectivamente.

Exemplo 2: *Potências fracionárias e positivas*

a) $y = 20x^{1/2}$ b) $y = 50x^{2/3}$ c) $y = 0{,}8x^{1/4}$

d) $y = 30x^{3/2}$ e) $y = 100x^{5/2}$

No Exemplo 2, nos itens a), c), d) e e), devemos ter $x \geq 0$ no domínio das funções.

Exemplo 3: *Potências inteiras e negativas*

a) $y = 25x^{-1}$ ou $y = \dfrac{25}{x}$ b) $y = 350x^{-2}$ ou $y = \dfrac{350}{x^2}$ c) $y = 10x^{-3}$ ou $y = \dfrac{10}{x^3}$.

No Exemplo 3, devemos ter $x \neq 0$ no domínio das funções.

Concavidade e as taxas de crescimento/decrescimento

Um aspecto importante na análise do comportamento numérico-gráfico de uma função potência está em suas diferentes taxas de crescimento e decrescimento e no aspecto gráfico resultante.

Funções que apresentam **taxas crescentes** de crescimento ou decrescimento apresentam **concavidade** voltada **para cima**. Veja o esboço na Figura 9.1 ao lado.

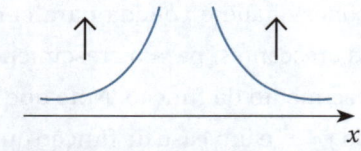

Figura 9.1 Taxas crescentes: concavidade para cima

Funções que apresentam **taxas decrescentes** de crescimento ou decrescimento apresentam **concavidade** voltada **para baixo**. Veja a Figura 9.2 ao lado.

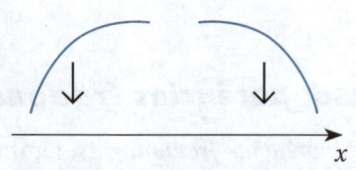

Figura 9.2 Taxas decrescentes: concavidade para baixo

Esses diferentes aspectos do comportamento das funções potências serão observados em diferentes casos de acordo com a potência envolvida, conforme os tópicos a seguir.

No estudo dos três casos seguintes para simplificação das análises e esboços gráficos, consideraremos $k = 1$ em $y = k \cdot x^n$, de modo que estudaremos as potências da forma $y = x^n$.

1º Caso: potências inteiras e positivas

O estudo das *potências inteiras e positivas* de x pode ser dividido em potências ímpares e potências pares, de modo que:

- **Potências ímpares positivas** ($y = x$, $y = x^3$, $y = x^5$, ...) são *funções crescentes* para todos os valores do domínio e seus gráficos são *simétricos em relação à origem dos eixos*.

Para $y = x^3$, $y = x^5$, ... os gráficos têm concavidade voltada para baixo (taxas decrescentes) quando $x < 0$ e concavidade voltada para cima (taxas crescentes) quando $x > 0$. Para $y = x$, função linear, cujo gráfico é uma reta, a *taxa é constante* (não há concavidade). Veja a Figura 9.3

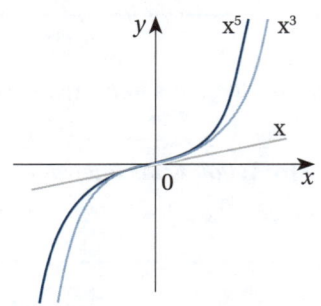

Figura 9.3 Potências ímpares positivas

- **Potências pares positivas** ($y = x^2$, $y = x^4$, ...) são *funções decrescentes* para $x < 0$ e *crescentes* para $x > 0$. Os gráficos das potências pares têm o formato de ∪ e são *simétricos em relação ao eixo y*.

A concavidade é voltada para cima sendo as taxas crescentes, para o crescimento e para o decrescimento da função. Note que a função potência $y = x^2$ é um caso da função quadrática. Veja a Figura 9.4.

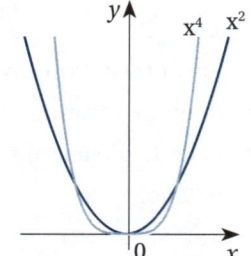

Figura 9.4 Potências pares positivas

2º Caso: potências fracionárias e positivas

Para as *potências fracionárias*, lembramos que, em $y = x^n$, o expoente n pode ser reescrito na forma de uma fração $\dfrac{p}{q}$. Analisaremos apenas os casos em que $p > 0$ e $q > 0$. Lembramos ainda que potências fracionárias podem ser reescritas como raízes:

$$y = x^n = x^{\frac{p}{q}} = \sqrt[q]{x^p}$$

Embora potências como $y = x^{\frac{3}{5}} = \sqrt[5]{x^3}$ sejam funções que podem ser analisadas para todo x real, muitas potências como $y = x^{\frac{1}{2}} = \sqrt[2]{x^1} = \sqrt{x}$ só podem ser analisadas para $x \geq 0$. Para manter a uniformidade das análises, definiremos funções potências fracionárias de x apenas para $x \geq 0$.

As potências fracionárias $y = x^n$, com $x \geq 0$, são **crescentes a taxas decrescentes** se $0 < n < 1$ e seus gráficos têm **concavidade para baixo**. São exemplos as funções $y = x^{2/3}$, $y = x^{1/2}$ e $y = x^{1/4}$, com gráficos esboçados na Figura 9.5 ao lado.

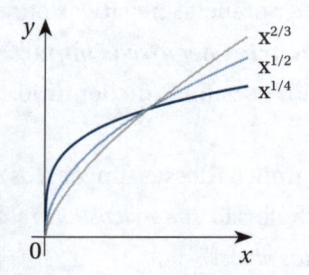

Figura 9.5 $y = x^n$, com $0 < n < 1$.

Já as potências fracionárias $y = x^n$, com $x \geq 0$, são **crescentes a taxas crescentes** se $n > 1$ e seus gráficos têm **concavidade para cima**. São exemplos as funções $y = x^{3/2}$, $y = x^{5/2}$ e $y = x^{10/3}$, conforme a Figura 9.6 ao lado.

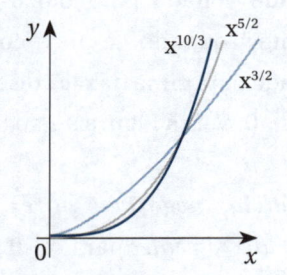

Figura 9.6 $y = x^n$, com $n > 1$.

3º Caso: potências inteiras e negativas

Para definir as *potências inteiras e negativas* de x, consideramos $x \neq 0$, pois, ao escrevê-las na forma de fração, temos x no denominador:

Em $y = x^n$, fazendo $n = -b$, com $b > 0$, temos

$$y = x^{-b} \Leftrightarrow y = \frac{1}{x^b}$$

Exemplo 4:

a) $y = x^{-1}$ ou $y = \dfrac{1}{x}$ **b)** $y = x^{-2}$ ou $y = \dfrac{1}{x^2}$ **c)** $y = x^{-3}$ ou $y = \dfrac{1}{x^3}$.

Essas funções também são conhecidas como hiperbólicas, pois seus gráficos, no domínio $\mathbb{R}^* = \mathbb{R} - \{0\}$, são hipérboles.

O gráfico dessas funções não cruza o eixo y, pois $x \neq 0$. Analisando o comportamento de y quando x assume "valores próximos" de zero, temos graficamente a curva se aproximando assintoticamente do eixo y, ou seja, a curva estará cada vez mais "próxima" do eixo y à medida que os valores de x se "aproximam" de 0. De modo parecido, obteremos a curva se aproximando assintoticamente do eixo x quanto "maiores" forem os valores de x, ou quanto "menores" negativamente se tornarem os valores de x.[3] Veja as figuras 9.7 e 9.8 adiante.

O estudo das potências inteiras e negativas de x pode ser dividido em potências negativas ímpares e potências negativas pares, de modo que:

• **Potências negativas ímpares** ($y = x^{-1}$, $y = x^{-3}$, $y = x^{-5}$, ...) são *funções decrescentes* para todos os valores do domínio.

Nos gráficos dessas funções, os ramos de hipérbole são *simétricos em relação à origem dos eixos*.

Notamos ainda que os gráficos têm concavidade voltada para baixo (taxas decrescentes) quando $x < 0$ e concavidade voltada para cima (taxas crescentes) quando $x > 0$. Veja a Figura 9.7 ao lado.

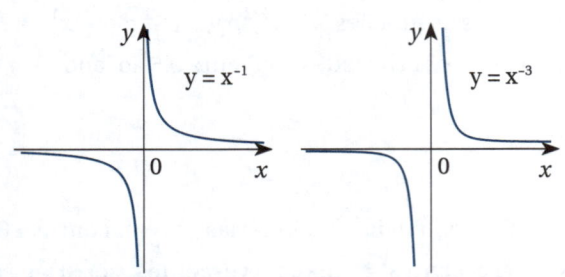

Figura 9.7 Potências negativas ímpares

• **Potências negativas pares** ($y = x^{-2}$, $y = x^{-4}$, $y = x^{-6}$,...) são *funções crescentes* para $x < 0$, *decrescentes* para $x > 0$.

Nos gráficos, os arcos de hipérbole são *simétricos em relação ao eixo y*.

Por ser a concavidade voltada para cima, as taxas são crescentes, tanto para o crescimento como para o decrescimento da função. Veja a Figura 9.8 ao lado.

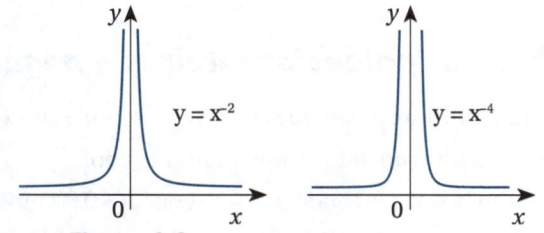

Figura 9.8 Potências negativas pares

Comparações entre funções potências positivas

Comparando diferentes potências positivas de x, consideramos duas situações:

➤ Quanto **maior** o expoente n, **maior** será o valor da função $y = x^n$ para $x > 1$.

➤ Quanto **menor** o expoente n, **maior** será o valor da função $y = x^n$ para $0 < x < 1$.

---

3   Estudaremos mais detalhadamente essas ideias no Capítulo 12, ao tratarmos das noções de limites. Aqui consideremos termos como "próximos", "cada vez maiores" etc. apenas de modo intuitivo e gráfico.

Exemplo 5: Para $x > 1$, temos $x^3 > x^{5/2} > x^2 > x > x^{1/2} > x^{2/5} > x^{1/3}$. Em outras palavras, x^3 cresce mais "rápido" que $x^{5/2}$, que cresce mais "rápido" que x^2, que cresce ... para $x > 1$.

Exemplo 6: Para $0 < x < 1$, temos $x^{1/3} > x^{2/5} > x^{1/2} > x > x^2 > x^{5/2} > x^3$. Em outras palavras, $x^{1/3}$ cresce mais "rápido" que $x^{2/5}$, que cresce mais "rápido" que $x^{1/2}$, que cresce ... para $0 < x < 1$.

As comparações feitas nos exemplos 5 e 6 podem ser observadas graficamente na Figura 9.9:

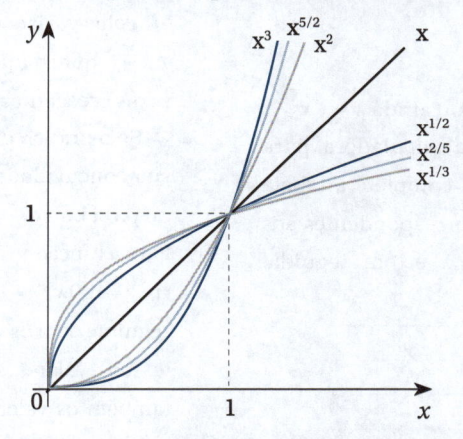

Figura 9.9 Comparação das potências positivas de x

Exercícios

Para os exercícios a seguir, quando necessário, utilize a calculadora. Saiba, que para o cálculo das potências, as calculadoras dispõem da tecla y^x ou $\wedge$ conforme os diferentes modelos.

1. Para cada função a seguir, complete a tabela com os valores de y correspondentes aos valores sugeridos de x e, em seguida, esboce o gráfico.

x	y
–1,5	
–1	
–0,5	
0	
0,5	
1	
1,5	

a) $y = 10x^2$ **b)** $y = 10x^3$

c) $y = 10x^4$ **d)** $y = 10x^5$

2. Para cada função a seguir, complete a tabela com os valores de y correspondentes aos valores sugeridos de x e, em seguida, esboce o gráfico.

x	y
0	
0,5	
1	
5	
10	

a) $y = x^{1/2}$ ou $y = \sqrt{x}$

b) $y = x^{1/4}$ ou $y = \sqrt[4]{x}$

c) $y = x^{2,5}$, ou $y = x^{5/2}$, ou ainda $y = \sqrt{x^5}$

3. Com o auxílio de uma calculadora, para cada função a seguir, complete a tabela com os valores de y correspondentes aos valores sugeridos de x e, em seguida, esboce o gráfico.

x	y
−2	
−1	
−0,5	
0,5	
1	
2	

a) $y = x^{-1}$ ou $y = \dfrac{1}{x}$

b) $y = x^{-2}$ ou $y = \dfrac{1}{x^2}$

c) $y = x^{-3}$ ou $y = \dfrac{1}{x^3}$

d) $y = x^{-4}$ ou $y = \dfrac{1}{x^4}$

4. Para a função $y = 10x^{1,5}$ (ou, se você preferir, $y = 10x^{3/2} = 10\sqrt{x^3}$), complete a tabela seguinte com os valores de y correspondentes aos valores sugeridos de x. Complete também os valores das variações Δy para correspondentes variações unitárias $\Delta x = 1$.

Δx	x	y	Δy
####	0		####
$\Delta x = 1 - 0 = 1$	1		
$\Delta x = 2 - 1 = 1$	2		
$\Delta x = 3 - 2 = 1$	3		
$\Delta x = 4 - 3 = 1$	4		

Analisando os valores obtidos, responda:

a) A função é crescente ou decrescente?

b) Pelas variações Δy obtidas a partir de $\Delta x = 1$, qual o tipo de taxa de crescimento: taxas crescentes ou decrescentes?

c) Se o gráfico da função fosse esboçado, sua concavidade seria voltada para cima ou para baixo?

5. Para a função $y = 100x^{0,4}$ (ou, se você preferir, $y = 100x^{2/5} = 100\sqrt[5]{x^2}$), complete a tabela seguinte com os valores de y correspondentes aos valores sugeridos de x. Complete também os valores das variações Δy para correspondentes variações unitárias $\Delta x = 1$.

Δx	x	y	Δy
####	0		####
$\Delta x = 1 - 0 = 1$	1		
$\Delta x = 2 - 1 = 1$	2		
$\Delta x = 3 - 2 = 1$	3		
$\Delta x = 4 - 3 = 1$	4		

Analisando os valores obtidos, responda:

a) A função é crescente ou decrescente?

b) Pelas variações Δy obtidas a partir de $\Delta x = 1$, qual o tipo de taxa de crescimento: taxas crescentes ou decrescentes?

c) Se o gráfico da função fosse esboçado, sua concavidade seria voltada para cima ou para baixo?

6. Considerando valores de x tais que $x > 1$, escreva em ordem crescente as potências $x, x^4, x^{3/4}, x^{1/3}, x^3, x^{4/3}$ e $x^{1/4}$.

7. Considerando valores de x tais que $0 < x < 1$, escreva em ordem crescente as potências $x, x^4, x^{3/4}, x^{1/3}, x^3, x^{4/3}$ e $x^{1/4}$.

8. Considere a função potência $y = x^4$ e a função exponencial $y = 1,5^x$.

a) Calcule os valores das funções substituindo em x alguns valores do intervalo $0 < x < 1$. Nessas condições, qual função assume os valores maiores?

b) Proceda de forma parecida ao feito no item a) para valores tais que $5 < x < 35$. Nesse caso, qual função assume os valores maiores?

c) Procedendo de modo parecido aos itens anteriores, determine qual função assume os valores maiores para $x > 36$.

9. Considere a função $f(x) = x^3$ e seu gráfico dado a seguir, no qual foram ressaltados os pontos A e B.

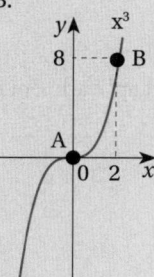

Por meio de transformações gráficas, esboce o gráfico das funções em cada item indicando o novo posicionamento dos pontos A e B.

a) $g(x) = f(x) + 4$ ou $g(x) = x^3 + 4$

b) $h(x) = f(x) - 5$ ou $h(x) = x^3 - 5$

c) $i(x) = f(x-1)$ ou $i(x) = (x-1)^3$

d) $j(x) = -f(x)$ ou $j(x) = -x^3$

e) $k(x) = 4 - f(x-1)$ ou $k(x) = 4 - (x-1)^3$

10. Considere a função $f(x) = \sqrt[3]{x}$ e seu gráfico dado a seguir, no qual foram ressaltados os pontos A, B e C.

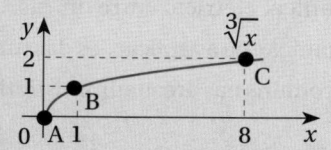

Por meio de transformações gráficas, esboce o gráfico das funções em cada item indicando o novo posicionamento dos pontos A, B e C.

a) $g(x) = f(x-3)$ ou $g(x) = \sqrt[3]{x-3}$

b) $h(x) = -f(x)$ ou $h(x) = -\sqrt[3]{x}$

c) $i(x) = 4 - f(x)$ ou $i(x) = 4 - \sqrt[3]{x}$

11. A seguir é dado o gráfico da função $f(x) = \dfrac{1}{x^3}$ cujo domínio é $D = \{x \in \mathbb{R} \mid x \neq 0\}$. Como você pode notar, tal gráfico é composto por duas curvas que "se aproximam" assintoticamente dos eixos coordenados.

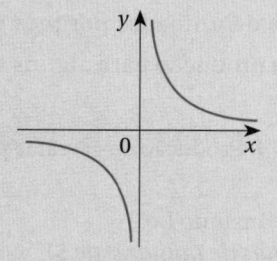

A partir desse esboço, obtenha o gráfico de cada função nos itens a seguir, indicando as retas das quais as curvas "se aproximam":

a) $g(x) = f(x) + 5$ ou $g(x) = \dfrac{1}{x^3} + 5$

b) $h(x) = f(x-2)$ ou $h(x) = \dfrac{1}{(x-2)^3}$

c) $i(x) = f(x-2) + 5$ ou $i(x) = \dfrac{1}{(x-2)^3} + 5$

▼ 9.2 Aplicações

Os conceitos relacionados às funções potências têm muitas aplicações. Entre as muitas aplicações nas áreas de engenharia, analisaremos: *a relação entre produção e insumo; o comportamento do fluxo de calor; a potência e a velocidade máxima de um carro; a lei de Coulomb para cargas elétricas.*

Essas aplicações são muito importantes para a engenharia de produção, civil, de materiais, mecânica, elétrica, entre outras.

Lembramos que as aplicações das funções potências não estão apenas na engenharia. Também são muito comuns nas áreas administrativa e econômica, como você notará em exercícios.

Produção e insumo

Situação prática: Para um produto em seus processos de **produção**, consideram-se **insumos** os fatores matéria-prima, energia, equipamentos, mão de obra e dinheiro, entre outros. Em nossas análises, podemos estabelecer a quantidade produzida em correspondência com a quantidade de apenas um dos componentes dos insumos, considerando fixas as demais quantidades dos outros insumos. Assim, a quantidade produzida P depende da quantidade utilizada q de um insumo ou, em outras palavras, a *produção* pode ser escrita como função da quantidade de um *insumo*, $P = f(q)$. Para alguns processos de produção, nota-se que a produção é **proporcional** a uma **potência** positiva da quantidade de insumo, ou seja, $P = k \cdot q^n$, em que k e n são constantes positivas.

Análises: Em uma determinada fábrica, na produção de garrafas plásticas para refrigerante, estabeleceu-se a função da produção $P = 1{,}5q^3$, em que P é a quantidade de garrafas produzidas e q, a quantidade de capital aplicado na compra de equipamentos, sendo P medida em milhares de unidades por mês e q, em centenas de milhares de \$. A seguir temos uma tabela com a produção para alguns valores do insumo q.

Tabela 9.1 Produção de garrafas plásticas em função do capital aplicado em equipamentos

Insumo (q) *(centenas de milhares de \$)*	0	1	2	3	4	5
Garrafas produzidas (P) *(milhares/mês)*	0	1,5	12,0	40,5	96,0	187,5

A partir dessa tabela, notamos que os aumentos iguais em q ($\Delta q = 1$ *centena de milhar de* \$) causaram diferentes aumentos, ΔP, em P. Analise as variações na Tabela 9.2 e o aspecto gráfico[4] da função na Figura 9.10:

---

4   Embora as variáveis independentes e dependentes sejam discretas, consideraremos, por questões didáticas e para esboços gráficos, tais variáveis como contínuas nesse exemplo e em outros.

Tabela 9.2 Aumentos em **P** em relação aos aumentos em **q**

Δq: Aumentos em q ($\times \$ 100.000$)	q	P	ΔP: Aumentos em P (milhares/mês)
#####	0	0	#####
$\Delta q = 1 - 0 = 1$	1	1,5	$\Delta P = 1,5 - 0 = 1,5$
$\Delta q = 2 - 1 = 1$	2	12,0	$\Delta P = 12,0 - 1,5 = 10,5$
$\Delta q = 3 - 2 = 1$	3	40,5	$\Delta P = 40,5 - 12,0 = 28,5$
$\Delta q = 4 - 3 = 1$	4	96,0	$\Delta P = 96,0 - 40,5 = 55,5$
$\Delta q = 5 - 4 = 1$	5	187,5	$\Delta P = 187,5 - 96,0 = 91,5$

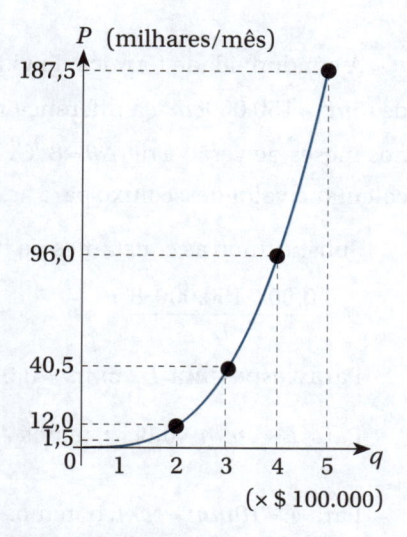

Figura 9.10 Produção por insumo

Na análise do aspecto de crescimento da produção para essa função, percebemos que, para aumentos iguais em **q**, $\Delta q = 1$, os aumentos em **P** são cada vez maiores, ou seja, os aumentos em P são *crescentes*. Assim, a função P *cresce a **taxas crescentes***. Graficamente, o indicador das *taxas crescentes* é *a **concavidade voltada para cima***.

Fluxo de calor

Situação prática: Na análise da *condutividade térmica* de um corpo, estudamos o fluxo de calor através de um corpo. Aquecendo uma extremidade de uma barra de metal, haverá o fluxo de calor na direção da outra extremidade da barra. O ***fluxo de calor*** ϕ em uma barra é diretamente proporcional à área A da secção transversal da barra, diretamente proporcional à diferença de temperatura, $\Delta\theta$, entre os extremos da barra e inversamente proporcional ao comprimento L da barra.

Dessa forma, podemos escrever $\phi = \dfrac{k \cdot A \cdot \Delta\theta}{L}$ ou $\phi = k \cdot A \cdot \Delta\theta \cdot L^{-1}$, sendo k uma constante de **condutividade térmica** que depende do material em que é conduzido o calor. Considerando ainda constantes A e $\Delta\theta$, temos o fluxo de calor como uma função potência de L, ou seja, $\phi = f(L)$. Nessas expressões, ϕ é medido em cal/s (caloria/segundo), k em $\dfrac{cal}{s \cdot cm \cdot {}^{\circ}C}$, A em cm^2, $\Delta\theta$ em ${}^{\circ}C$ e L em cm.

Análises: Uma loja será construída e terá aparelhos de ar-condicionado. Para melhor isolamento térmico do interior da loja em relação ao ambiente externo, antes da colocação das vitrines, o engenheiro responsável pelo projeto estimará a dispersão de calor para as diferentes espessuras dos vidros que podem ser utilizados nas vitrines, consideradas como secções de uma barra por onde ocorre o fluxo de calor. Essa análise ajudará na comparação de custos dos vidros, dos aparelhos de ar-condicionado adequados e dos custos médios mensais de energia elétrica demandada pelos diferentes aparelhos.

A condutividade térmica do vidro é dada por $k = 0,002\dfrac{cal}{s \cdot cm \cdot {}^{\circ}C}$; a área das vitrines será de $15 m^2 = 150.000 cm^2$; a diferença média de temperatura entre o interior e o exterior da loja nos meses de verão é de $\Delta\theta = 8\,{}^{\circ}C$. Vamos obter a função do fluxo de calor para as vitrines e calcular o valor desse fluxo para as espessuras $6mm$, $8mm$ e $10mm$ do vidro.

Substituindo as constantes na função do fluxo $\phi = \dfrac{k \cdot A \cdot \Delta\theta}{L}$:

$$\phi = \frac{0,002 \cdot 150.000 \cdot 8}{L} \quad \Rightarrow \quad \phi = \frac{2.400}{L}$$

Para a espessura $L = 6mm = 0,6cm$, obtemos $\phi = \dfrac{2.400}{0,6}$, ou seja, $\phi = 4.000 cal / s$.

Para $L = 8mm = 0,8cm$, temos $\phi = \dfrac{2.400}{0,8}$, ou seja, $\phi = 3.000 cal / s$.

Para $L = 10mm = 1cm$, obtemos $\phi = \dfrac{2.400}{1}$, ou seja, $\phi = 2.400 cal / s$.

Potência e velocidade máxima

Situação prática: As diferentes *potências do motor* de um modelo de carro determinam as diferentes velocidades máximas que esse carro alcança. Para o cálculo da velocidade máxima v_{MAX} como uma função da potência P do motor, consideraremos alguns fatos experimentais e desenvolveremos alguns raciocínios. O módulo da *força de resistência do ar*, F_{AR} , que atua sobre o carro pode ser dado por $F_{AR} = k \cdot v$, em que k é uma constante de resistência associada ao formato e à área da secção transversal do carro e v é a velocidade do carro. Sob certas circunstâncias, é comum obtermos também $F_{AR} = k \cdot v^2$.

Vale notar, no movimento de um carro, uma *força resultante*, $\vec{F}_R$, na composição da *força motora* $\vec{F}_M$ e da $\vec{F}_{AR}$. Quando o carro atinge a velocidade máxima, obtemos $\vec{F}_R = \vec{0}$, com $F_M = F_{AR}$ caracterizando um movimento uniforme com v_{MAX} constante. Veja a Figura 9.11 ao lado.

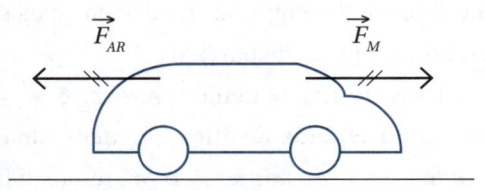

Figura 9.11 Diagrama do carro e forças

Nessa situação, a potência desenvolvida é dada por $P = F_M \cdot v_{MAX}$, e como $F_M = F_{AR}$ escrevemos a potência como $P = F_{AR} \cdot v_{MAX}$.

Supondo o módulo da força do ar dado por $F_{AR} = k \cdot v_{MAX}^2$, obtemos

$$P = k \cdot v_{MAX}^2 \cdot v_{MAX} \quad \Rightarrow \quad P = k \cdot v_{MAX}^3$$

A partir dessa última expressão, obtemos a velocidade máxima em função da potência:

$$v_{MAX}^3 = \frac{P}{k} \quad \Rightarrow \quad v_{MAX} = \sqrt[3]{\frac{P}{k}} \quad \text{ou} \quad v_{MAX} = \left(\frac{P}{k}\right)^{\frac{1}{3}}$$

Numa análise preliminar, sendo a velocidade dada por uma raiz cúbica da potência, para "dobrar" uma velocidade máxima é necessário que a potência seja "multiplicada por 8". Verificamos esse fato considerando a potência P_1 com $v_{MAX\ 1} = \sqrt[3]{\dfrac{P_1}{k}}$ e calculando uma nova velocidade para $P = 8 \cdot P_1$:

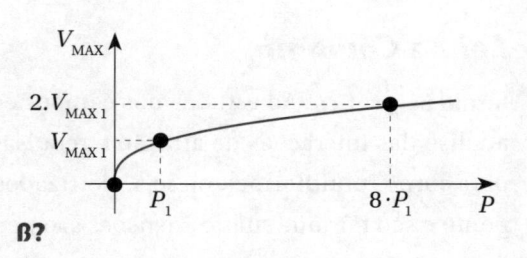

$$v_{MAX} = \sqrt[3]{\frac{8 \cdot P_1}{k}} \quad \Rightarrow \quad v_{MAX} = 2 \cdot \sqrt[3]{\frac{P_1}{k}} \quad \Rightarrow \quad v_{MAX} = 2 \cdot v_{MAX\ 1}$$

Análises: Um fabricante de carros tem um de seus modelos com velocidade máxima aproximada (em km/h) pela função $v_{MAX} = \sqrt[3]{\dfrac{P}{k}}$, sendo P a potência do motor medida em *cavalo-vapor* (CV) e a constante $k \cong 0{,}0000214$ obtida em testes preliminares com um motor de 1.4 litros que tem potência de 86 CV. O fabricante pretende lançar o mesmo modelo com outras motorizações e potências respectivas de 1.6 L com 116 CV, 1.8 L com 131 CV e 1.4 L – Turbo – com 153 CV. Vamos obter a expressão da velocidade máxima e calcular as velocidades máximas esperadas para cada motorização. Vamos também calcular a potência do motor para uma velocidade máxima desejada.

Substituindo $k \cong 0{,}0000214$ em $v_{MAX} = \sqrt[3]{\dfrac{P}{k}}$, obtemos

$$v_{MAX} = \sqrt[3]{\frac{P}{0{,}0000214}} \quad \Rightarrow \quad v_{MAX} = \sqrt[3]{\frac{1}{0{,}0000214} \cdot P} \quad \Rightarrow \quad v_{MAX} \cong \sqrt[3]{46.729 \cdot P} \quad \Rightarrow \quad v_{MAX} \cong 36 \sqrt[3]{P}$$

Para o motor 1.4 L com 86 CV, temos $v_{MAX} \cong 36 \sqrt[3]{86}$, que resulta em $v_{MAX} \cong 159 km/h$.
Para o motor 1.6 L com 116 CV, temos $v_{MAX} \cong 36 \sqrt[3]{116}$, que leva a $v_{MAX} \cong 176 km/h$.
Para o motor 1.8 L com 131 CV, temos $v_{MAX} \cong 36 \sqrt[3]{131}$, resultando $v_{MAX} \cong 182 km/h$.
Para o motor 1.4 L (turbo) com 153 CV, temos $v_{MAX} \cong 36 \sqrt[3]{153}$, levando a $v_{MAX} \cong 193 km/h$.

Podemos também calcular a potência necessária para que a velocidade máxima seja $200 km/h$. Basta substituir $v_{MAX} = 200$ na função $v_{MAX} \cong 36 \sqrt[3]{P}$ e resolver a equação:

$$200 = 36 \sqrt[3]{P} \quad \Rightarrow \quad \sqrt[3]{P} = \frac{200}{36} \quad \Rightarrow \quad \sqrt[3]{P} \cong 5{,}555556 \quad \Rightarrow \quad P^{\frac{1}{3}} \cong 5{,}555556$$

Nessa equação, para "isolar" P, basta elevar $\sqrt[3]{P}$ ou $P^{\frac{1}{3}}$ à potência 3, elevando também o número à direita na equação:

$$\left(P^{\frac{1}{3}} \right)^3 \cong (5{,}555556)^3 \quad \Rightarrow \quad P^{\frac{1}{3} \cdot 3} \cong 171{,}5 \quad \Rightarrow \quad P^1 \cong 171{,}5 \quad \Rightarrow \quad P \cong 171{,}5 \text{ CV}$$

Lei de Coulomb

Situação prática: Ao estudarmos campos elétricos, a *Lei de Coulomb* é muito importante na análise das interações de atração e repulsão de corpos eletrizados. Essa lei foi estabelecida para corpos puntiformes, ou seja, eletrizados com cargas elétricas concentradas em um único ponto e são tais que suas dimensões são pequenas em relação às distâncias que os separam. Quando dois corpos puntiformes, separados por uma distância d, estão eletrizados com cargas Q_1 e Q_2, ocorre a interação de ações elétricas que são representadas por forças $\vec{F}$ de atração (cargas de sinais contrários) ou repulsão (cargas de mesmo sinal), e a *"intensidade da força elétrica é diretamente proporcional ao produto dos módulos da quantidade de carga de cada corpo e inversamente proporcional ao quadrado da distância que os separa"*.

Algebricamente, escrevemos $F = k \cdot \dfrac{|Q_1| \cdot |Q_2|}{d^2}$, sendo k uma constante que depende do meio em que estão os corpos. Se também considerarmos constantes Q_1 e Q_2, a intensidade da força, F, é uma função potência da distância, d, ou seja, $F = f(d)$, com $F = k \cdot |Q_1| \cdot |Q_2| \cdot d^{-2}$, ou, de maneira simplificada, $F = (\text{constante}) \cdot d^{-2}$. Lembramos que, no Sistema Internacional de Unidades (SI), F é medida em *newtons* (N), Q_1 e Q_2 em *coulombs* (C), d em *metros* (m) e k em $\dfrac{\text{N} \cdot m^2}{\text{C}^2}$.

Análises: Para compararmos diferentes intensidades de força para diferentes distâncias, consideremos constantes Q_1 e Q_2, em seguida calculemos F para uma distância inicial $d_1 = r$, para uma distância $d_2 = 2r$, que é o dobro da inicial, e para uma distância $d_3 = 3r$, que é o triplo da inicial.

Para $d_1 = r$, temos $F_1 = k \cdot \dfrac{|Q_1| \cdot |Q_2|}{r^2}$.

Para $d_2 = 2r$, temos, comparando com F_1:

$$F_2 = k \cdot \frac{|Q_1| \cdot |Q_2|}{(2r)^2} \implies F_2 = k \cdot \frac{|Q_1| \cdot |Q_2|}{4r^2} \implies F_2 = \frac{1}{4} \cdot k \cdot \frac{|Q_1| \cdot |Q_2|}{r^2} \implies F_2 = \frac{1}{4} \cdot F_1 \implies F_2 = \frac{F_1}{4}$$

Para $d_3 = 3r$, temos, comparando com F_1:

$$F_3 = k \cdot \frac{|Q_1| \cdot |Q_2|}{(3r)^2} \implies F_3 = k \cdot \frac{|Q_1| \cdot |Q_2|}{9r^2} \implies F_3 = \frac{1}{9} \cdot k \cdot \frac{|Q_1| \cdot |Q_2|}{r^2} \implies F_3 = \frac{1}{9} \cdot F_1 \implies F_3 = \frac{F_1}{9}$$

Notamos, pelos resultados e pelo gráfico da Figura 9.13 ao lado, que se a distância d duplica, a intensidade F da força é dividida por 4. Se a distância d triplica, a intensidade F da força é dividida por 9.

Se continuarmos os cálculos de modo parecido, quando a distância d quadruplica, a intensidade F da força é dividida por 16.

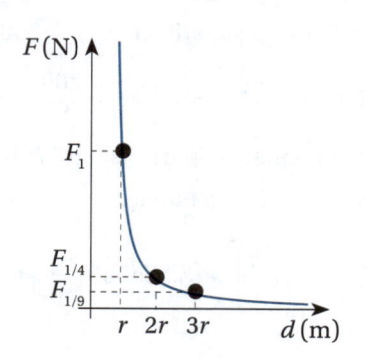

Exercícios

12. Em uma linha de produção, o número P de aparelhos eletrônicos montados por um grupo de funcionários depende do número q de horas trabalhadas, e a produção pode ser aproximada por $P = 200q^{0,75}$, em que P é medida em unidades montadas, aproximadamente, por dia. Complete a tabela seguinte com os valores de P correspondentes aos valores sugeridos de q. Complete também os valores das variações ΔP para correspondentes variações $\Delta q = 2h$.

Δq	q	P	ΔP
####	0		####
$\Delta x = 2 - 0 = 2$	2		
$\Delta x = 4 - 2 = 2$	4		
$\Delta x = 6 - 4 = 2$	6		
$\Delta x = 8 - 6 = 2$	8		

a) A função é crescente ou decrescente?

b) Pelas variações ΔP obtidas a partir de $\Delta q = 2h$, qual o tipo de taxa de crescimento: taxas crescentes ou decrescentes?

c) Ao esboçar o gráfico da função, a sua concavidade será voltada para cima ou para baixo?

d) Esboce o gráfico da função.

13. O *fluxo de calor* ϕ em uma barra de comprimento L é dado por $\phi = \dfrac{k \cdot A \cdot \Delta\theta}{L}$, em que k é a constante de condutividade térmica, A é a área da secção transversal da barra e $\Delta\theta$ é a diferença de temperatura entre os extremos da barra. Sabe-se que ϕ é medido em cal/s, k em $\dfrac{cal}{s \cdot cm \cdot {}^{\circ}C}$, A em cm^2, $\Delta\theta$ em ${}^{\circ}C$ e L em cm. Consi-

dere uma porta de madeira maciça como uma secção de uma barra com $k = 0,0003$ e área de 17.220 cm^2 separando uma sala climatizada do ambiente externo com uma diferença de temperatura de $12\,{}^{\circ}C$.

a) Obtenha a função $\phi = f(L)$ do fluxo de calor através da porta para suas diferentes espessuras L.

b) Calcule o valor do fluxo de calor para as espessuras 3 cm, 3,5 cm e 4 cm.

c) Qual deve ser a espessura da porta para que o fluxo através dela seja 13.776 $cal\,/\,s$?

d) Esboce o gráfico da função $\phi = f(L)$.

14. A velocidade máxima v_{MAX} de um carro é dada como uma função da potência P do motor. Experimentalmente, para um modelo de carro, temos $v_{MAX} = \sqrt[3]{\dfrac{P}{k}}$, com medidas v_{MAX} em km/h, P em CV e k uma constante que depende do formato aerodinâmico do carro, e para esse modelo de carro $k \cong 0,000018224$.

a) Escreva uma expressão para a função $v_{MAX} = f(P)$.

b) Calcule as velocidades máximas para motores com potências de 120 CV, 150 CV e 180 CV.

c) Qual a potência do motor para que a velocidade máxima seja 240km/h?

d) Esboce o gráfico da função.

15. A lei de Coulomb indica $F = k \cdot \dfrac{|Q_1| \cdot |Q_2|}{d^2}$ com o módulo da intensidade da força elétrica entre dois corpos puntiformes com cargas Q_1 e Q_2 separados por uma distância d, sendo a constante k dada em $\dfrac{N \cdot m^2}{C^2}$; F em *newtons* (N); as cargas em *coulombs* (C) e *d* em *metros* (m). Considere duas cargas tais que $Q_1 = 2 \cdot 10^{-6} C$, $Q_2 = 8 \cdot 10^{-6} C$ e $k = 9 \cdot 10^9 \dfrac{N \cdot m^2}{C^2}$.

a) Escreva uma expressão para $F = f(d)$.

b) Obtenha a intensidade da força quando a distância que separa as cargas for de 0,1m, 0,2m, 0,3m, 0,4m e 0,5m.

c) Esboce o gráfico de $F = f(d)$.

16. A *lei de Boyle–Mariotte* modela as transformações isotérmicas de um gás perfeito, ou seja, aquelas que transcorrem a temperaturas constantes. Segundo tal lei, *"em uma transformação isotérmica, a pressão de uma dada massa de gás é inversamente proporcional ao volume ocupado pelo gás"*. Algebricamente, escrevemos $p = \alpha \cdot \dfrac{1}{V}$, em que a pressão p é dada em atmosferas (*atm*), o volume V em litros (L) e a constante α depende da massa e natureza do gás, bem como da temperatura e das unidades usadas. Para um gás com $\alpha = 18$:

a) Escreva a expressão $p = f(V)$.

b) Calcule as diferentes pressões para os volumes 2L, 4L, 8L e 10L.

c) Calcule os volumes para as pressões 6 *atm* e 1,2 *atm*.

d) Esboce o gráfico de $p = f(V)$.

17. No estudo da distribuição de rendas para indivíduos em uma população de tamanho *a*, temos a *lei de Pareto*, que estabelece que *"o número y de indivíduos que recebem uma renda superior a x é dado aproximadamente por* $y = \dfrac{a}{(x-r)^b}$, *em que r é a menor renda considerada' para a população e b* é um parâmetro positivo que varia de acordo com a população estudada". De modo mais simples, considerando-se $r = 0$, ou seja, renda mínima zero, a lei de Pareto nos dá $y = \dfrac{a}{x^b}$, que pode ser reescrita na forma de uma potência negativa de x como $y = a \cdot x^{-b}$. Para essa lei, considere uma população de 5.000.000 de habitantes, com renda mínima de 0\$/dia e o coeficiente $b = 1,2$. Assim, $y = 5.000.000 \cdot x^{-1,2}$ dá o número de indivíduos com renda superior a x \$/dia.

a) Construa uma tabela que dê o número de indivíduos com renda superior a 10, 100, 200, 400, 500 e 1.000 \$/dia.

b) Construa o gráfico da função a partir da tabela do item anterior.

c) Analisando o gráfico, qual o tipo de taxa de decrescimento de y?

d) Qual o número de pessoas que têm renda diária entre 100\$/dia e 200\$/dia?

e) Qual a menor renda diária das 546 pessoas que têm as rendas diárias mais altas?

Exercícios complementares

Acesse a página deste livro no site da Cengage para baixar os exercícios que complementam este capítulo e aprofunde seu conhecimento.

Palavras-chave

10

Função polinomial

Objetivos do capítulo

Neste capítulo, você estudará os conceitos relativos às *funções polinomiais*. As diferentes características e os diferentes gráficos gerados por funções polinomiais serão associados ao *grau* e ao *termo dominante* dessas funções. Analisaremos também as *raízes* e suas *multiplicidades* na composição da *forma fatorada* das funções polinomiais. Essas análises permitirão a você explorar algumas das principais aplicações práticas dessas funções.

Estudo de caso

Um cientista num laboratório, para entender um fenômeno que envolve movimento de duas partículas, "A" e "B", numa trajetória retilínea, analisa suas posições S que foram anotadas no decorrer do tempo, gerando as curvas do gráfico a seguir:

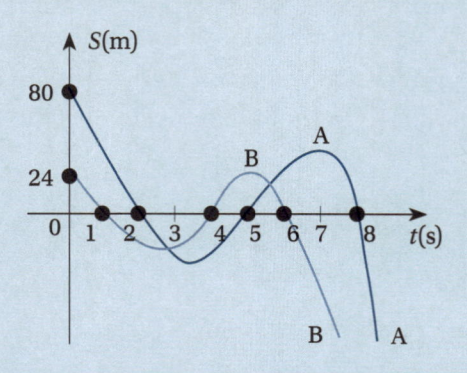

Para entender melhor o fenômeno analisado, o cientista deseja responder às seguintes perguntas:

Quais as funções $S_A = f(t)$ e $S_B = g(t)$ que podem originar as curvas que representam os movimentos de "A" e "B", respectivamente? Em quais instantes as partículas se encontram na trajetória? Quais as posições de encontro das partículas? Quais as posições das partículas nos instantes 7s e 10s?

Rawpixel/Shutterstock

Essas questões poderão ser respondidas com o auxílio dos tópicos a serem estudados neste capítulo!

◤ 10.1 Função polinomial

Analisaremos nesta seção a definição de função polinomial estudando seu comportamento e gráfico a partir dos diferentes valores do grau e de suas raízes.

Função polinomial

Uma função $f : \mathbb{R} \rightarrow \mathbb{R}$ é chamada *função polinomial* se for da forma
$$f(x) = a_n \cdot x^n + a_{n-1} \cdot x^{n-1} + \ldots + a_2 \cdot x^2 + a_1 \cdot x^1 + a_0$$
com n um número natural, $a_n \neq 0$ e **coeficientes** $a_n, a_{n-1}, \ldots, a_2, a_1$ e a_0 números reais.

O termo $a_n \cdot x^n$ é o *termo dominante,* e o termo a_0 é o *termo independente* da função.

O expoente **n** do termo dominante é chamado de ***grau*** da função polinomial.[1]

Exemplo 1:

a) $f(x) = -8x^5 + x^4 - 20x^3 + 6x^2 + x - 10$ é uma função polinomial de grau 5.

b) $y = 4x^3 - 15x + 7$ é uma função polinomial de grau 3.

c) $f(x) = x^2 - 8x + 9$ é uma função polinomial de grau 2, ou função quadrática.

---

1 Podemos entender a função constante como uma função polinomial de *grau zero,* com $f(x) = a_0 \cdot x^0 = a_0$ para $a_0 \neq 0$. A função constante nula $f(x) = 0$ pode ser entendida como *a função polinomial nula* e, nesse caso, não é definido o grau.

d) $y = -3x + 10$ é uma função polinomial de grau 1, ou função linear.

e) $f(x) = 7$ é uma função polinomial de grau 0, ou função constante.

f) $f(x) = 0$ é a *função polinomial nula* para a qual não é definido o grau.

É comum trabalharmos com funções polinomiais tendo como domínio e contradomínio o conjunto dos números complexos, e, nesse caso, utilizam-se também coeficientes complexos. Dessa forma, são estabelecidos muitos teoremas e propriedades algébricas. Entretanto, neste livro, lidaremos apenas com funções polinomiais reais de domínio real e exploraremos propriedades correlatas às desenvolvidas para as funções polinomiais complexas.

Termo dominante e valores da função

Uma função polinomial pode apresentar diferentes intervalos de crescimento ou decrescimento em seu domínio, entretanto o *grau* e *o sinal do coeficiente* do termo dominante indicam o comportamento da função quando x assume valores negativos cada vez menores e quando x assume valores positivos cada vez maiores:

> Para um **grau par**, não nulo, com termo dominante $a_n \cdot x^n$, se o coeficiente a_n é **positivo**, então a função assume valores **positivos cada vez maiores** para x assumindo valores extremos positivos ou negativos. Veja a Figura 10.1 ao lado.

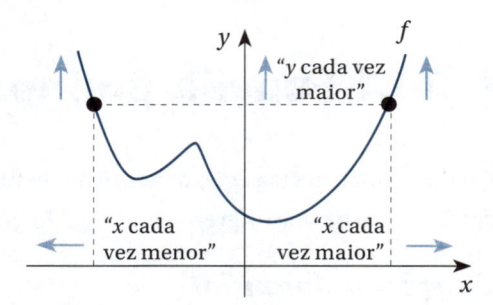

Figura 10.1 Grau par com $a_n > 0$

> Para um **grau par**, não nulo, com termo dominante $a_n \cdot x^n$ se o coeficiente a_n é **negativo**, então a função assume valores **negativos cada vez menores** para x assumindo valores extremos positivos ou negativos. Veja a Figura 10.2 ao lado.

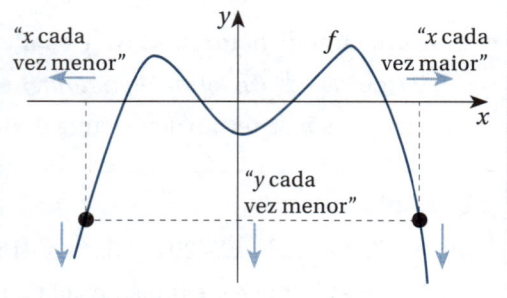

Figura 10.2 Grau par com $a_n < 0$

➢ Para um **grau ímpar** com termo dominante $a_n \cdot x^n$, se o coeficiente a_n é **positivo**, então a função assume valores que **"acompanham"** a tendência dos valores assumidos por valores extremos de x. Quanto **maior** o valor de x, **maior** será o valor da função. Quanto **menor** o valor de x, **menor** será o valor da função. Veja a Figura 10.3 ao lado.

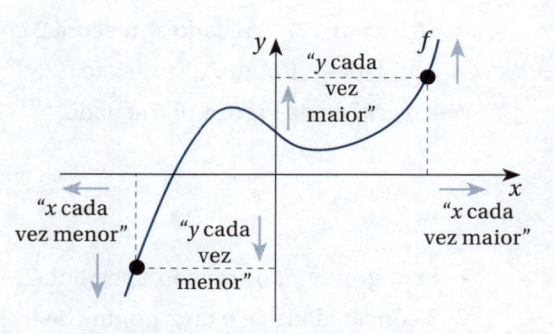

Figura 10.3 Grau ímpar com $a_n > 0$

➢ Para um **grau ímpar** com termo dominante $a_n \cdot x^n$, se o coeficiente a_n é **negativo**, então a função assume valores que **"invertem"** a tendência dos valores assumidos por valores extremos de x. Quanto **maior** o valor de x, **menor** será o valor da função. Quanto **menor** o valor de x, **maior** será o valor da função. Veja a Figura 10.4 ao lado.

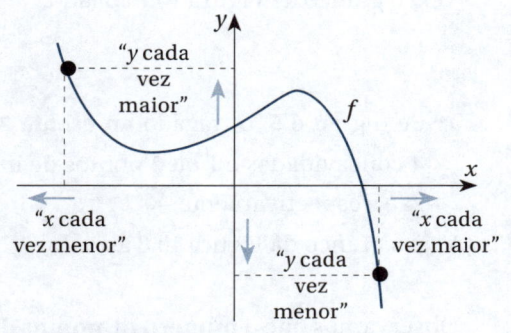

Figura 10.4 Grau ímpar com $a_n < 0$

Grau, ponto de inflexão e concavidades

As funções polinomiais de grau zero (função constante) e de grau 1 (função linear) têm gráficos representados por retas, portanto não apresentam concavidades. As demais funções polinomiais, com grau superior a 1, apresentam concavidades. Os traçados gráficos das funções podem apresentar sinuosidades com diferentes concavidades.

Os **pontos de inflexão** são aqueles *onde ocorre a mudança de concavidade* em um gráfico sinuoso. A concavidade que era voltada para cima muda e fica voltada para baixo (ou vice-versa) num ponto de inflexão.

Apresentaremos, a seguir, possíveis esboços gráficos para as funções de acordo com o grau.

Consideraremos traçados para funções com o coeficiente do termo dominante positivo, $a_n > 0$. Caso o coeficiente do termo dominante seja negativo, os traçados apresentados serão "refletidos" em relação ao eixo x.

➢ Se o grau é 2, o traçado apresenta 1 concavidade e não há ponto de inflexão.

Veja o gráfico da Figura 10.5 ao lado.

Figura 10.5 Grau 2 com $a_n > 0$

➤ Se o grau é 3, o traçado apresenta 2 concavidades e 1 ponto de inflexão.

Veja o gráfico da Figura 10.6 ao lado.

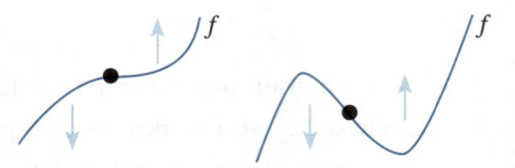

Figura 10.6 Grau 3 com $a_n > 0$

➤ Se o grau é 4, o traçado apresenta 1 ou 3 concavidades e 0 ou 2 pontos de inflexão, respectivamente.

Veja o gráfico da Figura 10.7 ao lado.

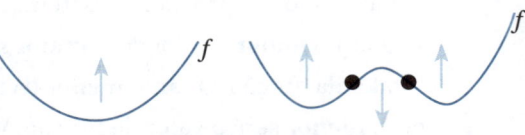

Figura 10.7 Grau 4 com $a_n > 0$

➤ Se o grau é 5, o traçado apresenta 2 ou 4 concavidades e 1 ou 3 pontos de inflexão, respectivamente.

Veja o gráfico da Figura 10.8 ao lado.

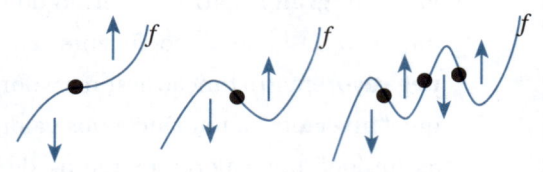

Figura 10.8 Grau 5 com $a_n > 0$

Observamos que o **número de pontos de inflexão** é sempre **inferior** ao grau.

Podemos continuar com traçados de funções polinomiais com grau superior a 5, e os traçados com número de inflexões e pontos de inflexão repetiriam o "padrão" apresentado, para grau superior a 1:

➤ Se o **grau é par** (2, 4, 6, ...), temos o número par (0, 2, 4, ...) de pontos de inflexão e, portanto, de mudanças de concavidade.

➤ Se o **grau é ímpar** (3, 5, 7, ...), temos o número ímpar (1, 3, 5, ...) de pontos de inflexão e, portanto, de mudanças de concavidade.

Termo independente

O *termo independente* a_0 da função polinomial indica o ponto $(0, a_0)$ em que a curva, que representa a função, cruza o eixo vertical. Pois fazendo a abscissa $x = 0$, obtemos a ordenada

$$f(0) = a_n \cdot 0^n + a_{n-1} \cdot 0^{n-1} + \ldots + a_2 \cdot 0^2 + a_1 \cdot 0^1 + a_0$$

$$f(0) = a_0$$

Veja o gráfico da Figura 10.9 ao lado.

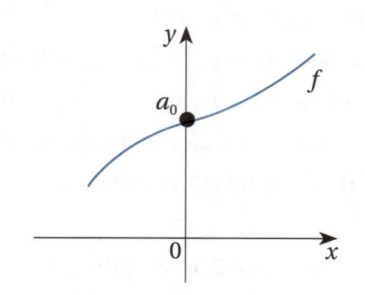

Figura 10.9 Termo independente a_0

Forma fatorada e multiplicidade das raízes

O número de raízes reais de uma função polinomial de grau n é inferior ou igual ao seu grau. Assim, uma função polinomial de grau 1 apresentará, no máximo, uma raiz, uma função polinomial de grau 2 apresentará, no máximo, duas raízes, e assim sucessivamente.

Se uma *função polinomial,* $f(x) = a_n \cdot x^n + a_{n-1} \cdot x^{n-1} + ... + a_2 \cdot x^2 + a_1 \cdot x^1 + a_0$, apresentar como raízes (ou "zeros") os números $r_n, r_{n-1}, ..., r_2$ e r_1, podemos escrevê-la em sua *forma fatorada*:

$$f(x) = a_n \cdot (x - r_n) \cdot (x - r_{n-1}) \cdot ... \cdot (x - r_2) \cdot (x - r_1)$$

Exemplo 2: A função $f(x) = 2x^3 - 14x^2 + 14x + 30$ de grau 3 possui as raízes 5, 3 e -1, então sua forma fatorada é $f(x) = 2 \cdot (x - 5) \cdot (x - 3) \cdot (x + 1)$.

Exemplo 3: A função que tem a forma fatorada $f(x) = 1 \cdot (x - 3) \cdot (x - 3) \cdot (x - 5)$ pode ser escrita como $f(x) = (x - 3)^2 \cdot (x - 5)$, tem as raízes 3 e 5 e, após a realização dos produtos, tem a forma $f(x) = x^3 - 11x^2 + 39x - 45$.

Exemplo 4: A função que tem a forma fatorada $f(x) = -10 \cdot (x - 1) \cdot (x - 1) \cdot (x - 1)$ pode ser escrita como $f(x) = -10 \cdot (x - 1)^3$, tem uma única raiz 1 e, após seu desenvolvimento, tem a forma $f(x) = -10x^3 + 30x^2 - 30x + 30$.

É comum analisar o número de vezes que uma raiz aparece na forma fatorada de uma função polinomial. No Exemplo 2, as raízes 5, 3 e -1 apareceram uma única vez na forma fatorada, sendo chamadas *raízes simples* ou de *multiplicidade* 1. No Exemplo 3, a raiz 3 apareceu duas vezes na forma fatorada, sendo chamada raiz de multiplicidade 2, e a raiz 5 é uma raiz de multiplicidade 1. No Exemplo 4, a função apresentou uma única raiz 1 com multiplicidade 3.

Se, ao escrevermos uma função polinomial na forma fatorada, o fator $x - r_1$ aparecer exatamente m vezes (indicamos $(x - r_1)^m$), se o fator $x - r_2$ aparecer exatamente n vezes (indicamos $(x - r_2)^n$) etc., dizemos que a raiz r_1 tem *multiplicidade m*, a raiz r_2 tem *multiplicidade n*, e assim sucessivamente.

Sabemos que, se r é uma raiz da função polinomial f, então $f(r) = 0$, indicando graficamente um ponto $(r, 0)$ em que a curva, que representa a função, "cruza" ou "toca" o eixo horizontal.

Se a raiz r_1 for de multiplicidade **ímpar** o gráfico *"cruzará"* o eixo horizontal em r_1; se a raiz r_2 for de multiplicidade *par*, o gráfico apenas *"tocará"* o eixo horizontal em r_2. Veja a Figura 10.10 ao lado.

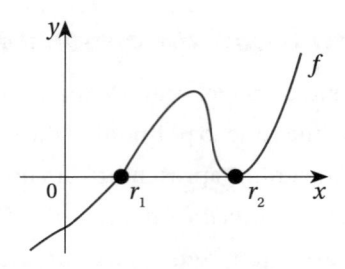

Figura 10.10 Raízes e o gráfico de f

Exemplo 5: A partir do gráfico ao lado, obtenha uma expressão de uma possível função polinomial representada pela curva.

Solução: A função apresenta três raízes 2, 3 e 5 de multiplicidade ímpar, pois nesses valores o gráfico cruza o eixo x.

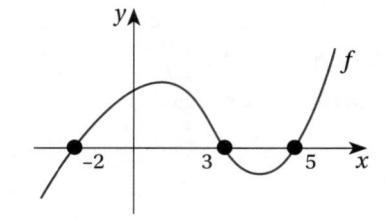

Para simplificar, vamos supor que são raízes de grau 1 (poderiam ser de grau 3, 5 etc.).

Escrevemos sua forma fatorada como $f(x) = a_n \cdot (x-(-2)) \cdot (x-3) \cdot (x-5)$ e, após a multiplicação dos fatores, teremos um termo dominante $a_n \cdot x^3$. Conforme as observações da Figura 10.3, o *grau ímpar* e o traçado da curva indicam os valores da função "acompanhando" a tendência de valores extremos de x, ou seja, quanto **maior** o valor de x, **maior** será o valor da função, e quanto **menor** o valor de x, **menor** será o valor da função. Nesse sentido, o coeficiente a_n do termo dominante é positivo. Para simplificar, fazemos $a_n = 1$, o que levará à função $f(x) = 1 \cdot (x+2) \cdot (x-3) \cdot (x-5)$ ou $f(x) = x^3 - 6x^2 - x + 30$.

Exemplo 6: A partir do gráfico ao lado, obtenha uma expressão de uma possível função polinomial representada pela curva

Solução: A função apresenta três raízes, 1, 3 e 6. As raízes 1 e 6 têm multiplicidade ímpar, pois nesses valores a curva cruza o eixo x.

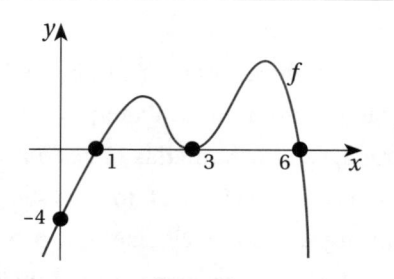

A raiz 3 tem multiplicidade par, pois nela o gráfico apenas toca o eixo x.

Para simplificar, vamos supor que as raízes 1 e 6 são de grau 1 e a raiz 3 será de grau 2 (poderia ser 4, 6 etc.).

Escrevemos sua forma fatorada como $f(x) = a_n \cdot (x-1) \cdot (x-6) \cdot (x-3)^2$. Para obtermos o coeficiente a_n, utilizaremos o ponto $(0, -4)$ em que a reta cruza o eixo y, o que leva a $f(0) = -4$:

$$f(0) = a_n \cdot (0-1) \cdot (0-6) \cdot (0-3)^2 = -4$$

Resolvendo a equação:

$$a_n \cdot (-1) \cdot (-6) \cdot 9 = -4 \quad \Rightarrow \quad 54 a_n = -4 \quad \Rightarrow \quad a_n = -\frac{4}{54} \quad \Rightarrow \quad a_n = -\frac{2}{27}$$

Assim, $f(x) = -\dfrac{2}{27} \cdot (x-1) \cdot (x-6) \cdot (x-3)^2$ ou $f(x) = -\dfrac{2}{27} x^4 + \dfrac{26}{27} x^3 - \dfrac{114}{27} x^2 + \dfrac{22}{3} x - 4$.

Outras propriedades das funções polinomiais, tais como determinação de pontos de máximos, mínimos e pontos de inflexão, são mais bem exploradas com conceitos das derivadas do cálculo diferencial.

Exercícios

1. Dada a função $f(x) = 5x^3 - 6x^2 - x - 7$:

a) Quando x assume valores extremamente "grandes", os valores da função serão grandes ou pequenos?

b) Quando x assume valores extremamente "pequenos", cada vez menores e negativos, os valores da função serão grandes ou pequenos?

c) Quantos pontos de inflexão pode ter a curva que representa tal função?

2. Dada a função $f(x) = -2x^4 + 10x^2 + 200x$:

a) Quando x assume valores extremamente "grandes", os valores da função serão grandes ou pequenos?

b) Quando x assume valores extremamente "pequenos", cada vez menores e negativos, os valores da função serão grandes ou pequenos?

c) Quantos pontos de inflexão pode ter a curva que representa tal função?

3. Em uma função polinomial cuja curva que a representa tem o traçado dado a seguir:

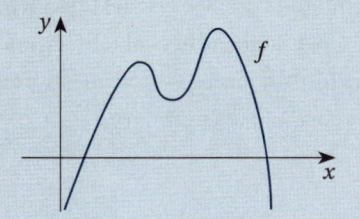

a) O coeficiente do termo dominante é positivo ou negativo?

b) Qual o valor mínimo do grau da função?

4. Escreva a forma fatorada da função polinomial em que –3, 1, 5 e 8 são raízes simples (multiplicidade 1) e o coeficiente do termo dominante vale –2.

5. Escreva a forma fatorada da função polinomial em que –4 e 2 são raízes simples; 3 é raiz de multiplicidade 2; 1 é raiz de multiplicidade 3 e o coeficiente do termo dominante vale 5. Qual o grau dessa função?

6. Em uma função polinomial cuja curva que a representa tem o traçado dado a seguir:

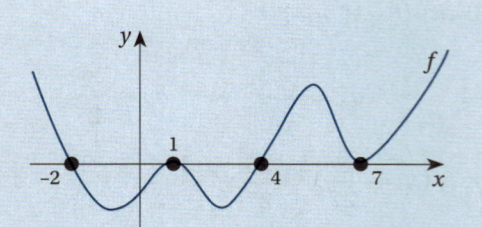

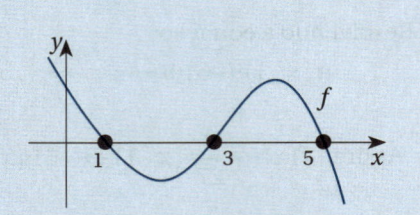

a) Quais as raízes da função?

b) Classifique em par ou ímpar cada raiz.

c) Qual o grau mínimo de cada raiz?

d) O coeficiente do termo dominante é positivo ou negativo?

e) Considerando suas respostas anteriores, escreva uma expressão na forma fatorada que represente tal função.

7. A partir do gráfico, obtenha uma expressão de uma possível função polinomial representada pela curva.

8. A partir do gráfico, obtenha uma expressão fatorada de uma possível função polinomial representada pela curva.

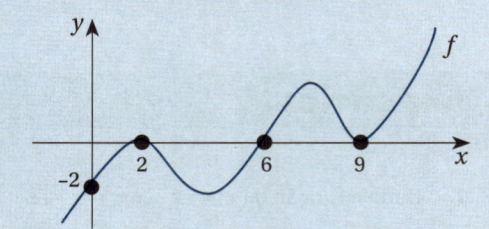

10.2 Aplicações

Os conceitos relacionados às funções polinomiais têm muitas aplicações, pois tais funções são úteis para representar diversas curvas ou aproximar curvas com funções polinomiais em intervalos específicos.

Entre as aplicações na área da engenharia, analisaremos: *a função custo e as posições de uma partícula no decorrer do tempo.*

Essas aplicações são muito importantes para a engenharia de produção e na engenharia que lida com conceitos de cinemática entre outras.

Lembramos que as aplicações das funções polinomiais não estão apenas na engenharia. Também são muito comuns nas áreas administrativa e econômica, como você notará em exercícios.

Função custo

Situação prática: Analisando situações de produção e comercialização de um produto, é comum representar os custos de produção ou de comercialização por funções polinomiais de grau 3. A receita pode ser representada por uma função polinomial de grau 2 ou 3.

Análises: Um produto tem seus custos associados à produção dados por $C = q^3 - 30q^2 + 300q + 6.000$, e as receitas obtidas em sua comercialização são dadas por $R = q^3 - 80q^2 + 1.600q$, em que q representa as quantidades produzidas ou comercializadas, conforme o caso. Os gráficos dessas funções, esboçados com o auxílio de um computador, estão sobrepostos na Figura 10.11 ao lado.

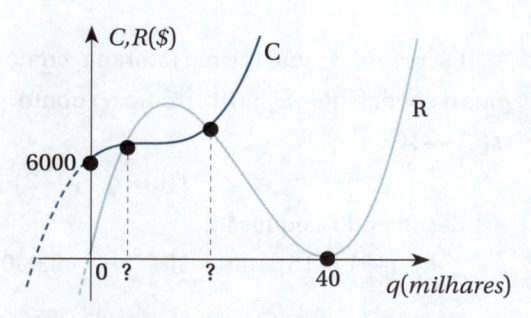

Figura 10.11 Custo e receita comparados

As quantidades q são dadas em milhares de unidades, e os custos e receitas, em $.

Vamos obter a função lucro, $L = R - C$, e em seguida determinar as quantidades ($q = ?$) que resultam em $L = 0$, ou seja, $R - C = 0$ indicando a igualdade das receitas e custos ($R - C$).

$$L = R - C = q^3 - 80q^2 + 1.600q - \left(q^3 - 30q^2 + 300q + 6.000\right)$$
$$L = q^3 - 80q^2 + 1.600q - q^3 + 30q^2 - 300q - 6.000$$
$$L = -50q^2 + 1.300q - 6.000$$

As quantidades para $L = 0$ serão as raízes da equação $-50q^2 + 1.300q - 6.000 = 0$. Para resolver essa equação, utilizamos a fórmula de Bhaskara e obtemos $q = 6$ ou $q = 20$ (milhares de unidades). Com esses valores e analisando o gráfico, percebemos que a receita supera os custos para $6 < q < 20$ (milhares de unidades comercializadas), ou seja, nesse intervalo temos $R > C$, indicando lucro positivo $L = R - C > 0$.

Posição de uma partícula

Situação prática: Uma partícula move-se em uma trajetória retilínea com posições S anotadas no decorrer do tempo t, gerando o gráfico da Figura 10.12 ao lado. No gráfico, foram ressaltados a posição $-10m$ no instante $t = 0s$ e os instantes $t = 2s$, $t = 10s$ e $t = 15s$, em que a partícula estava na posição $S = 0m$, que indica origem da trajetória orientada.

Análises: Vamos obter uma função polinomial que represente as posições do móvel no decorrer do tempo e calcular a posição da partícula no instante $t = 5s$.

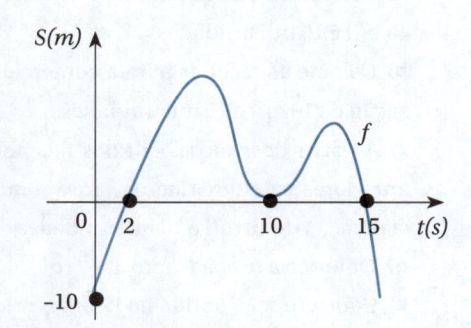

Figura 10.12 Posições de uma partícula

A função apresenta três raízes, 2, 10 e 15. As raízes 2 e 15 têm multiplicidade ímpar, já que a curva cruzou o eixo t. A raiz 10 tem multiplicidade par, pois nela o gráfico apenas toca o eixo t.

Para simplificar, vamos supor que as raízes 2 e 15 são de grau 1 e a raiz 10 será de grau 2.

Escrevemos sua forma fatorada como $S = f(t) = a_n \cdot (t-2) \cdot (t-15) \cdot (t-10)^2$. Para obtermos o coeficiente a_n, utilizaremos o ponto $(0,-10)$ em que a reta cruza o eixo S, o que leva a $f(0) = -10$:

$$f(0) = a_n \cdot (0-2) \cdot (0-15) \cdot (0-10)^2 = -10$$

Resolvendo a equação:

$$a_n \cdot (-2) \cdot (-15) \cdot 100 = -10 \quad \Rightarrow \quad 3.000 a_n = -10 \quad \Rightarrow \quad a_n = -\frac{10}{3.000} \quad \Rightarrow \quad a_n = -\frac{1}{300}$$

Assim, $S = -\dfrac{1}{300} \cdot (t-2) \cdot (t-15) \cdot (t-10)^2$ ou $S = -\dfrac{1}{300} t^4 + \dfrac{37}{300} t^3 - \dfrac{47}{30} t^2 + \dfrac{23}{3} t - 10$.

Calculando a posição do móvel no instante $t = 5s$, temos:

$$S = -\frac{1}{300} \cdot (5-2) \cdot (5-15) \cdot (5-10)^2, \text{ que resulta } S = 2,5m.$$

Exercícios

9. Para um produto, o custo em sua produção é dado por $C = q^3 - 15q^2 + 75q + 300$, e a receita em sua comercialização é dada por $R = q^3 - 40q^2 + 400q$, em que a quantidade q é dada em milhares de unidades e o custo e a receita, em milhares de \$. Supondo que as quantidades produzidas e comercializadas sejam as mesmas:

a) Calcule os custos para a produção de 10 mil e 15 mil unidades.

b) Calcule as receitas para a comercialização de 10 mil e 15 mil unidades.

c) A partir dos valores obtidos nos itens anteriores, calcule os lucros para a comercialização de 10 mil e 15 mil unidades.

d) Obtenha a função lucro $L = f(q)$.

e) Com a função obtida no item anterior, calcule o lucro para a comercialização de 10 mil e 15 mil unidades.

f) Calcule as quantidades para as quais o lucro é zero.

g) Esboce o gráfico da função lucro e determine para qual intervalo de q o lucro é positivo.

10. As curvas que representam o custo e a receita na comercialização de um produto estão esboçadas no gráfico a seguir.

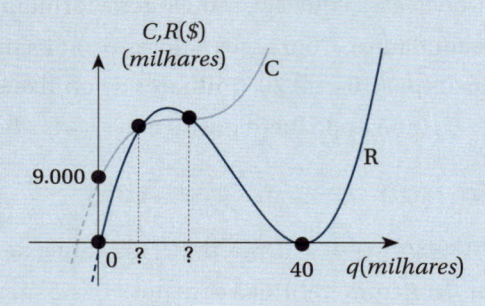

As funções que representam tais curvas são $C = q^3 - 60q^2 + 1.200q + 9.000$ e $R = q^3 - 100q^2 + 2.500q$, em que as quantidades aproximadas q são dadas em milhares de unidades e o custo e a receita, em milhares de \$.

a) Obtenha a função lucro $L = f(q)$.

b) Obtenha as quantidades assinaladas graficamente por $(q = ?)$ que indicam o encontro das curvas do custo e da receita. Interprete, em termos práticos, o significado dessas quantidades.

c) Determine para qual intervalo de q o lucro é positivo.

11. O lucro (em \$) na comercialização de um produto é uma função da quantidade comercializada, $L = f(q)$, e o gráfico a seguir traduz essa dependência.

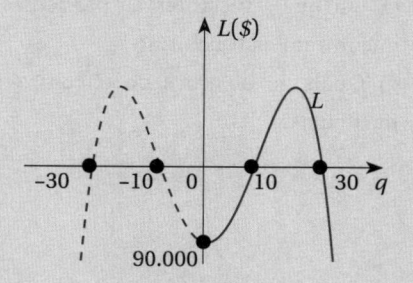

a) Para quais intervalos de quantidades comercializadas temos lucro negativo?
b) Para quais intervalos de quantidades comercializadas temos lucro positivo?
c) Obtenha uma função polinomial associada à curva representada.
d) Calcule os lucros quando são comercializadas 5, 20 e 40 unidades.

12. Uma partícula move-se em uma trajetória retilínea com posições S anotadas no decorrer do tempo t, gerando o gráfico da figura a seguir.

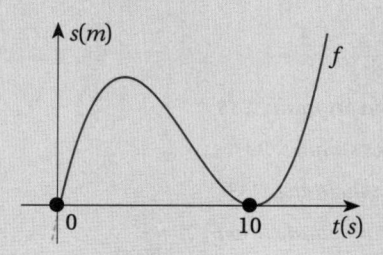

Podemos notar que, no instante $t = 0s$, a partícula estava na posição $S = 0m$ e, no instante $t = 10s$, ela voltou a essa posição e depois tornou a se afastar.

a) Obtenha uma função polinomial $S = f(t)$ que descreva tal curva.
b) Calcule a posição do móvel para os instantes $5s$ e $15s$.

13. Uma partícula move-se em uma trajetória retilínea com posições S anotadas no decorrer do tempo t, gerando o gráfico da figura a seguir.

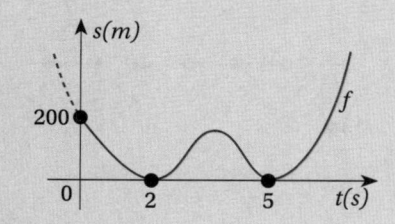

a) Obtenha uma função polinomial $S = f(t)$ que descreva tal curva.
b) Calcule a posição do móvel para os instantes $1s$, $3s$ e $10s$.

14. No inverno, a temperatura média T (em $^\circ C$) numa cidade no decorrer dos dias t (durante 6 dias) é aproximada pelo gráfico a seguir.

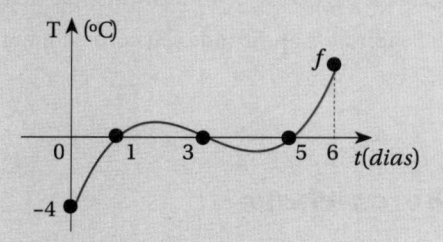

a) Em quais dias a temperatura média foi $0^\circ C$?
b) Para quais intervalos dos dias a temperatura média foi positiva?
c) Para quais intervalos dos dias a temperatura média foi negativa?
d) Obtenha uma função polinomial $T = f(t)$ que descreva tal curva.

e) Quais as temperaturas médias da cidade no 2º dia, 4º dia e 6º dia?

15. Duas partículas "A" e "B" movem-se em uma trajetória retilínea com posições S anotadas no decorrer do tempo t, gerando os gráficos da figura a seguir.

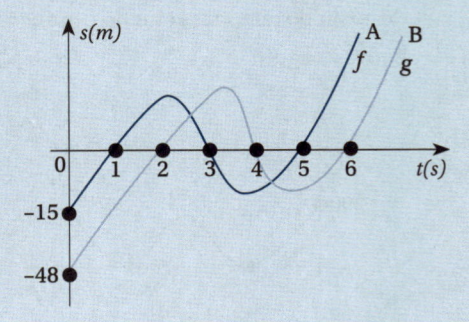

a) Obtenha uma função polinomial $S_A = f(t)$ que descreva a curva que representa o movimento de "A".

b) Obtenha uma função polinomial $S_B = g(t)$ que descreva a curva que representa o movimento de "B".

c) Em quais instantes as partículas se encontram na trajetória?

d) Quais as posições de encontro das partículas?

Exercícios complementares

Acesse a página deste livro no site da Cengage para baixar os exercícios que complementam este capítulo e aprofunde seu conhecimento.

Palavras-chave

11

Função racional

Objetivos do capítulo

Neste capítulo, você estudará os conceitos relativos às *funções racionais*. As funções racionais serão definidas a partir da divisão de funções polinomiais. Serão explorados conceitos como o domínio das funções racionais, bem como as *assíntotas verticais e horizontais*. Por meio de passos simples, serão esboçados alguns gráficos de diferentes funções racionais explorando suas principais características. Essas análises permitirão a você explorar algumas das principais aplicações práticas dessas funções.

Estudo de caso

Um engenheiro analisa a produção de uma solução aquosa com concentração inicial de acidez de 65% em relação ao volume. Para testes, utiliza 2.000 mL da solução, na qual adicionará x mL do mesmo ácido, e sabe que a concentração é dada por

$$\text{Concentração} = \frac{\text{Volume do ácido}}{\text{Volume da solução}}.$$

Nos testes, o engenheiro leva em consideração apenas os volumes em termos absolutos e não considera as possíveis contrações de volumes que ocorrem na química, ou seja, o volume final da solução será a soma de seu volume inicial com o volume de ácido adicionado. Para entender melhor o fenômeno analisado, o engenheiro deseja responder às seguintes perguntas:

Qual a função $C = f(x)$ que dá a concentração da nova solução depois de adicionados x mL do ácido?

Qual a concentração se forem adicionados 500 mL de ácido? Qual a quantidade de ácido a ser adicionada para que a concentração seja de 90%? Qual o gráfico da função $C = f(x)$? A curva que representa graficamente a concentração apresenta uma tendência em seu traçado?

Jeffrey M Horler/Shutterstock

Essas questões poderão ser respondidas com o auxílio dos tópicos a serem estudados neste capítulo!

11.1 Função racional

Analisaremos nesta seção a definição de função racional e seu comportamento verificando a existência de assíntotas entre outros elementos em seu gráfico.

Função racional

Uma função $f : D \to \mathbb{R}$ é chamada *função racional* se for da forma

$$f(x) = \frac{p(x)}{q(x)}$$

sendo $p(x)$ e $q(x)$ duas funções polinomiais em que $q(x) \neq 0$, ou seja, o domínio da função f é o conjunto $D = \left\{ x \in R \mid q(x) \neq 0 \right\}$.

Exemplo 1: São exemplos de funções racionais:

a) $f(x) = \dfrac{10x + 30}{x + 2}$ cujo domínio é $D = \left\{ x \in R \mid x \neq -2 \right\}$.

b) $f(x) = \dfrac{3x^2 - 48}{x^2 - 4}$ cujo domínio é $D = \left\{ x \in R \mid x \neq \pm 2 \right\}$.

c) $f(x) = \dfrac{2x^2 + 1}{x}$ cujo domínio é $D = \left\{ x \in R \mid x \neq 0 \right\}$.

Assíntotas verticais e horizontais

Existem situações em que **a curva**, que representa uma função, **se "aproxima" de uma "reta"** à medida que x cresce ou decresce por valores extremos ou à medida que x se "aproxima" de um ponto **a** (quer seja à direita ou à esquerda desse ponto). A **reta**, da qual a curva se aproxima, é chamada de **assíntota**. Na Figura 11.1 ao lado, temos o exemplo de uma **assíntota vertical** $(x = 2)$ e de uma **assíntota horizontal** $(y = 3)$, indicadas pelas retas pontilhadas.

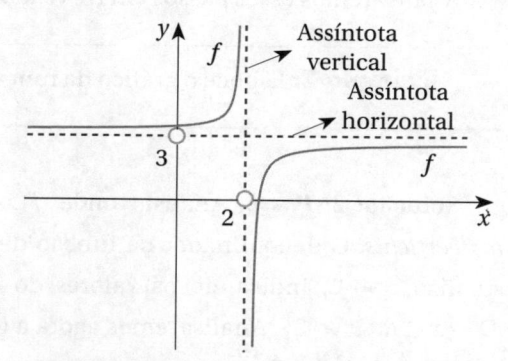

Figura 11.1 Assíntota vertical $x = 2$ e assíntota horizontal $y = 3$

Para a função f da Figura 11.1, a curva que a representa se "aproxima" da assíntota vertical $x = 2$ à medida que os valores de x se "aproximam" pela esquerda e pela direita de x valendo 2. Nesse caso, os valores $y = f(x)$ da função crescem ilimitadamente à medida que x se aproxima de 2 pela sua esquerda, e os valores da função decrescem ilimitadamente à medida que x se aproxima de 2 pela sua direita.

Ainda de acordo com a Figura 11.1, para a assíntota $y = 3$, à medida que x cresce assumindo valores positivos extremos, a curva se "aproxima" da assíntota com valores inferiores a 3. Para essa assíntota, à medida que x decresce assumindo valores negativos extremos, a curva se "aproxima" da assíntota com valores superiores a 3.

Passos para o gráfico da função racional[1]

Na análise e representação gráfica de uma função racional $y = f(x) = \dfrac{p(x)}{q(x)}$, seguiremos os seguintes passos:

> ➤ **1º Passo**: Analisar onde a função é definida, investigando, assim, se há assíntotas verticais. Se há uma assíntota vertical em $x = a$, analisar o comportamento da função quando x se aproxima de a tanto à sua esquerda (com valores de x menores que a) como à sua direita (com valores de x maiores que a).

> ➤ **2º Passo**: Descobrir onde a curva que representa a função corta o eixo y, fazendo $x = 0$.

> ➤ **3º Passo**: Descobrir onde a curva que representa a função corta o eixo x, fazendo $y = 0$.

> ➤ **4º Passo**: Analisar o comportamento da função quando x decresce negativamente, assumindo valores negativos extremos.

> ➤ **5º Passo**: Analisar o comportamento da função quando x cresce positivamente, assumindo valores positivos extremos.

---

1 Nesta seção, usaremos termos como *valores "próximos"*, *curva que se "aproxima"* etc. denotando uma *noção intuitiva* e *não formal* de "proximidade" de elementos (curvas, retas etc.) e valores de x e valores assumidos pelas funções.

Analisaremos esses passos em três exemplos a seguir.

Exemplo 2: Esboce o gráfico da função $f(x) = \dfrac{10x+30}{x+2}$.

Solução: *1º Passo*: Analisar onde $f(x)$ é definida, investigando assim se há *assíntotas verticais*. O denominador da função deve ser diferente de zero, ou seja, $x+2 \neq 0$, o que sinaliza $x \neq -2$, indicando os valores do domínio para os quais a função está definida $D = \{x \in R \mid x \neq -2\}$. Analisaremos agora a tendência dos valores $y = f(x)$ da função quando x se aproxima de -2.

Para x se aproximando de -2, à sua esquerda, calculamos os valores da função a partir de valores de x inferiores a -2, cada vez mais "próximos" de -2, conforme a Tabela 11.1 ao lado.

Nessa situação, notamos que os valores $y = f(x)$ são cada vez menores decrescendo ilimitadamente, assumindo valores extremos negativos.

Para x se aproximando de -2, à sua direita, calcularemos os valores da função a partir de valores de x superiores a -2, cada vez mais "próximos" de -2, conforme a Tabela 11.2 ao lado.

Nessa situação, notamos que os valores $y = f(x)$ são cada vez maiores crescendo ilimitadamente, assumindo valores extremos positivos.

Tabela 11.1 Valores de f para x próximo e à esquerda de -2

x	x	$f(x) = \dfrac{10x+30}{x+2}$	$f(x)$
cada vez mais perto de -2	$-2,1$	-90	cada vez menor
	$-2,01$	-990	
	$-2,001$	-9.990	
	$-2,0000001$	$-99.999.990$	
	x se aproxima de -2	$f(x)$ decresce ilimitadamente	

Tabela 11.2 Valores de f para x próximo e à direita de -2

x	x	$f(x) = \dfrac{10x+30}{x+2}$	$f(x)$
cada vez mais perto de -2	$-1,9$	110	cada vez maior
	$-1,99$	1.010	
	$-1,999$	10.010	
	$-1,9999999$	$100.000.010$	
	x se aproxima de -2	$f(x)$ cresce ilimitadamente	

Pelos valores obtidos nas duas tabelas anteriores, a função decresce ou cresce ilimitadamente quando x se aproxima de -2. Esse fato indica que existe uma reta assíntota vertical $x = -2$. É possível ver, na Figura 11.2, um esboço da assíntota e as curvas de f se aproximando dessa assíntota.

2º Passo: Descobrir onde a curva que representa a função corta o eixo y, fazendo $x = 0$.

$$f(0) = \frac{10 \cdot 0 + 30}{0 + 2} \quad \Rightarrow \quad f(0) = \frac{30}{2} \quad \Rightarrow \quad f(0) = 15 \quad \Rightarrow$$

Ponto $(0, 15)$

3º Passo: Descobrir onde a curva que representa a função corta o eixo x, fazendo $y = 0$.

$$f(x) = 0 \quad \Rightarrow \quad \frac{10x + 30}{x + 2} = 0$$

Para a divisão, somente o denominador pode ser zero, assim:

$$10x + 30 = 0 \quad \Rightarrow \quad x = -3 \quad \Rightarrow \quad \text{Ponto } (-3, 0)$$

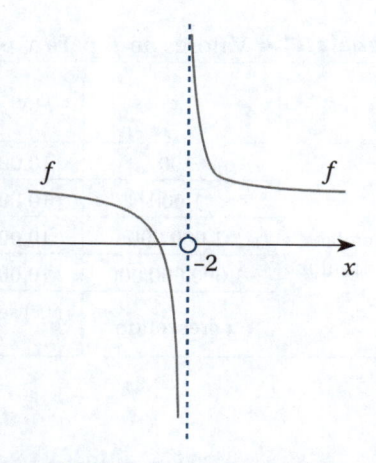

Figura 11.2 Assíntota vertical $x = -2$

4º Passo: Analisar o comportamento da função quando x decresce negativamente, assumindo valores negativos extremos. Para esses valores de x na Tabela 11.3, calculamos valores da função e notamos que, quanto menor o valor de x, a função assume valores próximos e inferiores a 10. Esses valores são representados na Figura 11.3, com a curva se aproximando inferiormente da assíntota horizontal $y = 10$.

Tabela 11.3 Valores de f para x negativos e extremos

x	x	$f(x) = \dfrac{10x + 30}{x + 2}$	$f(x)$
	-100	$9,89795918\ldots$	
	-1.000	$9,98997996\ldots$	cada
cada vez	$-1.000.000$	$9,99998999\ldots$	vez mais
menor	$-1.000.000.000$	$9,99999998\ldots$	perto
	x decrescendo	$f(x)$ se aproxima de 10	de 10

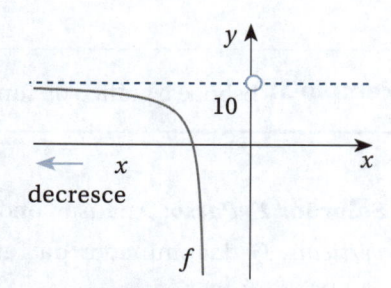

Figura 11.3 Assíntota horizontal $y = 10$

5º Passo: Analisar o comportamento da função quando x cresce positivamente, assumindo valores positivos extremos. Para esses valores de x na Tabela 11.4, calculamos valores da função e notamos que, quanto maior o valor de x, a função assume valores próximos e superiores a 10. Esses valores são representados na Figura 11.4, com a curva se aproximando superiormente da assíntota horizontal $y = 10$.

Tabela 11.4 Valores de f para x positivos e extremos

x	x	$f(x)=\dfrac{10x+30}{x+2}$	$f(x)$
	100	10,09803922...	
	1.000	10,00998004...	cada
cada vez	1.000.000	10,00001000...	vez mais
maior	1.000.000.000	10,00000001...	perto de 10
	x crescendo	$f(x)$ se aproxima de 10	

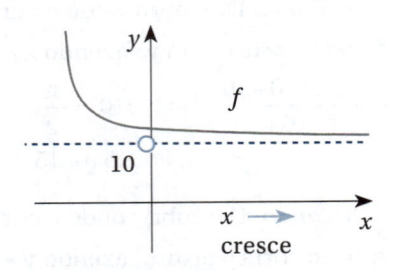

Figura 11.4 Assíntota horizontal $y=10$

Reunindo as informações dos passos de 1 até 5 na Figura 11.5 ao lado, temos o gráfico de $f(x)=\dfrac{10x+30}{x+2}$.

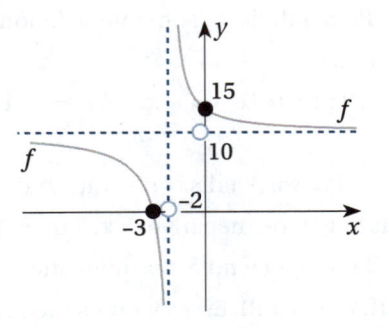

Figura 11.5 Gráfico de $f(x)=\dfrac{10x+30}{x+2}$

Exemplo 3: Esboce o gráfico da função $f(x)=\dfrac{3x^2-48}{x^2-4}$.

Solução: *1º Passo*: Analisar onde $f(x)$ é definida, investigando assim se há *assíntotas verticais*. O denominador da função deve ser diferente de zero, ou seja, $x^2-4\neq0$, o que sinaliza $x\neq\pm2$, indicando os valores do domínio para os quais a função está definida $D=\{x\in R \mid x\neq\pm2\}$. Analisaremos agora a tendência dos valores $y=f(x)$ da função quando x se aproxima de -2 e de 2 .

Tabela 11.5 Valores de f para x próximo e à esquerda de -2

Conforme os valores da Tabela 11.5 ao lado, para x se aproximando de -2, à sua esquerda, os valores $y=f(x)$ são cada vez menores, decrescendo ilimitadamente com valores negativos. Os valores apresentados pela Tabela 11.6 indicam que, para x se aproximando

x	x	$f(x)=\dfrac{3x^2-48}{x^2-4}$	$f(x)$
	$-2,1$	$-84,8049$	
cada	$-2,01$	$-894,756$	
vez mais	$-2,001$	$-8.994,751$	cada vez
perto	$-2,0000001$	$-89.999.994,75$	menor
de -2	x se aproxima de -2	$f(x)$ decresce ilimitadamente	

de -2, à sua direita, os valores $y = f(x)$ são cada vez maiores crescendo ilimitadamente, assumindo valores extremos positivos.

Tabela 11.6 Valores de f para x próximo e à direita de -2

x	x	$f(x) = \dfrac{3x^2 - 48}{x^2 - 4}$	$f(x)$
cada vez mais perto de -2	$-1,9$	95,3077	cada vez maior
	$-1,99$	905,2556	
	$-1,999$	9.005,2506	
	$-1,9999999$	90.000.005,25	
	x se aproxima de -2	$f(x)$ cresce ilimitadamente	

Pelos valores obtidos nas duas tabelas anteriores, a função decresce ou cresce ilimitadamente quando x se aproxima de -2. Isso indica a reta assíntota vertical $x = -2$ esboçada na Figura 11.6 ao lado, com as curvas de f se aproximando dessa assíntota.

Se forem repetidos cálculos parecidos às dessas últimas tabelas para valores de x próximos a 2, também notaremos a presença de outra assíntota vertical $x = 2$.

Entretanto, nesse caso, para x se aproximando de 2, à sua esquerda, os valores $y = f(x)$ são cada vez maiores crescendo ilimitadamente e, para x se aproximando de 2, à sua direita, os valores $y = f(x)$ são cada vez menores decrescendo ilimitadamente com valores extremos negativos, conforme a Figura 11.7 ao lado.

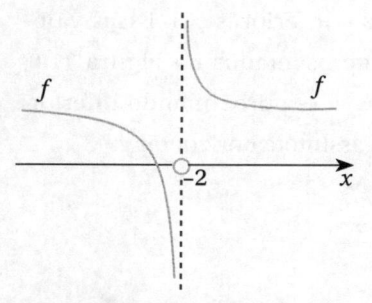

Figura 11.6 Assíntota vertical $x = -2$

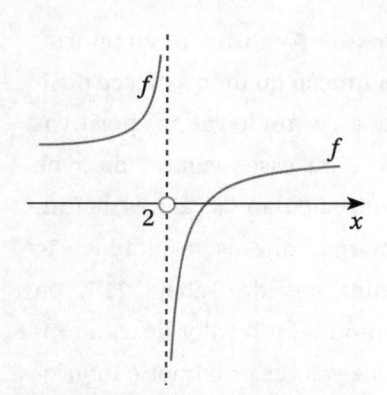

Figura 11.7 Assíntota vertical $x = 2$

$2^{\underline{o}}$ Passo: Descobrir onde a curva que representa a função corta o eixo y, fazendo $x = 0$.

$$f(0) = \frac{3 \cdot 0^2 - 48}{0^2 - 4} \quad \Rightarrow \quad f(0) = \frac{-48}{-4} \quad \Rightarrow \quad f(0) = 12 \quad \Rightarrow \quad \text{Ponto } (0, 12)$$

$3^{\underline{o}}$ Passo: Descobrir onde a curva que representa a função corta o eixo x, fazendo $y = 0$.

$$f(x) = 0 \quad \Rightarrow \quad \frac{3x^2 - 48}{x^2 - 4} = 0$$

Para a divisão, somente o denominador pode ser zero, assim:

$$3x^2 - 48 = 0 \quad \Rightarrow \quad x = \pm 4 \quad \Rightarrow \quad \text{Pontos } (-4, 0) \text{ e } (4, 0)$$

4º Passo: Analisar o comportamento da função quando x decresce negativamente assumindo valores negativos extremos. Para esses valores de x na Tabela 11.7, calculamos valores da função e notamos que, quanto menor o valor de x, a função assume valores próximos e inferiores a 3. Esses valores são representados na Figura 11.8, com a curva se aproximando inferiormente da assíntota horizontal $y = 3$.

Tabela 11.7 Valores de f para x negativos e extremos

x	x	$f(x) = \dfrac{3x^2 - 48}{x^2 - 4}$	$f(x)$
cada vez menor	-10	2,625	cada vez mais perto de 3
	-100	2,996398559...	
	-1.000	2,999963999...	
	-1.000.000	2,999999999...	
	x decrescendo	$f(x)$ se aproxima de 3	

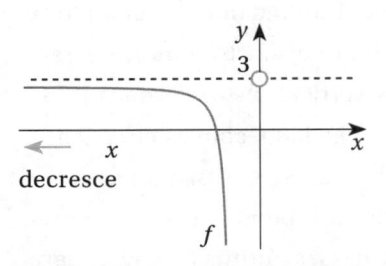

Figura 11.8 Assíntota horizontal $y = 3$

5º Passo: Analisar o comportamento da função quando x cresce positivamente assumindo valores positivos extremos. Para esses valores de x na Tabela 11.8, calculamos valores da função e notamos que os resultados são semelhantes aos da Tabela 11.7, ou seja, quanto maior o valor de x, a função assume valores próximos e inferiores a 3. Esses valores são representados na Figura 11.9 com a curva se aproximando inferiormente da assíntota horizontal $y = 3$.

Tabela 11.8 Valores de f para x positivos e extremos

x	x	$f(x) = \dfrac{3x^2 - 48}{x^2 - 4}$	$f(x)$
cada vez menor	10	2,625	cada vez mais perto de 3
	100	2,996398559...	
	1.000	2,999963999...	
	1.000.000	2,999999999...	
	x crescendo	$f(x)$ se aproxima de 3	

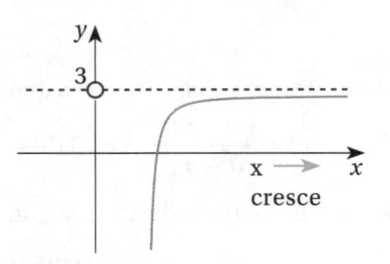

Figura 11.9 Assíntota horizontal $y = 3$

Reunindo as informações dos passos de 1 até 5 na Figura 11.10 ao lado, temos o gráfico de $f(x) = \dfrac{3x^2 - 48}{x^2 - 4}$.

Cabe ressaltar que, para os passos 4 e 5, quando fazemos x assumir valores extremos em $f(x) = \dfrac{3x^2 - 48}{x^2 - 4}$, podemos notar que, no numerador $3x^2 - 48$, é o termo $3x^2$ quem determina os resultados significativos, de modo que −48 pouco "interfere" no resultado final. O mesmo ocorre para o denomi-

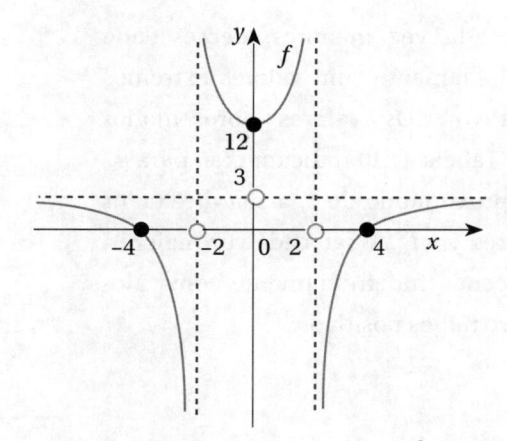

Figura 11.10 Gráfico de $f(x) = \dfrac{3x^2 - 48}{x^2 - 4}$

nador $x^2 - 4$, sendo x^2 o termo que dá resultados consideráveis na conta final. Nessas condições, notamos que a assíntota $y = 3$ pode ser obtida se "desconsiderarmos" −48 e −4 e aproximarmos a função:

$$f(x) = \frac{3x^2 - 48}{x^2 - 4} \quad \Rightarrow \quad f(x) \approx \frac{3x^2}{x^2} \quad \Rightarrow \quad f(x) \approx 3$$

Exemplo 4: Esboce o gráfico da função $f(x) = \dfrac{2x^2 + 1}{x}$.

Solução: Para as análises, podemos representar a função por:

$$f(x) = \frac{2x^2 + 1}{x} \quad \Rightarrow \quad f(x) = \frac{2x^2}{x} + \frac{1}{x} \quad \Rightarrow \quad f(x) = 2x + \frac{1}{x}$$

1º Passo: Analisar onde $f(x)$ é definida, investigando assim se há *assíntotas verticais*. O denominador da função deve ser diferente de zero, ou seja, $x \neq 0$, o que indica os valores do domínio para os quais a função está definida $D = \{x \in R \mid x \neq 0\}$. Analisaremos agora a tendência dos valores $y = f(x)$ da função quando x se aproxima de 0.

Conforme os valores da Tabela 11.9 ao lado, para x se aproximando de 0, à sua esquerda, os valores $y = f(x)$

Tabela 11.9 – Valores de f para x próximo e à esquerda de 0

x	x	$f(x) = 2x + \dfrac{1}{x}$	$f(x)$
cada vez mais perto de 0	−0,1	−10,2	
	−0,01	−100,02	
	−0,001	−1.000,002	cada vez menor
	−0,0000001	−10.000.000,0...	
	x se aproxima de 0	$f(x)$ decresce indefinidamente	

são cada vez menores, decrescendo ilimitadamente com valores extremos negativos. Os valores apresentados pela Tabela 11.10 indicam que, para x se aproximando de 0, à sua direita, os valores $y = f(x)$ são cada vez maiores, crescendo indefinidamente com valores extremos positivos.

Tabela 11.10 Valores de f para x próximo e à direita de 0

x	x	$f(x) = 2x + \dfrac{1}{x}$	$f(x)$
cada vez mais perto de 0	0,1	10,2	cada vez maior
	0,01	100,02	
	0,001	1.000,002	
	0,0000001	10.000.000,0...	
	x se aproxima de 0	$f(x)$ cresce indefinidamente	

Pelos valores obtidos nas duas tabelas anteriores, a função decresce ou cresce indefinidamente quando x se aproxima de 0. Isso indica a reta assíntota vertical $x = 0$ esboçada na Figura 11.11 ao lado, com as curvas de f se aproximando dessa assíntota.

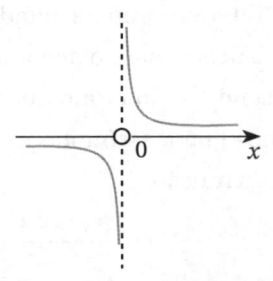

Figura 11.11 Assíntota vertical $x = 0$

2º Passo: Descobrir onde a curva que representa a função corta o eixo y, fazendo $x = 0$.

Nesse caso, a função não cruza o eixo y, já que o domínio impõe $x \neq 0$ e tal eixo representa a assíntota vertical $x = 0$.

3º Passo: Descobrir onde a curva que representa a função corta o eixo x, fazendo $y = 0$.

$$f(x) = 0 \quad \Rightarrow \quad \frac{2x^2 + 1}{x} = 0$$

Para a divisão, somente o denominador pode ser zero, assim:

$$2x^2 + 1 = 0 \quad \Rightarrow \quad x = \pm\sqrt{-\frac{1}{2}} \notin \mathbb{R} \quad \Rightarrow \quad \text{Não existe raiz real! A curva "não" corta o eixo } x.$$

4º Passo: Analisar o comportamento da função quando x decresce negativamente, assumindo valores negativos extremos. Para esses valores de x na Tabela 11.11, calculamos valores da função e notamos que, quanto menor o valor de x, a função assume valores extremos e negativos. Esses valores seguem a

Tabela 11.11 Valores de f para x negativos e extremos

x	x	$f(x) = 2x + \dfrac{1}{x}$	$f(x)$
cada vez menor	−10	−20,1	cada vez mais perto de $2x$
	−100	−200,01	
	−1.000	−2.000,001	
	−1.000.000	−2.000.000,000001	
	x decrescendo	$f(x)$ se aproxima de $2x$	

tendência de valores dados pela função $f(x)=2x$. Isso ocorre pois, quando x assume valores extremos em $f(x)=2x+\dfrac{1}{x}$, a parcela $\dfrac{1}{x}$ assume valores próximos a 0 e a parcela $2x$ assume valores extremos negativos, ou seja, nessas condições, temos

$$f(x)=2x+\frac{1}{x} \quad \Rightarrow \quad \text{como } \frac{1}{x}\approx 0 \quad \Rightarrow \quad f(x)\approx 2x+0 \quad \Rightarrow \quad f(x)\approx 2x$$

Como o gráfico de $f(x)=2x$ é uma reta, a curva que representa $f(x)=2x+\dfrac{1}{x}$ se aproxima inferiormente da reta assíntota $y=2x$. Veja a Figura 11.12.

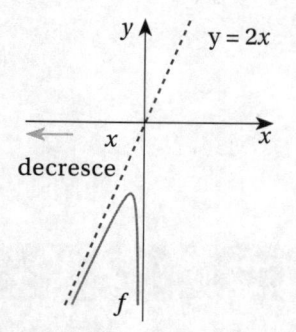

Figura 11.12 Assíntota $y=2x$

5º Passo: Analisar o comportamento da função quando x cresce positivamente assumindo valores positivos extremos. Para esses valores de x na Tabela 11.12, calculamos valores da função e notamos que, quanto maior o valor de x, a função assume valores extremos e positivos. Esses valores seguem a tendência de valores dados pela função $f(x)=2x$. De modo parecido ao analisado no 4º passo, quando x assume valores extremos em $f(x)=2x+\dfrac{1}{x}$, a função equivale a $f(x)\approx 2x$ e a curva da função original se aproxima superiormente da reta assíntota $y=2x$. Veja a Figura 11.13.

Tabela 11.12 Valores de f para x positivos e extremos

x	x	$f(x)=2x+\dfrac{1}{x}$	$f(x)$
cada vez menor	10	20,1	cada vez mais perto de $2x$
	100	200,01	
	1.000	2.000,001	
	1.000.000	2.000.000,000001	
	x decrescendo	$f(x)$ se aproxima de $2x$	

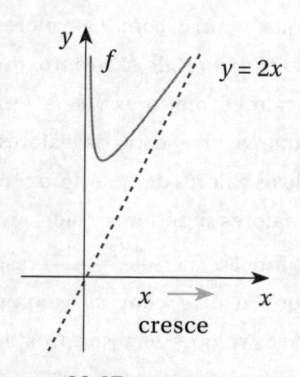

Figura 11.13 Assíntota $y=2x$

Reunindo as informações dos passos de 1 até 5 na Figura 11.14 ao lado, temos o gráfico de $f(x) = \dfrac{2x^2+1}{x}$.

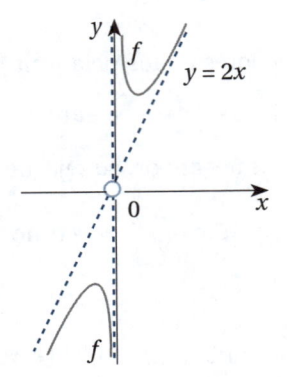

Figura 11.14 Gráfico de $f(x) = \dfrac{2x^2+1}{x}$

Exercícios

1. Determine o domínio das funções a seguir:

a) $f(x) = \dfrac{2x^2 - 18}{x}$

b) $f(x) = \dfrac{x - 40}{2x + 10}$

c) $f(x) = \dfrac{9x^2 - 36}{3x^2 - 3}$

d) $f(x) = \dfrac{x^2 - 9}{4x^2 - 100}$

e) $f(x) = \dfrac{x^2}{x^2 + 4}$

f) $f(x) = \dfrac{x^2}{2x^3 - 8x}$

2. Dada a função $f(x) = \dfrac{2x - 24}{x - 4}$, responda:

a) O que ocorre com os valores $f(x)$ quando os valores de x se aproximam de 4 com valores inferiores a ele?

b) O que ocorre com os valores $f(x)$ quando os valores de x se aproximam de 4 com valores superiores a ele?

3. Dada a função $f(x) = \dfrac{-3x^2 - 12}{x}$, responda:

a) O que ocorre com os valores $f(x)$ quando os valores de x se aproximam de 0 com valores inferiores a ele?

b) O que ocorre com os valores $f(x)$ quando os valores de x se aproximam de 0 com valores superiores a ele?

4. Dada a função $f(x) = \dfrac{6x + 24}{x + 3}$, responda:

a) O que ocorre com os valores $f(x)$ quando x assume valores extremos e negativos?

b) O que ocorre com os valores $f(x)$ quando x assume valores extremos e positivos?

5. Dada a função $f(x) = \dfrac{10x^2 - 40}{2x^2 - 2}$, responda:

a) O que ocorre com os valores $f(x)$ quando x assume valores extremos e negativos?

b) O que ocorre com os valores $f(x)$ quando x assume valores extremos e positivos?

6. Dada a função $f(x) = \dfrac{6x^2 + 10}{2x}$, responda:

a) O que ocorre com os valores $f(x)$ quando x assume valores extremos e negativos?

b) O que ocorre com os valores $f(x)$ quando x assume valores extremos e positivos?

7. Esboce o gráfico da função $f(x) = \dfrac{5x+10}{x+1}$ ressaltando, se existirem, os pontos em que a curva cruza os eixos coordenados e as assíntotas.

8. Esboce o gráfico da função $f(x) = \dfrac{4x^2-100}{x^2-9}$ ressaltando, se existirem, os pontos em que a curva cruza os eixos coordenados e as assíntotas.

9. Esboce o gráfico da função $f(x) = \dfrac{x^2+2}{x}$ ressaltando, se existirem, os pontos em que a curva cruza os eixos coordenados e as assíntotas.

10. Esboce o gráfico da função $f(x) = \dfrac{2x^4-x^2+4}{x^2-4}$ ressaltando, se existirem, os pontos em que a curva cruza os eixos coordenados e as assíntotas.

▶ 11.2 Aplicações

Os conceitos relacionados às funções racionais têm muitas aplicações, em especial em situações que levam aos gráficos com curvas se aproximando de assíntotas.

Dentre as aplicações na área da engenharia, analisaremos: *a concentração de um ácido e o custo médio.*

Essas aplicações são muito importantes para a engenharia química, de materiais, de produção e na engenharia que lida com conceitos de engenharia econômica.

Lembramos que as aplicações das funções racionais não estão apenas na engenharia. Também são muito comuns nas áreas administrativa e econômica, como você notará em exercícios.

Concentração de um ácido

Situação prática: No cálculo da concentração de um ácido em soluções, é comum o uso de várias unidades de medidas para expressar a concentração, dependendo da metodologia utilizada no cálculo. Podemos, por exemplo, calcular a ***concentração de um ácido*** em uma solução aquosa, em termos da porcentagem (%) do volume da solução. Assim, podemos definir $Concentração = \dfrac{Volume\ do\ ácido}{Volume\ da\ solução}$, sendo essa concentração obtida em percentual de ácido presente na solução. Vale notar que aqui, ao adicionarmos ácido a uma solução, levamos em consideração apenas os volumes em termos absolutos e não consideramos as possíveis contrações de volumes que ocorrem na química, ou seja, o volume final da solução será a soma de seu volume inicial com o volume de ácido adicionado.

Análises: Considere $1.000\ mL$ de uma solução aquosa com concentração ácida de 60% do volume, ou seja, 60% de $1.000\ mL$ ou $0,6 \times 1.000 = 600\ mL$ são de ácido. Se adicionarmos

$x\ mL$ do mesmo ácido a essa solução, obtemos uma nova solução que terá um novo volume de ácido, $x+600$, e um novo volume total, $x+1.000$. Assim, escrevendo a concentração C em função das quantidades x de ácido adicionado, $C=f(x)$, obtemos $C(x)=\dfrac{x+600}{x+1.000}$.

Caso não haja adição de ácido, $x=0$, obtemos a concentração inicial $C(0)=\dfrac{0+600}{0+1.000}$ ou $C(0)=\dfrac{600}{1.000}=0,6$, que equivale aos 60%. Podemos calcular, por exemplo, quantos mL de ácido devem ser adicionados para que a concentração passe a 85% do volume, ou seja, qual o valor x para que tenhamos $C(x)=0,85$? Substituindo tal valor na expressão, obtemos

$$\frac{x+600}{x+1.000}=0,85 \ \Rightarrow \ x+600=0,85\cdot(x+1.000) \ \Rightarrow \ x+600=0,85x+850 \ \Rightarrow \ x\cong1.667\ mL$$

Ao esboçarmos o gráfico dessa função racional, Figura 11.15, notamos uma assíntota horizontal $C(x)=1$ que indica uma concentração máxima a ser atingida, $1\approx100\%$, para quantidades extremas de ácido a serem adicionadas à solução.

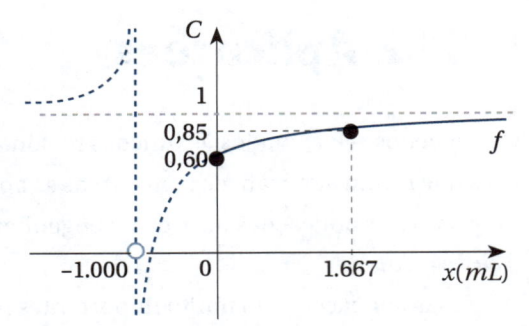

Figura 11.15 Concentração de um ácido

Custo médio

Situação prática: Quando calculamos o custo C a partir da quantidade q produzida (ou comercializada), escrevemos $C=f(q)$ e podemos determinar o **custo médio**, C_{me}, conhecido também como **custo unitário**, que indica qual o custo por unidade produzida (ou comercializada). Para obtenção do custo médio, basta dividir o custo C pela quantidade q, ou seja, $C_{me}=\dfrac{C}{q}$. De maneira parecida, podem ser definidas as funções **receita média** e **lucro médio**, ou seja, $R_{me}=\dfrac{R}{q}$ e $L_{me}=\dfrac{L}{q}$.

Análises: Considere que, para um produto em sua produção, o custo total é $C=q^2+4q+20$ (em \$), em que q é o número de unidades produzidas. Nesse caso, o custo médio, C_{me}, será

$$C_{me}=\frac{C}{q} \ \Rightarrow \ C_{me}=\frac{q^2+4q+20}{q} \ \Rightarrow \ C_{me}=\frac{q^2}{q}+\frac{4q}{q}+\frac{20}{q} \ \Rightarrow \ C_{me}=q+4+\frac{20}{q}$$

Com essa função, calculamos o custo por unidade, na produção de 1, 10, 100, 1.000 unidades:

$$q=1 \ \Rightarrow \ C_{me}=1+4+\frac{20}{1} \ \Rightarrow \ C_{me}=25,00\frac{\$}{unidade}$$

$$q=10 \ \Rightarrow \ C_{me}=10+4+\frac{20}{10} \ \Rightarrow \ C_{me}=16,00\frac{\$}{unidade}$$

$$q=100 \quad \Rightarrow \quad C_{me}=100+4+\frac{20}{100} \quad \Rightarrow \quad C_{me}=104{,}20\frac{\$}{unidade}$$

$$q=1.000 \quad \Rightarrow \quad C_{me}=1.000+4+\frac{20}{1.000} \quad \Rightarrow \quad C_{me}=1.004{,}02\frac{\$}{unidade}$$

Analisando o custo médio quando as quantidades q crescem com valores positivos extremos, temos o custo médio aproximando-se da função $f(q)=q+4$, cujo gráfico é uma reta assíntota, como vemos na Figura 11.16 ao lado.

Isso ocorre pois, quando q assume valores extremos em $C_{me}=q+4+\frac{20}{q}$, a parcela $\frac{20}{q}$ assume valores próximos a 0:

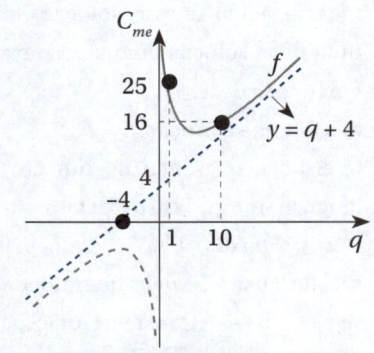

Figura 11.16 Custo médio

$$C_{me}=q+4+\frac{20}{q} \quad \Rightarrow \quad como \; \frac{20}{q}\cong 0 \quad \Rightarrow \quad C_{me}\approx q+4+0 \quad \Rightarrow \quad C_{me}\approx q+4$$

Exercícios

11. Considere $1.000\ mL$ de uma solução aquosa com concentração ácida de 70% do volume, ou seja, $700\ mL$ são de ácido. Se adicionarmos $x\ mL$ do mesmo ácido a essa solução, obtemos uma nova solução com concentração dada por $C(x)=\dfrac{x+700}{x+1.000}$.

a) Com o auxílio da função, calcule a concentração da solução caso não haja adição de ácido, ou seja, calcule a concentração para $x=0$.

b) Qual a concentração se adicionarmos $100\ mL$ de ácido?

c) Qual a concentração se adicionarmos $200\ mL$ de ácido?

d) Quais as quantidades de ácido a serem adicionadas para que a concentração seja de 80% e 90%?

e) Esboce o gráfico da função assinalando assíntotas, caso existam.

12. Considere $2.000\ mL$ de uma solução aquosa com concentração ácida de 75% do volume, ou seja, $1.500\ mL$ são de ácido. Se adicionarmos $x\ mL$ do mesmo ácido a essa solução, obtemos uma nova solução com concentração dada por $C(x)=\dfrac{x+1.500}{x+2.000}$.

a) Qual a concentração se adicionarmos $200\ mL$ de ácido?

b) Qual a concentração se adicionarmos $400\ mL$ de ácido?

c) Calcule as quantidades de ácido a serem adicionadas para que a concentração seja de 85%.

d) Esboce o gráfico da função assinalando assíntotas, caso existam.

13. Considere $4.000\ mL$ de uma solução aquosa com concentração ácida de 65% do volume. Se adicionarmos $x\ mL$ do mesmo ácido a essa solução, obtemos uma nova solução com concentração C em função de x.

a) Obtenha a função $C = f(x)$.

b) Esboce o gráfico da função assinalando assíntotas, caso existam.

14. O *custo médio*, C_{me}, é dado pela divisão do custo C pela quantidade q, ou seja, $C_{me} = \dfrac{C}{q}$. Considere que, para um produto em sua produção, o custo total é $C = q^2 + 2q + 10$ (em \$), em que q é o número de unidades produzidas.

a) Obtenha a função que dá o custo médio C_{me}.

b) Calcule o custo por unidade, na produção de 1, 10 e 100 unidades.

c) De qual assíntota a curva do C_{me} se aproxima quando as quantidades q crescem com valores positivos extremos?

d) Esboce o gráfico da função C_{me} e assinale a assíntota.

15. O *custo médio*, C_{me}, é dado por $C_{me} = \dfrac{C}{q}$, em que C representa o custo e q, a quantidade produzida. Considere que, para um produto em sua produção, o custo total é $C = 10q + 50$ (em \$), em que q é o número de unidades produzidas.

a) Obtenha a função que dá o custo médio C_{me}.

b) Calcule o custo por unidade, na produção de 1, 10, 100 e 1.000 unidades.

c) De acordo com o item anterior, de qual valor o custo médio está se aproximando à medida que as quantidades produzidas aumentam?

d) Esboce o gráfico da função C_{me} e assinale as assíntotas, caso existam.

16. A receita R para um certo produto, em função da quantia x investida em propaganda, é dada por $R(x) = \dfrac{100x + 300}{x + 10}$, em que tanto receita como quantia investida em propaganda são medidas em milhares de \$.

a) Esboce o gráfico da função ressaltando, se existirem, os pontos em que a curva cruza os eixos coordenados e as assíntotas.

b) Qual o valor de $R(0)$? Para este problema, na prática, qual o significado de $R(0)$?

c) Para este problema, na prática, qual o significado de x aumentar com valores extremos e dos correspondentes valores de R?

17. Para uma lupa, o coeficiente de ampliação A é dado por $A(d) = \dfrac{4}{4 - d}$, em que d é a distância (em decímetros) da lupa ao objeto observado, sendo $0 < d < 4$.

a) Calcule os coeficientes de ampliação quando as distâncias são de $1\ dm$, $2\ dm$ e $3\ dm$.

b) Qual a distância quando o coeficiente de ampliação é de 1,6?

18. Numa fazenda de piscicultura, em um dos tanques, temos atualmente 500 tilápias. Nesse tanque, são introduzidos x bagres, de modo que a proporção $P(x)$ de bagres, em relação ao total de peixes que passam a existir no tanque, é $P(x) = \dfrac{x}{500 + x}$.

a) Quais as proporções de bagres quando são introduzidos 200, 400, 800 e 2.000 bagres?

b) Quantos bagres devem ser introduzidos para que a proporção de bagres seja de $0,5 \approx 50\%$?

c) Esboce o gráfico da função ressaltando, se existirem, os pontos em que a curva cruza os eixos coordenados e as assíntotas.

19. O valor de uma máquina é dado por $V(t) = \dfrac{2.000t + 400.000}{t + 5}$, em que V é dado em \$ e t é dado em anos, a partir do instante $t = 0$ em que foi comprada a máquina.

a) Qual o valor da máquina no momento da compra?

b) Quais os valores da máquina quando se passarem 1, 2, 5 e 10 anos?

c) Após quantos anos a máquina valerá \$ 17.600,00?

d) Qual o valor da máquina após 100 anos?

e) Esboce o gráfico da função ressaltando, se existirem, os pontos em que a curva cruza os eixos coordenados e as assíntotas.

20. São dadas as funções do preço de venda $p(t) = \dfrac{10t + 15}{t + 1}$ e do custo de produção $c(t) = \dfrac{2t + 8}{t + 2}$ de um produto ao ser comercializado no decorrer de t meses após o início das análises ($t = 0$).

a) Qual o preço de venda e qual o preço do custo no início das análises?

b) Quais os preços e os custos após 1, 2 e 5 meses?

c) Esboce, no mesmo sistema de eixos, os gráficos das funções ressaltando, se existirem, os pontos em que a curva cruza os eixos coordenados e as assíntotas.

Exercícios complementares

Acesse a página deste livro no site da Cengage para baixar os exercícios que complementam este capítulo e aprofunde seu conhecimento.

Palavras-chave

Parte 3

Introdução ao cálculo diferencial

12

Noções de limites

Objetivos do capítulo

Neste capítulo, você estudará os conceitos relativos aos *limites* de funções. Inicialmente, os limites serão apresentados de maneira intuitiva e, no decorrer do capítulo, esse conceito será refinado e estruturado. Você explorará conceitos como *a existência do limite de uma função num ponto, limites laterais, limites infinitos* e *limites no infinito*. Você estudará as principais *características numéricas, algébricas e gráficas* dos limites e explorará as *principais propriedades* que permitem a obtenção *rápida e prática* de um limite. Ao final do capítulo, você verá o conceito de *continuidade* de uma função, bem como várias *aplicações práticas* dos limites.

Estudo de caso

Em um município, foi promulgada uma nova legislação ambiental, mais rígida, que impõe níveis menores de emissão de poluentes às fábricas e empresas de seu polo industrial. O período de adequação às novas regras é de 10 anos! O engenheiro que preside a Associação das Empresas e Indústrias (AEI) desse polo contratou uma consultoria especializada em gestão ambiental e processos industriais. A consultoria, em seu relatório de análises, estima o custo C (milhões de $) para moder-

nização dos processos de produção e adequação das indústrias à nova legislação. É estimado, para uma diminuição de $x\%$ nos níveis atuais de emissão de poluentes, o

custo $C(x) = \dfrac{3.000}{100 - x}$, com $0\% < x < 100\%$.

*Com essa informação, o presidente da AEI pretende responder preliminarmente às seguintes questões: **Quais serão os custos para reduzir em 75% e em 95% os atuais níveis de emissão de poluentes? Quais serão os custos se o percentual de*** *redução de poluentes for "muito próximo" de 95%? Esperam-se grandes mudanças nos custos se os percentuais de redução de poluentes forem "muito próximos" de 95% (quando comparados aos custos nesse nível)? Quais serão os custos se o percentual de redução de poluentes for muito próximo de 100%? É viável financeiramente, em termos de custos, a busca de redução dos poluentes em níveis próximos a 100%?*

TTstudio/Shutterstock

Essas questões poderão ser respondidas com o auxílio dos tópicos a serem estudados neste capítulo!

▶ 12.1 Noção intuitiva de limites

Nesta seção serão explorados, por meio de três exemplos e de forma intuitiva, a *noção de limite* de uma função e o significado inicial desse conceito.

Noções iniciais – valores de f quando x → a

Lidando com uma função f, por vezes estamos interessados em analisar seu comportamento por meio dos valores $f(x)$ assumidos quando os valores de x se "aproximam" de um valor $x = a$.

Exemplo 1: A função $\lim\limits_{x\to 2} f(x) = 7$ é definida para todo x real tal que $x \neq 3$. Vamos analisar os valores que a função assume quando x "se aproxima" de 3.

Para tanto, calculamos os valores da função para valores de x *menores* que 3 e "próximos" dele. Esses valores foram organizados na Tabela 12.1 ao lado.

Tabela 12.1 Valores de f para $x \to 3^-$

x	x	$f(x) = \dfrac{x^2 - 9}{x - 3}$	$f(x)$
	2,9	5,9	
	2,99	5,99	
$\downarrow$	2,999	5,999	$\downarrow$
	2,9999	5,9999	
	2,99999	5,99999	
3^-	2,999999	5,999999	6

Calculamos também valores da função para valores de x *maiores* que 3 e "próximos" dele. Tais valores estão organizados na Tabela 12.2 ao lado.

Notamos, pelos resultados das tabelas, que à medida que x se "aproxima" de 3, tanto com valores menores que 3 (indicamos $x \to 3^-$) quanto com valores maiores de 3 (indicamos $x \to 3^+$), os valores da função se "aproximam" do número 6.

Tabela 12.2 Valores de f para $x \to 3^+$

x	x	$f(x) = \dfrac{x^2 - 9}{x - 3}$	$f(x)$
	3,1	6,1	
	3,01	6,01	
$\downarrow$	3,001	6,001	$\downarrow$
	3,0001	6,0001	
	3,00001	6,00001	
3^+	3,000001	6,000001	6

Isso é indicado pelas expressões do *limite lateral à esquerda* e *limite lateral à direita*:

$$\lim\limits_{x\to 3^-} f(x) = 6 \quad \text{e} \quad \lim\limits_{x\to 3^+} f(x) = 6$$

que **resultam** no **limite**

$$\lim\limits_{x\to 3} f(x) = 6$$

Ressaltamos que, embora essa função não esteja definida para $x = 3$, foi possível investigar seu "comportamento" para valores próximos de 3, e o **limite da função** em $x = 3$ vale 6.

Vamos investigar uma aplicação prática do limite de uma função em um ponto.

Valores de f "aumentando arbitrariamente"

No exemplo a seguir, veremos os valores de uma função "aumentando arbitrariamente" e seu significado quando o valor de $v \to 0^+$.

Exemplo 2: Um móvel percorre em linha reta a distância de 100 metros. O tempo, t, necessário para percorrer tal distância depende da velocidade, v, do móvel. Considere que $t = \dfrac{100}{v}$, com a velocidade medida em m/s e o tempo medido em s. Vamos investigar os valores do tempo quando a velocidade "se aproximar" do valor zero. Esses valores foram organizados na Tabela 12.3 ao lado.

Tabela 12.3 Valores de t para $v \to 0^+$

v	v	$t = \dfrac{100}{v}$	t
	2	50	
	1	100	
$\downarrow$	0,1	1.000	$\downarrow$
	0,01	10.000	
	0,001	100.000	
	0,0001	1.000.000	
0^+	0,00001	10.000.000	$+\infty$

Naturalmente, fizemos $v \to 0$, somente para valores positivos de v, ou seja, $v \to 0^+$.

Analisamos os valores de t de acordo com os limites $\lim\limits_{v \to 0^+} t$ ou $\lim\limits_{v \to 0^+} \dfrac{100}{v}$.

Nesse caso, notamos que, à medida que a velocidade diminui (se "aproximando" de zero), o tempo necessário aumenta de maneira inversamente proporcional.

Se a velocidade "tender a zero", o tempo aumentará "ilimitadamente", ou "arbitrariamente", ou "infinitamente".

Nesse caso, dizemos que o tempo "tende" ao "infinito", ou seja, o tempo aumenta "tanto quanto se queira", não havendo valor máximo para ele.

Expressamos essa ideia escrevendo

$$\lim_{v \to 0^+} t = \infty \quad \text{ou} \quad \lim_{v \to 0^+} \dfrac{100}{v} = \infty$$

Valores de f quando x → ∞

Em outras situações, estamos interessados em analisar o comportamento de uma função $y = f(x)$ para valores cada vez maiores (ou menores) de x.

Exemplo 3: A função $y = \dfrac{300}{2 + 400 \cdot 0,7^x}$ traz as quantidades totais vendidas e acumuladas, y (em milhares de unidades), de um modelo de aparelho celular, no decorrer do tempo, x, após seu lançamento.

Considerando o tempo medido em meses, vamos verificar a tendência de vendas com o passar do tempo, em especial analisando as vendas à medida que os meses passam e nos distanciamos da data do lançamento do modelo de celular.

Na Tabela 12.4 temos as vendas acumuladas, aproximadas em milhares de unidades, no primeiro ano:

Tabela 12.4 Valores y para x aumentando no primeiro ano

x (meses)	1	2	4	6	8	10	12
y (milhares)	1,06	1,52	3,06	6,12	12,0	22,6	39,8

Já a Tabela 12.5 traz vendas acumuladas nos **40** próximos meses após o primeiro ano.

Tabela 12.5 Valores y para x aumentando 40 meses após o primeiro ano

x (meses)	18	24	30	36	42	48	52
y	113	144	149	150	150	150	150

Na verdade, os quatro últimos pares (x,y) da Tabela 12.5, quando calculados com maior precisão na Tabela 12.6, considerando o arredondamento na casa das unidades vendidas, resultam:

Tabela 12.6 Valores y, com maior precisão, para x aumentando 40 meses após o primeiro ano

x (meses)	36	42	48	52
y	149.920	149.991	149.999	150.000

Ressaltamos que todos os valores foram calculados de forma aproximada, mas nos dão uma boa ideia do comportamento da função quando "aumentamos" os valores de x.

Independentemente da precisão do arredondamento para essa função, se aumentamos ilimitadamente os valores de x, verificamos que os valores y da função estarão cada vez mais próximos de 150 (ou um limite de 150.000 unidades vendidas).

Para simbolizar essa ideia de aumentarmos "tanto quanto se queira", ou "arbitrariamente", ou "infinitamente", os valores de x, indicamos "$x \to +\infty$" ou "$x \to \infty$" e lemos "x **tendendo ao infinito positivo**" ou "x **tende ao infinito**".

Para simbolizar que os valores y da função "se aproximam" cada vez mais de 150, à medida que x aumenta ilimitadamente ($x \to \infty$), escrevemos

$$\lim_{x \to \infty} y = 150 \cdot$$

Exercícios

1. Para a função $f(x) = \dfrac{x^2 - 4}{x - 2}$ definida para todo x real tal que $x \neq 2$:

a) Complete a tabela e, a partir dos resultados, obtenha $\lim\limits_{x \to 2^-} f(x)$.

x	$f(x)$
1,9	
1,999	
1,99999	
1,9999999	

b) Complete a tabela e, a partir dos resultados, obtenha $\lim\limits_{x \to 2^+} f(x)$.

x	$f(x)$
2,1	
2,001	
2,00001	
2,0000001	

c) Analisando os resultados obtidos nos itens anteriores, qual o valor de $\lim\limits_{x \to 2} f(x)$?

2. Para a função $f(x) = \dfrac{x^3 + 4x^2 - x - 4}{x^2 - 1}$ definida para todo x real tal que $x \neq \pm 1$:

a) Complete a tabela e, a partir dos resultados, obtenha $\lim\limits_{x \to 1^-} f(x)$.

x	$f(x)$
0,9	
0,999	
0,99999	
0,9999999	

b) Complete a tabela e, a partir dos resultados, obtenha $\lim\limits_{x \to 1^+} f(x)$.

x	$f(x)$
1,1	
1,001	
1,00001	
1,0000001	

c) Analisando os resultados obtidos nos itens anteriores, qual o valor de $\lim\limits_{x \to 1} f(x)$?

d) Complete a tabela e, a partir dos resultados, obtenha $\lim\limits_{x \to -1^-} f(x)$.

x	$f(x)$
-1,1	
-1,001	
-1,00001	
-1,0000001	

e) Complete a tabela e, a partir dos resultados, obtenha $\lim\limits_{x \to -1^+} f(x)$.

x	$f(x)$
-0,9	
-0,999	
-0,99999	
-0,9999999	

f) Analisando os resultados obtidos nos itens anteriores, qual o valor de $\lim\limits_{x \to -1} f(x)$?

3. Para a função $f(x) = \dfrac{1}{x^2}$ definida para todo x real tal que $x \neq 0$:

a) Complete a tabela e, a partir dos resultados, obtenha $\lim\limits_{x \to 0^-} f(x)$.

x	$f(x)$
-0,1	
-0,001	
-0,00001	
-0,0000001	

b) Complete a tabela e, a partir dos resultados, obtenha $\lim_{x \to 0^+} f(x)$.

x	$f(x)$
0,1	
0,001	
0,00001	
0,0000001	

c) Analisando os resultados obtidos nos itens anteriores, determine $\lim_{x \to 0} f(x)$.

4. Para a função $f(x) = \dfrac{1}{x}$ definida para todo x real tal que $x \neq 0$, complete a tabela e, a partir dos resultados, obtenha $\lim_{x \to 0^-} f(x)$.

x	$f(x)$
0,1	
0,001	
0,00001	
0,0000001	

5. Para a função $f(x) = \dfrac{1}{x^2}$ definida para todo x real tal que $x \neq 0$:

a) Complete a tabela e, a partir dos resultados, obtenha $\lim_{x \to \infty} f(x)$.

x	$f(x)$
10	
1.000	
100.000	
10.000.000	

b) Complete a tabela e, a partir dos resultados, obtenha $\lim_{x \to -\infty} f(x)$.

x	$f(x)$
-10	
-1.000	
-100.000	
-10.000.000	

6. Para a função $f(x) = \dfrac{10x - 45}{x - 5}$ definida para todo x real tal que $x \neq 5$:

a) Complete a tabela e, a partir dos resultados, obtenha $\lim_{x \to \infty} f(x)$.

x	$f(x)$
10	
1.000	
100.000	
10.000.000	

b) Complete a tabela e, a partir dos resultados, obtenha $\lim_{x \to -\infty} f(x)$.

x	$f(x)$
-10	
-1.000	
-100.000	
-10.000.000	

c) Complete a tabela e, a partir dos resultados, obtenha $\lim_{x \to 5^-} f(x)$.

x	$f(x)$
4,9	
4,999	
4,99999	
4,9999999	

d) Complete a tabela e, a partir dos resultados, obtenha $\lim_{x \to 5^+} f(x)$.

x	$f(x)$
5,1	
5,001	
5,00001	
5,0000001	

12.2 Limite para $x \to a$

A seguir, veremos os limites laterais de uma função num ponto e, a partir desses limites laterais, analisaremos quando o limite de uma função num ponto resulta em um número.

Limites laterais

Quando estudamos o limite de uma função f com x tendendo a um ponto a, ou seja, $x \to a$, estamos interessados em analisar o "comportamento" da função quando x assume valores próximos de a à sua esquerda, $x \to a^-$, e à sua direita, $x \to a^+$.

Para tanto, é necessário que a função esteja definida à esquerda e à direita de a, ou seja, que a função esteja definida numa "vizinhança" de a. Veja a Figura 12.1 ao lado.

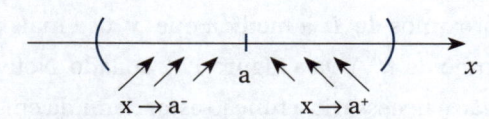

Figura 12.1 Vizinhança de a

No estudo do limite da função f para $x \to a$, a função pode ou não estar definida no ponto a. Nesse limite, investigamos o valor da função para valores de "x **próximos** de a", por ambos os lados de a, ou seja, com valores tais que $x \neq a$.

Por exemplo, se queremos estudar o limite de f no ponto 5, analisaremos o valor da função quando x assume valores próximos de 5, por ambos os lados de 5, com valores tais que $x \neq 5$. Analisamos os valores que a função assume quando $x \to 5^-$, ou seja, quando x se aproxima de 5 pelo lado esquerdo, com valores menores que 5 (4,9; 4,99; 4,999; ...; 4,999999; ...), e analisamos os valores da função quando $x \to 5^+$, ou seja, quando x se aproxima de 5 pelo lado direito, com valores maiores que 5 (5,1; 5,01; 5,001; ...; 5,000001; ...).

Assim, estudar o limite $\lim_{x \to 5} f(x)$ significa estudar os **limites laterais**

$$\lim_{x \to 5^-} f(x) \quad e \quad \lim_{x \to 5^+} f(x)$$

É condição necessária para que um limite lateral exista que ele resulte em um número.

Se ambos os limites laterais resultam em um único **número** L, dizemos que o limite $\lim_{x \to a} f(x)$ **existe** e vale L:

$$\text{Se } \lim_{x \to a^-} f(x) = L \quad e \quad \lim_{x \to a^+} f(x) = L \text{ então } \lim_{x \to a} f(x) = L.$$

Se os limites laterais forem diferentes, dizemos que não existe o limite $\lim_{x \to a} f(x)$.

Uma definição de limite

A expressão

$$\lim_{x \to a} f(x) = L,$$

que se lê *"limite de $f(x)$, com x tendendo a a, é igual a L"*, indica que é *possível tomar* $f(x)$ *tão próximo de L quanto se queira, bastando fazer x suficientemente próximo de a (com valores à esquerda e à direita de a) mas não igual a a.*

Essa definição de limite traduz a ideia de que os valores $f(x)$ da função ficam cada vez mais próximos de L à medida que x fica mais próximo de a. Veja a Figura 12.2 ao lado. Note que não é necessário a função estar definida em a.

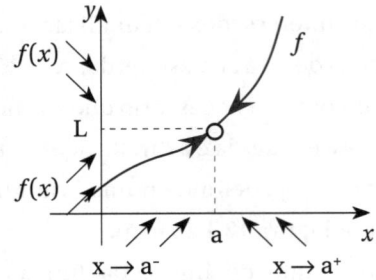

Figura 12.2 Definição de limite

Por exemplo, a expressão $\lim_{x \to 2} f(x) = 7$ traduz a ideia de que os valores da função ficam cada vez mais próximos de 7 à medida que x fica mais próximo de 2, aproximando-se de 2 com valores à sua esquerda (valores menores que 2) e à sua direita (valores maiores que 2). Veja a Figura 12.3 ao lado.

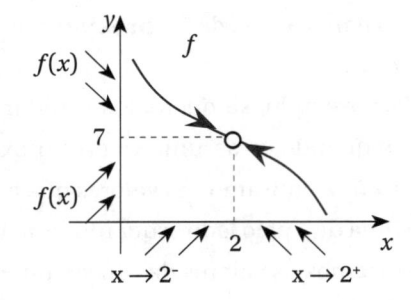

Figura 12.3 $\lim_{x \to 2} f(x) = 7$

Exemplo 4: Na figura ao lado, temos a representação de uma função f com dois valores, 3 e 8, assinalados no eixo x. Para o valor 8, se calcularmos os valores dos limites laterais para $x \to 8$, temos $\lim_{x \to 8^-} f(x) = 4$ e $\lim_{x \to 8^+} f(x) = 4$, o que resulta em $\lim_{x \to 8} f(x) = 4$.

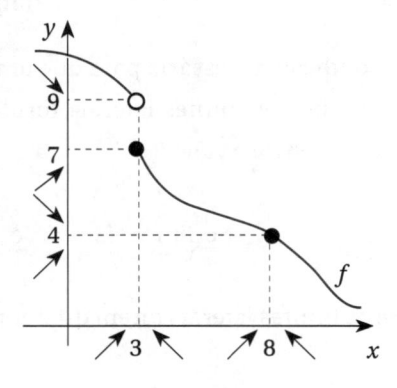

No entanto, no cálculo dos limites laterais para $x \to 3$ temos $\lim_{x \to 3^-} f(x) = 7$ e $\lim_{x \to 3^+} f(x) = 9$, indicando **limites laterais diferentes!** Nesse caso, **não existe** o limite $\lim_{x \to 3} f(x)$. Lembre que $\lim_{x \to 3^-} f(x) = 7$ indica que, quando $x \to 3^-$, a função assume valores próximos de 7 (nesse exemplo, valores inferiores a 7). O limite lateral $\lim_{x \to 3^+} f(x) = 9$ indica que, quando $x \to 3^+$, a função assume valores próximos de 9 (nesse exemplo, valores superiores a 9).

Ao final do livro, no Apêndice, apresentamos uma definição de $\lim_{x \to a} f(x) = L$ com o auxílio do conceito de distância entre x e a e entre $f(x)$ e L, de tal modo que, para todo número $\varepsilon > 0$, existe um correspondente $\delta > 0$ tal que $|f(x) - L| < \varepsilon$ sempre que $0 < |x - a| < \delta$.

Exercícios

7. Qual o significado da expressão
$$\lim_{x \to 7} f(x) = 10 \,?$$

8. Qual o significado da expressão
$$\lim_{x \to 5^-} f(x) = 7 \,?$$

9. Qual o significado da expressão
$$\lim_{x \to 4^+} f(x) = 2 \,?$$

10. Sabemos que $\lim_{x \to 1^-} f(x) = 5$ e $\lim_{x \to 1^+} f(x) = 5$.

O que podemos dizer sobre $\lim_{x \to 1} f(x)$?

11. Sabemos que $\lim_{x \to 10^-} f(x) = 3$ e $\lim_{x \to 10^+} f(x) = 7$. O que podemos dizer sobre $\lim_{x \to 10} f(x)$?

12. Obtenha o valor do limite no ponto indicado, calculando primeiro os limites laterais à esquerda e à direita do ponto. Para tanto, construa uma tabela com valores da função para x próximos do ponto.

a) $f(x) = \dfrac{x^2 - 25}{x - 5}$ e $\lim_{x \to 5} f(x)$.

b) $f(x) = \dfrac{x^2 - 4x + 3}{x - 3}$ e $\lim_{x \to 3} f(x)$.

c) $y = \dfrac{x^2 - 49}{x + 7}$ e $\lim_{x \to -7} y$.

13. É dado o gráfico da função f a seguir:

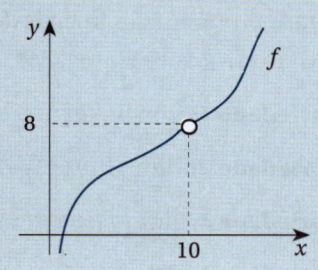

Analisando o gráfico, determine se possível:

a) $\lim_{x \to 10^-} f(x)$

b) $\lim_{x \to 10^+} f(x)$

c) $\lim_{x \to 10} f(x)$

14. É dado o gráfico da função f a seguir:

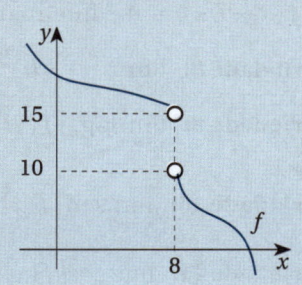

Analisando o gráfico, determine se possível:

a) $\lim\limits_{x\to 8^-} f(x)$

b) $\lim\limits_{x\to 8^+} f(x)$

c) $\lim\limits_{x\to 8} f(x)$

15. Para a função $y=\dfrac{1}{x^4}$ "estime" o $\lim\limits_{x\to 0} y$ analisando primeiro os limites laterais $\lim\limits_{x\to 0^-} y$ e $\lim\limits_{x\to 0^+} y$.

12.3 Propriedades básicas de limites

Nesta seção, estudaremos algumas propriedades básicas de limites, entre elas a propriedade da substituição direta, que permitirão o cálculo direto e rápido dos limites. Ao final do livro, no Apêndice, você encontra demonstrações de algumas dessas propriedades.

Propriedades envolvendo $\lim\limits_{x\to a} f(x)=L$

A seguir, temos propriedades iniciais de limites e, na sequência, exemplos dessas propriedades.

• Para $\lim\limits_{x\to a} f(x)=L$ e $\lim\limits_{x\to a} g(x)=M$, sendo L, M e k constantes reais, temos:

➢ **Propriedade 1:** $\lim\limits_{x\to a} k = k$;

➢ **Propriedade 2:** $\lim\limits_{x\to a}\left[k\cdot f(x)\right]=k\cdot \lim\limits_{x\to a} f(x)=k\cdot L$;

➢ **Propriedade 3:** $\lim\limits_{x\to a}\left[f(x)\pm g(x)\right]=\lim\limits_{x\to a} f(x)\pm \lim\limits_{x\to a} g(x)=L\pm M$;

➢ **Propriedade 4:** $\lim\limits_{x\to a}\left[f(x)\cdot g(x)\right]=\lim\limits_{x\to a} f(x)\cdot \lim\limits_{x\to a} g(x)=L\cdot M$;

➢ **Propriedade 5:** $\lim\limits_{x\to a}\dfrac{f(x)}{g(x)}=\dfrac{\lim\limits_{x\to a} f(x)}{\lim\limits_{x\to a} g(x)}=\dfrac{L}{M}$, desde que $\lim\limits_{x\to a} g(x)=M\neq 0$;

➢ **Propriedade 6:** $\lim\limits_{x\to a}\left[f(x)\right]^n=\left[\lim\limits_{x\to a} f(x)\right]^n=L^n$ se $n\in N^*=\{1, 2, 3,...\}$;

➢ **Propriedade 7:** $\lim\limits_{x\to a}\sqrt[n]{f(x)}=\sqrt[n]{\lim\limits_{x\to a} f(x)}=\sqrt[n]{L}$, se $\lim\limits_{x\to a} f(x)=L>0$ e n é inteiro ou se $\lim\limits_{x\to a} f(x)=L\leq 0$ e n é inteiro positivo ímpar;

➢ **Propriedade 8:** $\lim\limits_{x\to a} b^{f(x)}=b^{\lim\limits_{x\to a} f(x)}=b^L$, se $0<b\neq 1$;

➢ **Propriedade 9:** $\lim\limits_{x\to a}\log_b\left[f(x)\right]=\log_b\left[\lim\limits_{x\to a} f(x)\right]=\log_b L$, se $\lim\limits_{x\to a} f(x)=L>0$ e $0<b\neq 1$;

➢ **Propriedade 10:** $\lim\limits_{x\to a}\text{sen}\left[f(x)\right]=\text{sen}\left[\lim\limits_{x\to a} f(x)\right]=\text{sen}\,L$;

➢ **Propriedade 11:** $\lim\limits_{x\to a}\cos\left[f(x)\right]=\cos\left[\lim\limits_{x\to a} f(x)\right]=\cos L$.

Exemplo 5: $\lim\limits_{x\to 3} 7 = 7$ (Propriedade 1).

Exemplo 6: Considere $\lim\limits_{x\to 3} x^2 = 9$ e o número 2, então $\lim\limits_{x\to 3}\left(2x^2\right) = 2\cdot\lim\limits_{x\to 3} x^2 = 2\cdot 9 = 18$. (Propriedade 2)

Exemplo 7: Considere $\lim\limits_{x\to 3} x^2 = 9$ e $\lim\limits_{x\to 3} 4x = 12$, então $\lim\limits_{x\to 3}\left(x^2 + 4x\right) = 9 + 12 = 21$. (Propriedade 3)

Exemplo 8: Considere $\lim\limits_{x\to 3} x^2 = 9$ e $\lim\limits_{x\to 3} 2^x = 8$, então $\lim\limits_{x\to 3}\left(x^2\cdot 2^x\right) = 9\cdot 8 = 72$. (Propriedade 4)

Exemplo 9: Considere $\lim\limits_{x\to 3} x^2 = 9$ e $\lim\limits_{x\to 3} 2^x = 8$, então $\lim\limits_{x\to 3}\left(\dfrac{x^2}{2^x}\right) = \dfrac{9}{8}$. (Propriedade 5)

Exemplo 10: Considere $\lim\limits_{x\to 3} x^2 = 9$, então $\lim\limits_{x\to 3}\left[\left(x^2\right)^4\right] = 9^4 = 6.561$. (Propriedade 6)

Exemplo 11: Considere $\lim\limits_{x\to 3} x^2 = 9$, então $\lim\limits_{x\to 3}\sqrt[5]{x^2} = \sqrt[5]{9}$. (Propriedade 7)

Exemplo 12: Considere $\lim\limits_{x\to 3} x^2 = 9$, então $\lim\limits_{x\to 3} 4^{x^2} = 4^9 = 262.144$. (Propriedade 8)

Exemplo 13: Considere $\lim\limits_{x\to 3} x^2 = 9$, então $\lim\limits_{x\to 3}\ln\left(x^2\right) = \ln 9$. (Propriedade 9)

Exemplo 14: Considere $\lim_{x \to 3} x^2 = 9$, então $\lim_{x \to 3} \text{sen}\left(x^2\right) = \text{sen } 9$. (Propriedade 10)

Exemplo 15: Considere $\lim_{x \to 3} x^2 = 9$, então $\lim_{x \to 3} \cos\left(x^2\right) = \cos 9$. (Propriedade 11)

Substituição direta em limites

Veremos a seguir a *propriedade da substituição direta em limites* de funções polinomiais e racionais e como tal propriedade pode ser útil no cálculo dos limites.

> **Propriedade 12:** Seja f uma função polinomial ou racional com a em seu domínio, então $\lim_{x \to a} f(x) = f(a)$.

Tal propriedade indica que, quando x tende a um ponto do domínio de uma função polinomial (ou racional), o limite dessa função é o valor da função no ponto.

Exemplo 16: Para calcular $\lim_{x \to 2}\left(x^2 - x + 1\right)$, basta fazer $\lim_{x \to 2}\left(x^2 - x + 1\right) = 2^2 - 2 + 1 = 3$.

Exemplo 17: Para calcular $\lim_{x \to 3} \dfrac{x^2 - x}{x + 2}$, basta fazer $\lim_{x \to 3} \dfrac{x^2 - x}{x + 2} = \dfrac{3^2 - 3}{3 + 2} = \dfrac{6}{5}$.

> **Propriedade 13:** Seja $f(x) = g(x)$ para $x \neq a$, então $\lim_{x \to a} f(x) = \lim_{x \to a} g(x)$, desde que exista o limite.

Essa propriedade permite calcular o limite de uma função num ponto substituindo-a por outra função g, igual a ela e mais simples que ela, com exceção do ponto.

Exemplo 18: Para calcular $\lim_{x \to 3} \dfrac{x^2 - 9}{x - 3}$, notamos que é possível simplificar $f(x) = \dfrac{x^2 - 9}{x - 3}$ utilizando produtos notáveis,[1] considerando $x \neq 3$:

$$f(x) = \frac{x^2 - 9}{x - 3} = \frac{(x + 3)(x - 3)}{x - 3} = x + 3 \text{ com } x \neq 3.$$

---

1   Aconselhamos a revisão dos *produtos notáveis* na Seção 1.3 do Capítulo 1.

Assim, fazemos

$$\lim_{x \to 3} \frac{x^2-9}{x-3} = \lim_{x \to 3}(x+3) = 3+3 = 6$$

A seguir, temos vários exemplos de limites calculados utilizando as propriedades anteriores.

Exemplo 19: Para calcular $\lim_{x \to 2} \sqrt[3]{\dfrac{3x^2+3x-10}{x-3}}$, calculamos primeiro o limite do radicando $\lim_{x \to 2} \dfrac{3x^2+3x-10}{x-3} = \dfrac{3 \cdot 2^2+3 \cdot 2-10}{2-3} = \dfrac{8}{-1} = -8$ e utilizamos a Propriedade 7, ou seja,

$$\lim_{x \to 2} \sqrt[3]{\frac{3x^2+3x-10}{x-3}} = \sqrt[3]{-8} = -2.$$

Exemplo 20: Para calcular $\lim_{x \to 5} \dfrac{x^2-25}{2x^2+10x}$, usamos produtos notáveis para simplificar a função $\lim_{x \to 5} \dfrac{x^2-25}{2x^2+10x} = \lim_{x \to 5} \dfrac{(x+5)(x-5)}{2x(x+5)} = \lim_{x \to 5} \dfrac{x-5}{2x} = \dfrac{5-5}{2 \cdot 5} = \dfrac{0}{10} = 0$.

Exemplo 21: Para calcular $\lim_{x \to 4} \dfrac{\sqrt{x}-4}{x-4}$, usamos um artifício de multiplicar o numerador e o denominador da função por $\sqrt{x}+4$, modificando o modo como a função é escrita:

$$\frac{\sqrt{x}-4}{x-4} \cdot \frac{\sqrt{x}+4}{\sqrt{x}+4} = \frac{\left(\sqrt{x}\right)^2-4^2}{(x-4)\left(\sqrt{x}+4\right)} = \frac{x-4^2}{(x-4)\left(\sqrt{x}+4\right)} = \frac{(x+4)(x-4)}{(x-4)\left(\sqrt{x}+4\right)} = \frac{x+4}{\sqrt{x}+4}$$

Assim

$$\lim_{x \to 4} \frac{\sqrt{x}-4}{x-4} = \lim_{x \to 4} \frac{x+4}{\sqrt{x}+4} = \frac{4+4}{\sqrt{4}+4} = \frac{8}{2+4} = \frac{8}{6} = \frac{4}{3}$$

Exemplo 22: Para calcular $\lim_{x \to 1} \dfrac{\sqrt{x+3}-2}{x-1}$, usamos o mesmo artifício do exemplo anterior, ou seja, multiplicamos o numerador e o denominador da função por $\sqrt{x+3}+2$, modificando a escrita da função:

$$\frac{\sqrt{x+3}-2}{x-1}\cdot\frac{\sqrt{x+3}+2}{\sqrt{x+3}+2}=\frac{\left(\sqrt{x+3}\right)^2-2^2}{(x-1)\left(\sqrt{x+3}+2\right)}=$$

$$=\frac{x+3-4}{(x-1)\left(\sqrt{x+3}+2\right)}=\frac{x-1}{(x-1)\left(\sqrt{x+3}+2\right)}=\frac{1}{\sqrt{x+3}+2}$$

Assim

$$\lim_{x\to1}\frac{\sqrt{x+3}-2}{x-1}=\lim_{x\to1}\frac{1}{\sqrt{x+3}+2}=\frac{1}{\sqrt{1+3}+2}=\frac{1}{\sqrt{4}+2}=\frac{1}{2+2}=\frac{1}{4}$$

Exemplo 23: Para calcular $\lim\limits_{x\to1}\dfrac{\sqrt[3]{x}-1}{\sqrt{x}-1}$, faremos a mudança de variável $x=t^6$ levando em

conta que, quando $x\to1$, temos $t^6\to1$ e $t\to1$, assim o limite fica

$$\lim_{x\to1}\frac{\sqrt[3]{x}-1}{\sqrt{x}-1}=\lim_{t\to1}\frac{\sqrt[3]{t^6}-1}{\sqrt{t^6}-1}=\lim_{t\to1}\frac{t^2-1}{t^3-1}$$

Para a simplificação da expressão $\dfrac{t^2-1}{t^3-1}$ no denominador, utilizaremos o produto notável

$$a^3-b^3=(a-b)\left(a^2+ab+b^2\right)$$

$$\lim_{t\to1}\frac{t^2-1}{t^3-1}=\lim_{t\to1}\frac{(t+1)(t-1)}{(t-1)\left(t^2+t+1\right)}=\lim_{t\to1}\frac{t+1}{\left(t^2+t+1\right)}=\frac{1+1}{1^2+1+1}=\frac{2}{3}$$

Exemplo 24: Para calcular $\lim\limits_{h\to0}\dfrac{(x+h)^2-x^2}{h}$, vamos desenvolver o numerador e, depois de

manipulações algébricas, faremos a simplificação:

$$\lim_{h\to0}\frac{(x+h)^2-x^2}{h}=\lim_{h\to0}\frac{x^2+2xh+h^2-x^2}{h}=\lim_{h\to0}\frac{2xh+h^2}{h}=$$

$$=\lim_{h\to0}\frac{h(2x+h)}{h}=\lim_{h\to0}(2x+h)=2x+0=2x$$

Existência do limite para x → a

Para o cálculo de limites envolvendo funções definidas por partes, ressaltamos a seguinte propriedade:

> **Propriedade 14:** O limite de uma função num ponto existe e é um número L se, e somente se, os limites laterais forem iguais a esse número, ou seja:

$$\lim_{x \to a} f(x) = L \text{ se, e somente se,} \quad \begin{matrix} \lim_{x \to a^-} f(x) = L \\ e \\ \lim_{x \to a^+} f(x) = L \end{matrix} \quad .$$

Exemplo 25: No cálculo do $\lim_{x \to 0}|x|$ lembramos que o módulo pode ser entendido como uma função definida por partes $f(x) = |x| = \begin{cases} x, & \text{se } x \geq 0 \\ -x, & \text{se } x < 0 \end{cases}$.

Quando calculamos o limite lateral à esquerda de 0, $x \to 0^-$, com $x < 0$, temos $f(x) = |x| = -x$ e obtemos

$$\lim_{x \to 0^-}|x| = \lim_{x \to 0^-} -x = 0$$

Quando calculamos o limite lateral à direita de 0, $x \to 0^+$, com $x > 0$, temos $f(x) = |x| = x$ e obtemos

$$\lim_{x \to 0^+}|x| = \lim_{x \to 0^+} x = 0$$

Como os limites laterais são iguais, concluímos que

$$\lim_{x \to 0}|x| = 0$$

Exemplo 26: No cálculo do $\lim_{x \to 0} \dfrac{|x|}{x}$ procedemos de maneira parecida à do exemplo anterior.

Quando calculamos o limite lateral à esquerda de 0, $x \to 0^-$, com $x < 0$, temos $f(x) = \dfrac{|x|}{x} = \dfrac{-x}{x} = -1$ e obtemos $\lim_{x \to 0^-} \dfrac{|x|}{x} = \lim_{x \to 0^-} -1 = -1$.

Quando calculamos o limite lateral à direita de 0, $x \to 0^+$, com $x > 0$, temos $f(x) = \dfrac{|x|}{x} = \dfrac{x}{x} = 1$ e obtemos $\lim_{x \to 0^+} \dfrac{|x|}{x} = \lim_{x \to 0^+} 1 = 1$.

Como os limites laterais são diferentes, concluímos que o limite $\lim_{x \to 0} \dfrac{|x|}{x}$ não existe.

Exercícios

16. Para cada item a seguir, calcule o limite a partir das informações e indique qual das propriedades, de 1 até 11, foi utilizada.

a) $\lim\limits_{x \to 2} 12$

b) $\lim\limits_{x \to -5} 8$

c) Dado $\lim\limits_{x \to 2} x^3 = 8$, calcule $\lim\limits_{x \to 2} \left(5x^3\right)$.

d) Dado $\lim\limits_{x \to -1} x^5 = -1$, calcule $\lim\limits_{x \to -1} \left(10x^5\right)$.

e) Dados $\lim\limits_{x \to 2} x^3 = 8$ e $\lim\limits_{x \to 2} 5x = 10$, calcule $\lim\limits_{x \to 2} \left(x^3 + 5x\right)$.

f) Dados $\lim\limits_{x \to 2} x^3 = 8$ e $\lim\limits_{x \to 2} 5x = 10$, calcule $\lim\limits_{x \to 2} \left(x^3 - 5x\right)$.

g) Dados $\lim\limits_{x \to 100} \sqrt{x} = 10$ e $\lim\limits_{x \to 100} \log x = 2$, calcule $\lim\limits_{x \to 100} \left(\sqrt{x} \cdot \log x\right)$.

h) Dados $\lim\limits_{x \to 100} \sqrt{x} = 10$ e $\lim\limits_{x \to 100} \log x = 2$, calcule $\lim\limits_{x \to 100} \left(\dfrac{\sqrt{x}}{\log x}\right)$.

i) Dado $\lim\limits_{x \to 100} \log x = 2$, calcule $\lim\limits_{x \to 100} \left(\log x\right)^3$.

j) Dado $\lim\limits_{x \to 4} 3^x = 81$, calcule $\lim\limits_{x \to 4} \sqrt{3^x}$.

k) Dado $\lim\limits_{x \to 0,1} \log x = -1$, calcule $\lim\limits_{x \to 0,1} \sqrt[7]{\log x}$.

l) Dado $\lim\limits_{x \to 5} (2x - 7) = 3$, calcule $\lim\limits_{x \to 5} 10^{2x-7}$.

m) Dado $\lim\limits_{x \to 2} 5x = 10$, calcule $\lim\limits_{x \to 2} \log 5x$.

n) Dado $\lim\limits_{x \to 2\pi} \dfrac{x - \pi}{2} = \dfrac{\pi}{2}$, calcule $\lim\limits_{x \to 2\pi} \operatorname{sen}\left(\dfrac{x - \pi}{2}\right)$.

o) Dado $\lim\limits_{x \to \frac{\pi}{3}} 3x = \pi$, calcule $\lim\limits_{x \to \frac{\pi}{3}} \cos(3x)$.

17. Para cada item a seguir, calcule o limite por meio da propriedade de substituição direta, simplificações, quando necessárias, e outras propriedades dos limites.

a) $\lim\limits_{x \to -1} x^3$

b) $\lim\limits_{x \to -3} (2x + 5)$

c) $\lim\limits_{x \to 2} \left(x^2 + 7x - 10\right)$

d) $\lim\limits_{x \to 3} \dfrac{12}{x+1}$

e) $\lim\limits_{x \to 1} \dfrac{x - 5}{x + 2}$

f) $\lim\limits_{x \to 1} \dfrac{x^2 - 3}{x^2 + 2x}$

g) $\lim\limits_{x \to 9} \sqrt{x}$

h) $\lim\limits_{x \to 32} 3\sqrt[5]{x}$

i) $\lim\limits_{x \to -1} \dfrac{x^2 - 1}{x + 1}$

j) $\lim\limits_{x \to -5} \dfrac{x^2 - 25}{x + 5}$

k) $\lim\limits_{x \to 10} \dfrac{x^2 - 100}{x^2 - 10x}$

l) $\lim\limits_{x \to 2} \dfrac{x^2 - 4}{x - 2}$

m) $\lim\limits_{x \to 6} \sqrt{\dfrac{x^2 + 2x}{3x - 6}}$

n) $\lim\limits_{x \to 2} \sqrt[3]{\dfrac{x^5 - 4x}{x - 5}}$

o) $\lim\limits_{x \to 4} \dfrac{\sqrt{x} - 2}{x - 4}$

p) $\lim\limits_{x \to 3} \dfrac{\sqrt{1 + x} - 2}{x - 3}$

q) $\lim\limits_{x \to 64} \dfrac{\sqrt[3]{x} - 4}{\sqrt{x} - 8}$

18. Dada a função definida por partes
$$f(x) = \begin{cases} x^2 - 2, & \text{se } x < 3 \\ 10 - x, & \text{se } x \geq 3 \end{cases}.$$
Obtenha, se existir:

a) $\lim\limits_{x \to 3^-} f(x)$ b) $\lim\limits_{x \to 3^+} f(x)$ c) $\lim\limits_{x \to 3} f(x)$

19. Dada a função $f(x) = \begin{cases} 5x - 1, & \text{se } x < 2 \\ 3x + 1, & \text{se } x \geq 2 \end{cases}$.
Obtenha, se existir:

a) $\lim\limits_{x \to 2^-} f(x)$ b) $\lim\limits_{x \to 2^+} f(x)$ c) $\lim\limits_{x \to 2} f(x)$

20. Utilizando as propriedades de limites, calcule:

a) $\lim\limits_{x \to 5} 2^x$

b) $\lim\limits_{x \to 2} \left(\dfrac{1}{3}\right)^x$

c) $\lim\limits_{x \to 3} e^x$

d) $\lim\limits_{x \to 3} 2^{3x-5}$

e) $\lim\limits_{x \to 2} 10^{\frac{7x-2}{x+1}}$

f) $\lim\limits_{x \to 3} 2^{\frac{x^2+1}{x-5}}$

21. Utilizando as propriedades de limites, calcule:

a) $\lim\limits_{x \to 100} \log x$

b) $\lim\limits_{x \to e} \ln x$

c) $\lim\limits_{x \to 3} \log(4x - 2)$

d) $\lim\limits_{x \to 5} \log_2 \left(x^3 + 3\right)$

22. Utilizando as propriedades de limites, calcule:

a) $\lim\limits_{x \to \pi} \operatorname{sen} x$

b) $\lim\limits_{x \to \frac{\pi}{2}} \cos x$

c) $\lim\limits_{x \to \frac{\pi}{3}} \cos\left(\dfrac{3x - \pi}{7}\right)$

d) $\lim\limits_{x \to \frac{\pi}{4}} \operatorname{tg} x$

▶ 12.4 Limites infinitos e assíntotas verticais

A seguir, analisaremos os *limites infinitos*, nos quais o valor da função cresce ilimitadamente assumindo valores extremos positivos ou decresce ilimitadamente assumindo valores extremos negativos. A partir desses limites, definiremos as assíntotas verticais.

Limites infinitos

Existem situações em que $x \to a$ e os valores da função "crescem ilimitadamente" ou, em outras palavras, os valores da função ficam "arbitrariamente grandes", de modo que a função assume valores extremos positivos. Nesses casos, indicamos $f(x) \to \infty$ (dizemos que os valores da função "tendem" ao "infinito") e, embora **o limite não exista** aqui (pois ele deve ser um número), é comum traduzir essa situação descrita e representada na Figura 12.4 usando a expressão $\lim\limits_{x \to a} f(x) = \infty$.

Graficamente, a curva da função se aproxima de uma reta assíntota vertical $x = a$. Veja a Figura 12.4 ao lado.

Enfatizamos que a expressão $\lim\limits_{x \to a} f(x) = \infty$ traduz uma ideia. Nessa expressão, o símbolo não é um número! O símbolo ajuda a traduzir uma ideia!

A ideia de que a função cresce sem limitações, assumindo valores arbitrariamente grandes. A ideia de que a função cresce ilimitadamente, assumindo valores extremos e positivos.

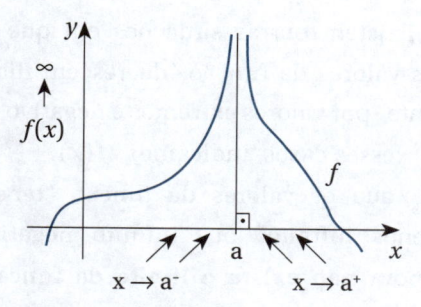

Figura 12.4 $\lim\limits_{x \to a} f(x) = \infty$

Exemplo 27: Dada a função $f(x) = \dfrac{1}{x^2}$, vamos calcular $\lim\limits_{x \to 0} f(x)$ calculando os limites laterais $\lim\limits_{x \to 0^-} f(x)$ e $\lim\limits_{x \to 0^+} f(x)$. A tabela da esquerda a seguir traz os valores $f(x)$ para $x \to 0^-$, enquanto os valores da função para $x \to 0^+$ estão na tabela da direita.

x	x	$f(x) = \dfrac{1}{x^2}$	$f(x)$	x	x	$f(x) = \dfrac{1}{x^2}$	$f(x)$
	−1	1			1	1	
	−0,1	100			0,1	100	
↓	−0,01	10.000	↓	↓	0,01	10.000	↓
	−0,001	1.000.000			0,001	1.000.000	
	−0,0001	100.000.000			0,0001	100.000.000	
0^-	−0,00001	10.000.000.000	$+\infty$	0^+	0,00001	10.000.000.000	$+\infty$

Pelos valores das tabelas, notamos que, tanto para $x \to 0^-$ quanto para $x \to 0^+$, a função assume valores grandes com a tendência de continuar crescendo ilimitadamente à medida que $x \to 0$, assim $f(x) \to \infty$. Nesse exemplo, temos $\lim_{x \to 0} f(x) = \infty$. Graficamente, temos a curva da função se aproximando da assíntota $x = 0$ representada pelo eixo y. Veja o gráfico ao lado.

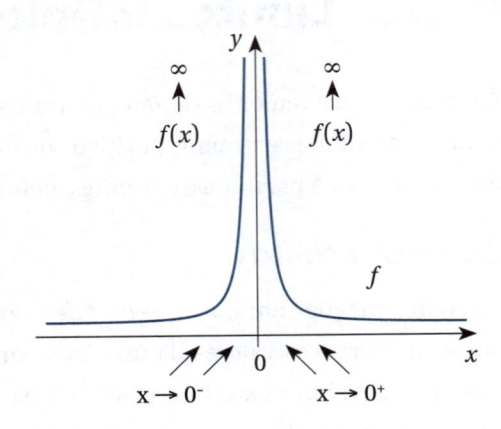

Existem outras situações em que $x \to a$ e os valores da função "decrescem ilimitadamente" por valores extremos e negativos.

Nesses casos, indicamos $f(x) \to -\infty$ (dizemos que os valores da função "tendem" a "menos infinito" ou "infinito negativo") e, embora **não exista o limite** da função para $x \to a$, usamos a linguagem de limites escrevendo $\lim_{x \to a} f(x) = -\infty$.

Graficamente, a curva da função se aproxima de uma reta assíntota vertical $x = a$. Veja a Figura 12.5 ao lado.

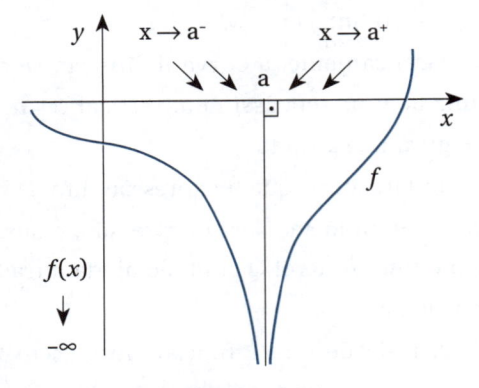

Figura 12.5 $\lim_{x \to a} f(x) = -\infty$

Exemplo 28: Dada a função $f(x) = -\dfrac{1}{(x-2)^2}$, vamos obter $\lim_{x \to 2} f(x)$ calculando os limites laterais $\lim_{x \to 2^-} f(x)$ e $\lim_{x \to 2^+} f(x)$. A tabela à esquerda traz os valores $f(x)$ para $x \to 2^-$, enquanto os valores da função para $x \to 2^+$ estão na tabela da direita a seguir.

x	x	$f(x) = -\dfrac{1}{(x-2)^2}$	$f(x)$	x	x	$f(x) = -\dfrac{1}{(x-2)^2}$	$f(x)$
	1	−1			3	−1	
	1,9	−100			2,1	−100	
↓	1,99	−10.000	↓	↓	2,01	−10.000	↓
	1,999	−1.000.000			2,001	−1.000.000	
	1,9999	−100.000.000			2,0001	−100.000.000	
2^-	1,99999	−10.000.000.000	$-\infty$	2^+	2,00001	−10.000.000.000	$-\infty$

Pelos valores das tabelas, tanto para $x \to 2^-$ quanto para $x \to 2^+$, a função assume valores negativos e extremos com a tendência de continuar decrescendo ilimitadamente à medida que $x \to 2$, assim $f(x) \to -\infty$. Nesse exemplo, temos $\lim\limits_{x \to 2} f(x) = -\infty$. Graficamente, temos a curva da função se aproximando da assíntota vertical $x = 2$. Veja o gráfico ao lado.

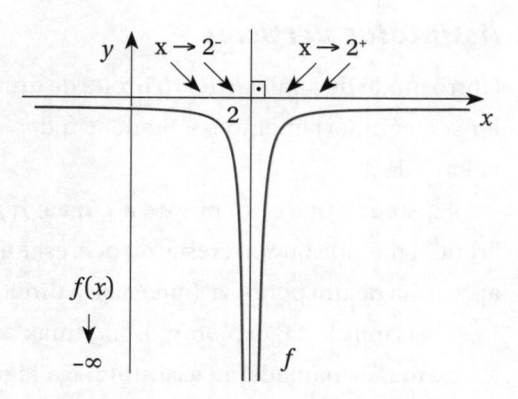

No Exemplo 27 escrevemos $\lim\limits_{x \to 0} f(x) = \infty$, pois os limites laterais resultaram unicamente ∞, em enquanto no Exemplo 28 o resultado foi $\lim\limits_{x \to 2} f(x) = -\infty$, pois os limites laterais resultaram unicamente em $-\infty$. Caso os limites laterais não coincidam, não unificamos essa representação.

Exemplo 29: Dada a função $f(x) = \dfrac{1}{x}$, as tabelas a seguir indicam os limites laterais $\lim\limits_{x \to 0^-} f(x) = -\infty$ e $\lim\limits_{x \to 0^+} f(x) = \infty$. A tabela da esquerda traz os valores $f(x)$ para $x \to 0^-$, enquanto a tabela da direita traz os valores da função para $x \to 0^+$.

x	x	$f(x) = \dfrac{1}{x}$	$f(x)$	x	x	$f(x) = \dfrac{1}{x}$	$f(x)$
	−1	−1			1	1	
	−0,1	−10			0,1	10	
↓	−0,01	−100	↓	↓	0,01	100	↓
	−0,001	−1.000			0,001	1.000	
	−0,0001	−10.000			0,0001	10.000	
0^-	−0,00001	−100.000	$-\infty$	0^+	0,00001	100.000	$+\infty$

Nesse exemplo, como os limites laterais são representados por expressões diferentes, não há uma tendência de comportamento unificado da função que possa ser expressa por $\lim\limits_{x \to 0} f(x)$. Para $x \to 0$, ora a função decresce ilimitadamente assumindo valores negativos extremos (para $x \to 0^-$), ora a função cresce ilimitadamente assumindo valores positivos extremos (para $x \to 0^+$). Veja o gráfico ao lado.

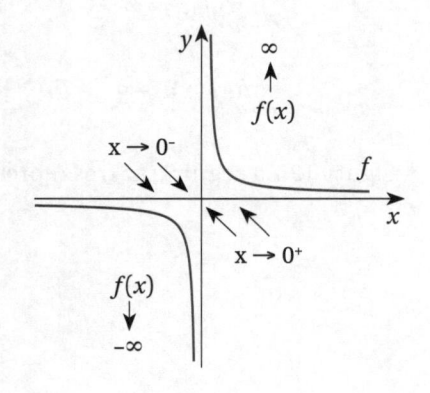

Assíntotas verticais

Outro modo de analisarmos o limite de uma função é observando seu gráfico, que pode revelar seu comportamento e a tendência dos valores assumidos pela função para os diferentes valores de x.

Existem situações em que **a curva**, que representa uma função, **se aproxima de uma "reta"** à medida que x cresce ou decresce assumindo valores extremos ou à medida que x se aproxima de um ponto a (quer seja à direita ou à esquerda desse ponto).

No Capítulo 11, exploramos algumas dessas retas. Lembre que a reta, da qual a curva se aproxima, é chamada de **assíntota**. Na Figura 12.6, temos exemplos de assíntotas indicadas pelas retas pontilhadas:

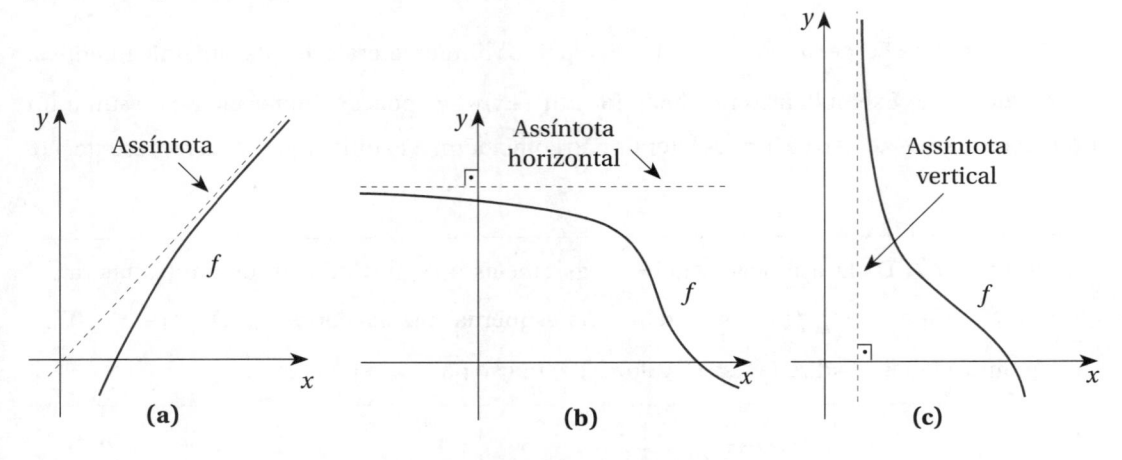

Figura 12.6 Retas assíntotas

Dizemos também que a curva de f aproxima-se **assintoticamente** da reta assíntota.

As retas assíntotas assumem várias inclinações. Quando a assíntota é perpendicular ao eixo horizontal, dizemos que é uma **assíntota vertical**. Veja o item **c** da Figura 12.6.

Com o auxílio dos limites, dizemos que a reta $x = a$ é uma **assíntota vertical** da curva $y = f(x)$ se ocorrer pelo menos um dos seguintes limites infinitos:

$$\lim_{x \to a^-} f(x) = \infty \qquad \lim_{x \to a^+} f(x) = \infty \qquad \lim_{x \to a} f(x) = \infty$$

$$\lim_{x \to a^-} f(x) = -\infty \qquad \lim_{x \to a^+} f(x) = -\infty \qquad \lim_{x \to a} f(x) = -\infty$$

A Figura 12.7 a seguir traz três representações de assíntotas $x = a$.

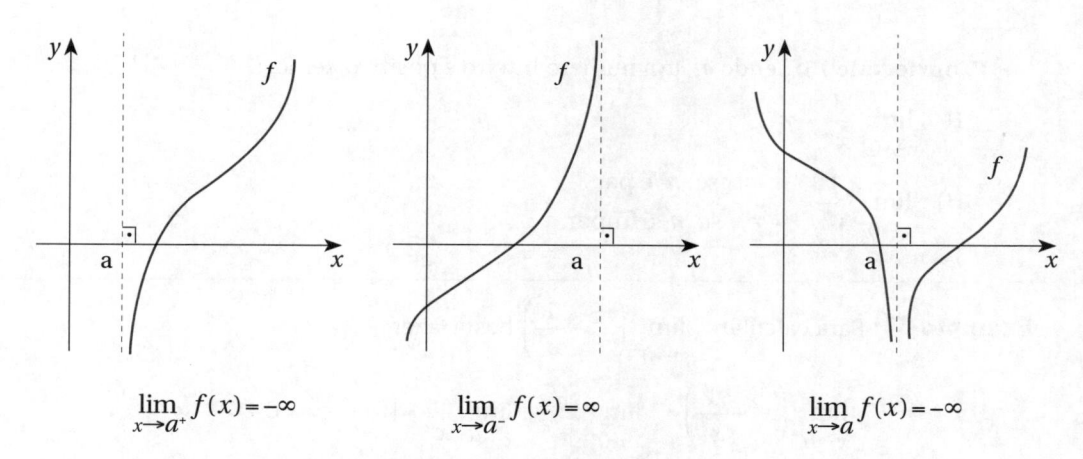

$$\lim_{x \to a^+} f(x) = -\infty \qquad \lim_{x \to a^-} f(x) = \infty \qquad \lim_{x \to a} f(x) = -\infty$$

Figura 12.7 Assíntotas verticais $x = a$

Exemplo 30: A tabela e o gráfico a seguir traduzem o comportamento da função $y = \log x$ para $x \to 0$ com x em seu domínio, ou seja, para valores positivos de x calcularemos $\lim\limits_{x \to 0^+} \log x$.

x	x	$y = \log x$	y
	0,1	–1	
	0,01	–2	
	0,001	–3	
	...	...	
$\downarrow$	10^{-20}	–20	$\downarrow$
	...	...	
	10^{-100}	–100	
	...	...	
0^+	$10^{-1.000.000}$	–1.000.000	$-\infty$

Percebemos que, à medida que x se aproxima de zero, os valores da função são cada vez menores e negativos. Traduzimos esses resultados escrevendo $\lim\limits_{x \to 0^+} \log x = -\infty$. Graficamente, à medida que $x \to 0$, a curva se aproxima do eixo y. Nesse caso, o **eixo** y é uma assíntota vertical de equação $x = 0$.

Cálculo de limites infinitos com auxílio de propriedades

Existem propriedades que são úteis no cálculo de limites infinitos, dispensando a construção de tabelas. A seguir, veremos duas delas e seu uso em exemplos.

> **Propriedade 15:** Sendo n um número inteiro e positivo, temos:

I) $\lim\limits_{x \to 0^+} \dfrac{1}{x^n} = \infty$.

II) $\lim\limits_{x \to 0^-} \dfrac{1}{x^n} = \begin{cases} \infty, & \text{se } n \text{ é par} \\ -\infty, & \text{se } n \text{ é ímpar.} \end{cases}$

Exemplo 31: Para calcular $\lim\limits_{x \to 0^-}\left(x^2 + \dfrac{1}{x^3}\right)$ basta fazer:

$$\lim\limits_{x \to 0^-}\left(x^2 + \dfrac{1}{x^3}\right) = \lim\limits_{x \to 0^-} x^2 + \lim\limits_{x \to 0^-} \dfrac{1}{x^3} = \left(0^-\right)^2 - \infty = 0 - \infty = -\infty$$

Exemplo 32: Para calcular $\lim\limits_{x \to 0}\left(5x + \dfrac{1}{x^2}\right)$ basta fazer:

$$\lim\limits_{x \to 0}\left(5x + \dfrac{1}{x^2}\right) = \lim\limits_{x \to 0} 5x + \lim\limits_{x \to 0} \dfrac{1}{x^2} = 5 \cdot 0 + \infty = 0 + \infty = \infty$$

> **Propriedade 16:** Sejam as funções f e g tais que $\lim\limits_{x \to a} f(x) = L \neq 0$ e $\lim\limits_{x \to a} g(x) = 0$, então:[2]

I) $\lim\limits_{x \to a} \dfrac{f(x)}{g(x)} = \infty$ se $\dfrac{f(x)}{g(x)} > 0$ para x próximo de a.

II) $\lim\limits_{x \to a} \dfrac{f(x)}{g(x)} = -\infty$ se $\dfrac{f(x)}{g(x)} < 0$ para x próximo de a.

Note que, para decidir se $\lim\limits_{x \to a} \dfrac{f(x)}{g(x)}$ resulta em ∞ ou $-\infty$, devemos analisar o sinal de $\dfrac{f(x)}{g(x)}$ para x "próximo" de a, ou seja, numa vizinhança de a. Isso significa que analisaremos o sinal de $\dfrac{f(x)}{g(x)}$ para valores à esquerda e à direita de a, e o sinal de $\dfrac{f(x)}{g(x)}$ será "positivo" ou "negativo" se ele coincidir tanto à esquerda como à direita (Exemplos 33 e 34). Caso o sinal não coincida, não é possível expressar um resultado para $\lim\limits_{x \to a} \dfrac{f(x)}{g(x)}$ (Exemplo 35).

---

2   Essa propriedade é expressa para limites com x tendendo a a e vale também para os correspondentes limites laterais.

Exemplo 33: No cálculo de $\lim\limits_{x\to 3}\dfrac{x+5}{(x-3)^2}$ temos $\lim\limits_{x\to 3}(x+5)=8$ e $\lim\limits_{x\to 3}(x-3)^2=0$, então

analisamos o sinal de $\dfrac{f(x)}{g(x)}=\dfrac{x+5}{(x-3)^2}$ para x próximo de 3. Para análise[3] rápida do

sinal, substituímos x "próximo" de 3 à sua esquerda e à sua direita em $\dfrac{f(x)}{g(x)}$:

Se $x=2,99$, temos $\dfrac{f(2,99)}{g(2,99)}=\dfrac{2,99+5}{(2,99-3)^2}=79.900>0$, ou seja, $\dfrac{f(x)}{g(x)}>0$ para x "pró-

ximo" de 3 à sua esquerda.

Se $x=3,01$, temos $\dfrac{f(3,01)}{g(3,01)}=\dfrac{3,01+5}{(3,01-3)^2}=80.100>0$, ou seja, $\dfrac{f(x)}{g(x)}>0$ para x "pró-

ximo" de 3 à sua direita.

O sinal de $\dfrac{f(x)}{g(x)}$ coincidiu para x "próximo" de 3 à sua esquerda e à sua direita, assim

$\dfrac{f(x)}{g(x)}>0$ para x "próximo" de 3. Portanto, pela Propriedade 16, parte I, $\lim\limits_{x\to 3}\dfrac{x+5}{(x-3)^2}=\infty$.

Exemplo 34: No cálculo de $\lim\limits_{x\to 4}\dfrac{2-x}{(x-4)^2}$ temos $\lim\limits_{x\to 4}(2-x)=-2$ e $\lim\limits_{x\to 4}(x-4)^2=0$.

Devemos analisar o sinal de $\dfrac{f(x)}{g(x)}=\dfrac{2-x}{(x-4)^2}$ para x próximo de 4. Se $x=3,99$, temos

$\dfrac{f(3,99)}{g(3,99)}=\dfrac{2-3,99}{(3,99-4)^2}=-19.900<0$ e, se $x=4,01$, temos $\dfrac{f(4,01)}{g(4,01)}=\dfrac{2-4,01}{(4,01-4)^2}=-20.100<0$,

ou seja, $\dfrac{f(x)}{g(x)}<0$ para x "próximo" de 4 tanto à sua esquerda como à sua direita. Logo,

$\dfrac{f(x)}{g(x)}<0$ para x "próximo" de 4.

Portanto, pela Propriedade 16, parte II, $\lim\limits_{x\to 4}\dfrac{2-x}{(x-4)^2}=-\infty$.

Exemplo 35: Na análise inicial da expressão $\lim\limits_{x\to 2}\dfrac{x+1}{x-2}$ temos $\lim\limits_{x\to 2}(x+1)=3$ e $\lim\limits_{x\to 2}(x-2)=0$.

Devemos analisar o sinal de $\dfrac{f(x)}{g(x)}=\dfrac{x+1}{x-2}$ para x próximo de 2. Se $x=1,99$, temos

$\dfrac{f(1,99)}{g(1,99)}=\dfrac{1,99+1}{1,99-2}=-299<0$ e, se $x=2,01$, temos $\dfrac{f(2,01)}{g(2,01)}=\dfrac{2,01+1}{2,01-2}=301>0$, ou seja, os

sinais de $\dfrac{f(x)}{g(x)}$ divergem para x "próximo" de 2 quando analisados ora à esquerda e ora

---

3 Naturalmente, a análise completa e detalhada do sinal de $\dfrac{f(x)}{g(x)}$ pode ser feita com o auxílio de um quadro de
sinais, entretanto optaremos pela investigação do sinal apenas nas vizinhanças do valor em questão e, nesse exemplo, pela substituição de valores "suficientemente" próximos a 3 na expressão.

à direita de 2. Assim, não fará sentido escrever $\lim\limits_{x\to 2}\dfrac{x+1}{x-2}$, embora possamos representar os limites laterais correspondentes $\lim\limits_{x\to 2^-}\dfrac{x+1}{x-2}=-\infty$ e $\lim\limits_{x\to 2^+}\dfrac{x+1}{x-2}=\infty$.

Exercícios

23. Qual o significado da expressão
$$\lim_{x\to 5^+} f(x)=\infty?$$

24. Qual o significado da expressão
$$\lim_{x\to 5^-} f(x)=-\infty\ ?$$

25. Qual o significado da expressão
$$\lim_{x\to 7} f(x)=\infty\ ?$$

26. Na figura, temos o gráfico da função f.

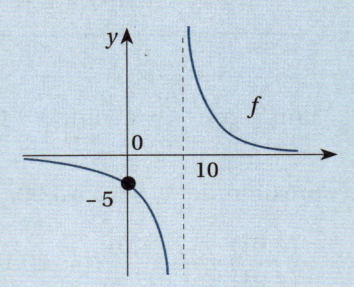

A partir do gráfico, determine, se possível:

a) $\lim\limits_{x\to 10^-} f(x)$.
    b) $\lim\limits_{x\to 10^+} f(x)$.

c) $\lim\limits_{x\to 10} f(x)$.
    d) $\lim\limits_{x\to 0} f(x)$.

e) A equação da assíntota vertical.

27. Na figura, temos o gráfico da função f.

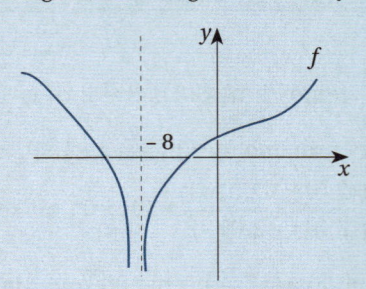

A partir do gráfico, determine, se possível:

a) $\lim\limits_{x\to -8^-} f(x)$.
    b) $\lim\limits_{x\to -8^+} f(x)$.

c) $\lim\limits_{x\to 8} f(x)$.

d) A equação da assíntota vertical.

28. Na figura, temos o gráfico da função f.

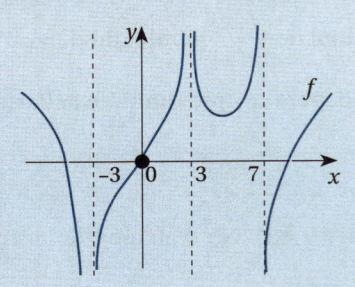

A partir do gráfico, determine, se possível:

a) $\lim\limits_{x\to -2} f(x)$.
    b) $\lim\limits_{x\to 3} f(x)$.

c) $\lim\limits_{x\to 7} f(x)$.
    d) $\lim\limits_{x\to 0} f(x)$.

e) As equações das assíntotas verticais.

29. Esboce o gráfico de uma possível função f tal que $\lim\limits_{x\to 10} f(x)=\infty$.

30. Esboce o gráfico de uma possível função f tal que $\lim\limits_{x\to 4^-} f(x)=\infty$ e $\lim\limits_{x\to 4^+} f(x)=-\infty$.

31. Esboce o gráfico de uma possível função f tal que $\lim\limits_{x\to -2^-} f(x)=-\infty$ e $\lim\limits_{x\to -2^+} f(x)=\infty$.

32. Dada a função $f(x)=\dfrac{1}{(x-3)^2}$ definida para $x\neq 3$.

a) Determine $\lim\limits_{x\to 3^-} f(x)$ a partir da construção de uma tabela com alguns valores de x e correspondentes valores $f(x)$.

b) Determine $\lim\limits_{x\to 3^+} f(x)$ a partir da construção de uma tabela com alguns valores de x e correspondentes valores $f(x)$.

c) A partir dos resultados obtidos nos itens anteriores, determine, se possível, $\lim\limits_{x \to 3} f(x)$.

33. Dada a função $f(x) = -\dfrac{1}{(7-x)^2}$ definida para $x \neq 7$.

a) Determine $\lim\limits_{x \to 7^-} f(x)$ a partir da construção de uma tabela com alguns valores de x e correspondentes valores $f(x)$.

b) Determine $\lim\limits_{x \to 7^+} f(x)$ a partir da construção de uma tabela com alguns valores de x e correspondentes valores $f(x)$.

c) A partir dos resultados obtidos nos itens anteriores, determine, se possível, $\lim\limits_{x \to 7} f(x)$.

34. Dada a função $f(x) = -\dfrac{1}{x-2}$ definida para $x \neq 2$.

a) Determine $\lim\limits_{x \to 2^-} f(x)$ a partir da construção de uma tabela com alguns valores de x e correspondentes valores $f(x)$.

b) Determine $\lim\limits_{x \to 2^+} f(x)$ a partir da construção de uma tabela com alguns valores de x e correspondentes valores $f(x)$.

c) A partir dos resultados obtidos nos itens anteriores, determine, se possível $\lim\limits_{x \to 2} f(x)$.

35. Dada a função $f(x) = \dfrac{1}{2^x - 1}$ definida para $x \neq 0$.

a) Determine $\lim\limits_{x \to 0^-} f(x)$ a partir da construção de uma tabela com alguns valores de x e correspondentes valores $f(x)$.

b) Determine $\lim\limits_{x \to 0^+} f(x)$ a partir da construção de uma tabela com alguns valores de x e correspondentes valores $f(x)$.

c) A partir dos resultados obtidos nos itens anteriores, determine, se possível, $\lim\limits_{x \to 0} f(x)$.

36. Utilizando as propriedades determine:

a) $\lim\limits_{x \to 0^+} \dfrac{1}{x^3}$

b) $\lim\limits_{x \to 0^-} \left(7x + \dfrac{1}{x^2}\right)$

c) $\lim\limits_{x \to 0^-} \left(-x + \dfrac{1}{x^5}\right)$

d) $\lim\limits_{x \to 0^-} \left(x^3 - \dfrac{1}{x^4}\right)$

e) $\lim\limits_{x \to 0} \left(\sqrt{2x} - \dfrac{1}{x^4}\right)$

f) $\lim\limits_{x \to 0} \left(\dfrac{x}{6} + \dfrac{1}{x^6}\right)$

37. Usando a Propriedade 16, calcule, se possível:

a) $\lim\limits_{x \to 2} \dfrac{1-x}{(x-2)^2}$

b) $\lim\limits_{x \to 5} \dfrac{x+1}{(x-5)^2}$

c) $\lim\limits_{x \to 7} \dfrac{x-1}{7-x}$

▰ 12.5 Limites no infinito e assíntotas horizontais

A seguir, estudaremos os *limites no infinito*, em que analisamos o valor $f(x)$ quando x cresce ilimitadamente assumindo valores extremos positivos ou quando x decresce ilimitadamente assumindo valores extremos negativos. A partir desses limites, definiremos as assíntotas horizontais. Ao final da seção, veremos também *limites infinitos no infinito*, além de algumas propriedades que permitem calcular os limites no infinito de maneira prática.

Limites no infinito

Existem situações em que os valores $f(x)$ de uma função se "aproximam" de um valor L à medida que os valores de x "crescem ilimitadamente" assumindo valores extremos positivos. Em outras palavras, os valores da função "tendem" a L à medida que x assume valores "arbitrariamente grandes".

Ou seja, para $x \to \infty$ temos $f(x) \to L$. Na linguagem de limites escrevemos $\lim\limits_{x \to \infty} f(x) = L$.

Graficamente, a curva da função se aproxima de uma reta assíntota horizontal $y = L$. Veja a Figura 12.8 ao lado.

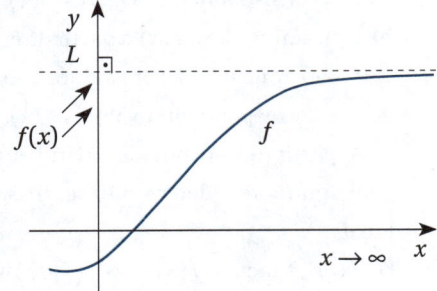

Figura 12.8 $\lim\limits_{x \to \infty} f(x) = L$

A expressão $\lim\limits_{x \to \infty} f(x) = L$, que se lê "*limite de $f(x)$, com x tendendo a infinito, é igual a L*", indica que é *possível tomar $f(x)$ tão próximo a **L** quanto se queira, bastando fazer **x** suficientemente grande*.

Por exemplo, a expressão $\lim\limits_{x \to \infty} f(x) = 7$ traduz a ideia de que os valores da função ficam cada vez mais próximos de 7 à medida que x cresce ilimitadamente assumindo valores extremos e positivos. Veja a Figura 12.9 ao lado.

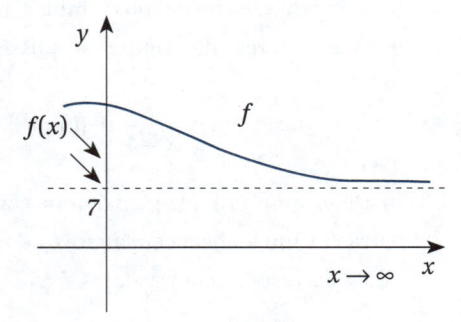

Figura 12.9 $\lim\limits_{x \to \infty} f(x) = 7$

Exemplo 36: Dada a função $f(x) = \dfrac{5x-1}{x}$, vamos obter $\lim\limits_{x \to \infty} f(x)$ calculando os valores da função para valores de x cada vez maiores (extremos e positivos). Esses valores estão organizados na tabela a seguir.

Pelos valores da tabela, notamos que, à medida que $x \to \infty$, os valores da função tendem a 5, ou seja, $f(x) \to 5$. Nesse exemplo, temos $\lim\limits_{x \to \infty} f(x) = 5$.

Para essa função, nos cálculos, para valores "grandes" de x a subtração de 1 no numerador pouco "interfere" no resultado final.

x	x	$f(x) = \dfrac{5x-1}{x}$	$f(x)$
	10	4,9	
$\downarrow$	100	4,99	$\downarrow$
	1.000	4,999	
	1.000.000	4,999999	
∞	1.000.000.000	4,999999999	5

Podemos escrever $5x - 1 \approx 5x$ de modo que $f(x) = \dfrac{5x-1}{x} \approx \dfrac{5x}{x} \approx 5$ para $x \to \infty$. Ou ainda, considerando $x \neq 0$, podemos escrever:

$$f(x) = \frac{5x-1}{x} \quad \Rightarrow \quad f(x) = \frac{5x}{x} - \frac{1}{x} \quad \Rightarrow \quad f(x) = 5 - \frac{1}{x}$$

Nessa última expressão da função, se $x \to \infty$, temos $\dfrac{1}{x} \to 0$, assim $f(x) \to 5 - 0$ ou $f(x) \to 5$.

Graficamente, temos a curva da função se aproximando da assíntota $y = 5$ para $x \to \infty$. Veja o gráfico ao lado.

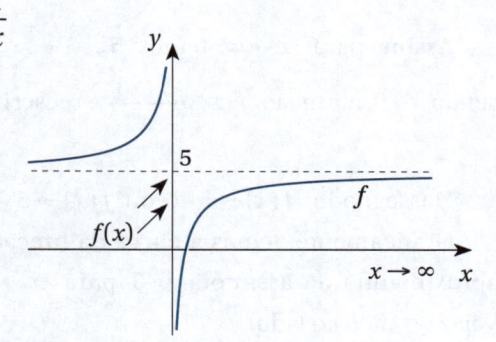

Existem outras situações em que os valores $f(x)$ de uma função se "aproximam" de um valor L à medida que os valores de x "decrescem ilimitadamente" assumindo valores extremos negativos.

Em outras palavras, $f(x) \to L$ à medida que $x \to -\infty$. Nesse caso, escrevemos $\lim\limits_{x \to -\infty} f(x) = L$.

Graficamente, a curva da função se aproxima de uma reta assíntota horizontal $y = L$. Veja a Figura 12.10 ao lado.

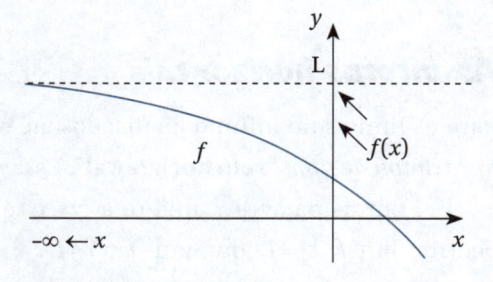

Figura 12.10 $\lim\limits_{x \to -\infty} f(x) = L$

Exemplo 37: Retomemos a função $f(x) = \dfrac{5x-1}{x}$. Vamos obter $\lim\limits_{x \to -\infty} f(x)$ calculando os valores $f(x)$ para x cada vez menor com valores extremos e negativos. Organizamos os valores na tabela a seguir.

Pelos valores da tabela, à medida que $x \to -\infty$, os valores da função tendem a 5, ou seja, $f(x) \to 5$. Nesse exemplo, temos $\lim\limits_{x \to -\infty} f(x) = 5$.

Novamente, nos cálculos, para valores "extremos e negativos" de x, a subtração de 1 no numerador pouco "interfere" no resultado final.

x	x	$f(x) = \dfrac{5x-1}{x}$	$f(x)$
↓	-10	$5,1$	↓
	-100	$5,01$	
	-1.000	$5,001$	
	$-1.000.000$	$5,000001$	
$-\infty$	$-1.000.000.000$	$5,000000001$	5

Assim, para $x \to \infty$, temos $5x - 1 \approx 5x$, de modo que $f(x) = \dfrac{5x-1}{x} \approx \dfrac{5x}{x} \approx 5$. Ou ainda, sendo $x \neq 0$, a função $f(x) = \dfrac{5x-1}{x}$ é reescrita $f(x) = 5 - \dfrac{1}{x}$, e a parcela $\dfrac{1}{x} \to 0$ quando $x \to -\infty$.

Desse modo, $f(x) \to 5 - 0$ ou $f(x) \to 5$.

Graficamente, temos a curva da função se aproximando da assíntota $y = 5$ para $x \to -\infty$. Veja o gráfico ao lado.

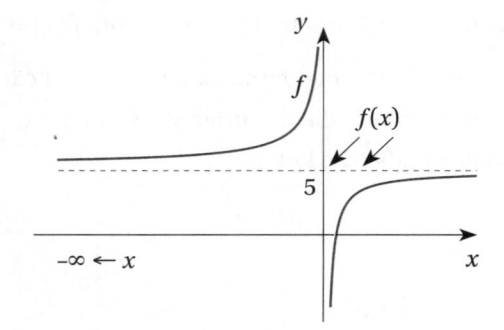

Assíntotas horizontais

Para os limites no infinito analisados até o momento, *a curva*, que representou a função, *se aproximou de uma* **"reta horizontal"**. Essa reta é chamada **assíntota horizontal**.

Em outras palavras, uma reta $y = L$ é uma **assíntota horizontal** da curva $y = f(x)$ se ocorrer $\lim\limits_{x \to \infty} f(x) = L$ ou $\lim\limits_{x \to -\infty} f(x) = L$.

A Figura 12.11 a seguir traz duas representações de assíntotas $y = L$.

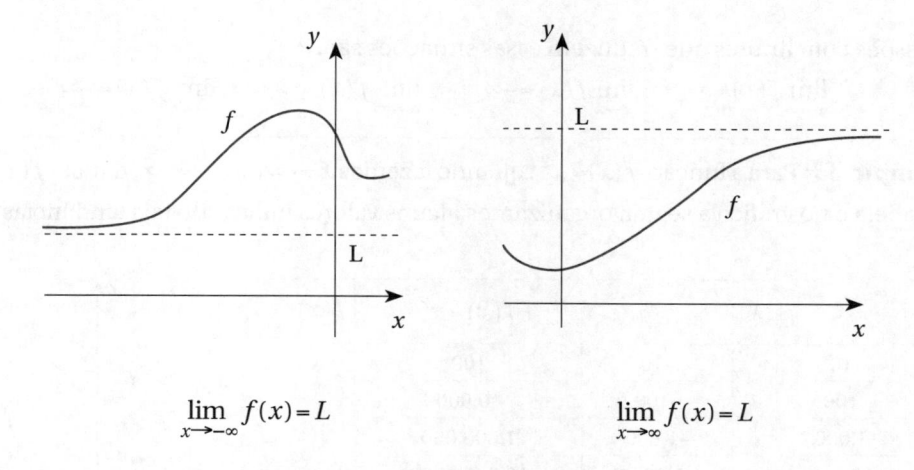

$$\lim_{x\to-\infty} f(x) = L \qquad\qquad \lim_{x\to\infty} f(x) = L$$

Figura 12.11 Assíntotas horizontais $y = L$

Exemplo 38: A tabela e o gráfico[4] a seguir traduzem o comportamento da função $y = 2 \cdot e^{-0,023105x}$ ou $y = \dfrac{2}{e^{0,023105x}}$ para $x \to \infty$, ou seja, os valores representados ajudam a estimar $\lim\limits_{x\to\infty} 2 \cdot e^{-0,023105x}$.

x	x	$y = 2 \cdot e^{-0,023105x}$	y
	1	1,9543197532	
$\downarrow$	10	1,5873995601	$\downarrow$
	100	0,1984232667	
∞	1.000	0,0000000002	0

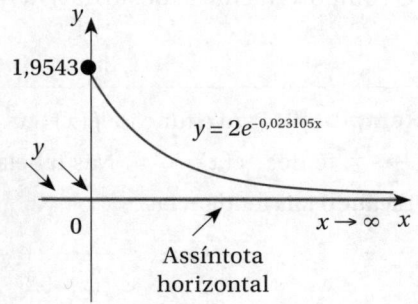

Percebemos que, à medida que x cresce com valores positivos, os valores da função se aproximam "rapidamente" de zero. Traduzimos esses resultados escrevendo $\lim\limits_{x\to\infty} 2 \cdot e^{-0,023105x} = 0$. Graficamente, à medida que $x \to \infty$, a curva se aproxima do eixo x. Nesse caso, o **eixo** x é uma assíntota horizontal $y = 0$.

Limites infinitos no infinito

Existem situações em que, à medida que $x \to \infty$ (ou $x \to -\infty$), os valores da função também crescem ou decrescem ilimitadamente assumindo valores extremos ($f(x) \to \infty$ ou $f(x) \to -\infty$).

---

4   A função $y = 2 \cdot e^{-0,023105x}$ representa a massa remanescente do isótopo radioativo *césio-137*, cuja quantidade inicial é de 2 gramas, no decorrer de x anos. Essa função foi explorada na *Seção 5.5 – Aplicações – Decaimento radioativo* do Capítulo 5.

Expressões com limites que traduzem essas situações são:

$$\lim_{x\to\infty} f(x)=\infty \qquad \lim_{x\to\infty} f(x)=-\infty \qquad \lim_{x\to-\infty} f(x)=\infty \qquad \lim_{x\to-\infty} f(x)=-\infty$$

Exemplo 39: Para a função $f(x)=x^2$, quando fazemos $x\to\infty$ ou $x\to-\infty$, temos $f(x)\to\infty$. Na tabela e no gráfico a seguir, organizamos alguns valores indicando tais tendências.

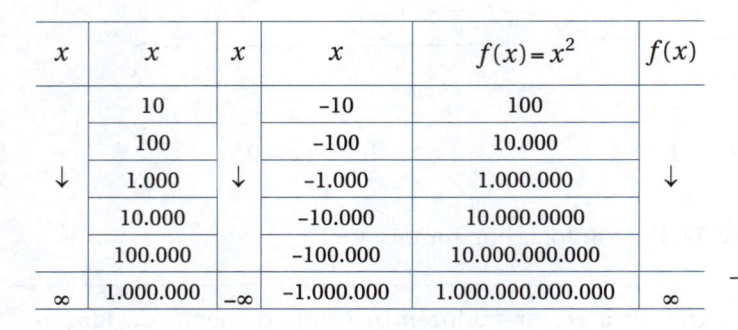

x	x	x	x	$f(x)=x^2$	$f(x)$
	10		–10	100	
	100		–100	10.000	
↓	1.000	↓	–1.000	1.000.000	↓
	10.000		–10.000	10.000.0000	
	100.000		–100.000	10.000.000.000	
∞	1.000.000	$-\infty$	–1.000.000	1.000.000.000.000	∞

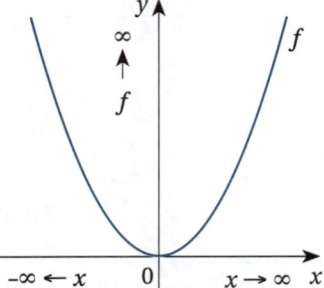

O comportamento exposto de $f(x)=x^2$, é resumido por $\lim_{x\to\infty} f(x)=\infty$ e, $\lim_{x\to-\infty} f(x)=\infty$.

Exemplo 40: Para a função $f(x)=x^3$ quando fazemos $x\to\infty$ temos $f(x)\to\infty$ e, quando $x\to-\infty$ temos $f(x)\to-\infty$. Nas tabelas e no gráfico a seguir, organizamos alguns valores indicando tais tendências.

x	x	$f(x)=x^3$	$f(x)$
	10	1.000	
↓	100	1.000.000	↓
	1.000	1.000.000.000	
∞	1.000.000	1.000.000.000.000.000.000	∞

x	x	$f(x)=x^3$	$f(x)$
	–10	–1.000	
↓	–100	–1.000.000	↓
	–1.000	–1.000.000.000	
$-\infty$	–1.000.000	–1.000.000.000.000.000.000	$-\infty$

Para $f(x)=x^3$, o comportamento exposto na primeira tabela e no primeiro quadrante do gráfico é resumido por $\lim_{x\to\infty} f(x)=\infty$, enquanto o comportamento exposto na segunda tabela e no terceiro quadrante do gráfico é resumido por $\lim_{x\to-\infty} f(x)=-\infty$.

Cálculo de limites no infinito com auxílio de propriedades

Para o cálculo de limites no infinito de maneira prática, temos algumas propriedades que são úteis. Quando substituímos $x \to a$ por $x \to \infty$ ou $x \to -\infty$, as **Propriedades de 1 até 11** da Seção 12.3 permanecem válidas e, naturalmente, podemos usá-las.

A seguir, veremos mais seis importantes propriedades e seu uso em exemplos.

> **Propriedade 17:** Sendo n um número inteiro e positivo, temos:

I) $\lim\limits_{x \to \infty} x^n = \infty$.

II) $\lim\limits_{x \to -\infty} x^n = \begin{cases} \infty, & \text{se } n \text{ é par} \\ -\infty, & \text{se } n \text{ é ímpar.} \end{cases}$

Exemplo 41: Calcule:

a) $\lim\limits_{x \to \infty} x^3$ b) $\lim\limits_{x \to -\infty} x^4$ c) $\lim\limits_{x \to -\infty} x^5$

Solução: a) $\lim\limits_{x \to \infty} x^3 = \infty$ b) $\lim\limits_{x \to -\infty} x^4 = \infty$ c) $\lim\limits_{x \to -\infty} x^5 = -\infty$

> **Propriedade 18:** Sendo n um número inteiro e positivo, temos:

I) $\lim\limits_{x \to \infty} \dfrac{1}{x^n} = 0$

II) $\lim\limits_{x \to -\infty} \dfrac{1}{x^n} = 0$.

Exemplo 42: Calcule:

a) $\lim\limits_{x \to \infty} \dfrac{1}{x^3}$ b) $\lim\limits_{x \to -\infty} \dfrac{1}{x^3}$

Solução: a) $\lim\limits_{x \to \infty} \dfrac{1}{x^3} = 0$ b) $\lim\limits_{x \to -\infty} \dfrac{1}{x^3} = 0$

> **Propriedade 19:** Sendo $f(x) = a_n \cdot x^n + a_{n-1} \cdot x^{n-1} + ... + a_2 \cdot x^2 + a_1 \cdot x^1 + a_0$ uma função polinomial com $a_n \neq 0$, temos:
>
> $\lim\limits_{x \to \infty} f(x) = \lim\limits_{x \to \infty} \left(a_n \cdot x^n \right)$ e $\lim\limits_{x \to -\infty} f(x) = \lim\limits_{x \to -\infty} \left(a_n \cdot x^n \right)$

Quando $x \to \infty$ ou $x \to -\infty$, o limite de uma função polinomial é o limite do respectivo **termo dominante** da função.

Exemplo 43: Para calcular $\lim\limits_{x \to \infty} \left(2x^4 - 500x^3 + 40x^2 - 150x + 16\right)$ basta fazer:

$$\lim\limits_{x \to \infty} \left(2x^4 - 500x^3 + 40x^2 - 150x + 16\right) = \lim\limits_{x \to \infty} 2x^4 = 2 \cdot \lim\limits_{x \to \infty} x^4 = 2 \cdot \infty = \infty$$

Exemplo 44: Para calcular $\lim\limits_{x \to -\infty} \left(10x^3 - 2.500x^2 - 800x + 7.800\right)$ basta fazer:

$$\lim\limits_{x \to -\infty} \left(10x^3 - 2.500x^2 - 800x + 7.800\right) = \lim\limits_{x \to -\infty} 10x^3 = 10 \cdot \lim\limits_{x \to -\infty} x^3 = 10 \cdot (-\infty) = -\infty$$

Exemplo 45: Para calcular $\lim\limits_{x \to -\infty} \left(-6x^5 + 1.000x^3 + 700x + 500\right)$ basta fazer:

$$\lim\limits_{x \to -\infty} \left(-6x^5 + 1.000x^3 + 700x + 500\right) = \lim\limits_{x \to -\infty} -6x^5 = -6 \cdot \lim\limits_{x \to -\infty} x^5 = -6 \cdot (-\infty) = \infty$$

➢ **Propriedade 20:** Sendo $f(x) = a_n \cdot x^n + a_{n-1} \cdot x^{n-1} + ... + a_2 \cdot x^2 + a_1 \cdot x^1 + a_0$ e

$g(x) = b_m \cdot x^m + b_{m-1} \cdot x^{m-1} + ... + b_2 \cdot x^2 + b_1 \cdot x^1 + b_0$ funções polinomiais com $a_n \neq 0$ e

$b_m \neq 0$, temos para a função racional:

$$\lim\limits_{x \to \infty} \frac{f(x)}{g(x)} = \lim\limits_{x \to \infty} \left(\frac{a_n}{b_m} \cdot x^{n-m}\right) \quad \text{e} \quad \lim\limits_{x \to -\infty} \frac{f(x)}{g(x)} = \lim\limits_{x \to -\infty} \left(\frac{a_n}{b_m} \cdot x^{n-m}\right)$$

Quando $x \to \infty$ ou $x \to -\infty$, o limite de uma função racional é o limite da **divisão** dos respectivos termos dominantes das funções polinomiais envolvidas.

Exemplo 46: Para calcular $\lim\limits_{x \to \infty} \dfrac{6x^5 + 16x^3 - x}{2x^3 - 28x^4 - 14}$ basta fazer:

$$\lim\limits_{x \to \infty} \frac{6x^5 + 16x^3 - x}{2x^3 - 28x^4 - 14} = \lim\limits_{x \to \infty} \frac{6x^5}{2x^3} = \lim\limits_{x \to \infty} 3 \cdot x^{5-3} = 3 \cdot \lim\limits_{x \to \infty} x^2 = 3 \cdot \infty = \infty$$

Exemplo 47: Para calcular $\lim\limits_{x \to -\infty} \dfrac{5x^4 + 16x^3 - x}{9x^7 - 28x^4 - 14}$ basta fazer:

$$\lim\limits_{x \to -\infty} \frac{5x^4 + 16x^3 - x}{9x^7 - 28x^4 - 14} = \lim\limits_{x \to -\infty} \frac{5x^4}{9x^7} = \lim\limits_{x \to -\infty} \frac{5}{9} \cdot x^{4-7} = \frac{5}{9} \cdot \lim\limits_{x \to -\infty} x^{-3} = \frac{5}{9} \cdot \lim\limits_{x \to -\infty} \frac{1}{x^3} = \frac{5}{9} \cdot 0 = 0$$

➢ **Propriedade 21:** Sendo a base a um número real tal que $a > 1$:

I) $\lim\limits_{x \to \infty} a^x = \infty$

II) $\lim\limits_{x \to -\infty} a^x = 0$.

➢ **Propriedade 22:** Sendo a base a um número real tal que $0 < a < 1$:

I) $\lim\limits_{x \to \infty} a^x = 0$

II) $\lim\limits_{x \to -\infty} a^x = \infty$.

Exemplo 48: Calcule:

a) $\lim\limits_{x \to \infty} 2^x$ b) $\lim\limits_{x \to -\infty} 2^x$ c) $\lim\limits_{x \to \infty} \left(\dfrac{1}{2}\right)^x$ d) $\lim\limits_{x \to -\infty} \left(\dfrac{1}{2}\right)^x$

Solução: a) $\lim\limits_{x \to \infty} 2^x = \infty$ b) $\lim\limits_{x \to -\infty} 2^x = 0$ c) $\lim\limits_{x \to \infty} \left(\dfrac{1}{2}\right)^x = 0$ d) $\lim\limits_{x \to -\infty} \left(\dfrac{1}{2}\right)^x = \infty$

Exercícios

38. Qual o significado da expressão

$\lim\limits_{x \to \infty} f(x) = 10$?

39. Qual o significado da expressão

$\lim\limits_{x \to -\infty} f(x) = 10$?

40. Qual o significado da expressão

$\lim\limits_{x \to -\infty} f(x) = \infty$?

41. Na figura, temos o gráfico da função f.

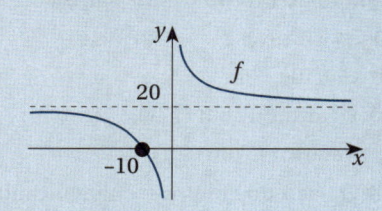

A partir do gráfico, determine:

a) $\lim\limits_{x \to -\infty} f(x)$.   **b)** $\lim\limits_{x \to \infty} f(x)$.

c) A equação da assíntota horizontal.

42. Na figura, temos as curvas que representam a função f.

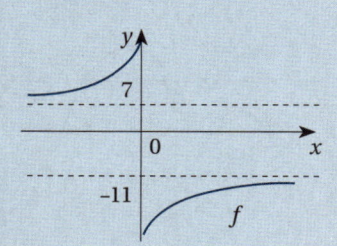

A partir do gráfico, determine:

a) $\lim\limits_{x \to -\infty} f(x)$.   **b)** $\lim\limits_{x \to \infty} f(x)$.

c) As equações das assíntotas horizontais.

43. Na figura, temos o gráfico da função f.

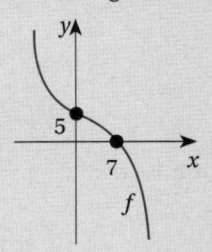

A partir do gráfico, determine:

a) $\lim\limits_{x \to -\infty} f(x)$.   **b)** $\lim\limits_{x \to \infty} f(x)$.

44. Na figura, temos o gráfico da função f.

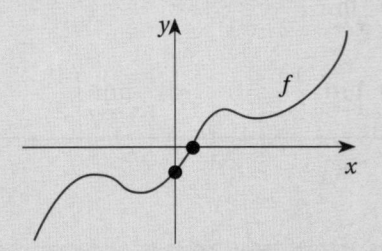

A partir do gráfico, determine:

a) $\lim\limits_{x \to -\infty} f(x)$.   **b)** $\lim\limits_{x \to \infty} f(x)$.

45. Na figura, temos o gráfico da função f.

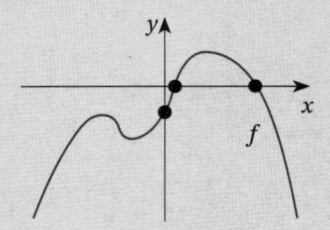

A partir do gráfico, determine:

a) $\lim\limits_{x \to -\infty} f(x)$.   **b)** $\lim\limits_{x \to \infty} f(x)$.

46. Esboce o gráfico de uma possível função f tal que $\lim\limits_{x \to -\infty} f(x) = \infty$ e $\lim\limits_{x \to \infty} f(x) = 4$.

47. Esboce o gráfico de uma possível função f tal que $\lim\limits_{x \to -\infty} f(x) = 3$ e $\lim\limits_{x \to \infty} f(x) = -\infty$.

48. Dada a função $f(x) = \dfrac{2x+1}{x}$ definida para $x \ne 0$:

a) Determine $\lim\limits_{x \to -\infty} f(x)$ a partir da construção de uma tabela com alguns valores de x e correspondentes valores $f(x)$.

b) Determine $\lim\limits_{x \to \infty} f(x)$ a partir da construção de uma tabela com alguns valores de x e correspondentes valores $f(x)$.

c) De acordo com os resultados obtidos nos itens anteriores, existe assíntota horizontal? Se sim, qual é sua equação?

49. Dada a função $f(x) = \dfrac{6x-5}{2x-2}$ definida para $x \ne 1$:

a) Determine $\lim\limits_{x \to -\infty} f(x)$ a partir da construção de uma tabela com alguns valores de x e correspondentes valores $f(x)$.

b) Determine $\lim\limits_{x \to \infty} f(x)$ a partir da construção de uma tabela com alguns valores de x e correspondentes valores $f(x)$.

c) De acordo com os resultados obtidos nos itens anteriores, existe assíntota horizontal? Se sim, qual é sua equação?

50. Dada a função $f(x) = -\dfrac{1}{x^2}$ definida para $x \ne 0$:

a) Determine $\lim\limits_{x \to -\infty} f(x)$.

b) Determine $\lim\limits_{x \to \infty} f(x)$.

c) De acordo com os resultados obtidos nos itens anteriores, existe assíntota horizontal? Se sim, qual é sua equação?

51. Dada a função $f(x) = \dfrac{x^2-1}{x^2+2}$:

a) Calcule $f(0)$.

b) Determine $\lim\limits_{x \to -\infty} f(x)$.

c) Determine $\lim\limits_{x \to \infty} f(x)$.

d) De acordo com os resultados obtidos nos itens anteriores, existe assíntota horizontal? Se sim, qual é sua equação?

e) A partir dos itens anteriores, esboce o gráfico da função.

52. Dada a função $f(x)=50+100\cdot0,9^x$:

a) Determine $\lim_{x\to\infty} f(x)$ a partir da construção de uma tabela com alguns valores de x e correspondentes valores $f(x)$.

b) De acordo com o resultado obtido no item anterior, existe assíntota horizontal? Se sim, qual é sua equação?

53. Dada a função $f(x)=x^5$:

a) Calcule $f(0)$.

b) Determine $\lim_{x\to-\infty} f(x)$.

c) Determine $\lim_{x\to\infty} f(x)$.

d) A partir dos itens anteriores, esboce o gráfico da função.

54. Dada a função $f(x)=2^x$:

a) Calcule $f(0)$.

b) Determine $\lim_{x\to-\infty} f(x)$.

c) Determine $\lim_{x\to\infty} f(x)$.

d) A partir dos itens anteriores, esboce o gráfico da função.

55. Utilizando as propriedades, determine:

a) $\lim_{x\to\infty} x^5$

b) $\lim_{x\to-\infty} x^3$

c) $\lim_{x\to-\infty} x^2$

d) $\lim_{x\to\infty} \dfrac{1}{x^2}$

e) $\lim_{x\to-\infty} \dfrac{1}{x^4}$

f) $\lim_{x\to-\infty} \left(x^4+\dfrac{1}{x^3}\right)$

g) $\lim_{x\to\infty} \left(x^3-50x^2+5x-8\right)$

h) $\lim_{x\to\infty} \left(-3x^2+5x+4\right)$

i) $\lim_{x\to-\infty} \left(-4x^3+60x^2-7x+10\right)$

j) $\lim_{x\to-\infty} \left(-3x^2+10x+40\right)$

k) $\lim_{x\to\infty} \dfrac{10x^3+7x^2-2x+1}{5x^2-x+2}$

l) $\lim_{x\to-\infty} \dfrac{x^6+x^4-x^2+4}{2x^4-3x+10}$

m) $\lim_{x\to-\infty} \dfrac{6x^2-4x-x}{2x^2+9x-8}$

n) $\lim_{x\to-\infty} \dfrac{10x^3+2x-1}{2x^5-14x^2-8}$

o) $\lim_{x\to\infty} 10^x$

p) $\lim_{x\to-\infty} 10^x$

q) $\lim_{x\to\infty} 0,1^x$

r) $\lim_{x\to-\infty} 0,1^x$

s) $\lim_{x\to-\infty} e^x$

t) $\lim_{x\to\infty} e^x$

u) $\lim_{x\to-\infty} \left(\dfrac{1}{e}\right)^x$

v) $\lim_{x\to\infty} \left(\dfrac{1}{e}\right)^x$

▶ 12.6 Limites fundamentais

Nesta seção, estudaremos limites especiais que são úteis nas demonstrações de propriedades importantes do cálculo. Daremos atenção especial ao *teorema do confronto*, ao *limite trigonométrico fundamental* e ao *limite exponencial fundamental*.

Teorema do confronto

A seguir, temos uma propriedade importante conhecida como "teorema do confronto" ou "teorema do sanduíche".

> **Propriedade 23:** Se $f(x)\le g(x)\le h(x)$ para todo x no intervalo aberto que contém a (exceto possivelmente em a) e se

$$\lim_{x\to a} f(x)= \lim_{x\to a} h(x)=L$$

então

$$\lim_{x \to a} g(x) = L.$$

No Apêndice, você encontra a demonstração dessa propriedade.

Exemplo 49: Para encontrar $\lim_{x \to 0} x^2 \left| \text{sen} \frac{1}{x} \right|$ não podemos fazer $\lim_{x \to 0} x^2 \cdot \lim_{x \to 0} \left| \text{sen} \frac{1}{x} \right|$, pois

o limite $\lim_{x \to 0} \left| \text{sen} \frac{1}{x} \right|$ não existe, uma vez que $f(x) = \left| \text{sen} \frac{1}{x} \right|$ oscila entre 0 e 1 quando $x \to 0$.

Usaremos o teorema do confronto para encontrar $\lim_{x \to 0} x^2 \left| \text{sen} \frac{1}{x} \right|$:

Como os valores da função seno variam entre -1 e 1, temos $-1 \le \text{sen} \frac{1}{x} \le 1$ e $0 \le \left| \text{sen} \frac{1}{x} \right| \le 1$

para qualquer $x \ne 0$. Multiplicando essa última desigualdade por x^2, temos $0 \le x^2 \left| \text{sen} \frac{1}{x} \right| \le x^2$

para qualquer $x \ne 0$. Entendendo os extremos 0 e x^2 dessa última desigualdade como funções

$f(x) = 0$ e $h(x) = x^2$, calculando seus limites $\lim_{x \to 0} 0 = 0$ e $\lim_{x \to 0} x^2 = 0$ como $\lim_{x \to 0} 0 = \lim_{x \to 0} x^2 = 0$,

temos, pelo teorema do confronto, $\lim_{x \to 0} x^2 \left| \text{sen} \frac{1}{x} \right| = 0$.

Limite trigonométrico fundamental

A seguir, calcularemos um limite importante com o auxílio do teorema do confronto:

> **Limite trigonométrico fundamental:** $\lim_{x \to 0} \frac{\text{sen} \, x}{x} = 1$

Vamos verificar a validade desse limite.

Conforme a Figura 12.12 ao lado, temos na circunferência trigonométrica (raio $OA = 1$) o arco $\widehat{AB} = A\hat{O}B$ com medida x em radianos que será limitada em $0 < x < \frac{\pi}{2}$ e as medidas das seguintes áreas:

Área do $\triangle AOB = \dfrac{OA \cdot BD}{2} = \dfrac{1 \cdot BD}{2} = \dfrac{BD}{2}$

Área do setor $AOB = \dfrac{OA \cdot \widehat{AB}}{2} = \dfrac{1 \cdot \widehat{AB}}{2} = \dfrac{\widehat{AB}}{2}$

Área do $\triangle AOC = \dfrac{OA \cdot AC}{2} = \dfrac{1 \cdot AC}{2} = \dfrac{AC}{2}$

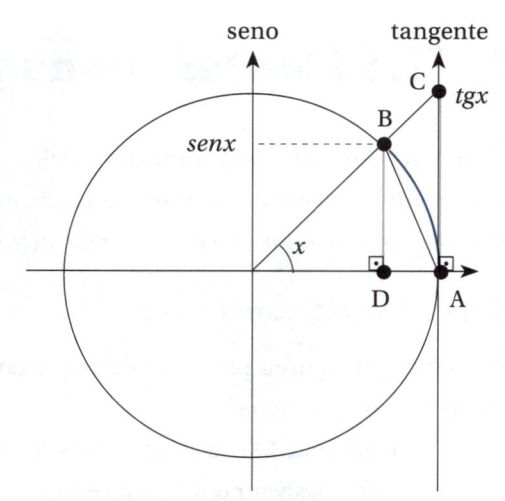

Figura 12.12 Comparação entre áreas

Comparando as áreas, temos

$$\text{Área do } \Delta AOB < \text{Área do setor } AOB < \text{Área do } \Delta AOC$$

$$\frac{BD}{2} < \frac{\widehat{AB}}{2} < \frac{AC}{2}$$

$$BD < \widehat{AB} < AC$$

Podemos substituir nessa última desigualdade $BD = \text{sen } x$, $\widehat{AB} = x$ e $AC = \text{tg } x$, obtendo

$$\text{sen } x < x < \text{tg } x.$$

Podemos dividir essa última desigualdade por sen x, já que sen $x > 0$, pois $0 < x < \frac{\pi}{2}$, assim

$$\frac{\text{sen } x}{\text{sen } x} < \frac{x}{\text{sen } x} < \frac{\text{tg } x}{\text{sen } x}$$

$$1 < \frac{x}{\text{sen } x} < \frac{1}{\cos x}$$

$$1 > \frac{\text{sen } x}{x} > \cos x$$

$$\cos x < \frac{\text{sen } x}{x} < 1$$

Sabemos que $f(x) = \cos x$ e $g(x) = \dfrac{\text{sen } x}{x}$ são funções pares, isto é, $f(-x) = \cos(-x) = \cos x = f(x)$ e $g(-x) = \dfrac{\text{sen}(-x)}{-x} = \dfrac{-\text{sen } x}{-x} = \dfrac{\text{sen } x}{x} = g(x)$, garantindo que a última desigualdade vale para todo $x \neq 0$.

Como $\lim\limits_{x \to 0} \cos x = 1$ e $\lim\limits_{x \to 0} 1 = 1$, pelo teorema do confronto, temos $\lim\limits_{x \to 0} \dfrac{\text{sen } x}{x} = 1$.

Exemplo 50: Calcule:

a) $\lim\limits_{x \to 0} \dfrac{\text{sen } 3x}{x}$

b) $\lim\limits_{x \to 0} \dfrac{\text{sen } 4x}{\text{sen } 5x}$

Solução:

a) A partir do limite trigonométrico fundamental, podemos calcular limites do tipo $\lim\limits_{f(x) \to 0} \dfrac{\text{sen}\left[f(x)\right]}{f(x)}$:

$$\lim_{x \to 0} \frac{\text{sen } 3x}{x} = \lim_{x \to 0}\left(3 \cdot \frac{\text{sen } 3x}{3x}\right) = 3 \cdot \lim_{x \to 0} \frac{\text{sen } 3x}{3x} = 3 \cdot 1 = 3$$

b) $\lim\limits_{x \to 0} \dfrac{\text{sen } 4x}{\text{sen } 5x} = \lim\limits_{x \to 0} \dfrac{\dfrac{\text{sen } 4x}{4x} \cdot 4x}{\dfrac{\text{sen } 5x}{5x} \cdot 5x} = \dfrac{4}{5} \cdot \dfrac{\lim\limits_{x \to 0} \dfrac{\text{sen } 4x}{4x}}{\lim\limits_{x \to 0} \dfrac{\text{sen } 5x}{5x}} = \dfrac{4}{5} \cdot \dfrac{1}{1} = \dfrac{4}{5}$

Limite exponencial fundamental

No Exemplo 8 da Seção 5.4 do Capítulo 5, exploramos uma situação prática na qual o número $e = 2,718281828459...$ foi definido a partir de um limite. O número irracional e representa uma base especial das funções exponenciais com muitas aplicações práticas e costuma ser definido com o auxílio de conceitos envolvendo limites e *séries matemáticas*.

Uma maneira de definir tal número é com o **limite exponencial fundamental**:

$$e = \lim_{x \to -\infty} \left(1 + \frac{1}{x}\right)^x \quad \text{ou} \quad e = \lim_{x \to \infty} \left(1 + \frac{1}{x}\right)^x$$

Nas tabelas a seguir, temos alguns valores aproximados da função $f(x) = \left(1 + \frac{1}{x}\right)^x$ definida em $\{x \in R \mid x < -1 \text{ ou } x > 0\}$.

Tabela 12.7 Aproximações para $f(x) = \left(1 + \frac{1}{x}\right)^x$

x	x	$f(x) = \left(1 + \frac{1}{x}\right)^x$	$f(x)$
	-2	4	
	-10	2,8679719908	
	-100	2,7319990264	
↓	-1.000	2,7196422164	↓
	-1.000.000	2,7182831876	
	-1.000.000.000	2,7182818298	
$-\infty$	...	$e = 2,718281828459...$	e

Tabela 12.8 Aproximações para $f(x) = \left(1 + \frac{1}{x}\right)^x$

x	x	$f(x) = \left(1 + \frac{1}{x}\right)^x$	$f(x)$
	1	2,25	
	10	2,5937424601	
	100	2,7048138295	
↓	1.000	2,7169239322	↓
	1.000.000	2,7182804693	
	1.000.000.000	2,7182818271	
∞	...	$e = 2,718281828459...$	e

O *limite exponencial fundamental* também é expresso, de modo alternativo, por $e = \lim_{x \to 0} (1+x)^{\frac{1}{x}}$.

Exemplo 51: Calcule:

a) $\lim_{x \to \infty} \left(1+\dfrac{1}{x}\right)^{3x}$

b) $\lim_{x \to -\infty} \left(1+\dfrac{4}{x}\right)^{x}$

Solução:

a) $\lim_{x \to \infty} \left(1+\dfrac{1}{x}\right)^{3x} = \lim_{x \to \infty}\left[\left(1+\dfrac{1}{x}\right)^{x}\right]^{3} = \left[\lim_{x \to \infty}\left(1+\dfrac{1}{x}\right)^{x}\right]^{3} = e^{3}$

b) Fazendo $\dfrac{4}{x} = \dfrac{1}{u}$, temos $u = \dfrac{x}{4}$ e $x = 4u$ e, para $x \to -\infty$, temos $u \to -\infty$, assim

$\lim_{x \to -\infty} \left(1+\dfrac{4}{x}\right)^{x} = \lim_{u \to -\infty} \left(1+\dfrac{1}{u}\right)^{4u} = \lim_{u \to -\infty}\left[\left(1+\dfrac{1}{u}\right)^{u}\right]^{4} = \left[\lim_{u \to -\infty}\left(1+\dfrac{1}{u}\right)^{u}\right]^{4} = e^{4}$

Com o auxílio do limite exponencial fundamental, também se obtém a propriedade seguinte:

➢ **Propriedade 24:** Para $a > 0$, temos $\lim_{x \to 0} \dfrac{a^{x}-1}{x} = \ln a$.

Exemplo 52: Calcule:

a) $\lim_{x \to 0} \dfrac{2^{x}-1}{x}$

b) $\lim_{x \to 0} \dfrac{e^{3x}-1}{x}$

c) $\lim_{x \to 0} \dfrac{4^{x}-3^{x}}{x}$

Solução:

a) $\lim_{x \to 0} \dfrac{2^{x}-1}{x} = \ln 2$

b) $\lim_{x \to 0} \dfrac{e^{3x}-1}{x} = \lim_{x \to 0} \dfrac{\left(e^{3}\right)^{x}-1}{x} = \ln e^{3} = 3$

c) $\lim_{x \to 0} \dfrac{4^{x}-3^{x}}{x} = \lim_{x \to 0} \dfrac{\left(3^{x} \cdot \dfrac{4^{x}}{3^{x}}-3^{x}\right)}{x} = \lim_{x \to 0} \dfrac{3^{x} \cdot \left(\dfrac{4^{x}}{3^{x}}-1\right)}{x} = \lim_{x \to 0} 3^{x} \cdot \lim_{x \to 0} \dfrac{\left[\left(\dfrac{4}{3}\right)^{x}-1\right]}{x} = 1 \cdot \ln\dfrac{4}{3} = \ln\dfrac{4}{3}$

Exercícios

56. Com o auxílio do limite trigonométrico fundamental, calcule:

a) $\lim\limits_{x \to 0} \dfrac{\operatorname{sen} 2x}{x}$

b) $\lim\limits_{x \to 0} \dfrac{\operatorname{sen} 3x}{\operatorname{sen} 2x}$

c) $\lim\limits_{x \to 0} \dfrac{\operatorname{sen} 4x}{5x}$

d) $\lim\limits_{x \to 0} \dfrac{\operatorname{sen} ax}{\operatorname{sen} bx}$

57. Com o auxílio do limite trigonométrico fundamental, calcule $\lim\limits_{x \to 0} \dfrac{\operatorname{tg} x}{x}$.

58. Com o auxílio do limite exponencial fundamental, calcule:

a) $\lim\limits_{x \to \infty} \left(1 + \dfrac{1}{x}\right)^{2x}$

b) $\lim\limits_{x \to -\infty} \left(1 + \dfrac{3}{x}\right)^{x}$

c) $\lim\limits_{x \to \infty} \left(1 + \dfrac{1}{x}\right)^{x+4}$

d) $\lim\limits_{x \to -\infty} \left(1 + \dfrac{a}{x}\right)^{x}$

59. Calcule:

a) $\lim\limits_{x \to 0} \dfrac{10^x - 1}{x}$

b) $\lim\limits_{x \to 0} \dfrac{e^x - 1}{x}$

c) $\lim\limits_{x \to 0} \dfrac{e^{2x} - 1}{x}$

d) $\lim\limits_{x \to 0} \dfrac{5^x - 4^x}{x}$

12.7 A noção de continuidade de uma função

Nesta seção, analisaremos o conceito de *função contínua*. Esse conceito é muito importante e será dado a partir do limite de uma função num ponto.

Função contínua

Na Seção 12.3 vimos[5] que, dada uma função f polinomial ou racional, com a em seu domínio, podemos calcular o limite $\lim\limits_{x \to a} f(x)$ com a substituição direta de a em x, ou seja, $\lim\limits_{x \to a} f(x) = f(a)$. Funções que apresentam essa característica são chamadas de *contínuas* em a. São inúmeras as funções que apresentam essa característica, além das polinomiais e racionais.

Definimos função contínua do seguinte modo:

"Considere f uma função definida em um intervalo aberto e um número a pertencente a esse intervalo.[6] Dizemos que f é **contínua** em a se $\lim\limits_{x \to a} f(x) = f(a)$."

---

5   Propriedade 12.
6   Ao estudarmos o aspecto da continuidade de uma função, interessa-nos *especialmente* a análise de pontos de seu domínio, ou seja, pontos em que a função é definida. E assim priorizaremos nossas análises. Essa opção conceitual e metodológica norteia-se pela definição de *função contínua* encontrada em LIMA, Elon Lajes. *Curso de análise*. 7. ed. Rio de Janeiro: Instituto de Matemática Pura e Aplicada, CNPq, 1992. v. 1.

De acordo com a definição, para uma função f ser contínua num ponto a três condições devem ser satisfeitas:

I) $f(a)$ existe (ou seja, o ponto a deve pertencer ao domínio da função);

II) $\lim_{x \to a} f(x)$ existe;

III) $\lim_{x \to a} f(x) = f(a)$.

Em outras palavras, f é contínua num ponto a de seu domínio quando é possível fazer $f(x)$ arbitrariamente próximo de $f(a)$ desde que façamos x suficientemente próximo de a.

A Figura 12.13 ao lado representa uma função f contínua em a.

Nessa figura, percebemos que, à medida que x tende a a pela esquerda $(x \to a^-)$ ou pela direita $(x \to a^+)$, os valores $f(x)$ da função se aproximam de $f(a)$ e os pontos da curva se aproximam do ponto $(a, f(a))$.

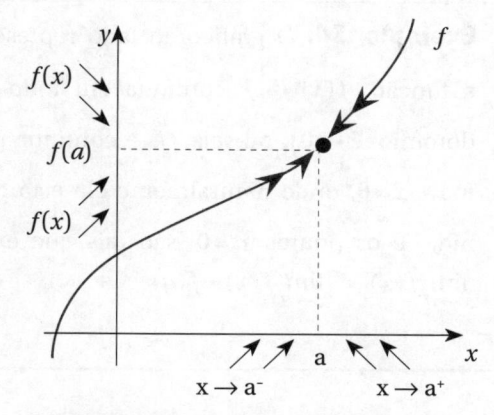

Figura 12.13 f contínua em a

Dizemos simplesmente "f **é contínua**" quando f é contínua em todos os pontos de seu domínio.

É comum procurarmos pontos em que a função não é contínua. Atenção aos exemplos a seguir.

Exemplo 53: A partir do gráfico ao lado, analisaremos os pontos $a = 3$, $a = 7$ e $a = 13$ que são pontos do domínio de f e onde a função não é contínua. Nesses pontos, ocorrem mudanças abruptas na curva que representa a função.

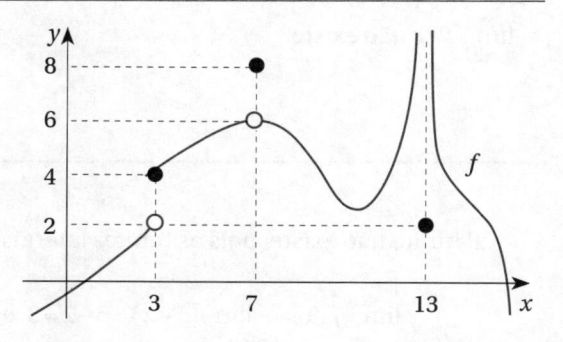

Em $a = 3$, a função está definida, $f(3) = 4$, entretanto ela não é contínua nesse ponto, pois não existe o limite $\lim_{x \to 3} f(x)$, já que os limites laterais $\lim_{x \to 3^-} f(x) = 2$ e $\lim_{x \to 3^+} f(x) = 4$ são diferentes.

Em $a = 7$, temos $f(7) = 8$ e, embora também exista o limite $\lim_{x \to 7} f(x) = 6$, a função não é contínua, já que esse limite não coincide com o valor da função no ponto, isto é, $\lim_{x \to 7} f(x) \neq f(7)$.

Em $a = 13$, embora a função esteja definida, $f(13) = 2$, ela é descontínua, já que não existe $\lim_{x \to 13} f(x)$! Lembre-se de que, para existir o limite, ele deve resultar em *um número* indicado na coincidência dos limites laterais. Neste exemplo, para $x \to 13$, o limite não existe, embora possamos dar a "ideia" do comportamento da função escrevendo $\lim_{x \to 13} f(x) = \infty$.

Exemplo 54: O gráfico ao lado representa a função $f(x) = \dfrac{1}{x^2}$ contínua em todo seu domínio $\mathbb{R} - \{0\}$, ou seja, f é contínua para todo $x \neq 0$, onde naturalmente ela está definida, e os pontos $a \neq 0$ são tais que existe $\lim_{x \to a} f(x)$ e $\lim_{x \to a} f(x) = f(a)$.

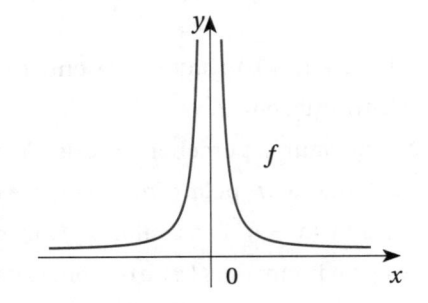

Exemplo 55: O gráfico ao lado representa a função $f(x) = \begin{cases} 5 - x & \text{se } x \leq 2; \\ x - 1 & \text{se } x > 2. \end{cases}$

Em seu domínio, $\mathbb{R}$, a função não é contínua no ponto $a = 2$, pois $f(2) = 5 - 2 = 3$ e $\lim_{x \to 2} f(x)$ **não existe!**

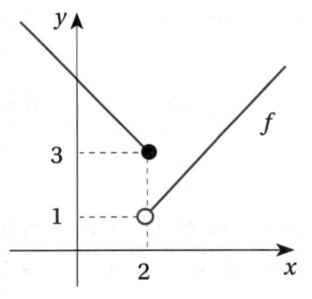

Tal limite não existe, pois os limites laterais são diferentes:

$$\lim_{x \to 2^-} f(x) = \lim_{x \to 2^-} (5 - x) = 5 - 2 = 3 \text{ e } \lim_{x \to 2^+} f(x) = \lim_{x \to 2^+} (x - 1) = 2 - 1 = 1.$$

Exemplo 56: No gráfico ao lado é represen-
tada a função $g(x) = \begin{cases} 5-x & \text{se } x < 2; \\ x-1 & \text{se } x > 2 \end{cases}$
que é contínua em todo o domínio, $\mathbb{R} - \{2\}$. A
função g foi obtida ao removermos o ponto
$a = 2$ do domínio da função f dada no exemplo anterior.

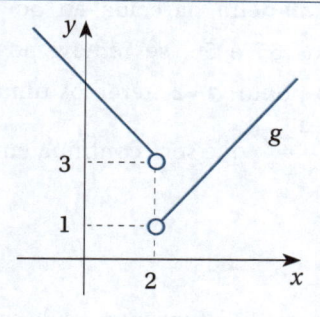

É garantida a continuidade para todo a do domínio $\mathbb{R} - \{2\}$ da função g, pois para todo
ponto $a \neq 2$ do domínio está definida $g(a)$, existe $\lim\limits_{x \to a} g(x)$ e $\lim\limits_{x \to a} g(x) = g(a)$:

- Se $a < 2$, então $\lim\limits_{x \to a} g(x) = \lim\limits_{x \to a} (5-x) = 5-a = g(a)$ e

- Se $a > 2$ então $\lim\limits_{x \to a} g(x) = \lim\limits_{x \to a} (x-1) = a-1 = g(a)$.

Exemplo 57: O gráfico ao lado representa a fun-
ção de domínio $\mathbb{R}$ tal que $f(x) = \begin{cases} \dfrac{x^2-4}{x-2} & \text{se } x \neq 2; \\ 6 & \text{se } x = 2. \end{cases}$
No ponto $a = 2$ a função não é contínua, pois
$f(2) = 6$ e $\lim\limits_{x \to 2} f(x) \neq f(2)$. Analisemos essa
desigualdade.

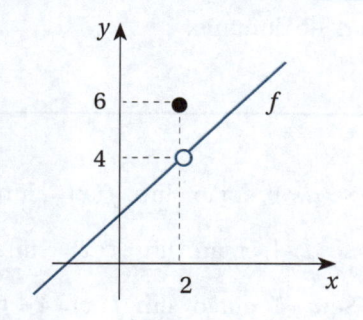

Para $x \neq 2$, calculamos $\lim\limits_{x \to 2} \dfrac{x^2-4}{x-2}$, simplificando $f(x) = \dfrac{x^2-4}{x-2}$ com produtos notáveis.

$$f(x) = \frac{x^2-4}{x-2} = \frac{(x+2)(x-2)}{x-2} = x+2 \text{ para } x \neq 2.$$

Assim, $\lim\limits_{x \to 2} f(x) = \lim\limits_{x \to 2} \dfrac{x^2-4}{x-2} = \lim\limits_{x \to 2} (x+2) = 2+2 = 4 \neq 6 = f(2)$.

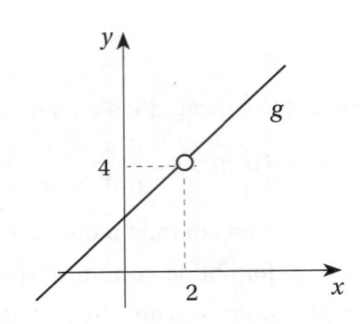

De maneira parecida ao que fizemos nos exemplos 55 e 56, se removemos do domínio de f o ponto $a = 2$, teremos uma nova função $g(x) = \dfrac{x^2 - 4}{x - 2}$ que será contínua em seu domínio $\mathbb{R} - \{2\}$.

Para $x \neq 2$, a função g pode ser simplificada, $g(x) = \dfrac{x^2 - 4}{x - 2} = x + 2$. É garantida a continuidade de g para todo a de seu domínio $\mathbb{R} - \{2\}$, pois para todo ponto $a \neq 2$ do domínio está definida $g(a)$, existe $\lim\limits_{x \to a} g(x)$ e $\lim\limits_{x \to a} g(x) = \lim\limits_{x \to a} \dfrac{x^2 - 4}{x - 2} = \lim\limits_{x \to a} (x + 2) = a + 2 = g(a)$.

Exemplo 58: No gráfico ao lado, temos representada a função $f(x) = \begin{cases} 5 - x & \text{se } x \leq 1; \\ x + 3 & \text{se } x > 1 \end{cases}$ que é contínua em todo o domínio, $\mathbb{R}$. A análise da continuidade de f é feita para todos os pontos a do domínio:

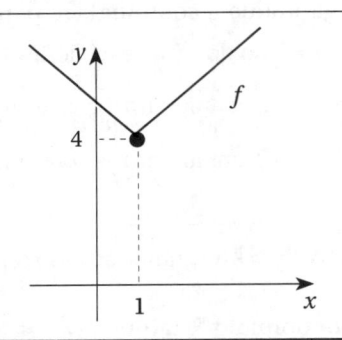

- Se $a < 1$, então $\lim\limits_{x \to a} f(x) = \lim\limits_{x \to a} (5 - x) = 5 - a = f(a)$;
- Se $a > 1$, então $\lim\limits_{x \to a} f(x) = \lim\limits_{x \to a} (x + 3) = a + 3 = f(a)$ e;
- Se $a = 1$, então $\lim\limits_{x \to 1} f(x) = 4 = f(1)$, pois coincidem os limites laterais

$$\lim\limits_{x \to 1^-} f(x) = \lim\limits_{x \to 1^-} (5 - x) = 5 - 1 = 4 \text{ e } \lim\limits_{x \to 1^+} f(x) = \lim\limits_{x \to 1^+} (x + 3) = 1 + 3 = 4.$$

Assim, $\lim\limits_{x \to a} f(x) = f(a)$ para todo a do domínio garantindo a continuidade de f em $\mathbb{R}$.

Propriedades da função contínua

A seguir, citamos algumas propriedades das funções contínuas. Ao final do livro, no Apêndice, você encontra demonstrações de algumas dessas propriedades.

> **Propriedade 1:** Se as funções f e g são contínuas em um ponto a, então também são contínuas nesse ponto as funções:
> I) $f + g$ II) $f - g$ III) $f \cdot g$ IV) $\dfrac{f}{g}$, desde que $g(a) \neq 0$.

➤ **Propriedade 2:** São contínuas:

I)   As funções exponenciais;

II) As funções logarítmicas;

III) As funções trigonométricas;

IV) As funções potências;

V)   As funções polinomiais;

VI) As funções racionais.

Exemplo 59: Dadas as funções $f(x) = \text{sen } x$ e $g(x) = e^x$ contínuas, também são contínuas as funções $h(x) = \text{sen } x + e^x$, $i(x) = \text{sen } x - e^x$, $j(x) = (\text{sen } x) \cdot e^x$ e $k(x) = \dfrac{\text{sen } x}{e^x}$ para todo x real.

A propriedade seguinte é conhecida como *"limite da função composta"*.

➤ **Propriedade 3:** Sejam f e g funções tais que $\lim\limits_{x \to a} f(x) = L$ e g contínua em L, então $\lim\limits_{x \to a} (g \circ f)(x) = g(L)$, ou seja, $\lim\limits_{x \to a} g(f(x)) = g\left(\lim\limits_{x \to a} f(x)\right)$.

A partir da Propriedade 3 é possível provar a Propriedade 4:

➤ **Propriedade 4:** Se a função f é contínua em a e g é contínua em $f(a)$, então a função composta $(g \circ f)(x) = g(f(x))$ é contínua no ponto a.

Exemplo 60: Dadas a função $f(x) = \text{sen } x$ contínua para todo x real, com imagem $\text{Im} = [-1, 1]$, e a função $g(y) = y^3$ contínua para todo y pertencente a $\text{Im} = [-1, 1]$, então a função composta $g(f(x)) = (f(x))^3 = (\text{sen } x)^3 = \text{sen}^3 x$ também é contínua para todo x real.

Exemplo 61: Dadas a função $f(x) = x^3$ contínua para todo x real, com imagem $\text{Im} = \mathbb{R}$, e a função $g(y) = \text{sen } y$ contínua para todo y pertencente a $\text{Im} = \mathbb{R}$, então a função composta $g(f(x)) = \text{sen }(f(x)) = \text{sen }\left(x^3\right)$ também é contínua para todo x real.

➤ **Propriedade 5:** Sejam $y = f(x)$ uma função definida e contínua num intervalo A e sua imagem $B = \text{Im}(f)$. Se f tem uma função inversa g, ou seja, $g = f^{-1} : B \to A$, então a função inversa g é contínua para todos os pontos de B.

Exemplo 62: Dada a função contínua $f : \mathbb{R} \to \mathbb{R}$, tal que $f(x) = x^3 + 1$, sua inversa $g = f^{-1} : \mathbb{R} \to \mathbb{R}$, que é dada por $g(x) = \sqrt[3]{x-1}$, também será contínua.

Existem situações em que é interessante analisar e garantir a continuidade de uma função definida em um intervalo fechado $[a, b]$ ou, em especial, analisar a continuidade para os valores extremos a e b desse intervalo.

Para tanto, é necessário definir quando f *é contínua à direita* ou quando f *é contínua à esquerda* no ponto a: "dizemos que f **é contínua à direita** no ponto a se $\lim\limits_{x \to a^+} f(x) = f(a)$; e dizemos que f é **contínua à esquerda** no ponto b se $\lim\limits_{x \to b^-} f(x) = f(b)$".

Dizemos que f é *contínua num intervalo fechado* $[a, b]$ se f for contínua em todo ponto do intervalo aberto $]a, b[$ e se também for contínua à direita em a e à esquerda em b.

A propriedade a seguir é conhecida como *"Teorema do Anulamento ou de Bolzano"*.

> ➤ **Propriedade 6:** "Se f é contínua no intervalo fechado $[a, b]$ e se $f(a)$ e $f(b)$ têm sinais opostos, então existirá pelo menos um número c nesse intervalo tal que $f(c) = 0$."

A Figura 12.14 ao lado ilustra essa propriedade.

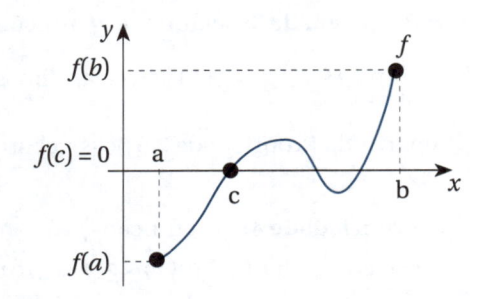

Figura 12.14 Raiz c no intervalo $[a, b]$

Nessa figura, temos $f(a) < 0$ e $f(b) > 0$ com f contínua, o que garante a existência de pelo menos[7] uma **raiz** c no intervalo $[a, b]$.

Exemplo 63: A função $f(x) = -x^3 + 6x^2 - 12x + 8$ apresenta pelo menos uma raiz real c no intervalo $[0, 3]$, pois f é contínua e são opostos os sinais de $f(0) = -0^3 + 6 \cdot 0^2 - 12 \cdot 0 + 8 = 8 > 0$ e $f(3) = -3^3 + 6 \cdot 3^2 - 12 \cdot 3 + 8 = -1 < 0$. Na verdade, para essa função, a raiz é $c = 2$, ou seja, $f(2) = -2^3 + 6 \cdot 2^2 - 12 \cdot 2 + 8 = 0$.

A propriedade seguinte também é conhecida como *"Teorema do Valor Intermediário"*.

---

7   Na Figura 12.14, temos também outras duas raízes entre c e b que, por didática, não foram ressaltadas.

> **Propriedade 7:** "Se f é contínua no intervalo fechado $[a, b]$ e se L é um número compreendido entre $f(a)$ e $f(b)$, então existirá pelo menos um número c no intervalo $[a, b]$ tal que $f(c) = L$."

A Figura 12.15 ao lado ilustra essa propriedade.

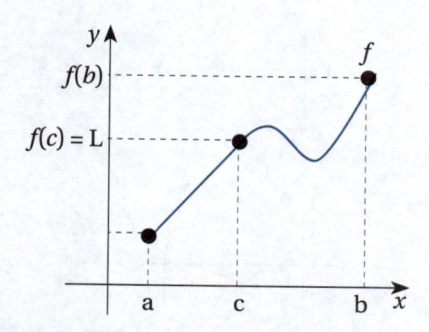

Figura 12.15 c em $[a, b]$ tal que $f(c) = L$

A Propriedade 7 garante que uma função f contínua em $[a, b]$ assume todos os valores $f(x)$ intermediários entre $f(a)$ e $f(b)$.

Exemplo 64: A função contínua $f(x) = x^3$ no intervalo $[1, 4]$, quando calculada nos extremos do intervalo, leva a $f(1) = 1^3 = 1$ e $f(4) = 4^3 = 64$. Se tomarmos um valor entre 1 e 64, por exemplo, o número 27, existirá pelo menos um número c nesse intervalo, tal que $f(c) = 27$.

Nesse caso, o número procurado é $c = 3$, ou seja, $f(3) = 3^3 = 27$. Na verdade, a função $f(x) = x^3$ contínua em $[1, 4]$ assumirá todos os valores $f(x)$ intermediários entre 1 e 64. Para essa função, dado um valor $1 \le L \le 64$, o número $1 \le c \le 4$ é obtido a partir da equação $f(c) = c^3 = L$, que resulta em $c = \sqrt[3]{L}$. Veja a figura ao lado.

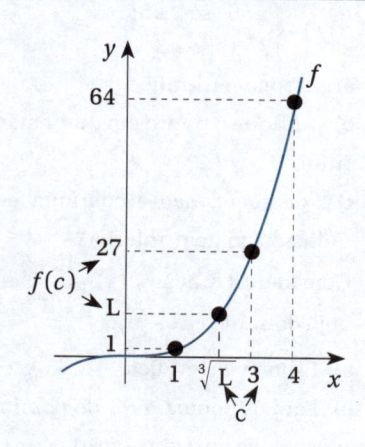

Exercícios

60. Escreva uma expressão algébrica que traduza para a linguagem de limites a afirmação: "A função f é contínua no ponto 7".

61. O gráfico da função f é esboçado a seguir e nele são ressaltados três pontos em que a função não é contínua em seu domínio.

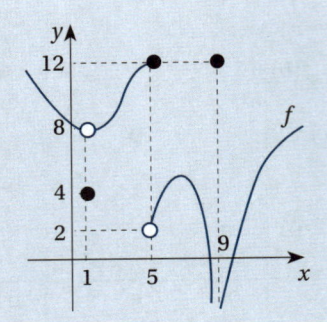

a) Indique quais são esses pontos.

b) Por que f não é contínua nos pontos indicados no item anterior? Utilize em suas explicações a linguagem matemática adequada.

62. Seja $f(x) = \dfrac{1}{x}$ com domínio $\mathbb{R} - \{0\}$.

a) Esboce o gráfico de f.

b) A função é contínua em seu domínio, ou seja, para os valores de $x \neq 0$?

63. Considere a função
$$f(x) = \begin{cases} x+5 & \text{se } x \leq 3; \\ 7-x & \text{se } x > 3. \end{cases}$$

a) Esboce seu gráfico.

b) Indique o ponto em que f não é contínua.

c) Por que f não é contínua no ponto indicado no item anterior?

64. Considere a função $g(x) = \begin{cases} x+5 & \text{se } x < 3; \\ 7-x & \text{se } x > 3 \end{cases}$ cujo domínio é $\mathbb{R} - \{3\}$.

a) Esboce seu gráfico.

b) Para os pontos $a < 3$ do domínio de g, mostre que $\lim\limits_{x \to a} g(x) = g(a)$.

c) Para os pontos $a > 3$ do domínio de g, mostre que $\lim\limits_{x \to a} g(x) = g(a)$.

d) Em relação à continuidade, a quais conclusões a respeito de g podemos chegar a partir dos itens anteriores?

65. Verifique se a função f é contínua no ponto a especificado.

a) $f(x) = \begin{cases} x+1 & \text{se } x \leq 1 \\ 3x & \text{se } x > 1 \end{cases}$ no ponto $a = 1$.

b) $f(x) = \begin{cases} x+2 & \text{se } x \leq 2 \\ x^2 & \text{se } x > 2 \end{cases}$ no ponto $a = 2$.

c) $f(x) = \begin{cases} \dfrac{x^2-1}{x-1} & \text{se } x \neq 1 \\ 3 & \text{se } x = 1 \end{cases}$ no ponto $a = 1$.

d) $f(x) = \begin{cases} 5 & \text{se } x \leq 3 \\ 7 & \text{se } x > 3 \end{cases}$ no ponto $a = 3$.

e) $f(x) = \begin{cases} \dfrac{1}{x-4} & \text{se } x \neq 4 \\ 0 & \text{se } x = 4 \end{cases}$ no ponto $a = 4$.

f) $f(x) = \begin{cases} \dfrac{1}{(x-1)^2} & \text{se } x \neq 1 \\ 2 & \text{se } x = 1 \end{cases}$ no ponto $a = 1$.

66. Esboce o gráfico de $f(x) = \begin{cases} 3-x & \text{se } x \leq 2 \\ x-1 & \text{se } x > 2 \end{cases}$ e, de modo análogo ao feito no Exemplo 58, prove que f é contínua em todo o domínio, $\mathbb{R}$.

67. A função $f(x) = x^{10} + 10^{\cos x}$ é contínua para todo x real? Justifique.

68. A função $f(x) = \sqrt{x} - \log x$ é contínua para todo x real positivo? Justifique.

69. Dadas a função $f(x) = 10^x$ definida para todo x real e a função $g(y) = \sqrt{y}$ definida aqui para todo y real positivo.

a) A função f é contínua? Justifique.

b) A função g é contínua? Justifique.

c) Qual a imagem de f?

d) Qual é a função composta $g(f(x))$?

e) A função $g(f(x))$ é contínua? Justifique.

70. Justifique a afirmação: "A função $f(x) = x^3 - 9x^2 + 18x$ apresenta pelo menos uma raiz real no intervalo [1, 4]."

71. Dada a função $f(x) = x^4$ definida para todo x real.

a) Tal função é contínua?

b) Calcule o valor de f para os pontos extremos do intervalo [1, 5].

c) Com base nos resultados obtidos no item anterior, é correto afirmar que existe um número c em [1, 5] tal que $f(c) = 400$? Justifique.

▼ 12.8 Aplicações

Os conceitos de limites podem ser úteis em todas as aplicações práticas que envolvem funções.

Logo, os limites podem ser aplicados em todas as situações práticas desenvolvidas a partir do Capítulo 2.

Todavia, notamos que uma das vantagens dos limites é que eles possibilitam *analisar e sintetizar "a tendência de comportamento do fenômeno"* para pontos em que a função não é definida ou quando os valores do domínio da função crescem (ou decrescem) ilimitadamente. Assim, será principalmente nesse sentido que exploraremos, a seguir, três situações práticas já discutidas ou propostas como exercícios. Desse modo, evidenciaremos a versatilidade dos limites com suas representações e significados.

No próximo capítulo, estudaremos *a derivada*, que é um conceito importantíssimo na matemática.

A derivada é definida a partir do conceito de limite e tem inúmeras aplicações práticas.

Poluição industrial[8] e limites

Situação prática: Em um importante polo industrial, para adequar as fábricas às novas normas ambientais, foi estimado (em milhões de $) o custo C para substituição dos maquinários e/ou readequação dos processos de produção industrial. A readequação busca a diminuição da poluição e proporcionará a modernização das indústrias. Após análises, para que haja uma diminuição de $x\%$ dos níveis atuais de emissão de poluentes, é estimado o custo

$$C(x) = \frac{500}{100 - x}, \text{ com } 0\% < x < 100\%.$$

Análises: A tabela traz os custos, aproximados, para algumas porcentagens de diminuição da poluição. A Figura 12.16 apresenta alguns aspectos da curva do custo para $0\% < x < 100\%$.

---

8 Essa aplicação discute alguns aspectos interessantes das funções racionais e explora um problema parecido com o apresentado no Exercício Complementar nº 8 do Capítulo 11 à luz da teoria de limites.

$x\%$	$x\%$	$C(x)=\dfrac{500}{100-x}$	$C(x)$ (milhões de \$)
	1	5,05	
	10	5,56	
	20	6,25	
↓	50	10	↓
	90	50	
	95	100	
	99	500	
	99,9	5.000	
100	99,999	500.000	∞

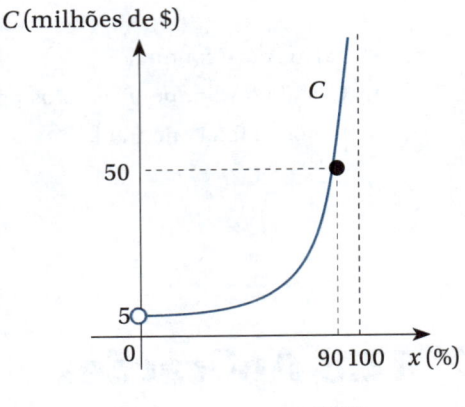

Figura 12.16 $C(x)=\dfrac{500}{100-x}$

A função é racional e, portanto, contínua em seu domínio. Se quisermos determinar quais os custos aproximados para porcentagens próximas a uma redução de $x=90\%$ dos níveis atuais de poluição, em outras palavras, se quisermos determinar $\lim\limits_{x\to 90} C(x)$, basta calcular o valor da função no ponto $x=90\%$, ou seja, $\lim\limits_{x\to 90} C(x)=f(90)$:

$$\lim\limits_{x\to 90} C(x)=f(90)=\frac{500}{100-x}=\frac{500}{100-90}=\frac{500}{10}=50$$

Logo, $\lim\limits_{x\to 90} C(x)=f(90)=50$ milhões de \$ indica que, para reduzir em 90% as emissões de poluentes, são necessários 50 milhões de \$. Indica também que reduções muito próximas a 90% gerarão custos muito próximos a 50 milhões de \$.

Entretanto, é preciso ter cuidado! Note pelos valores da tabela, que, se quisermos reduções muito próximas a 100%, os custos mostram-se inviáveis! O limite que corrobora essa afirmação é $\lim\limits_{x\to 100^-} C(x)=\infty$. Lembre-se de que $x\to 100^-$ indica um limite lateral, com x se aproximando de 100% com valores inferiores a 100%.

Pela Propriedade[9] 16 da Seção 12.4, dadas duas funções f e g, tais que $\lim\limits_{x\to a} f(x)=L\neq 0$ e $\lim\limits_{x\to a} g(x)=0$, teremos $\lim\limits_{x\to a}\dfrac{f(x)}{g(x)}=\infty$ se $\dfrac{f(x)}{g(x)}>0$ para x próximo de a.

Para essa função do custo $C(x)=\dfrac{5.000}{100-x}=\dfrac{f(x)}{g(x)}$, temos $f(x)=5.000>0$ e $g(x)=100-x>0$, já que $x\to 100^-$.

Logo, $\lim\limits_{x\to 100^-} C(x)=\lim\limits_{x\to 100^-}\dfrac{5.000}{100-x}=\infty$ ou, simplesmente, $\lim\limits_{x\to 100^-} C(x)=\infty$. No gráfico, temos uma reta assíntota vertical de equação $x=100$.

---

9   Essa propriedade é expressa para limites com x tendendo a a e vale também para os correspondentes limites laterais.

Lei de Coulomb e limites

Situação prática: Lembramos que, quando dois corpos puntiformes, separados por uma distância d, estão eletrizados com cargas Q_1 e Q_2, ocorre a interação de ações elétricas que são representadas por forças $\vec{F}$ de atração (cargas de sinais contrários) ou repulsão (cargas de mesmo sinal). A lei de Coulomb indica que $F = k \cdot \dfrac{|Q_1| \cdot |Q_2|}{d^2}$ é a intensidade da força elétrica entre os dois corpos puntiformes, com as cargas Q_1 e Q_2 separadas por uma distância d, sendo a constante k dada em $\dfrac{\text{N} \cdot m^2}{\text{C}^2}$; F em *newtons* (N); as cargas em *coulombs* (C) e d em *metros* (m).

Análises: Mantendo as duas cargas constantes, teremos F como função que depende unicamente da distância, d, ou seja, $F = f(d)$. Naturalmente, no domínio da função, devemos ter $d > 0$.

Nas aplicações da Seção 9.2 do Capítulo 9, comparamos diferentes intensidades da força para diferentes distâncias. Calculamos F_1 para uma distância inicial $d_1 = r$, F_2 para uma distância $d_2 = 2r$, que é o dobro da inicial, e F_3 para uma distância $d_3 = 3r$, que é o triplo da inicial. Obtivemos, então, $F_1 = k \cdot \dfrac{|Q_1| \cdot |Q_2|}{r^2}$, $F_2 = \dfrac{F_1}{4}$ e $F_3 = \dfrac{F_1}{9}$.

A partir dos resultados e do gráfico da Figura 12.17 ao lado, concluímos que, se a distância d duplica, a intensidade F da força é dividida por 4. Se a distância d triplica, a intensidade F da força é dividida por 9.

O que ocorre com a intensidade F da força quando a distância d cresce ilimitadamente? De outro modo, qual o resultado de $\lim\limits_{d \to \infty} F$ ou $\lim\limits_{d \to \infty} k \cdot \dfrac{|Q_1| \cdot |Q_2|}{d^2}$?

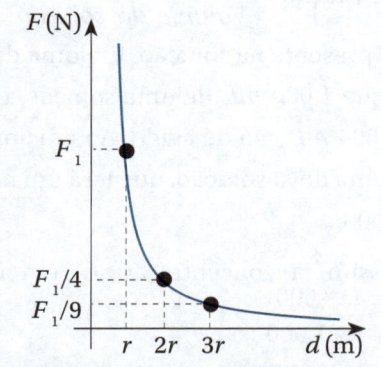

Figura 12.17 Intensidade da força elétrica

Pela Propriedade 18 da Seção 12.5, para n inteiro e positivo, temos $\lim\limits_{x \to \infty} \dfrac{1}{x^n} = 0$. Assim:

$$\lim_{d \to \infty} k \cdot \frac{|Q_1| \cdot |Q_2|}{d^2} = k \cdot |Q_1| \cdot |Q_2| \cdot \lim_{d \to \infty} \frac{1}{d^2} = k \cdot |Q_1| \cdot |Q_2| \cdot 0 = 0 \text{ ou, simplesmente, } \lim_{d \to \infty} F = 0.$$

Esse resultado confirma uma expectativa natural: dados dois pontos eletrizados, com cargas constantes, quando as distâncias são "relativamente muito grandes" ou quando as distâncias "tendem ao infinito", a intensidade da força de atração (ou repulsão) dos pontos se anula! No gráfico, o eixo das distâncias representa uma assíntota horizontal de equação $F = 0$.

E o que ocorre com a intensidade F da força quando a distância d entre os corpos tende a zero? De outro modo, qual o resultado de $\lim\limits_{d \to 0} F$ ou $\lim\limits_{d \to 0} k \cdot \dfrac{|Q_1| \cdot |Q_2|}{d^2}$? Em termos práticos, nesse limite estamos interessados no limite lateral $\lim\limits_{d \to 0^+} F$, pois $d > 0$.

Pela Propriedade 15 da Seção 12.4, para n inteiro e positivo, temos $\lim\limits_{x \to 0^+} \dfrac{1}{x^n} = \infty$. Assim:

$$\lim_{d \to 0} F = \lim_{d \to 0^+} k \cdot \frac{|Q_1| \cdot |Q_2|}{d^2} = k \cdot |Q_1| \cdot |Q_2| \cdot \lim_{d \to 0^+} \frac{1}{d^2} = k \cdot |Q_1| \cdot |Q_2| \cdot \infty = \infty \text{ ou, simplesmente, } \lim_{d \to 0} F = \infty.$$

Esse resultado indica um aspecto interessante da lei de Coulomb; em condições ideais, dados dois pontos eletrizados, com cargas constantes, quando as distâncias são "infinitamente pequenas" ou quando as distâncias "tendem a zero", a intensidade da força de atração (ou repulsão) cresce ilimitadamente assumindo valores extremos e positivos! No gráfico, o eixo das forças representa uma assíntota vertical de equação $d = 0$.

Concentração de um ácido e limites

Situação prática: Na obtenção da **concentração de um ácido** em uma solução aquosa, em termos da porcentagem (%) do volume da solução, definimos $\text{Concentração} = \dfrac{\text{Volume do ácido}}{\text{Volume da solução}}$, sendo essa concentração obtida em percentual de ácido presente na solução. Em uma das aplicações da Seção 11.2 do Capítulo 11, consideramos que 1.000 mL de uma solução aquosa têm concentração ácida de 60% do volume, ou seja, 600 mL são de ácido. Ao adicionarmos x mL do mesmo ácido a essa solução, obtemos uma nova solução, que terá um novo volume de ácido, $x + 600$, e um novo volume total, $x + 1.000$.

Assim, a concentração C em função das quantidades x de ácido adicionado é $C(x) = \dfrac{x + 600}{x + 1.000}$.

Análises: Para o domínio, podemos considerar valores $x \geq 0$. Considerar possível o valor $x = 0$ mL significa considerar a concentração inicial $C(0) = \dfrac{600}{1.000} = 0,6$ equivalente a 60%. Esse valor é indicado no gráfico da Figura 12.18 ao lado.

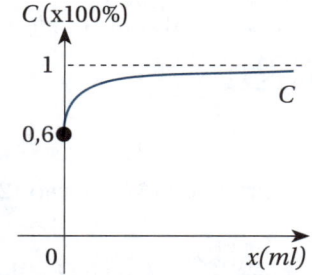

Figura 12.18 Concentração de um ácido

Caso sejam adicionadas quantidades ínfimas de ácido à solução, podemos simbolizar tal fato com $\lim\limits_{x \to 0} C(x)$, entendendo $x \to 0$ equivalendo a $x \to 0^+$, pois o domínio impõe $x \geq 0$. Como tal função é racional (ou contínua, se preferir), com 0 em seu domínio, tal limite pode ser calculado por:

$$\lim_{x \to 0} C(x) = \lim_{x \to 0} \frac{x+600}{x+1.000} = \frac{0+600}{0+1.000} = \frac{600}{1.000} = 0,6 = C(0) \text{ ou, simplesmente, } \lim_{x \to 0} C(x) = 0,6.$$

Esse resultado indica que, ao adicionarmos uma quantidade "ínfima" de ácido, na prática a concentração inicial será mantida.

Por outro lado, $\lim_{x \to \infty} C(x)$ representa a situação em que as quantidades adicionadas crescem ilimitadamente; na prática, adicionam-se quantidades extremas de ácido à solução inicial.

Pela Propriedade 20 da Seção 12.5, quando $x \to \infty$ ou $x \to -\infty$, o limite de uma função racional é o limite da **divisão** dos respectivos termos dominantes das funções polinomiais envolvidas.

Como em $C(x) = \dfrac{x+600}{x+1.000}$ o termo dominante das funções polinomiais envolvidas é x:

$$\lim_{x \to \infty} C(x) = \lim_{x \to \infty} \frac{x+600}{x+1.000} = \lim_{x \to \infty} \frac{x}{x} = \lim_{x \to \infty} 1 = 1 \text{ ou, simplesmente, } \lim_{x \to \infty} C(x) = 1.$$

Esse resultado indica, na prática, que adicionando quantidades extremas de ácido à solução inicial sua concentração tenderá a 100%. No gráfico, a curva aproxima-se da assíntota horizontal de equação $C = 1$.

Exercícios

72. Em um polo industrial, foi estimado (em milhões de $) o custo C para modernização dos processos de produção. Tal modernização é exigida para diminuir a poluição gerada pelo polo, adequando as indústrias à nova legislação ambiental. Após análises, para que haja uma diminuição de x % nos níveis atuais de emissão de poluentes, é estimado o custo $C(x) = \dfrac{400}{100-x}$, com $0\% < x < 100\%$.

a) A função é contínua? Justifique.

b) Calcule $C(80)$. Qual o significado prático desse valor?

c) Qual o significado prático de $x \to 80$?

d) Calcule $\lim_{x \to 80} C(x)$. Qual o significado prático desse limite?

e) Qual o significado prático de $x \to 100^-$?

f) Obtenha $\lim_{x \to 100^-} C(x)$. Qual o significado prático desse limite?

g) Esboce o gráfico da função assinalando assíntotas, caso existam.

73. Considere $1.000\ mL$ de uma solução aquosa com concentração ácida de 70% do volume, ou seja, $700\ mL$ são de ácido. Se adicionarmos $x\ mL$ do mesmo ácido a essa solução, obtemos uma nova solução com concentração dada por $C(x) = \dfrac{x+700}{x+1.000}$.

a) A função é contínua? Justifique.

b) Calcule $C(0)$. Qual o significado prático desse valor?

c) Qual o significado prático de $x \to 0$?

d) Calcule $\lim_{x \to 0} C(x)$. Qual o significado prático desse limite?

e) Qual o significado prático de $x \to \infty$?

f) Obtenha $\lim_{x \to \infty} C(x)$. Qual o significado prático desse limite?

g) Esboce o gráfico da função assinalando assíntotas, caso existam.

74. Segundo a *lei de Boyle–Mariotte*, "*em uma transformação isotérmica, a pressão de uma dada massa de gás é inversamente proporcional ao volume ocupado pelo gás*". Assim, $p = \alpha \cdot \dfrac{1}{V}$, em que a pressão p é dada em atmosferas (*atm*), o volume V em litros (L) e a constante α depende da massa e natureza do gás, bem como da temperatura e das unidades usadas. Para um gás com $\alpha = 18$, temos $p = \dfrac{18}{V}$ com $V > 0$.

a) A função é contínua? Justifique.

b) Qual o significado prático de $V \to 0$?

c) Obtenha $\lim_{V \to 0} p$. Qual o significado prático desse limite?

d) Qual o significado prático de $V \to \infty$?

e) Obtenha $\lim_{V \to \infty} p$. Qual o significado prático desse limite?

f) Esboce o gráfico da função assinalando assíntotas, caso existam.

75. Uma partícula move-se em uma trajetória retilínea com posições S anotadas no decorrer do tempo t, e esse movimento pode ser expresso por $S = t^3 - 7t^2 + 10t$, sendo S dado em metros e t em segundos, com $t \geq 0$.

a) A função é contínua? Justifique.

b) Calcule $S(0)$. Qual o significado prático desse valor?

c) Qual o significado prático de $t \to 0$?

d) Calcule $\lim_{t \to 0} S(t)$. Qual o significado prático desse limite?

e) Calcule $S(3)$. Qual o significado prático desse valor?

f) Calcule $\lim_{t \to 3} S(t)$. Qual o significado prático desse limite?

g) Qual o significado prático de $t \to \infty$?

h) Obtenha $\lim_{t \to \infty} S(t)$. Qual o significado prático desse limite?

76. Uma quantidade remanescente do isótopo radioativo *estrôncio-90* após t anos é dada por $Q = 6{,}5e^{-0{,}024755\,t}$, com $t \geq 0$.

a) A função é contínua? Justifique.

b) Qual o significado prático de $t \to 0$?

c) Calcule $\lim_{t \to 0} Q(t)$. Qual o significado prático desse limite?

d) Qual o significado prático de $t \to \infty$?

e) Obtenha $\lim_{t \to \infty} Q(t)$. Qual o significado prático desse limite?

f) Esboce o gráfico da função e assinale assíntotas, caso existam.

77. O *custo médio*, C_{me}, é dado por $C_{me} = \dfrac{C}{q}$ em que C representa o custo e q a quantidade produzida. Para um produto, o custo total é $C = 10q + 50$ (em \$) e $q > 0$ é o número de unidades produzidas. Assim, o custo médio é dado por $C_{me} = 10 + \dfrac{50}{q}$ com $q > 0$.

a) Calcule o custo médio, na produção de 1, 10, 100 e 1.000 unidades.

b) Qual o significado prático de $q \to \infty$?

c) Obtenha $\lim_{q \to \infty} C(x)$. Qual o significado prático desse limite?

d) Esboce o gráfico da função e assinale assíntotas, caso existam.

Exercícios complementares

Acesse a página deste livro no site da Cengage para baixar os exercícios que complementam este capítulo e aprofunde seu conhecimento.

Palavras-chave

13 O conceito de derivada

Objetivos do capítulo

Neste capítulo, você estudará o conceito de *derivada*. Esse conceito é um dos mais importantes do cálculo diferencial. Você verá como *o conceito de derivada* está diretamente ligado ao conceito de *taxa de variação média* e como é traduzido pela *taxa de variação instantânea*. Após analisar numericamente esses conceitos, você verá como interpretar graficamente a derivada e sua relação com a *reta tangente à curva num ponto*. Você estudará também a *função derivada* e suas possibilidades de interpretação. Ao longo do capítulo, você estará em contato com vários exemplos e atividades de aplicações práticas das derivadas.

Estudo de caso

Em uma indústria química, analisou-se a produção de detergente em relação aos níveis de capital investido em novos equipamentos e obteve-se $P = 3,5q^2$, em que a produção P é dada em centenas de litros e o capital investido q é dado em milhares de \$. O engenheiro-chefe quer verificar as variações da produção do detergente em diferentes níveis de capital investido e, a partir dessa função, pretende entender a influência desse capital. Para tanto, o engenheiro deseja responder às seguintes questões:

Qual é a produção para 10 mil \$, 20 mil \$ e 30 mil \$ investidos? Qual a taxa de variação média da produção para investimentos no intervalo de 10 mil \$ a 20 mil \$? E se o intervalo for de 20 mil \$ a 30 mil \$? Qual a taxa de variação da produção para um investimento exato de 20 mil \$? Qual a taxa de variação da produção para um investimento exato de 30 mil \$? Qual a função que mede a taxa de variação da produção? Como interpretar graficamente essas taxas obtidas?

branislavpudar/Shutterstock

Essas questões poderão ser respondidas com o auxílio dos tópicos a serem estudados neste capítulo!

13.1 Taxas de variação média e instantânea

Nesta seção apresentaremos os conceitos de *taxa de variação média* e de *taxa de variação instantânea*. Essas taxas são o ponto de partida e alicerce para o desenvolvimento do conceito de derivada. Inicialmente, indicamos a seguir alguns aspectos de nossa abordagem e como apresentaremos o conceito de derivada num panorama mais geral.

Abordagens para o conceito de derivada

Como foi exposto nos Objetivos do Capítulo, finalizamos este livro com o estudo do conceito de derivada.

O estudo desse conceito conclui a Parte 3 deste livro, que traz a você uma "Introdução ao cálculo diferencial".

Apresentamos assim uma "introdução" ao *cálculo* e, naturalmente, não esgotamos aqui todos os aspectos e nuanças do importante conceito de *derivada*.

Maiores detalhes sobre esse conceito e aspectos relacionados à *versatilidade* das derivadas na *análise detalhada das funções* são objeto de estudos que fazemos em outros livros, como em *Matemática aplicada à administração, economia e contabilidade – 2ª edição revista e ampliada* – Cengage Learning. No livro citado, naturalmente, exploramos o *conceito de derivada* à luz das aplicações nas ciências administrativas e econômicas e o fazemos de maneira mais ampla e detalhada.

Aqui, exploraremos o conceito de derivada sob outros aspectos!

Os aspectos serão voltados às aplicações nos estudos relacionados à engenharia e tecnologia.

Também não esgotaremos todas as nuanças das derivadas neste capítulo. Em nosso próximo livro, apresentaremos os detalhes, as técnicas de derivação e as aplicações das derivadas, além de estudá-las de maneira ampla em outros assuntos do *"cálculo diferencial e integral para funções de uma variável"*, voltados à engenharia, tecnologia e outras áreas.

Contexto e motivação para o conceito de derivada

O conceito de derivada envolve o limite da taxa de variação média de uma função. Para construir o conceito matemático de derivada e interpretá-lo em suas aplicações iniciais, estudaremos em sequência: taxa de variação média; taxa de variação instantânea; derivada de uma função num ponto; interpretação gráfica da derivada e função derivada.

Respeitando essa sequência, ao apresentar os conceitos principais e os subjacentes, daremos exemplos imediatos, simples e diretos. Assim, construiremos aos poucos a ideia de derivada.

O contexto que norteará os exemplos é o dos conceitos físicos que envolvem movimento, posição, deslocamento e velocidade de um corpo.

Função da posição de um móvel

Consideraremos em nossos exemplos um movimento unidimensional em que o móvel percorre sua trajetória em uma linha. Em sua trajetória, as posições do móvel dependerão do tempo. Logo, $S = f(t)$ representa a função f da posição S associada ao instante t.

Considerando o metro como unidade de medida, a Figura 13.1 ao lado traz uma trajetória orientada (seta) com um ponto O sendo sua "origem" e tendo posição $S = 0m$. De acordo com essa orientação, a posição do móvel poderá ser positiva ou negativa quando analisada em relação à origem e ao sentido de orientação da trajetória.

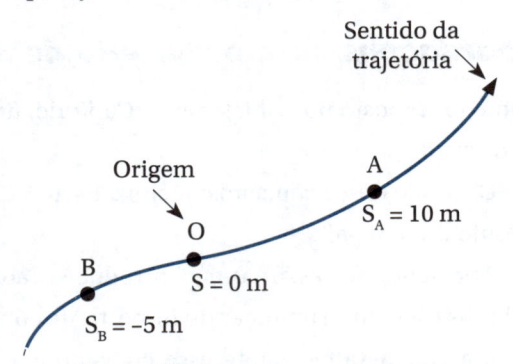

Figura 13.1 Trajetória orientada

Considerando o metro como unidade de medida, na Figura 13.1 o ponto A tem uma posição $S_A = 10m$ que é positiva, pois está a uma distância de $10m$ da origem e na mesma direção da trajetória. O ponto B tem uma posição $S_B = -5m$ que é negativa, pois está a uma distância de $5m$ da origem e na direção oposta à da trajetória. Com a orientação definida, um corpo que realizar um movimento no sentido da trajetória terá suas posições aumentando no decorrer do tempo.

Considere uma trajetória e a função $S = f(t)$ que indica as posições do móvel no decorrer do tempo, com medidas dadas em metros e segundos, respectivamente.

Para indicar as posições do móvel nos instantes $t = 0s$, $t = 3s$ e $t = 5s$, escrevemos, respectivamente, $S = f(0) = 20m$ ou $S(0) = 20m$; $S = f(3) = 50m$ ou $S(3) = 50m$ e $S = f(5) = 70m$ ou $S(5) = 70m$. Veja a Figura 13.2 ao lado.

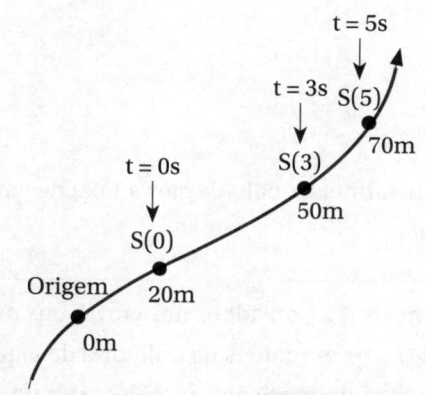

Figura 13.2 Trajetória orientada e posições do móvel

A **variação do tempo**, no intervalo de tempo de $t = a$ ao $t = b$, será representada $\Delta t = b - a$ e, dada a função $S = f(t)$, a **variação das posições** "correspondentes" será $\Delta S = f(b) - f(a)$ ou $\Delta S = S(b) - S(a)$.

Se considerarmos os valores da Figura 13.2, teremos, por exemplo, no intervalo de tempo de $t = 3s$ ao $t = 5s$, a variação do tempo $\Delta t = 5 - 3 = 2s$ e a variação das posições "correspondentes" $\Delta S = f(5) - f(3) = 70 - 50 = 20m$ ou $\Delta S = S(5) - S(3) = 70 - 50 = 20m$.

Taxa de variação média

No Capítulo 3, quando estudamos as funções lineares, $y = mx + b$, vimos que o coeficiente m é chamado **taxa de variação** de y em relação a x, ou **coeficiente angular** da reta que representa a função. Vimos também que, graficamente, m está associado à inclinação da reta que representa a função.

Na verdade, o conceito de *taxa de variação* pode ser mais amplo e sofisticado, não sendo exclusivo das funções lineares. Para chegarmos a um conceito mais geral da taxa de variação, trabalharemos primeiro com a *taxa de variação média*.

O que é a taxa de variação média de uma função e como a calculamos?

Se **y** representa a variável dependente e **x**, a variável independente, então a taxa de variação média de **y** em relação a **x** é calculada pela razão

$$\text{Taxa de variação média} = \frac{\text{variação em } y}{\text{variação em } x} = \frac{\Delta y}{\Delta x}$$

Na Figura 13.3 ao lado, indicamos as variações Δx e Δy de f cuja curva passa pelos pontos A e B.

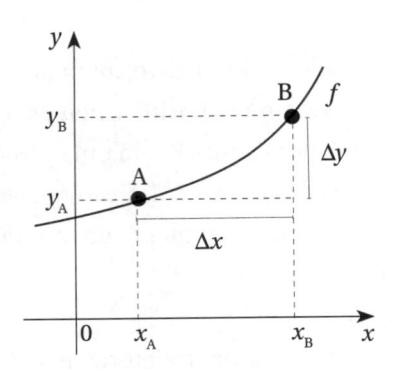

Figura 13.3 Variações Δx e Δy

Naturalmente, calculamos a taxa de variação média de **y** em relação à variação de **x** *num intervalo*.

Exemplo 1: Considere um corpo em movimento no decorrer do tempo com posições iguais às apresentadas na trajetória da Figura 13.2. Caso queiramos calcular a taxa de variação média das posições S no decorrer do tempo t, no intervalo de tempo que vai de $t = 3s$ a $t = 5s$, precisamos das posições correspondentes $S(3) = 50m$ e $S(5) = 70m$. Nesse caso, essa taxa é bastante conhecida, pois representa a velocidade escalar média[1] do móvel no intervalo de tempo considerado:

$$\text{Taxa de variação média} = \text{Velocidade média} = \frac{\text{variação em } S}{\text{variação em } t} = \frac{\Delta S}{\Delta t}$$

$$\text{Taxa de variação média} = V_m = \frac{\Delta S}{\Delta t} = \frac{S(5) - S(3)}{5 - 3} = \frac{70 - 50}{5 - 3} = \frac{20m}{2s} = 10 \; m/s$$

Percebemos, nesse exemplo, que a taxa de variação média de S no decorrer do tempo t depende da obtenção do deslocamento ΔS do móvel associado a uma amplitude Δt específica do intervalo de tempo.

Nossa intenção, a partir daqui, é estudar as taxas de variação de modo mais detalhado e técnico, com uma linguagem e representação funcionais, que permitam melhor explorá-las adiante. Entretanto, continuaremos próximos aos conceitos físicos de *posição, deslocamento, tempo, variação do tempo* e *velocidade*, que são bastante familiares a todos.

---

1   Salientamos que no estudo do movimento dos corpos, além da *velocidade escalar média*, também é possível definir, de maneira distinta, a *velocidade vetorial média*, a *velocidade escalar angular média e a velocidade vetorial angular média*. Para cada uma dessas diferentes "velocidades", também são definidas as correspondentes "velocidades instantâneas". Denominaremos a *velocidade escalar média* simplesmente por "*velocidade média*".

Taxa de variação média de f num intervalo

Dada uma função f com valores $f(x)$, a **taxa de variação média** de f com x num intervalo de a até b é dada por

$$\text{Taxa de variação média de } f \text{ no intervalo de } a \text{ até } b = \frac{f(b) - f(a)}{b - a}$$

Na Figura 13.4 indicamos a variação da função calculada a partir dos valores de x em a e b.

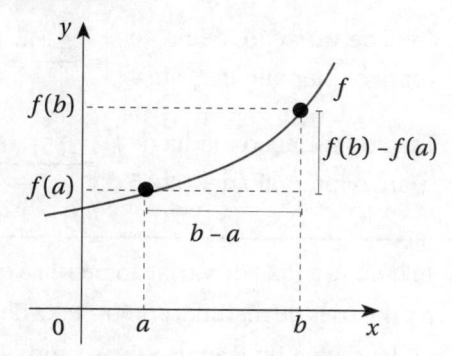

Figura 13.4 Variações $b - a$ e $f(b) - f(a)$

Para essa forma de definir a taxa de variação média, podemos ainda considerar o "tamanho" do intervalo como h, ou seja, $b - a = h$, ao isolarmos b obtemos $b = a + h$ e o intervalo de a até b passa a ser de a até $a + h$. Então, podemos escrever a taxa de variação média como

$$\text{Taxa de variação média de } f \text{ no intervalo de } a \text{ até } a + h = \frac{f(a + h) - f(a)}{h}$$

Veja a Figura 13.5 ao lado.

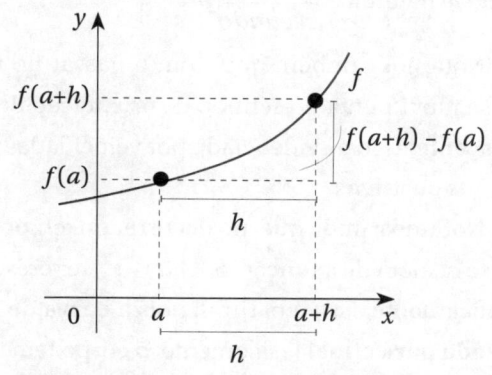

Figura 13.5 Variações h e $f(a + h) - f(a)$

Perceberemos, mais à frente, que escrever a taxa de variação média dessa forma pode ser bastante prático para a obtenção da *taxa de variação instantânea*.

Atenção! **Para os próximos exemplos, consideraremos um corpo que se movimenta, em uma trajetória orientada, com as posições** S **no decorrer do tempo** t **dadas pela função** $S = f(t) = t^2$. Adotaremos como unidades de medida o *metro* (m), para as posições, e o *segundo* (t), para o tempo. Para essa função, calcularemos taxas de variação média, além de explorarmos outros conceitos adiante.

Exemplo 2: Conforme descrito, consideremos a função das posições $S = f(t) = t^2$. O início de análise do movimento do corpo se dá no instante $t = 0s$. Vamos determinar a taxa de variação média das posições em relação ao tempo, ou "velocidades escalares médias" para os intervalos de tempo de $3s$ até $4s$ e de $4s$ até $5s$ (ou seja, para $3 \leq t \leq 4$ e para $4 \leq t \leq 5$).

Calcularemos a *Taxa de variação média* $=$ *Velocidade média* $= \dfrac{\text{variação em } S}{\text{variação em } t} = \dfrac{\Delta S}{\Delta t}$

Para os intervalos de tempo estipulados, teremos:

Taxa de variação média de f para o intervalo de 3 até 4 $= \dfrac{f(4)-f(3)}{4-3} = \dfrac{4^2-3^2}{1} = 16-9 = 7 \ \ m/s$

Taxa de variação média de f para o intervalo de 4 até 5 $= \dfrac{f(5)-f(4)}{5-4} = \dfrac{5^2-4^2}{1} = 25-16 = 9 \ \ m/s$

Note que, se a taxa de variação média é obtida pela divisão de duas grandezas que na prática têm unidades de medida, então a taxa de variação média também tem unidade de medida que será dada pela divisão das duas unidades de medida envolvidas. Nesse exemplo, a unidade de medida é $\dfrac{metro}{segundo} = \dfrac{m}{s}$.

Notamos também que, com o passar do tempo, **aumentam** as posições do móvel, pois ele se movimenta no sentido de orientação de sua trajetória. Ou seja, a função $S = f(t) = t^2$ **é crescente!** Isso é evidenciado por velocidades médias positivas, ou seja, *por taxas de variação médias* **positivas**.

Notamos ainda que, no decorrer do tempo, as velocidades médias também **aumentaram.** Ou seja, além de a função $S = f(t) = t^2$ ser crescente, o crescimento ocorre a **taxas crescentes!** Graficamente, isso é natural, pois a curva de $S = f(t) = t^2$ é uma parábola com **concavidade voltada para cima**! Fisicamente, o corpo tem um movimento acelerado.

Sabemos que tais taxas foram calculadas para intervalos de tempo específicos. Nesse momento, cabe perguntar:

"É possível calcular a taxa de variação da posição do móvel em um instante específico? Por exemplo, qual a taxa de variação da posição exatamente aos 3 segundos? *Sendo possível calcular essa taxa, como realizamos tal cálculo?"*

Na verdade, estudar o comportamento da posição do móvel em um instante específico nos remete ao desenvolvimento de "ferramentas" matemáticas que permitem estudar mais profundamente tal função e analisá-la de modo mais detalhado.

Para a primeira pergunta feita, a resposta é sim! Podemos calcular a taxa de variação da posição para um instante específico e, ao calcularmos tal taxa, vamos denominá-la ***taxa de variação instantânea***.

Ao perguntarmos *"Qual a taxa de variação da posição exatamente aos 3 segundos?"*, estamos perguntando *"Qual a taxa de variação instantânea da posição no instante $t = 3s$?"*

Em resposta à segunda pergunta e para compreendermos como é possível o cálculo da taxa de variação instantânea da posição, e qual o valor de tal taxa para o instante $t = 3$, vamos utilizar a seguinte ideia: *calcularemos várias* taxas de variação médias *para intervalos de tempo "muito pequenos", cada vez mais "próximos" do instante* $t = 3s$. Para esse exemplo, a "taxa de variação instantânea" é conhecida como "velocidade instantânea".

Como você já deve imaginar, a ideia exposta nos leva ao conceito de *limite*!

A *velocidade instantânea é definida a partir de um limite*, qual seja: *o limite da taxa de variação média da posição num intervalo de tempo que tende a zero*.

De forma mais geral, definiremos a *taxa de variação instantânea para uma função qualquer* e aplicaremos essa definição à função da posição do móvel no tempo, calculando, assim, a velocidade instantânea.

Taxa de variação instantânea

Dada uma função f, a **taxa de variação instantânea** de f em um número fixo $\boldsymbol{a}$ é dada por

$$\begin{array}{c} \text{Taxa de variação instantânea} \\ \text{de } f \text{ em } a \end{array} = \lim_{h \to 0} \left(\begin{array}{c} \text{Taxa de variação média de } f \\ \text{no intervalo de } a \text{ até } a+h \end{array} \right)$$

ou, simplesmente,

$$\boxed{\begin{array}{c} \text{Taxa de variação instantânea} \\ \text{de } f \text{ em } a \end{array} = \lim_{h \to 0} \frac{f(a+h) - f(a)}{h}}$$

sendo necessária a existência de tal limite com a convergência dos limites laterais em um número.

Exemplo 3: Dada a posição $S = f(t) = t^2$ do móvel no decorrer do tempo, vamos calcular sua velocidade instantânea para $t = 3s$.

$$\begin{array}{c} \text{Velocidade instantânea} \\ \text{de } f \text{ em } t = 3s \end{array} = \begin{array}{c} \text{Taxa de variação instantânea} \\ \text{de } f \text{ em } t = 3s \end{array} = \lim_{h \to 0} \left(\begin{array}{c} \text{Taxa de variação média de } f \\ \text{para o intervalo de 3 até } 3+h \end{array} \right)$$

$$\begin{array}{c} \text{Taxa de variação instantânea} \\ \text{de } f \text{ em } t = 3s \end{array} = \lim_{h \to 0} \frac{f(3+\boldsymbol{h}) - f(3)}{\boldsymbol{h}}$$

Para o cálculo desse limite, podemos seguir dois caminhos básicos: um *numérico*, por meio de estimativas dos limites laterais verificando sua convergência para um número, ou um algébrico, utilizando manipulações algébricas e propriedades dos limites garantindo a veracidade do valor obtido por estimativas numéricas.

Faremos primeiro o cálculo numérico, para exemplificar um procedimento que pode ser aplicado independentemente da complexidade da função envolvida.

O procedimento numérico envolve o cálculo de diversas taxas de variação média, tomando, a cada nova etapa, intervalos h menores:

$$\text{Taxa de variação média de } f \text{ para o intervalo de 3 até } 3+h = \frac{f(3+h)-f(3)}{h}$$

Fazendo $h = 0,1s$, temos o intervalo de 3 até $3+0,1$ ou, de 3 até 3,1:

$$\text{Taxa de variação média de } f \text{ para o intervalo de 3 até } 3+0,1 = \frac{f(3+0,1)-f(3)}{0,1} = \frac{f(3,1)-f(3)}{0,1}$$

$$= \frac{3,1^2 - 3^2}{0,1} = \frac{0,61}{0,1} = \mathbf{6,1}$$

Assim, no intervalo de $3s \le t \le 3,1s$, temos a velocidade média de 6,1 m/s.

Devemos repetir esse procedimento para $h = 0,01s$, $h = 0,001s$,..., ou seja, investigar os resultados para $h \to 0^+$ estimando o limite lateral à direita.

O procedimento para estimar o limite lateral à esquerda também deve ser feito, ou seja, fazemos os cálculos para $h \to 0^-$, tomando, por exemplo, $h = -0,1s$, $h = -0,01s$, $h = -0,001s$,..., até que fique clara a tendência do limite lateral à esquerda.

Para a função dada realizamos esses cálculos e resumimos os resultados nas tabelas:

Tabela 13.1 Estimativas $\lim\limits_{h \to 0^-} \dfrac{f(3+h)-f(3)}{h}$

h	h	$V_m = \dfrac{f(3+h)-f(3)}{h}$	V_m
	$-0,1$	5,9	
	$-0,01$	5,99	
$\downarrow$	$-0,001$	5,999	$\downarrow$
	$-0,0001$	5,9999	
0^-	0,0000...01	5,9999999...	6

Tabela 13.2 Estimativas $\lim\limits_{h \to 0^+} \dfrac{f(3+h)-f(3)}{h}$

h	h	$V_m = \dfrac{f(3+h)-f(3)}{h}$	V_m
	0,1	6,1	
	0,01	6,01	
$\downarrow$	0,001	6,001	$\downarrow$
	0,0001	6,0001	
0^+	0,0000...01	6,0000...001	6

De acordo com os resultados obtidos, estimamos $\lim\limits_{h \to 0^-} \dfrac{f(3+h)-f(3)}{h} = 6$ e $\lim\limits_{h \to 0^+} \dfrac{f(3+h)-f(3)}{h} = 6$, indicando a convergência dos limites laterais para o número 6, ou seja:

$$\text{Taxa de variação instantânea de } f \text{ em } t = 3s = \lim\limits_{h \to 0} \frac{f(3+h)-f(3)}{h} = 6 \ m/s$$

Isso indica que a velocidade instantânea $V = 6 \ m/s$ em $t = 3s$.

O outro caminho para o cálculo desse limite é o algébrico e exige habilidades algébricas e o conhecimento das propriedades de limites, como veremos a seguir:

$$V(3) = \frac{\text{Velocidade instantânea de } f \text{ em } t = 3s}{} = \frac{\text{Taxa de variação instantânea de } f \text{ em } t = 3s}{} = \lim\limits_{h \to 0} \frac{f(3+h)-f(3)}{h}$$

$$V(3) = \lim_{h \to 0} \frac{f(3+h) - f(3)}{h}$$

Calculando a função $S = f(t) = t^2$ em $3+h$ e em 3,

$$V(3) = \lim_{h \to 0} \frac{(3+h)^2 - 3^2}{h} = \lim_{h \to 0} \frac{9 + 6h + h^2 - 9}{h} = \lim_{h \to 0} \frac{6h + h^2}{h}$$

Colocando h em evidência e cancelando-o, obtemos o limite pela substituição direta

$$V(3) = \lim_{h \to 0} \frac{\cancel{h} \cdot (6+h)}{\cancel{h}} = \lim_{h \to 0} (6+h) = 6 + 0 = 6$$

$$V(3) = 6 \ m/s$$

Exercícios

1. De acordo com as definições expostas:

   a) Explique o significado do conceito de taxa de variação média.

   b) Explique o significado do conceito de taxa de variação instantânea.

2. Dada a função das posições $S = f(t) = t^2$ de um móvel no decorrer do tempo, sendo S dada em *metros* e t em *segundos*, obtenha a taxa de variação média para os seguintes intervalos:

   a) De 5s até 6s.

   b) De 6s até 7s.

3. Dada a função das posições $S = f(t) = t^2$ de um móvel no decorrer do tempo, sendo S dada em *metros* e t em *segundos*, obtenha a taxa de variação instantânea para $t = 5s$ por meio de estimativas numéricas dos limites laterais. Para obter suas estimativas, construa duas tabelas: uma com $h = 0,1s$, $h = 0,01s$ e $h = 0,001s$; a outra com $h = -0,1s$, $h = -0,01s$ e $h = -0,001s$.

4. Dada a função das posições $S = f(t) = t^2$ de um móvel no decorrer do tempo,

sendo S dada em *metros* e t em *segundos*, obtenha algebricamente, utilizando a definição de taxa de variação instantânea, a velocidade do móvel em $t = 5s$. Ao final do seu cálculo, compare o resultado com o valor obtido no exercício anterior.

5. Dada a função das posições $S = f(t) = 5t^2 + 20$ de um móvel no decorrer do tempo, sendo S dada em *metros* e t em *segundos*, obtenha a taxa de variação média para os seguintes intervalos:

   a) De 0s até 1s.

   b) De 1s até 2s.

6. Dada a função das posições $S = f(t) = 5t^2 + 20$ de um móvel no decorrer do tempo, sendo S dada em *metros* e t em segundos, obtenha a taxa de variação instantânea para $t = 1s$ por meio de estimativas numéricas dos limites laterais. Para obter suas estimativas, construa duas tabelas: uma com $h = 0,1s$, $h = 0,01s$ e $h = 0,001s$; a outra com $h = -0,1s$, $h = -0,01s$ e $h = -0,001s$.

7. Dada a função das posições $S = f(t) = 5t^2 + 20$ de um móvel no decorrer do tempo, sendo S dada em *metros* e t em *segundos*, obtenha algebricamente, utilizando a definição de taxa de variação instantânea, a velocidade do móvel em $t = 1s$. Ao final do seu cálculo, compare o resultado com o valor obtido no exercício anterior.

8. Considerando um gerador com força eletromotriz de $\varepsilon = 40\,V$ e resistência interna de $r = 2\,\Omega$, a potência útil é a função quadrática $P_u = 40i - 2i^2$, sendo as unidades de medida de P e i, respectivamente, W e A. No gráfico dessa função podemos visualizar o domínio e o ponto de máximo da função.

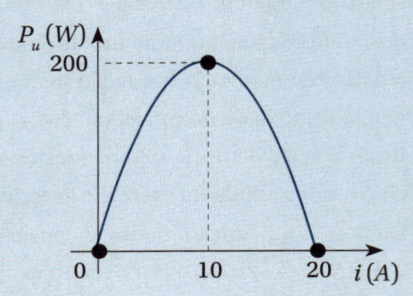

Para essa função, indicando as unidades de medida, obtenha:

a) A taxa de variação média em $2A \le i \le 5A$.

b) A taxa de variação média em $15A \le i \le 18A$.

c) A taxa de variação média em $5A \le i \le 15A$.

d) Conclusões sobre o crescimento (ou decrescimento) da função, a partir da taxa de variação média obtida em cada um dos intervalos dos três itens anteriores. Essas conclusões são confirmadas pelo aspecto gráfico da função?

e) A taxa de variação instantânea, em $i = 5A$, por meio da definição com cálculo algébrico do limite.

f) A taxa de variação instantânea, em $i = 15A$, por meio da definição com cálculo algébrico do limite.

g) A taxa de variação instantânea, em $i = 10A$, por meio da definição com cálculo algébrico do limite.

h) Conclusões sobre o crescimento (ou decrescimento) da função, a partir da taxa de variação instantânea obtida em cada um dos pontos dos três itens anteriores. Essas conclusões são confirmadas pelo aspecto gráfico da função?

▶ 13.2 Derivada de uma função num ponto

Na seção anterior, analisamos a ***taxa de variação instantânea*** de uma função f num número fixo ***a***, bem como seu significado numérico. Essa taxa é extremamente importante e recebe o nome de ***derivada*** da função f em um número ***a***, ou ***derivada*** da função f no ponto ***a***. Denotamos essa derivada por $f'(a)$. Em resumo:

$$f'(a) = \frac{\text{Derivada de } f}{\text{no número } a} = \frac{\text{Derivada de } f}{\text{no ponto } a} = \frac{\text{Taxa de variação instantânea}}{\text{de } f \text{ em } a}$$

Ou, simplesmente, "**a derivada de** f **em** a **é a taxa de variação de** f **em** a".

$$f'(a) = \frac{\text{Derivada de } f}{\text{no número } a} = \text{Taxa de variação de } f \text{ em } a$$

Assim, com a linguagem de limites temos *a derivada de uma função num ponto,*

$$f'(a) = \frac{\text{Derivada de}}{f \text{ em } a} = \frac{\text{Taxa de variação}}{\text{de } f \text{ em } a} = \lim_{h \to 0} \frac{f(a+h) - f(a)}{h}$$

$$f'(a) = \lim_{h \to 0} \frac{f(a+h) - f(a)}{h}$$

desde que o limite exista!

Devemos lembrar que tal limite só existe, ou seja, a derivada no ponto só existe, se os limites laterais resultarem em um mesmo número. Caso isso não ocorra, o limite no ponto a não existe e, como consequência, a derivada não existe.

Quando existe a derivada da função f em um ponto a, dizemos que a função é *derivável ou diferenciável* no ponto.

Exemplo 4: Dada **uma nova função** da posição $S = f(t) = 10t + 20$ do móvel no decorrer do tempo, vamos calcular sua velocidade no instante $t = 3s$, ou seja, vamos calcular $V(3) = S'(3) = f'(3)$.

$$V(3) = S'(3) = f'(3) = \lim_{h \to 0} \frac{f(3+h) - f(3)}{h}$$

Calculando a função $f(t) = 10t + 20$ em $3+h$ e em 3,

$$f'(3) = \lim_{h \to 0} \frac{10 \cdot (3+h) + 20 - (10 \cdot 3 + 20)}{h}$$

$$f'(3) = \lim_{h \to 0} \frac{30 + 10h + 20 - 30 - 20}{h} = \lim_{h \to 0} \frac{10h}{h}$$

Cancelando h, obtemos o limite de uma constante que resulta na própria constante

$$f'(3) = \lim_{h \to 0} \frac{10\cancel{h}}{\cancel{h}} = \lim_{h \to 0} 10 = 10$$

$$V(3) = f'(3) = 10 \ m/s$$

Exemplo 5: Considere a função produção $P = f(x) = 5x^3$, em que P é medida em unidades produzidas para cada x milhar de \$ investidos em equipamentos. Vamos calcular a *taxa de variação da produção* quando são investidos 2 milhares de \$ em equipamentos. Ou seja, calcularemos $P'(2) = f'(2)$.

$$P'(2) = f'(2) = \lim_{h \to 0} \frac{f(2+h) - f(2)}{h}$$

Para calcular a função $f(x) = 5x^3$ em $2+h$ e em 2, será necessário usar o produto notável $(a+b)^3 = a^3 + 3a^2b + 3ab^2 + b^3$,

$$f'(2) = \lim_{h \to 0} \frac{5 \cdot (2+h)^3 - 5 \cdot 2^3}{h} = \lim_{h \to 0} \frac{5 \cdot \left(2^3 + 3 \cdot 2^2 \cdot h + 3 \cdot 2 \cdot h^2 + h^3\right) - 5 \cdot 2^3}{h}$$

$$f'(2) = \lim_{h \to 0} \frac{40 + 60h + 30h^2 + 5h^3 - 40}{h} = \lim_{h \to 0} \frac{60h + 30h^2 + 5h^3}{h}$$

Colocando h em evidência e cancelando-o, obtemos o limite pela substituição direta

$$f'(2) = \lim_{h \to 0} \frac{\not{h} \cdot \left(60 + 30h + 5h^2\right)}{\not{h}} = \lim_{h \to 0} \left(60 + 30h + 5h^2\right) = 60 + 30 \cdot 0 + 5 \cdot 0^2 = 60$$

$$P'(2) = f'(2) = 60 \ \frac{\text{unidades}}{\text{milhar de } \$}$$

Exercícios

9. De acordo com as definições expostas, explique o significado da expressão *"derivada* da função f em um número a".

10. A expressão $T = f(x)$ dá a temperatura T, em $^\circ C$, de um motor automotivo x minutos após sua ignição. Estando o carro parado numa garagem, nos 10 minutos iniciais a temperatura cresce cada vez mais rapidamente, entretanto, após os 10 minutos, ela continua a crescer, mas a taxas menores.

a) Qual o significado e qual a unidade de medida da derivada $f'(q)$?

b) Em termos práticos, o significa dizer que $f'(5) = 60$?

c) Se o carro estiver parado com o motor ligado em uma garagem, o que você espera que seja maior, $f'(5)$ ou $f'(7)$? E comparando $f'(15)$ e $f'(20)$?

11. Em uma trajetória orientada, temos a função das posições $S = f(t)$ de um móvel no decorrer do tempo, sendo S dada em *metros* e t em *segundos*.

a) Em termos práticos, o que significa dizer que $f'(10) = 20$? Qual sua unidade de medida?

b) Em termos práticos, o que significa dizer que $f'(15) = -30$?

c) Em termos práticos, o que significa dizer que $f'(40) = 0$?

12. Em uma trajetória orientada, temos a função das velocidades $V = f(t)$ de um móvel no decorrer do tempo, sendo V dada em *metros/segundos* e t em *segundos*.

a) Em termos práticos, o que significa dizer que $f'(5) = 10$? Qual sua unidade de medida?

b) Em termos práticos, o que significa dizer que $f'(8) = -20$?

c) Em termos práticos, o significa dizer que $f'(15) = 0$?

d) Na física, como é chamada a grandeza obtida pela derivada da velocidade em relação ao tempo?

13. Em uma indústria química, considerou-se a produção de detergente como função do capital investido em equipamentos e estabeleceu-se $P(q) = 10q^2$, em que a produção P é dada em milhares de litros e o capital investido q é dado em milhares de $.

a) Calcule algebricamente, com o uso da definição, a derivada da produção em $q = 5$, ou seja, $P'(5)$.

b) Qual o significado numérico e prático da derivada encontrada no item anterior?

14. Determine algebricamente, pela definição, o valor da derivada no ponto, de acordo com a função.

a) $f'(1)$ para $f(x) = 3x^2$.

b) $f'(1)$ para $f(x) = x^2 + x$.

c) $f'(5)$ para $f(x) = x^2 - 4x + 7$.

d) $f'(-2)$ para $f(x) = x^2 - x$.

e) $f'(4)$ para $f(x) = 2x + 1$.

f) $f'(10)$ para $f(x) = x$.

g) $f'(7)$ para $f(x) = 10$.

h) $f'(1)$ para $f(x) = x^3$.

i) $f'(2)$ para $f(x) = x^3 - x^2$.

j) $f'(2)$ para $f(x) = \dfrac{1}{x}$.

k) $f'(1)$ para $f(x) = \dfrac{1}{x^2}$.

13.3 Interpretação gráfica da derivada

Nas seções anteriores, analisamos um pouco do significado numérico das taxas de variação média e instantânea usando estimativas numéricas e também com o auxílio de técnicas algébricas elementares.

Nesta seção, analisaremos o significado geométrico da derivada num ponto.

Taxa de variação média como 'inclinação' da reta secante

Dada uma função f, para determinar a taxa de variação média num intervalo de $\boldsymbol{a}$ até $\boldsymbol{a+h}$, é necessário calcular os valores $f(a)$ e $f(a+h)$. Graficamente, teremos dois pontos $(a, f(a))$, e $(a+h, f(a+h))$ da curva que representa a função. Chamaremos esses pontos, respectivamente, de P e Q conforme representados na Figura 13.6. Traçando a reta $\overline{PQ}$ secante à curva nos pontos, *teremos a taxa de variação média* como *coeficiente angular* de tal reta. Isso é natural, pois se *y* representa a variável dependente e *x* a variável independente, então

$$m = \frac{\text{Coeficiente angular}}{} = \frac{\text{Taxa de variação média}}{}$$

$$m = \text{Inclinação} = \frac{\text{variação em } y}{\text{variação em } x} = \frac{\Delta y}{\Delta x}$$

$$m = \text{Inclinação} = \frac{f(a+h) - f(a)}{h}$$

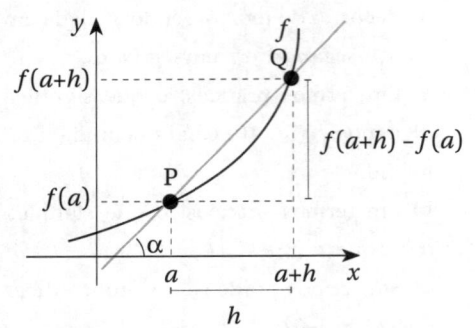

Figura 13.6 Reta secante à curva

Representamos com *m* o *coeficiente angular*, e ele é associado à ***inclinação*** α que a reta forma com o eixo *x*. Nesse sentido, diremos que *m* "representa a ***inclinação***" ou *m* "é a ***inclinação***" ou, ainda, *m* "é a *taxa de variação*", embora no contexto das derivadas essas denominações tradicionais se confundam.

Exemplo 6: Dada a função das posições $S = f(t) = t^2$ do Exemplo 2, calculamos as taxas de variação médias, ou seja, as velocidades nos intervalos $3 \le t \le 4$ e $4 \le t \le 5$, obtendo, respectivamente, 7 *m/s* e 9 *m/s*. Na figura ao lado, temos duas retas secantes às curvas com inclinações diferentes representando as diferentes velocidades. A reta $\overline{BC}$ tem inclinação (9 *m/s*) maior que a da reta $\overline{AB}$ (7 *m/s*).

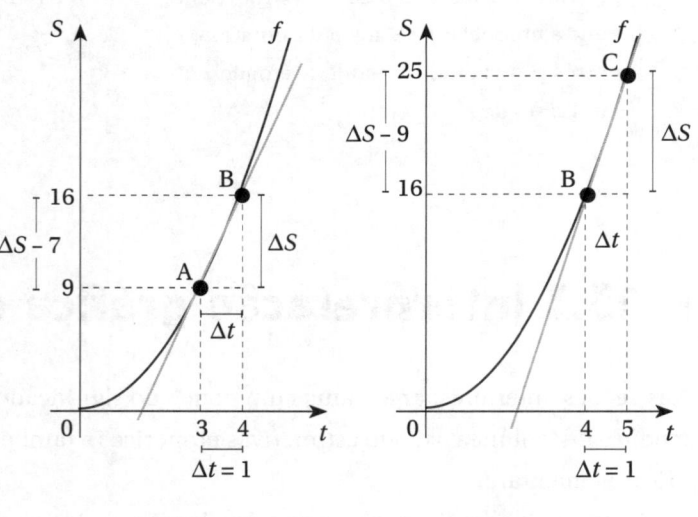

Derivada como 'inclinação' da reta tangente

Sabemos que a taxa de variação instantânea representa a derivada de uma função no ponto, então a interpretação gráfica da taxa de variação instantânea será a mesma da derivada.

Visualizamos a ***taxa de variação instantânea*** ou, graficamente, a ***derivada de uma função num ponto*** pela ***inclinação da reta tangente à curva*** naquele ponto.

Dada a derivada de uma função num ponto a como

$$f'(a) = \lim_{h \to 0} \frac{f(a+h) - f(a)}{h}$$

graficamente, dizemos que

" $f'(a)$ = Inclinação da reta tangente à curva f no ponto a."

Analisemos os passos e raciocínios que validam essa afirmação:

Na Figura 13.7 ao lado, tomamos o ponto $P = (a; f(a))$; em seguida, fazemos um acréscimo h ao valor de a, obtendo $a+h$ e o ponto correspondente $Q = (a+h; f(a+h))$. Por esses pontos passamos a reta secante $\overline{PQ}$ em que sua inclinação dá a

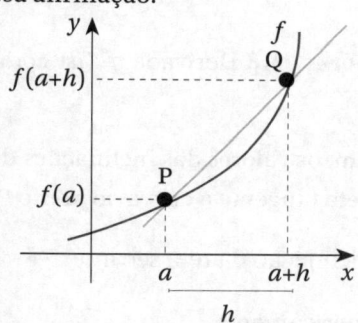

Taxa de variação média de f no intervalo de a até $a+h$ $= \dfrac{f(a+h) - f(a)}{h}$

Figura 13.7 Taxa de variação média de f no intervalo de a até $a+h$

Na Figura 13.8, tomamos h cada vez menores de tal modo que $a+h$ se aproxima de a. O ponto Q assume novas posições na curva e, consequentemente, a reta secante $\overline{PQ}$ também assume novas posições. Nessa figura notamos que, quando $h \to 0$, o ponto Q "tende" a uma posição limite. Tal posição limite é representada pelo ponto P que permanece fixo, ou seja, $Q \to P$.

Logo, percebemos que, à medida que $h \to 0$, a reta secante $\overline{PQ}$ também "tende" para uma posição limite. Tal posição limite é representada pela *reta tangente à curva no ponto* P, ou seja,

Reta secante $\overline{PQ}$ $\to$ Reta tangente à curva no ponto P .

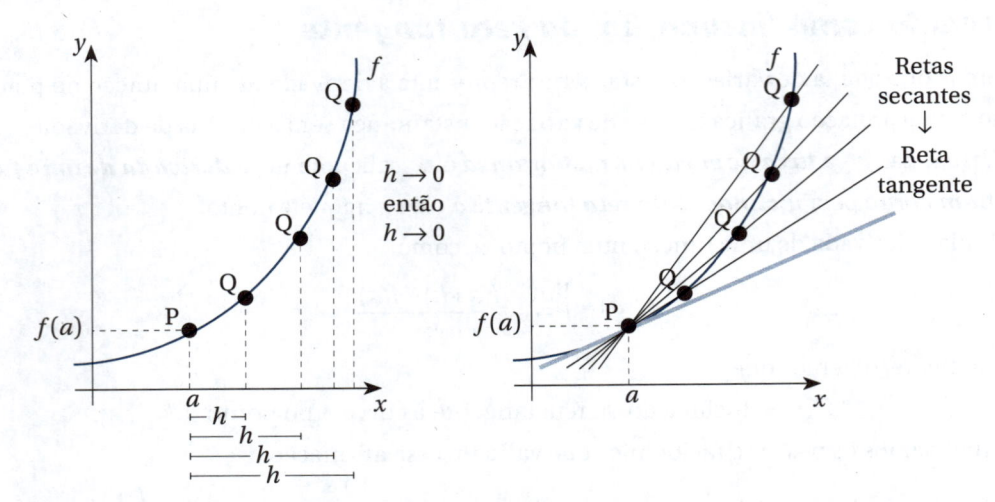

Figuras 13.8 Derivada $f'(a)$ como inclinação da reta tangente à curva no ponto P.

Assim, os valores das inclinações das retas secantes ($\overrightarrow{PQ}$) tendem para o valor da inclinação da reta tangente à curva no ponto P, ou seja,

Inclinação da reta secante $\rightarrow$ Inclinação da reta tangente à curva no ponto P

Numericamente,

$$\binom{\text{Taxa de variação média de } f}{\text{no intervalo de } a \text{ até } a+h} \rightarrow \binom{\text{Taxa de variação instantânea}}{\text{de } f \text{ em } a} = \boldsymbol{f'(a)} \ .$$

Como pudemos observar, as representações gráficas foram feitas para $h > 0$, ou seja, a representação do limite diz respeito a $h \rightarrow 0^+$. Salientamos que representações gráficas similares podem ser feitas com $h < 0$ e, a partir da representação do limite em que $h \rightarrow 0^-$, obtemos as mesmas conclusões a respeito da representação gráfica da taxa de variação instantânea.

Exemplo 7: Dada a função das posições $S = f(t) = t^2$, no Exemplo 2, calculamos a taxa de variação média, ou seja, a velocidade no intervalo $3 \le t \le 4$, e obtivemos $7 \ m/s$. No Exemplo 3, calculamos a taxa de variação instantânea, ou seja, a derivada no instante $3s$, obtendo $6 \ m/s$. Para obter tal velocidade, primeiro fizemos estimativas de velocidades médias para pequenos intervalos de tempo próximos ao instante $3s$. Com $h \rightarrow 0^+$, fizemos $h = 0,1s$, $h = 0,01s$, ... e obtivemos pequenos deslocamentos correspondentes que levaram às respectivas velocidades médias $6,1 \ m/s$, $6,01 \ m/s$,...

Tais valores foram organizados, e você pode revê-los nas Tabelas 13.1 e 13.2. Essas velocidades representam inclinações de retas secantes que tendem à inclinação da reta tangente para $t = 3s$. Essa reta tangente passa pelo ponto $P = (3, f(3)) = \left(3,\ 3^2\right) = (3,\ 9)$ e tem inclinação $m = f'(3) = 6\ m/s$, como você observa na figura ao lado.

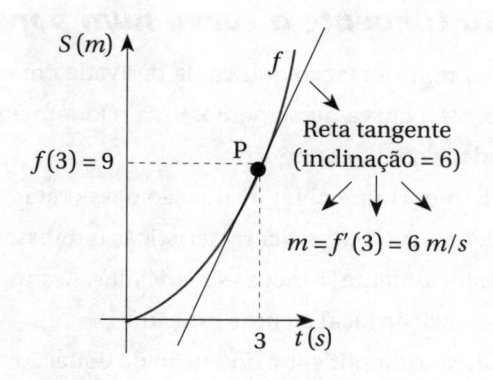

No exemplo a seguir, ressaltaremos que as interpretações da derivada num ponto dão o *"comportamento **local**"* da função para valores do domínio próximos ao ponto em que ela foi calculada.

Exemplo 8: Para a função das posições $S = f(t) = t^2$, a derivada $f'(3) = 6\ m/s$ indica o *comportamento local* das posições do móvel no instante $t = 3s$. Em $t = 3s$, temos $f(3) = 3^2 = 9\,m$, ou seja, para $t = 3s$, a posição $S = 9\ m$. Como o valor da derivada nesse ponto é $f'(3) = 6$, compreendemos melhor o significado desse valor ao representarmos graficamente a inclinação da reta tangente no ponto, conforme a figura ao lado.

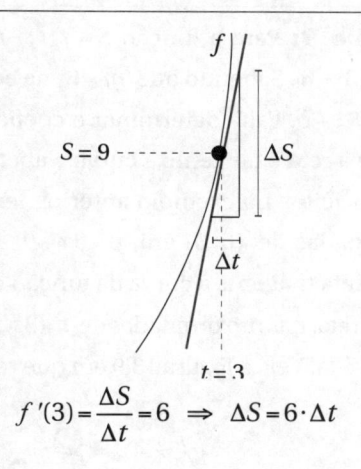

$$f'(3) = \frac{\Delta S}{\Delta t} = 6 \implies \Delta S = 6 \cdot \Delta t$$

Notamos, então, que *uma pequena variação em t, próximo de t = 3s, resulta numa variação 6 vezes maior em S, próximo de S = 9m:*

$$f'(3) = \frac{\Delta S}{\Delta t} = 6 \implies \Delta S = 6 \cdot \Delta t$$

Numericamente, confirmamos isso, pois para um acréscimo no tempo de 1 milésimo próximo de $t = 3s$, temos um acréscimo na posição de aproximadamente 6 milésimos, próximo de $S = 9m$.

Em outras palavras, fazendo $\Delta t = 0,001s$, passamos de $t = 3s$ para $t = 3,001s$ e, consequentemente, de $f(3) = 9m$ para $f(3,\mathbf{001}) = 9,\mathbf{006}001 \cong 9,\mathbf{006}m$. Ou ainda, se $\Delta t = 0,001s$, temos $\Delta S = f(3,001) - f(3) \implies \Delta S = 9,006001 - 9 \implies \Delta S = 0,006001 \implies \Delta S \cong 0,006m$.

Reta tangente à curva num ponto

Para a representação gráfica da derivada em um ponto, estamos sempre nos referindo à *reta tangente* à curva nesse ponto. Essa reta tem equação $y = m \cdot x + b$, que remete à função linear estudada no Capítulo 3.

É importante obter a equação dessa reta tangente a partir de uma função e sua derivada no ponto. Tal reta tem características interessantes, e sua equação, que é simples, pode "substituir localmente" funções sofisticadas. Assim, a reta tangente é útil nos estudos envolvendo a "linearização local de uma função".

Para exemplificar a obtenção da equação $y = m \cdot x + b$ da reta tangente à curva da função $y = f(x)$ num ponto a, estamos interessados em obter os coeficientes m e b.

Na obtenção desses coeficientes, é importante lembrar dois fatos:

I) O coeficiente $m = f'(a)$ é a inclinação da reta ou derivada da função no ponto.

II) O ponto da curva é $(a, f(a))$, e tal ponto também pertence à reta, ou seja, suas coordenadas também satisfazem a equação $y = m \cdot x + b$.

Exemplo 9: Para a função $S = f(t) = t^2$, com o cálculo da derivada em $t = 3$, obtivemos $m = f'(3) = 6$. Sabendo que $m = 6$, na equação $y = m \cdot x + b$ da reta tangente, podemos escrever $y = 6x + b$. Falta determinar o coeficiente b, que pode ser encontrado a partir do ponto em que a reta é tangente à curva. Sabemos que esse ponto é comum à reta e à curva. Pelos cálculos feitos no exemplo anterior, temos Ponto $= (3; f(3)) = (3; 9)$. Logo, substituindo as coordenadas de $(3; 9)$ em $y = 6x + b$, temos $9 = 6 \cdot 3 + b$, levando a $b = -9$. Assim, a equação da reta tangente à curva da função $S = f(t) = t^2$ no instante $t = 3s$ é dada por $y = 6x - 9$.

Tal reta, nas proximidades de $t = 3s$, "se confunde com a curva", podendo de "certa forma" substituí-la. Veja a Figura 13.9 em que realizamos "zoom" próximo ao ponto de tangência.

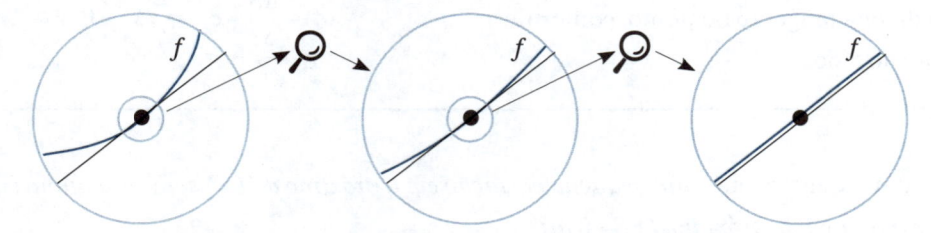

Figura 13.9 Reta tangente "se confundindo" com a curva no ponto de tangência

Exercícios

15. De acordo com as definições expostas, qual o significado gráfico:

a) Da taxa de variação média?

b) Da derivada de uma função num ponto?

16. Dada a função das posições $S = f(t) = t^2$ de um móvel no decorrer do tempo, sendo S dada em *metros* e t em *segundos*:

a) Calcule, faça o gráfico e interprete graficamente a taxa de variação média para o intervalo de 5s até 6s.

b) Sabendo que o valor da derivada no instante 5s é $f'(5) = 10$ *m/s*, obtenha a equação da reta tangente nesse instante.

c) Desenhe novamente o gráfico da função, agora com a reta tangente para o instante 5s.

17. Considere a função $f(x) = x^4$; para $x = 1$ e $x = 2$ são dados, respectivamente, os valores de suas derivadas $f'(1) = 4$ e $f'(2) = 32$:

a) Obtenha o valor da função em $x = 1$ e $x = 2$.

b) Obtenha a equação da reta tangente à curva de f para $x = 1$.

c) Obtenha a equação da reta tangente à curva de f para $x = 2$.

18. Considere a função $f(x) = x^3$; para $x = 1$ e $x = 2$ são dados, respectivamente, os valores de suas derivadas $f'(1) = 3$ e $f'(2) = 12$:

a) Obtenha o valor da função em $x = 1$ e $x = 2$.

b) Esboce o gráfico da função, ressaltando nele as coordenadas dos pontos calculados no item anterior.

c) Obtenha a taxa de variação média de f no intervalo $1 \leq x \leq 2$. No gráfico já esboçado, faça uma representação dos valores envolvidos no cálculo dessa taxa.

d) Obtenha a equação da reta tangente à curva de f para $x = 1$.

e) Obtenha a equação da reta tangente à curva de f para $x = 2$ e represente tal reta e a curva em um novo gráfico.

19. Considere a função $f(x) = -x^2 + 20x$; para $x = 5$ e $x = 15$ são dados, respectivamente, os valores de suas derivadas $f'(5) = 10$ e $f'(15) = -10$:

a) Obtenha o valor da função para $x = 5$, $x = 10$ e $x = 15$.

b) Esboce o gráfico da função, ressaltando nele as coordenadas dos pontos calculados no item anterior, bem como o vértice da parábola.

c) Obtenha as taxas de variação média de f nos intervalos $5 \leq x \leq 10$ e $10 \leq x \leq 15$. No gráfico já esboçado, faça uma representação dos valores envolvidos nos cálculos dessas taxas.

d) Obtenha a equação da reta tangente à curva de f para $x = 5$.

e) Obtenha a equação da reta tangente à curva de f para $x = 15$ e represente tal reta e a curva em um novo gráfico.

20. Em uma indústria, considerou-se a produção de alimentos como função do valor monetário dos insumos utilizados e estabeleceu-se $P(x) = 5x^2$, em que a produção P é dada em toneladas e o insumo x é dado em milhares de $.

a) Qual a produção em $x = 2$?

b) Calcule a derivada da produção em $x = 2$, ou seja, $P'(2)$.

c) Qual o significado prático do valor obtido no item anterior?

d) Obtenha a equação da reta tangente à curva de P para $x = 2$ e represente graficamente tal reta e a curva.

e) Quais serão as variações ΔP da produção caso ocorram variações de $\Delta x = 0,01$ e $\Delta x = 0,005$ (milhares de $) próximas do valor $x = 2$ (milhares de $)?

13.4 Função derivada

Nas seções anteriores, analisamos os cálculos com interpretações numéricas e gráficas da derivada de uma função em um ponto fixo. Nesta seção, a partir de ideias simples, obteremos a *função derivada* que permitirá o cálculo da derivada em diferentes pontos do domínio da função.

Diferentes derivadas para diferentes pontos e a função derivada

Para a função da posição do móvel dos últimos exemplos e para algumas das funções propostas nos exercícios das seções anteriores, ocorre algo bastante interessante no traçado de seus gráficos. Se tomarmos diferentes pontos na curva, teremos diferentes retas tangentes, com diferentes inclinações.

Na Figura 13.10 ao lado, temos a curva que representa f com diferentes pontos, A, B, C e D, e retas tangentes cujas inclinações são as derivadas de f para diferentes valores do domínio da função.

Como cada inclinação representa a derivada, tais inclinações representam diferentes derivadas!

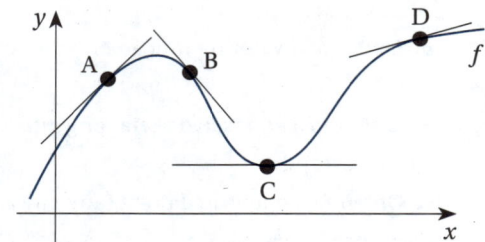

Figura 13.10 Diferentes inclinações representando diferentes derivadas

Em termos numéricos, para cada valor do domínio de uma função, é comum haver diferentes taxas de variação instantânea, ou seja, é comum haver diferentes derivadas em diferentes pontos.

Para cada valor a do domínio de f, associamos um valor de derivada $f'(a)$. Então, para uma função f na variável x, é natural obter sua ***função derivada*** correspondente f'. Para cada x do domínio, a *função derivada* f' associará o valor $f'(x)$.

Em termos algébricos, a ***derivada*** de f em x é dada por

$$f'(x) = \lim_{h \to 0} \frac{f(x+h) - f(x)}{h}$$

desde que tal **limite exista** em x.

Exemplo 10: Dada a posição $S = f(t) = t^2$ do móvel no decorrer do tempo, vamos calcular a função derivada correspondente:

$$S' = f'(t) = \lim_{h \to 0} \frac{f(t+h) - f(t)}{h}$$

Aplicando a função $S = f(t) = t^2$ em $t + h$,

$$f'(t) = \lim_{h \to 0} \frac{(t+h)^2 - t^2}{h} = \lim_{h \to 0} \frac{t^2 + 2 \cdot t \cdot h + h^2 - t^2}{h} = \lim_{h \to 0} \frac{2 \cdot t \cdot h + h^2}{h}$$

Colocando h em evidência e cancelando-o, obtemos o limite pela substituição direta

$$f'(t) = \lim_{h \to 0} \frac{h \cdot (2 \cdot t + h)}{h} = \lim_{h \to 0} (2 \cdot t + h) = 2 \cdot t + 0 = 2 \cdot t$$

$$S' = f'(t) = 2t$$

Para essa função, a taxa de variação das posições em relação ao tempo representa a velocidade do móvel. Logo, a função obtida permite calcular a velocidade V do móvel para cada instante t, ou seja, a derivada da função $S = f(t) = t^2$ resultou na função velocidade $V = S' = f'(t) = 2t$.

A tabela a seguir traz alguns valores da velocidade a partir da função derivada $V = f'(t) = 2t$.

Tabela 13.3 – Valores da derivada $V = f'(t) = 2t$

t (s)	1	2	3	4	5	6	7
$V = f'(t) = 2t$ (m/s)	2	4	6	8	10	12	14

Exemplo 11: Dada a função produção $P = f(x) = 5x^3$, em que P é medida em unidades produzidas para cada x milhar de \$ investidos em equipamentos:

a) Obtenha a derivada de $P = f(x)$.

b) Obtenha $P'(2)$ e $P'(4)$ e compare os resultados.

Solução:

a) De acordo com a definição, a derivada será $P' = f'(x) = \lim\limits_{h \to 0} \dfrac{f(x+h) - f(x)}{h}$; aplicaremos

a função $f(x) = 5x^3$ em $x+h$ e usaremos a fórmula $(a+b)^3 = a^3 + 3a^2b + 3ab^2 + b^3$,

$$f'(x) = \lim\limits_{h \to 0} \frac{5 \cdot (x+h)^3 - 5 \cdot x^3}{h} = \lim\limits_{h \to 0} \frac{5 \cdot \left(x^3 + 3 \cdot x^2 \cdot h + 3 \cdot x \cdot h^2 + h^3\right) - 5 \cdot x^3}{h}$$

$$f'(x) = \lim\limits_{h \to 0} \frac{5x^3 + 15x^2h + 15xh^2 + 5h^3 - 5x^3}{h} = \lim\limits_{h \to 0} \frac{15x^2h + 15xh^2 + 5h^3}{h}$$

Colocando h em evidência e cancelando-o, obtemos o limite pela substituição direta

$$f'(x) = \lim\limits_{h \to 0} \frac{\cancel{h} \cdot \left(15x^2 + 15xh + 5h^2\right)}{\cancel{h}} = \lim\limits_{h \to 0} \left(15x^2 + 15xh + 5h^2\right) = 15x^2 + 15x \cdot 0 + 5 \cdot 0^2 = 15x^2$$

Assim $P' = f'(x) = 15x^2$.

b) Os valores $P'(2)$ e $P'(4)$ são obtidos utilizando a derivada encontrada,

$$P'(2) = f'(2) = 15 \cdot 2^2 = 60 \frac{\text{unidades}}{\text{milhar de \$}} \quad \text{e} \quad P'(4) = f'(4) = 15 \cdot 4^2 = 240 \frac{\text{unidades}}{\text{milhar de \$}}$$

E comparando os resultados, $P'(4) = 240 > P'(2) = 60$, o que permite concluir: investimentos em equipamentos, no nível de 4 milhares de \$, resultam em uma taxa (unidades / milhar de \$) bastante superior, quando comparados aos investimentos feitos no nível de 2 milhares de \$.

Exercícios

21. Considere a função $f(x) = x^4$ e sua derivada $f'(x) = 4x^3$.

a) Calcule o valor da função e de sua derivada para $x = 3$ e $x = -1$.

b) Obtenha as equações das retas tangentes à curva de f para $x = 3$ e para $x = -1$.

c) Esboce o gráfico da função desenhando também as retas tangentes nos pontos $x = 3$ e $x = -1$.

22. A potência útil de um gerador é dada pela função $P_u = 40i - 2i^2$. As unidades de medida de P e i são, respectivamente, W e A. A partir da derivada $P_u' = 40 - 4i$, obtenha:

a) A taxa de variação instantânea em $i = 5A$, $i = 10A$ e $i = 15A$.

b) Verifique se os resultados obtidos no item anterior conferem com aqueles obtidos nos itens respectivos do Exercício 8 da Seção 13.1.

23. Em uma indústria química, a produção de detergente é função do capital investido em equipamentos e estabeleceu-se $P(q) = 10q^2$, em que a produção P é dada em milhares de litros e o capital investido q é dado em milhares de \$.

a) Obtenha a derivada da função $P(q) = 10q^2$.

b) Obtenha $P'(1)$ e $P'(5)$ e compare os resultados.

24. Determine algebricamente, pela definição, a derivada de cada função.

a) $f(x) = 3x^2$

b) $f(x) = -x^2$

c) $f(x) = x^2 - 4x + 7$

d) $f(x) = -10x^2 + 7$

e) $f(x) = x^2 - x$

f) $f(x) = 2x + 1$

g) $f(x) = x$

h) $f(x) = 10$

i) $f(x) = x^3$

j) $f(x) = x^3 - x^2$

k) $f(x) = \dfrac{1}{x}$

l) $f(x) = \dfrac{1}{x^2}$

25. Encontre a equação da reta tangente à curva de $f(x) = 2x^2 - 12x$ em $x = 4$.

13.5 Aplicações

O conceito de derivada, por envolver as taxas de variação de uma grandeza em relação a outra grandeza matemática, pode ser útil em todas as aplicações práticas relacionadas às funções.

Logo, as derivadas podem ser aplicadas em todas as situações práticas feitas a partir do Capítulo 2.

Nestes dois capítulos finais, como uma *introdução ao cálculo diferencial*, apresentamos os *limites* e *as derivadas*. Embora *tenhamos dado a você as principais ideias que envolvem o conceito de derivada,* saiba que ele pode ser entendido de maneira mais ampla ainda. Exploramos em detalhes esse conceito em outro livro e o discutiremos de modo mais amplo e detalhado em nosso próximo livro. Nesses textos, vemos como a derivada pode ser útil no estudo minucioso das funções em problemas de otimização, modelagem matemática, além de estabelecer conexões com o cálculo integral.

Neste capítulo, o conceito de derivada foi exemplificado em conexão com a física, e já vimos algumas de suas aplicações em exercícios propostos.

Ao término deste capítulo, apresentamos mais duas breves análises envolvendo as derivadas em duas situações previamente trabalhadas nos capítulos anteriores: *decaimento radioativo* e *variação da pressão relacionada ao volume de um gás*.

Nos exercícios subsequentes e que encerram o livro, naturalmente lhe oferecemos outras possibilidades de uso das derivadas.

Decaimento radioativo e uma estimativa da derivada

Situação prática: Considerando 2 gramas do elemento radioativo *césio*-137, que tem decaimento radioativo a uma taxa contínua de 2,3105%, a função que expressa sua massa no decorrer dos anos é dada por $Q = 2 \cdot e^{-0,023105\,t}$. O período de meia-vida é $t_{1/2} = 30$ anos.

Análises: O gráfico dessa função é esboçado ao lado. A derivada de Q em relação a t fornece a taxa de decaimento da quantidade em relação ao tempo. Sua unidade de medida será $\dfrac{grama}{ano}$. Para obter essa taxa em $t = 30$, podemos escrever a derivada da função no ponto e então estimar o limite com o auxílio da calculadora ou do computador:

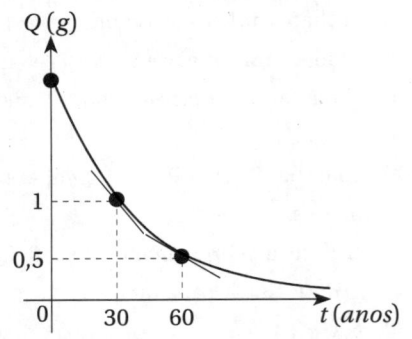

Figura 13.11 Decaimento radioativo

$$Q\,'(30) = f\,'(30) = \lim_{h \to 0} \frac{f(30+h) - f(30)}{h} \Rightarrow Q\,'(30) = \lim_{h \to 0} \frac{2 \cdot e^{-0,023105 \cdot (30+h)} - 2 \cdot e^{-0,023105 \times 30}}{h}$$

Para estimar esse limite, podemos fazer $h = 0,1$, $h = 0,001$ e $h = 0,00001$ $\left(h \to 0^+\right)$, bem como $h = -0,1$, $h = -0,001$ e $h = -0,00001$ $\left(h \to 0^-\right)$. Após os cálculos, você obterá $Q\,'(30) \cong -0,0231 \dfrac{grama}{ano}$.

Repetindo[2] esse método para $t = 60$, obtemos o valor aproximado $Q\,'(60) \cong -0,0116 \dfrac{grama}{ano}$.

Notamos diferentes taxas negativas assinalando diferentes inclinações, conforme as retas tangentes representadas na Figura 13.11.

Taxa de variação da pressão em relação ao volume de um gás

Situação prática: Segundo a *lei de Boyle–Mariotte*, *"em uma transformação isotérmica, a pressão de uma dada massa de gás é inversamente proporcional ao volume ocupado pelo gás"*. Assim, $p = \alpha \cdot \dfrac{1}{V}$, em que a pressão p é dada em atmosferas (*atm*), o volume V em litros (L) e a constante α depende da massa e natureza do gás, bem como da temperatura e das unidades usadas. Para um gás com $\alpha = 18$, temos $p = \dfrac{18}{V}$, com $V > 0$.

---

2   Para esses cálculos, aconselhamos a utilização de uma planilha no computador. É interessante também obter a função derivada por meio de propriedades dos limites (em especial, o limite exponencial fundamental em sua forma alternativa) ou usando técnicas de derivação como a *regra da cadeia*, mas essas técnicas fogem do escopo deste texto introdutório.

Análises: Vamos obter a derivada da pressão em relação ao volume e analisar a expressão de tal derivada.

Temos $p' = f'(V) = \lim_{h \to 0} \dfrac{f(V+h) - f(V)}{h}$; aplicando a função $p = \dfrac{18}{V}$ em $x+h$, obtemos

$$f'(V) = \lim_{h \to 0} \frac{\dfrac{18}{V+h} - \dfrac{18}{V}}{h} = \lim_{h \to 0} \frac{\dfrac{18V}{(V+h)\,V} - \dfrac{18(V+h)}{(V+h)\,V}}{h}$$

$$f'(V) = \lim_{h \to 0} \frac{1}{h} \times \frac{18V - 18V - 18h}{(V+h)\,V} = \lim_{h \to 0} \frac{1}{h} \times \frac{-18h}{(V+h)\,V}$$

Cancelando h, obtemos o limite pela substituição direta

$$f'(V) = \lim_{h \to 0} \frac{1}{\cancel{h}} \times \frac{-18\cancel{h}}{(V+h)\,V} = \lim_{h \to 0} -\frac{18}{(V+h)\,V} = -\frac{18}{(V+0)\,V} = -\frac{18}{V^2} \;\Rightarrow\; f'(V) = -\frac{18}{V^2}$$

Assim, $p' = -\dfrac{18}{V^2}$ e tem unidade de medida $\dfrac{atm}{L}$. Note também que, no domínio $V > 0$, a taxa de variação da pressão será **sempre negativa**, pois $V^2 > 0$ impõe $-\dfrac{18}{V^2} < 0$. Tal derivada indica que a *taxa de variação de pressão é inversamente proporcional ao quadrado do volume ocupado* pelo gás.

Exercícios

26. Em uma população de bactérias, existem $P(t) = 2^t \cdot 10^6$ bactérias no instante t, medido em horas.

a) Estime a taxa de variação da população em relação ao tempo em $t = 1$. Para estimar o limite, utilize $h = 0,1$, $h = 0,001$ e $h = 0,00001$, bem como $h = -0,1$, $h = -0,001$ e $h = -0,00001$.

b) Qual o significado do resultado obtido no item anterior?

27. Uma pessoa faz um empréstimo de $\$\,40.000,00$ que será corrigido a uma taxa de 8% ao ano a juros compostos. O montante, M, da dívida como função dos anos, x, após a data do empréstimo, é $M = 40.000 \cdot 1,08^x$.

a) Estime a taxa de variação do montante em $x = 5$. Para estimar o limite, utilize $h = 0,1$, $h = 0,01$ e $h = 0,001$, bem como $h = -0,1$, $h = -0,01$ e $h = -0,001$.

b) Qual o significado do resultado obtido no item anterior?

28. Considere uma massa de gás ideal sob pressão constante com volume dado por $V = \alpha \cdot T$, em que α é constante e T representa a temperatura (em kelvin) do gás. Sabe-se que esse gás a 200 kelvin tem 5 dm³ de volume, o que leva ao valor $\alpha = 0,025$.

a) Escreva a expressão de $V = f(T)$.

b) Obtenha a derivada da função obtida no item anterior e interprete o resultado.

29. Uma massa de gás ideal está em um recipiente indeformável e hermeticamente fechado com volume constante. Nessas condições, a pressão é dada por $p = \beta \cdot T$, em que β é constante e T é a temperatura (em Kelvin) do gás. Essa massa de gás suporta uma pressão de 3 atmosferas a uma temperatura de 300 Kelvin.

a) Escreva a expressão de $p = f(T)$.

b) Obtenha a derivada da função obtida no item anterior e interprete o resultado.

30. Um gerador tem equação característica $U = 30 - 2i$, em que U é a tensão, medida em *volt* (V), e i é a intensidade da corrente, medida em *ampère* (A), que atravessa o gerador.

a) Qual a derivada da função apresentada?

b) Qual a unidade de medida da derivada e seu significado?

31. Do chão, um corpo é lançado verticalmente para cima com velocidade inicial de 20 m/s. Considerando 10 m/s² a intensidade da aceleração da gravidade, as posições do móvel no decorrer do tempo são dadas por $S = -5t^2 + 20t$. O tempo t é dado em segundos.

a) Esboce o gráfico da função a partir da concavidade, dos pontos em que a parábola cruza os eixos (se existirem) e vértice.

b) Obtenha a derivada de $S = f(t)$.

c) Qual o significado da função obtida no item anterior?

d) Com a função obtida no item *b*, calcule a derivada para o instante do vértice da parábola.

e) Qual o significado do valor obtido no item anterior?

32. Numa plantação, a produção P de soja depende de vários fatores, entre eles a quantidade q de fertilizante utilizada. Considere $P = -q^2 + 30q + 175$, sendo a produção em toneladas e a quantidade de fertilizante em g/m^2.

a) Esboce o gráfico da produção ressaltando o vértice da parábola.

b) Encontre a função derivada $P'(q)$.

c) Para que quantidade de fertilizante a produção é máxima?

d) Utilizando $P'(q)$ encontrada no item anterior, calcule o valor da derivada para esse ponto. Desenhe também a reta tangente nesse ponto.

e) Utilizando $P'(q)$, calcule o valor de $P'(20)$ e comente seu significado numérico.

f) Comente o sinal de $P'(20)$ e sua relação com o comportamento da função $P'(q)$.

g) Encontre a equação da reta tangente à curva em $q = 20$ e desenhe-a sobre o gráfico esboçado no item *a*.

Exercícios complementares

Acesse a página deste livro no site da Cengage para baixar os exercícios que complementam este capítulo e aprofunde seu conhecimento.

Palavras–chave

Taxa de variação média, 319

Velocidade média, 320

Taxa de variação média de f num intervalo, 321

Velocidade instantânea, 323

Taxa de variação instantânea, 317, 321, 323

Derivada, 317, 326, 329

Derivada de uma função num ponto, 326, 331

Função derivável ou diferenciável, 327

Coeficiente angular, 319, 330

Inclinação, 330

Inclinação da reta secante, 329

Inclinação da reta tangente à curva, 331

Derivada como "inclinação" da reta tangente, 331

Reta tangente, 331, 334

Função derivada, 336

Situação prática, 340

Apêndice

Neste apêndice apresentaremos algumas definições precisas de limites bem como exemplificaremos a demonstração de propriedades que os envolvem. As definições com abordagens intuitivas e as principais propriedades você encontrou no Capítulo 12.

Definição de limite de f para x→a

"Considere um intervalo aberto que contém o número a e uma função f definida nesse intervalo, exceto possivelmente em a. Dizemos que o número L é o **limite de** $f(x)$ **quando** x **tende** a a se para todo $\varepsilon > 0$ existir um correspondente $\delta > 0$ tal que $|f(x) - L| < \varepsilon$ sempre que $0 < |x - a| < \delta$, e denotamos $\lim_{x \to a} f(x) = L$."

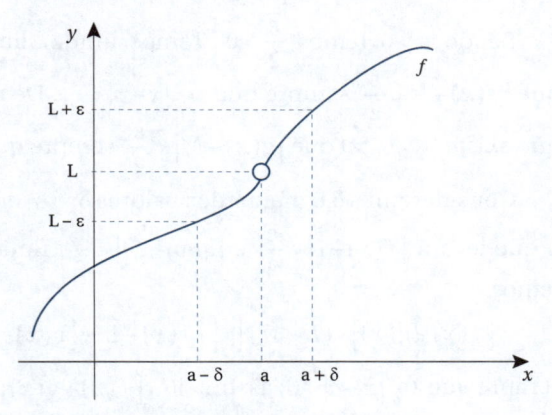

Figura A.1 $\lim_{x \to a} f(x) = L$

Essa definição traduz a ideia de que o valor $f(x)$ estará no intervalo $(L - \varepsilon, L + \varepsilon)$ para todo $\varepsilon > 0$ desde que possamos encontrar $\delta > 0$ suficientemente pequeno tal que x esteja no intervalo $(a - \delta, a + \delta)$. Em outras palavras, a distância de $f(x)$ a L será tão pequena quanto desejarmos tomando a distância de x a a suficientemente pequena, mas não 0.

Definições de limites laterais de f

"Considere um intervalo aberto (a, b) e uma função f definida nesse intervalo. Dizemos que L é o **limite** à direita **de** $f(x)$ **quando** x **tende** a a se para todo $\varepsilon > 0$ existir um correspondente $\delta > 0$ tal que $|f(x) - L| < \varepsilon$ sempre que $a < x < a + \delta$, e denotamos $\lim_{x \to a^+} f(x) = L$."

"Considere um intervalo aberto (c, a) e uma função f definida nesse intervalo. Dizemos que L é o **limite** à esquerda **de** $f(x)$ **quando** x **tende** a a se para todo $\varepsilon > 0$ existir um correspondente $\delta > 0$ tal que $|f(x) - L| < \varepsilon$ sempre que $a - \delta < x < a$, e denotamos $\lim_{x \to a^-} f(x) = L$."

As propriedades dos limites, apresentadas no Capítulo 12, podem ser demonstradas a partir dessas definições precisas de limites apresentadas. A seguir demonstramos duas dessas propriedades.

Limite da soma de funções – Propriedade 3 – Seção 12.3

"Para $\lim_{x \to a} f(x) = L$ e $\lim_{x \to a} g(x) = M$ sendo L, M constantes reais, temos

$$\lim_{x \to a} \left[f(x) \pm g(x) \right] = \lim_{x \to a} f(x) \pm \lim_{x \to a} g(x) = L \pm M."$$

Demonstração: Demonstraremos a propriedade para a adição das funções deixando a subtração a cargo do leitor.

Dados $\lim_{x \to a} f(x) = L$, $\lim_{x \to a} g(x) = M$ e um número arbitrário $\varepsilon > 0$ provar que $\lim_{x \to a} \left[f(x) + g(x) \right] = \lim_{x \to a} f(x) + \lim_{x \to a} g(x) = L + M$ significa provar que existe $\delta > 0$ tal que $|[f(x) + g(x)] - (L+M)| < \varepsilon$ sempre que $0 < |x - a| < \delta$.

Sendo $\varepsilon > 0$ temos $\dfrac{\varepsilon}{2} > 0$. Temos, ainda, $\lim_{x \to a} f(x) = L$ e $\dfrac{\varepsilon}{2} > 0$ sendo que existe $\delta_1 > 0$ tal que $|f(x) - L| < \dfrac{\varepsilon}{2}$ sempre que $0 < |x - a| < \delta_1$. De modo parecido, $\lim_{x \to a} g(x) = M$ e $\dfrac{\varepsilon}{2} > 0$ sendo que existe $\delta_2 > 0$ tal que $|g(x) - M| < \dfrac{\varepsilon}{2}$ sempre que $0 < |x - a| < \delta_2$.

Consideremos δ o menor dos valores δ_1 e δ_2 de modo que $\delta \leq \delta_1$ e $\delta \leq \delta_2$ tal que $0 < |x - a| < \delta$ o que leva a $|f(x) - L| < \dfrac{\varepsilon}{2}$ e $|g(x) - M| < \dfrac{\varepsilon}{2}$. Então, pela desigualdade triangular de módulo temos

$$\left| [f(x) + g(x)] - (L+M) \right| = \left| [f(x) - L] + [g(x) - M] \right| \leq |f(x) - L| + |g(x) - M| < \frac{\varepsilon}{2} + \frac{\varepsilon}{2} = \varepsilon$$

sempre que $0 < |x - a| < \delta$; assim, $\lim_{x \to a} \left[f(x) + g(x) \right] = \lim_{x \to a} f(x) + \lim_{x \to a} g(x) = L + M$.

Teorema do confronto – Propriedade 23 – Seção 12.6

"Se $f(x) \leq g(x) \leq h(x)$ para todo x no intervalo aberto que contém a (exceto possivelmente em a), e se $\lim_{x \to a} f(x) = \lim_{x \to a} h(x) = L$, então, $\lim_{x \to a} g(x) = L."$

Demonstração: Considere o número arbitrário $\varepsilon > 0$. Temos $\lim_{x \to a} f(x) = L$; assim, existe, $\delta_1 > 0$ tal que $|f(x) - L| < \varepsilon$ sempre que $0 < |x - a| < \delta_1$. De modo parecido, $\lim_{x \to a} h(x) = L$ significa que existe $\delta_2 > 0$ tal que $|h(x) - L| < \varepsilon$ sempre que $0 < |x - a| < \delta_2$.

Consideremos δ o menor dos valores δ_1 e δ_2 de modo que $\delta \leq \delta_1$ e $\delta \leq \delta_2$ tal que $0 < |x - a| < \delta$, o que leva a $|f(x) - L| < \varepsilon$ e $|h(x) - L| < \varepsilon$, ou seja, temos os valores da função nos intervalos $L - \varepsilon < f(x) < L + \varepsilon$ e $L - \varepsilon < h(x) < L + \varepsilon$.

Pela hipótese, temos $f(x) \leq g(x) \leq h(x)$, logo, se $0 < |x - a| < \delta$,

$$L - \varepsilon < f(x) \leq g(x) \leq h(x) < L + \varepsilon$$

ou $L - \varepsilon < g(x) < L + \varepsilon$. Assim, sempre que $0 < |x - a| < \delta$, temos $|g(x) - L| < \varepsilon$, ou seja, $\lim_{x \to a} g(x) = L$.

Limites infinitos

O limite infinito para ∞ pode ser definido de maneira precisa da seguinte maneira:

"Considere um intervalo aberto que contém o número a e uma função f definida nesse intervalo, exceto possivelmente em a. Se para todo número positivo M existir um correspondente $\delta > 0$ tal que $f(x) > M$ sempre que $0 < |x-a| < \delta$ denotaremos isso com $\lim_{x \to a} f(x) = \infty$."

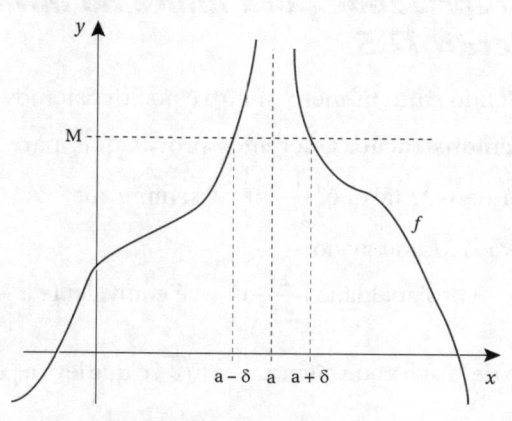

Figura A.2 $\lim_{x \to a} f(x) = \infty$

Essa definição traduz a ideia de que o valor $f(x)$ pode ser maior que qualquer número M dado desde que possamos encontrar $\delta > 0$ suficientemente pequeno tal que x esteja no intervalo $(a-\delta, a+\delta)$. Em outras palavras, os valores de $f(x)$ serão arbitrariamente grandes, tomando a distância de x a a suficientemente pequena, mas não 0. Já o limite infinito para $-\infty$ pode ser definido de maneira precisa, assim:

"Considere um intervalo aberto que contém o número a e uma função f definida nesse intervalo, exceto possivelmente em a. Se para todo número negativo N existir um correspondente $\delta > 0$ tal que $f(x) < N$ sempre que $0 < |x-a| < \delta$, denotaremos isso por $\lim_{x \to a} f(x) = -\infty$."

Limites no infinito

O limite no infinito para ∞ pode ser definido de maneira precisa da seguinte maneira:

"Considere um intervalo aberto (a, ∞) e uma função f definida nesse intervalo. Se para todo número $\varepsilon > 0$ existir um correspondente número M tal que $|f(x) - L| < \varepsilon$ sempre que $x > M$, denotaremos isso por $\lim_{x \to \infty} f(x) = L$."

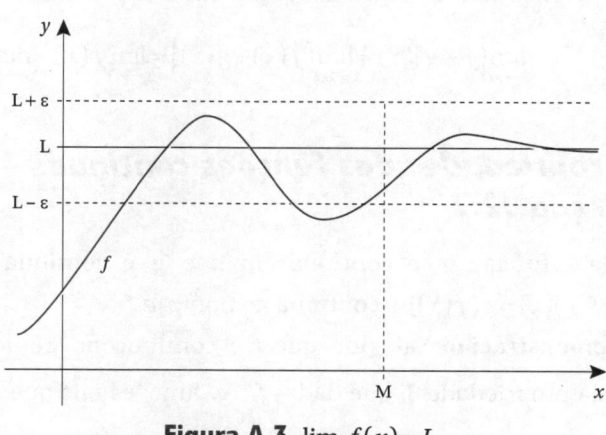

Figura A.3 $\lim_{x \to \infty} f(x) = L$

Já o limite no infinito negativo $(-\infty)$ pode ser definido de maneira precisa, assim:

"Considere um intervalo aberto $(-\infty, a)$ e uma função f definida nesse intervalo. Se para todo número $\varepsilon > 0$ existir um correspondente número N tal que $|f(x) - L| < \varepsilon$ sempre que $x < N$, denotaremos isso por $\lim_{x \to -\infty} f(x) = L$."

Propriedade para limite no infinito – Propriedade 18.I – Seção 12.5

"Sendo n um número inteiro e positivo, temos $\lim\limits_{x\to\infty}\dfrac{1}{x^n}=0$."

Demonstração: Queremos provar que, para todo número $\varepsilon>0$ existe um correspondente número M tal que $\left|\dfrac{1}{x^n}-0\right|<\varepsilon$ sempre que $x>M$. A partir de equivalências de desigualdades obteremos M adequado.

A desigualdade $\left|\dfrac{1}{x^n}-0\right|<\varepsilon$ é equivalente a $\dfrac{1}{|x|^n}<\varepsilon$. Dessa desigualdade obtemos $\dfrac{1}{\sqrt[n]{|x|^n}}<\sqrt[n]{\varepsilon}$,

ou de forma equivalente, $\dfrac{1}{|x|}<\sqrt[n]{\varepsilon}$, o que leva a $|x|>\dfrac{1}{\sqrt[n]{\varepsilon}}$. Assim, o valor adequado é $M=\dfrac{1}{\sqrt[n]{\varepsilon}}$. Para

tal valor de M, se $x>M$, então $\left|\dfrac{1}{x^n}-0\right|<\varepsilon$, garantindo que $\lim\limits_{x\to\infty}\dfrac{1}{x^n}=0$.

Propriedades das funções contínuas – Propriedade 1.I – Seção 12.7

"Se as funções f e g são contínuas em um ponto a, então também é contínua nesse ponto a função $f+g$."

Demonstração: Sabendo que f e g são contínuas no ponto a, temos $\lim\limits_{x\to a}f(x)=f(a)$ e $\lim\limits_{x\to a}g(x)=g(a)$.

Queremos provar a igualdade $\lim\limits_{x\to a}(f+g)(x)=(f+g)(a)$.

Aplicando as propriedades de limites, obtemos:

$$\lim_{x\to a}(f+g)(x)=\lim_{x\to a}\left[f(x)+g(x)\right]=\lim_{x\to a}f(x)+\lim_{x\to a}g(x)=f(a)+g(a)=(f+g)(a).$$

Propriedades das funções contínuas – Propriedade 4 – Seção 12.7

"Se a função f é contínua em a e g é contínua em $f(a)$, então a função composta $(g\circ f)(x)=g(f(x))$ é contínua no ponto a."

Demonstração: Sabendo que f é contínua no ponto a, temos $\lim\limits_{x\to a}f(x)=f(a)$. Sabemos, pela propriedade 3, que dadas f e g, funções tais que $\lim\limits_{x\to a}f(x)=L$, e g contínua em L, então $\lim\limits_{x\to a}(g\circ f)(x)=g(L)$, ou seja, $\lim\limits_{x\to a}g(f(x))=g\left(\lim\limits_{x\to a}f(x)\right)$.

Nessa demonstração, $\lim\limits_{x\to a}(g\circ f)(x)=\lim\limits_{x\to a}g(f(x))=g\left(\lim\limits_{x\to a}f(x)\right)=g(f(a))=(g\circ f)(a)$.

Assim, $g\circ f$ é contínua no ponto a.